산업안전지도사
산업보건지도사 자격증 시험대비

2025년 대비
알짜!
산업안전일반
하루특강요약집
(기출문제를 분석한 155개의 테마 정리)

산업안전지도사·산업보건지도사 자격증 시험 대비(2025년 대비)

**알짜! 산업안전일반 하루특강 요약집
(기출문제를 분석한 155개의 테마 정리)**

동영상 강의: 정명재안전닷컴(https://safetyjmj.com)

머리말

2025년 알짜! 산업안전일반은 그 동안의 기출문제를 분석하여 테마를 늘렸으며 보충·예상문제를 배치하였습니다. 그동안 공부한 것을 정리하는 교재로 활용하면 좋을 것이며, 초보자의 경우 전반적인 체계를 잡는 기본서 역할로서도 그 역할을 충실히 할 것으로 기대합니다.

산업안전일반은 산업안전지도사 1차 시험 2과목에서 25문제, 산업보건지도사 1차 시험 3과목(기업진단지도)에서 7문제가 출제되고 있습니다.

알짜! 하루 특강 시리즈는 단기간에 효율적인 학습을 할 수 있도록 구성하였으며 이에 대한 동영상 강의는 정명재안전닷컴(https://safetyjmj.com)에서 수강하실 수 있습니다. 자세한 해설과 쉬운 암기법을 소개한 동영상 강의와 함께 공부한다면 최소 시간 대비 최대 학습의 효과를 볼 수 있을 것입니다.

2022년 교재에 이은 개정판이기에 기존 교재를 구입하신 수험생분의 편의를 위해 추가되는 부분은 홈페이지 및 정명재안전닷컴 네이버 카페에서 다운로드 할 수 있도록 하겠습니다.

시험공부란 그 범위를 정해 반복학습을 하는 것이 최선이라 생각합니다.
산업안전지도사 및 산업보건지도사 시험은 문제은행 방식에서 벗어나 매년 새로운 문제들을 선보이고 있습니다.
이에 대비한 교재 연구로 선보이는 본서가 앞으로의 출제 경향에 맞춘 길잡이가 되기를 소망합니다.
본서를 통해 시험에 대한 자신감을 가지고 합격의 영광을 넉넉히 안을 수 있기를 기원합니다.

2024. 12. 17. 정명재

목 차

테마1.	학습지도의 원리	… 2
테마2.	공간(부품)배치의 원칙	… 9
테마3.	가속수명시험(Accelerated Life Testing)	… 10
테마4.	권장무게한계 (RWL: Recommended Weight Limit)	… 13
테마5.	안전계수	… 18
테마6.	사업장 위험성 평가에 관한 지침	… 19
테마7.	재해사례 연구방법	… 33
테마8.	욕조곡선	… 40
테마9.	시각적 표시장치(Visual Display)	… 45
테마10.	휴먼에러(Human Error) 분류	… 48
테마11.	감성공학	… 52
테마12.	재해발생의 원인	… 53
테마13.	산업재해통계업무 처리규정	… 56
테마14.	신뢰성 시험(생산자위험과 소비자위험)	… 62
테마15.	컷셋(cut set)과 패스셋(pass set)	… 65
테마16.	고장밀도함수	… 69
테마17.	근원적인 안전성 확보	… 75
테마18.	클로즈 분석도	… 77
테마19.	안전보건관리조직	… 78
테마20.	제조물책임법	… 83
테마21.	재해손실비율	… 87

테마22.	안전보건경영시스템	…	92
테마23.	산업안전보건위원회	…	95
테마24.	명예산업안전감독관	…	101
테마25.	노사협의체	…	103
테마26.	사고 연쇄성 이론과 학자	…	106
테마27.	의식수준과 뇌파	…	109
테마28.	유해위험방지계획서	…	118
테마29.	공정안전보고서	…	127
테마30.	위험 및 운전성 검토(HAZOP)	…	138
테마31.	국제노동기구(ILO)의 산업재해정도 분류	…	140
테마32.	화학설비에 대한 안전성 평가방법	…	142
테마33.	조종-반응비율(C/R비)	…	145
테마34.	안전교육방법	…	148
테마35.	조명	…	160
테마36.	안전보건표지	…	163
테마37.	양립성	…	168
테마38.	기억의 과정	…	169
테마39.	산업재해예방의 원칙	…	171
테마40.	산업재해예방기법	…	172
테마41.	BARS와 BOS(현대적인 인사고과기법)	…	175
테마42.	소음	…	176

테마43.	신호검출이론	⋯	181
테마44.	Weber의 법칙	⋯	186
테마45.	피츠의 법칙(Fitts' Law)	⋯	188
테마46.	힉스(Hick's)의 법칙	⋯	189
테마47.	데이비스(K. Davis) 동기지수	⋯	190
테마48.	사정효과(Range Effect)	⋯	192
테마49.	간결성의 원리	⋯	193
테마50.	의사결정나무(Decision Tree)	⋯	195
테마51.	지수분포의 신뢰도	⋯	196
테마52.	정보량	⋯	197
테마53.	에너지 대사율(RMR, Relative Metabolic Rate)	⋯	198
테마54.	착시현상	⋯	200
테마55.	수공구 설계의 기본원칙	⋯	204
테마56.	교육진행 4단계	⋯	205
테마57.	위험예지훈련 4Round(라운드)	⋯	206
테마58.	빛의 성질	⋯	207
테마59.	재해조사	⋯	208
테마60.	하인리히 도미노 이론(사고 연쇄반응 5단계 이론)	⋯	211
테마61.	근로자 안전보건교육	⋯	213
테마62.	교육훈련기법(안전교육의 실시방법)	⋯	215
테마63.	교육지도 8원칙과 학습지도방법 7가지	⋯	218

테마64.	안전보건평가 항목의 평가척도	…	220
테마65.	시스템의 수명주기 5단계	…	221
테마66.	차파니스(Chapanis)가 정의한 위험확률	…	223
테마67.	가속계수	…	224
테마68.	누적고장확률: F(t)	…	225
테마69.	미니멀 컷셋(최소컷셋)과 미니멀 패스셋(최소패스셋)	…	226
테마70.	하인리히의 재해코스트	…	229
테마71.	하인리히의 사고예방대책 기본원리 5단계	…	230
테마72.	결함수 분석법(FTA)의 논리기호	…	231
테마73.	위험조정기술	…	233
테마74.	작업개선의 ECRS원칙	…	235
테마75.	재해 누발자의 유형	…	236
테마76.	재해의 간접원인 3E와 기본원인 4M	…	237
테마77.	기본원인(4M)의 항목별 유해·위험요인	…	239
테마78.	안전인증대상 기계·기구 및 설비, 방호장치, 보호구	…	241
테마79.	자율안전확인대상 기계 또는 설비, 방호장치, 보호구	…	243
테마80.	계산문제 종합	…	247
테마81.	인간공학과 인터페이스	…	256
테마82.	청력보호구의 착용방법 및 관리에 관한 지침	…	259
테마83.	산업안전보건기준에 관한 규칙상 소음 및 진동에 의한 건강장해 예방	…	261
테마84.	무재해운동 3원칙과 3요소	…	263

테마85.	인간의 행동—라스무센(J. Rasmussen)의 분류	⋯	265
테마86.	시스템의 특성	⋯	268
테마87.	결함수 분석(FTA)	⋯	270
테마88.	경영소홀과 위험수 분석(MORT)	⋯	271
테마89.	예비위험분석(PHA)	⋯	273
테마90.	위험우선순위점수(RPN: Risk Priority Number)	⋯	276
테마91.	THERP(Technique for Human Error Rate Prediction)	⋯	277
테마92.	확률분포(포아송 분포와 와이블 분포)	⋯	279
테마93.	다구치의 3단계 설계과정	⋯	282
테마94.	스키너와 반두라 비교	⋯	283
테마95.	안전보건조정자	⋯	285
테마96.	안전보건경영시스템(KOSHA 18001) 인증심사	⋯	287
테마97.	안전보건진단	⋯	290
테마98.	안전설계기법의 종류(Fail Safe와 Fool Proof)	⋯	292
테마99.	사용자 인터페이스 설계 중 사용성(Usability)	⋯	294
테마100.	청각을 이용한 경계 및 경보 신호의 선택 및 설계	⋯	296
테마101.	n 중 k시스템(k out of n시스템)	⋯	297
테마102.	안전보건교육 교육대상별 교육내용	⋯	299
테마103.	지게차의 안전기준	⋯	301
테마104.	통로의 안전기준	⋯	303
테마105.	시설물의 안전 및 유지관리에 관한 특별법상 안전점검 종류	⋯	307

테마106.	안전관리에 있어 5C운동(한국, 일본)	…	309
테마107.	구안법(Project Method)	…	310
테마108.	화학설비에 대한 안전성 평가 5단계	…	312
테마109.	정신적 작업 부하(Mental Workload) 측정 척도 4가지	…	313
테마110.	불(Boole) 대수의 정리	…	315
테마111.	퍼킨제(푸르키네, Purkinje) 현상	…	319
테마112.	Murrell의 공식	…	321
테마113.	작업연구(work study)	…	322
테마114.	Work Factor법	…	325
테마115.	근골격계부담작업 범위 기준	…	326
테마116.	집단의 응집성 지수(소시오메트리, Sociometry)	…	328
테마117.	주의(attention)의 종류	…	329
테마118.	산소부채와 산소결핍	…	331
테마119.	피피엠(ppm) 또는 세제곱미터 당 밀리그램(mg/m^3)	…	332
테마120.	시스템 위험분석기법(위험성 분류)	…	333
테마121.	유해인자별 노출기준	…	337
테마122.	폭발범위(연소범위)	…	340
테마123.	위험도	…	341
테마124.	산소소비량 측정	…	342
테마125.	실효온도	…	343
테마126.	학습평가 기본기준	…	345

테마127.	최소가분시력	…	346
테마128.	인간-기계체계의 신뢰도 유지방안	…	347
테마129.	옥스퍼드(Oxford) 지수	…	349
테마130.	근골격계부담작업평가기법(OWAS, RULA, REBA)	…	350
테마131.	최소산소농도(MOC)	…	357
테마132.	고열 및 고온 장해(열사병과 일사병)	…	361
테마133.	인지이론(통찰설, 레빈의 장이론, 기호형태설)	…	364
테마134.	S-R이론(연합이론, 행동주의 이론)	…	366
테마135.	연소범위	…	369
테마136.	리스크 관리의 용어 정의에 관한 지침	…	371
테마137.	포아송 분포	…	375
테마138.	특별교육대상 작업	…	378
테마139.	기술개발 종합평가(Technology Assessment) 5단계	…	382
테마140.	원인분석결과(CCA)기법에 관한 기술지침	…	384
테마141.	사건수 분석 기법에 관한 기술지침	…	387
테마142.	제어시스템에서의 안전무결성등급(SIL)에 관한 지침	…	389
테마143.	공정안전성 분석(K-PSR) 기법에 관한 기술지침	…	392
테마144.	사고 피해예측 기법에 관한 기술지침	…	395
테마145.	화학물질폭로영향지수(CEI) 산정에 관한 기술지침	…	398
테마146.	작업시작 전 점검사항	…	400

테마147.	자동운동이 생기기 쉬운 4가지 조건	⋯	405
테마148.	감전 시 응급조치에 관한 기술지침	⋯	407
테마149.	정전기 재해예방에 관한 기술지침	⋯	412
테마150.	신체부위별 동작 유형	⋯	416
테마151.	안전보건교육규정	⋯	418
테마152.	안전보건관리담당자 업무	⋯	424
테마153.	인체측정(Anthropometry)	⋯	426
테마154.	위험도 등급	⋯	428
테마155.	근골격계부담작업으로 인한 건강장해의 예방	⋯	430
최근기출문제		⋯	434
보충이론		⋯	476

테마1. 학습지도의 원리

1. **자기 활동의 원리(자발성의 원리):** 학습자 스스로 능동적으로 학습 활동에 의욕을 가지고 참여하도록 하는 원리. 즉, 내적 동기가 유발된 학습을 시켜야 한다는 원리

2. **개별화의 원리:** 학습지도를 할 때, 개인차를 감안하여 학습의 내용과 진도 등을 학습자의 능력, 수준, 개성 등에 맞추어서 진행해야 한다는 원리

3. **사회화의 원리:** 학생이 하나의 독립된 인간으로서 그들이 소속한 각종 사회에 참여하여 원만한 사회관계를 맺어 가고, 개인적으로 만족하고, 사회적으로 유용한 일원이 되도록 학습을 지도해야 한다.

4. **통합의 원리:** 학습을 통해 지적능력만 향상시키는 것이 아니라, 정의적, 기능적 분야로 확대하여 학습자를 전인적으로 성장하도록 하는 것에 중점을 둔다.

5. **직관의 원리(직접 경험의 원리):** 언어 위주의 설명보다 구체적 사물을 제시하거나 학습자가 직접 경험해보는 교육을 통해 학습의 효과를 높일 수 있다는 원리

6. **목적의 원리:** 학습자는 학습목표가 분명하게 인식되었을 때, 자발적이고 학습활동을 하게 된다는 원리

7. **과학성의 원리:** 자연이나, 사회에 관한 기초적인 지식, 법칙 등을 적절하게 지도하여 학습자의 논리적 사고력을 충분히 발달시키는 것을 목표로 하는 원리

8. **자연성의 원리:** 학습지도에서는 자유로운 분위기를 존중하고 학습자에게 어떤 압박감과 구속감을 주지 않도록 애써야 하는 원리

확인학습

01 학습지도 형태 중 다음 토의법 유형에 대한 설명으로 옳은 것은?

> 6-6회의라고도 하며, 6명씩 소집단으로 구분하고 집단별로 각각의 사회자를 선발하여 6분간씩 자유토의를 행하여 의견을 종합하는 방법

① 버즈세션(Buzz session)
② 포럼(Forum)
③ 심포지엄(Symposium)
④ 패널 디스커션(Panel discussion)
⑤ 청중반응팀(audience reaction team)

해설

1. 심포지엄(Symposium): 2~5명의 전문가가 동일한 주제 혹은 상호 관련되는 소주제에 대해서 각자의 전문적인 견해를 제시하는 방식이다.
2. 패널 디스커션(Panel discussion): '찬반토의, 배심토의'라고도 한다. 패널은 특정 주제에 대하여 서로 의견을 달리하는 3~6명의 참가자들이 사회자의 진행에 따라 청중학습자 앞에서 토의하는 방식이다.
3. 버즈세션(Buzz session): 버즈란 벌이 '붕붕' 소리를 내면서 무리를 이루고 있는 상태를 말한다. 토의법의 하나로서 사람의 수가 많고, 더구나 전원에게 능동적인 발언참가를 통해서 교육의 효과를 올리려고 할 때 쓰이는 학습기법이다. 구체적으로는 ① 연수자 전원을 6명 정도의 그룹으로 나누고 ② 각 소그룹은 주어진 테마에 대해서 5~20분간 일제히 자유로이 토의하고(이것을 버즈토의라 한다) 결론을 낸다. ③ 각 소그룹의 대표는 그룹의 결론을 전원에게 발표한다. ④ 리더는 그것을 참고로 해서 전체토의를 행한다. 6명씩 한 그룹으로 6분간 토의하는 필립스 6·6방식 등도 있다.

정답 ①

02 안전교육방법 중 강의법에 대한 설명으로 옳지 않은 것은?

① 단기간의 교육 시간 내에 비교적 많은 내용을 전달할 수 있다.
② 다수의 수강자를 대상으로 동시에 교육할 수 있다.
③ 다른 교육방법에 비해 수강자의 참여가 제약된다.
④ 수강자 개개인의 학습 진도를 조절할 수 있다.
⑤ 교수자가 명확하게 설명해 주면 심리적으로 편안함을 느끼는 학습자, 경직되고 융통성이 없으며 걱정이 많은 학습자, 맹종형 또는 순응형 학습자에게 효과적이다.

해설

정답 ④

03 교육심리학의 학습이론에 관한 설명 중 옳은 것은?

① 파블로프(Pavlov)의 조건반사설은 맹목적 시행을 반복하는 가운데 자극과 반응이 결합하여 행동하는 것이다.
② 레빈(Lewin)의 장설은 후천적으로 얻게 되는 반사작용으로 행동을 발생시킨다는 것이다.
③ 톨만(Tolman)의 기호형태설은 학습자의 머릿속에 인지적 지도 같은 인지구조를 바탕으로 학습하려는 것이다.
④ 손다이크(Thorndike)의 시행착오설은 내적, 외적의 전체구조를 새로운 시점에서 파악하여 행동하는 것이다.
⑤ 고전적 조건화이론은 파블로프(Pavlov), 수단적 조건화이론은 스키너(Skinner)에 의해 주장되었다.

해설

후천적으로 얻게 되는 반사작용으로 행동을 발생하는 것은 조건반사로 파블로프의 조건반사설에 관한 설명이다. 손다이크의 시행착오설은 맹목적 시행을 반복하는 가운데 자극과 반응이 결합하여 행동하는 것이다. 고전적 조건화이론은 파블로프(Pavlov), 수단적 조건화이론은 손다이크(Thorndike), 조작적 조건화 이론은 스키너(Skinner)에 의해 주장되었다.

○ **레빈(Lewin)의 장**
Lewin의 명제: 행동 (B)은 개인(P)과 환경(E) 둘 간의 함수이다. 즉, 청소년의 행동을 이해하기 위해서는 개인의 성격과 환경 모두를 고려해야만 한다. 생활환경은 심리공간이라고도 하며, 상호작용에 관련된 모든 환경적 요인과 개인 요인의 전체 합을 말한다. 생활공간에는 물리-환경적 요인, 사회적 요인, 그리고 욕구, 동기 및 목표와 같은 심리적 요인들이 포함되며, 이 모든 요인들이 행동에 영향을 준다. $B=f(P \times E)$로 표시하였다. 즉 행동은 장(사람과 환경)의 함수라고 본다. 이 공식을 학습에 적용한다면 학습은 의식적 개인과 심리적 환경의 상호관계에 의하여 이루어진다고 할 수 있다. Lewin에 따르면 청소년이란 주변인 (marginal man) 이라고 지칭되는데, 그 이유는 청소년은 아동기에서 성인기로 집단 소속이 변화는 전환시기로서, 부분적으로 아동 집단에 속하기도 하고, 성인 집단에 속하기도 하는 주변적 특성을 가진 존재이기 때문이다.

○ **톨만(Tolman)의 기호형태설**
톨만은 여러 개의 통로가 있는 미로를 만들었다. 이 때 통로들은 목표에 이르는 거리에서 서로 동일하였고, 출구로 직접 나갈 수 있는 통로는 장애물로 막혀 있었다. 쥐들은 미로내의 특정한 하나의 통로를 학습하는 것이 아니라, 목표에 도달하는 여러 길을 고려했다. 이것을 톨만식으로 이야기하자면, 쥐들은 수단-목표 기대(이 길로 가면 어찌 되고, 저 길로 가면 어쩔될까하는 식의 기대)를 보여준 것이다. 그는 쥐를 대상으로 미로학습실험을 하고 그 실험결과를 분석하는 것으로 심리학에서 중요시되는 연구의 대부분을 해낼 수 있다고 믿었다.
그는 잠재학습(latent learning)에 관한 실험들을 기초로 '학습'(leraning)과 '수행'(performance)을 구별하였다. 강화가 전혀 주어지지 않아도 흰 쥐는 이미 미로의 특징을 '학습'할 수 있었다. 그리고 "차별적인 보상이 실제로 도입되는 바로 그 순간 잠재해 있던 학습이 비로소 겉으로 드러나"게 되는데, 이것이 바로 수행이다. 톨만에게 있어서 학습이란 자극-반응의 연쇄를 형성하는 과정이 아니라, 게슈탈트적인 기호로 인지도(cognitive map)를 형성하는 과정이다. 인지도라는 아이디어의 상당 부분은 미로학습 실험으로부터 나온 것이다.

○ **기호-형태이론의 개념**
1) 학습의 과정에는 유기체 내에서 행동의 목표를 나타내는 일종의 기호가 생기는데 이는 어떤 반응이 어떤 목표를 달성하게 하느냐 하는 목적과 수단과의 관계를 배우는 것이다.
2) 학습의 목표를 의미체라 하고, 그것을 달성하는 수단이 되는 대상을 기호(sign)라 부르고 이 양자의 수단-목적의 관계를 기호-형태(sign-gestalt)라고 하였다.
3) 학습은 행동을 습득하는 것이 아니라 목적(목표)으로의 기호를 인지하는 것으로 간주된다. 즉 학습이란 경험을 쌓음으로써 이 기호-형태-기대, 다시 말하면 「무엇을 하면 어떻게 되는가」하는 형식으로서의 환경에 대한 인식이 획득되는 것으로 보고 있다.
4) 학습이란 행동이 아닌 사전인지 이며, 일종의 지형으로 거기에 무엇인가를 습득하여 점차 환경내에서 자신의 활동에 이용할 수 있는 그림을 발달시키는 데 이러한 그림을 인지도(cognitive map)이라 한다. 인지도가 발달되는 동안 기대감을 갖게되는 데 이 초기 기대감을 감정적 기대감이라 하고 이를 가설이라 한다. 이 가설은 경험적으로 확인되면 수단-결과 기대가 되고 그렇지 못하면 기각된다.
5) 인지도가 구성되면 학습자는 특정목표에 도달할 수 있으며, 목표에 도달할 수 있는 최단거리나 최소의 노력이 드는 길을 선택하게 되는데 이를 최소 노력의 원리(principle of least effort)라고 한다.

○ **손다이크(Thorndike)의 시행착오설**
학습심리학의 창시자라고 불리는 손다이크(A. H. Thorndike)가 제창한 개념이다. 시행착오설(연결설, 연합설, 효과설)은 학습지도의 개선을 위해 학습동기의 중요성을 최초로 제기한다. 손다이크(E. L. Thorndike)는 닭, 고양이, 개와 같은 동물을 이용하여 문제상자 또는 미로 속에 가두어 놓고 어떻게 문제상자 속에서 밖으로 나올 수 있으며 미로의 목적까지 도달하는가 하는 행동을 관찰한 결과, 처음에는 우연적이고 맹목적인 시행과 착오를 거듭하는 가운데에 시간을 절약하면서 목표를 달성하는 것을 실험하였다. 즉, 신행동을 학습하는 데 있어서 <u>추리와 사고에 의하여 학습하는 것이 아니고, 그저 탐색하고 몇 번이고 잘못된 행동을 반복하다가 우연히 문제가 해결되어 그 방법이 점차로 강화된다</u>고 하는 것이다. 내적 과정은 무시한다는 비판을 받는다. 손다이크는 수로 자신의 퍼즐 상자에 고양이를 사용했다. 처음 상자 안에 들어간 고양이는 탈출하는 방법을 알지 못해 안절부절 못하고, 돌아다니기만 하였다. 고양이가 관찰을 통해 학습할 수 있는지 알아내기 위해 손다이크는 고양이로 하여금 다른 동물들이 상자에서 탈출하는 모습을 보게 하였다. 다른 동물들의 모습을 본 고양이와 그렇지 않은 고양이가 상자를 탈출하는데 걸리는 시간을 비교한 결과, 학습에 걸리는 시간은 별 차이가 나지 않았다. 예상했던 결과가 나오지 않자 손다이크는 새로운 실험을 진행하였는데, 고양이가 우연히 한 번 막대를 누른 후 같은 행동을 하는 데까지 걸리는 시간을 측정한 결과, 그 간격이 점점 좁아진다는 사실을 알아내었다. 이 실험을 통해 손다이크는 S자 형태의 학습 곡선을 그려낼 수 있었다.

정답 ③

04 파블로프(Pavlov)의 조건반사설에 의한 학습이론의 원리가 아닌 것은?

① 일관성의 원
② 계속성의 원리
③ 준비성의 원리
④ 강도의 원리
⑤ 시간의 원리

해설

○ **파블로프의 조건반사설 학습원리**
무조건 자극: 고기(개의 먹이)
조건자극: 종소리(먹이와 연결)
무조건반응: 타액분비(먹이에 의한 유발)
조건반응: 종소리와 연합된 타액분비(침)

1. **시간의 원리**
   조건자극이 무조건자극과 시간적으로 동시에 또는 조금 앞서서 주어져야 한다.
2. **강도의 원리**
   무조건자극은 조건자극보다 그 강도가 강하거나 동일하여야한다.
   즉, 나중의 자극이 먼저의 자극보다 강하거나 동일하여야 조건반사가 성립한다.
3. **일관성의 원리**
   조건자극은 일관된 자극물이어야 한다.
4. **계속성의 원리**
   자극과 반응의 결합관계에 반복되는 횟수가 많을수록 조건화가 잘 성립된다.

○ **손다이크의 수단적 조건화 학습원리**
1. **효과성의 법칙(만족, 불만족의 법칙)**
   행동 뒤에 만족스러운 보상이 있어야 학습한다.
   미로의 끝에 먹이(보상)가 있어야 쥐가 미로로 들어가 학습하려고 한다.
2. **준비성의 법칙**
   학습자가 학습할 준비가 되어 있어야 한다.
   나중에는 먹이(보상)를 주어도 쥐가 미로로 들어가려 하지 않는다.
   이 경우 배가 불러서 미로로 들어갈 필요가 없는 것이다.
   쥐가 다시 배고파지는 것이 학습자가 학습의 준비가 되는 것이다.
3. **연습의 법칙**
   일정한 목적을 가지고 작업을 반복해야 학습이 된다.
   보상에 의해서 미로를 계속 반복해서 탈출하다 보면 이후 빠른 길을 학습한다.

○ 스키너의 조작적 조건화 학습원리
1. Small Step의 원리
   점진적 학습의 원리이다. 한 단계씩 밟아가야 한다는 것이다. (조작적 조건화)
2. 즉각 강화의 원리
   행동을 했을 때 바로 강화를 주어야 한다.
3. 학습자 검증의 원리
   보상을 학습자가 알도록 티 나게 주어야 한다.
   보상을 주면서 왜 이러한 보상이 주어지는 알도록 해야 한다.
4. 자기 속도의 원리
   학습자 개인마다 학습 속도가 다르다.

정답 ③

05 학습지도원리의 내용에 해당하지 않는 것은?

① 자발성의 원리: 학습자 스스로 학습에 참여해야 한다는 원리
② 집단화의 원리: 학습자의 공통된 요구 및 능력 위주로 지도해야 한다는 원리
③ 사회화의 원리: 공동학습을 통해서 협력적이고 우호적인 학습을 진행한다는 원리
④ 통합의 원리: 학습을 통합적인 선제로서 지도해야 한다는 원리
⑤ 직관의 원리: 구체적인 사물을 직접 제시하거나 경험시킴으로써 큰 효과를 거둘 수 있다는 원리

해설

정답 ②

06 안전교육의 학습지도이론에 관한 내용으로 옳지 않은 것은?

① 자발성의 원리: 학습자 자신이 스스로 자발적으로 학습에 참여하는데 중점을 둔 원리
② 개별화의 원리: 학습자가 지니고 있는 각자의 요구와 능력 등에 알맞은 학습활동의 기회를 마련해 주어야 한다는 원리
③ 직관의 원리: 이론을 통해 학습효과를 거둘 수 있다는 원리
④ 사회화의 원리: 학습내용을 현실사회의 사상과 문제를 기반으로 하여 학교에서 경험한 것과 사회에서 경험한 것을 교류시키고 공동학습을 통해서 협력적이고 우호적인 학습을 진행하는 원리
⑤ 통합의 원리: '학습을 총합적인 전체로서 지도하자' 원리로, 동시학습(Concomitant Learning)의 원리와 같음

| 해설 |

정답 ③

테마2. 공간(부품)배치의 원칙

○ 작업공간의 배치에 있어 구성요소(부품) 배치의 4원칙
1. 중요성의 원칙
2. 사용 빈도의 원칙
3. 기능별 배치(기능성)의 원칙 → 기능적으로 유사한 것은 모아서(집중) 배치.
4. 사용 순서의 원칙
* 암기법(중사기사 빈도와 순서!)

확인학습

01 기계나 설비를 작업공간에 배치하는 경우에 작업 성능을 향상시키기 위한 배치원칙이 아닌 것은?

① 중요성의 원칙
② 기능성의 원칙
③ 사용 심리의 원칙
④ 사용 빈도의 원칙
⑤ 사용 순서의 원칙

해설

정답 ③

02 부품배치의 원칙이 아닌 것은?

① 중요성의 원칙
② 사용 빈도의 원칙
③ 사용 순서의 원칙
④ 크기별 배치의 원칙
⑤ 기능별 배치의 원칙

해설

정답 ④

테마3. 가속수명시험(Accelerated Life Testing)

○ **스트레스 부과방법**

1) 일정형 스트레스 시험: 스트레스 부과 방법의 가장 대표적인 방법으로 시험 대상물에 일정한 수준의 스트레스를 시험 종결시간까지 유지하는 방법

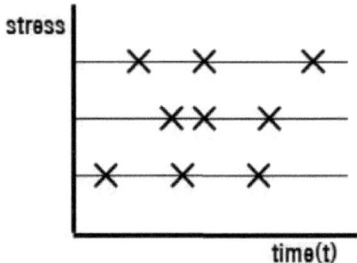

2) 점진형 스트레스 시험: 각 제품에 대하여 연속적으로 증가하는 스트레스에서 수명시험을 하는 방법으로 시간에 따른 스트레스의 변화량을 '스트레스 증가율'이라 한다.

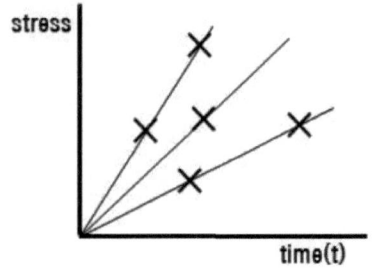

3) 계단형 스트레스 시험: 각 제품에 대하여 스트레스를 단계적으로 높여 가면서 시험하는 방법으로 스트레스 변경 시점의 결정기준에 따라 일정시간이 지난 후 시험수준을 높이는 비율-단계 시험으로 나누어진다.

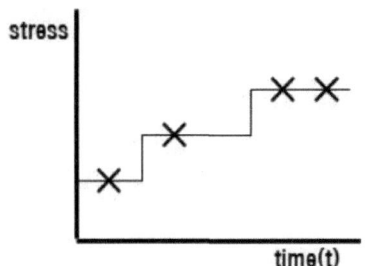

4) 주기적 스트레스 시험: 각 제품에 대하여 사인곡선과 같이 주기적으로 변하는 스트레스에서 수명시험을 하는 방법으로 금속부품들에 대하여 온도 또는 습도와 같은 스트레스의 부과 방법으로 많이 적용된다.

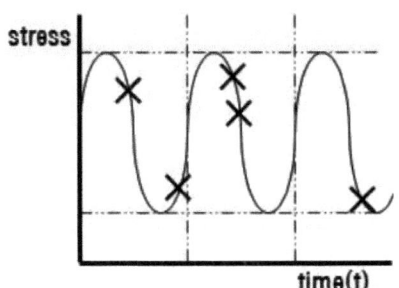

※ 사인곡선: 좌표평면 위에서 주기적인 모양을 갖는 곡선

확인학습

01 가속수명 시험방법에서 스트레스 부과방법이 아닌 것은?

① 일정형 스트레스시험
② 점진형 스트레스시험
③ 계단형 스트레스시험
④ 간접형 스트레스시험
⑤ 주기형 스트레스시험

> 해설

정답 ④

02 실린더 블록에 사용하는 가스켓의 수명 분포는 X~N(10000, 200^2)인 정규분포를 따른다. t=9600 시간일 경우에 신뢰도(R(t))는? (단, P(Z≤1)=0.8413, P(Z≤1.5)=0.9332, P(Z≤2)=0.9772, P(Z≤3)=0.9987이다.)

① 84.13%
② 93.32%
③ 97.72%
④ 99.87%
⑤ 99.92%

> 해설

정답 ③

03 신뢰성시험에 있어 가속수명시험에 관한 설명으로 옳은 것은?

① 가속수명시험시간이 와이불(Weibull) 분포를 따르는 경우, 가속계수의 값만 알면 가속시험 데이터에서 구한 평균고장률로부터 정상조건에서의 평균고장률을 구할 수 있다.
② 가속시험 데이터가 대수정규분포를 따른다면, 가속시험 때와 정상시험 때의 형상 모수는 다르게 되므로 형상모수에 가속계수를 곱하여야 한다.
③ 주기적으로 스트레스를 증가시키면서 가급적 모든 샘플이 고장이 날 때까지 행하는 가속수명시험을 계단형 스트레스(step stress) 시험이라 한다.
④ 온도 외에 전압 또는 습도 등 다른 스트레스까지 포함시킨 모델로는 아레니우스(Arrhenius)모델이 있다.
⑤ 스트레스로서 온도만을 고려하는 대표적인 모델로는 아이링(Eyring)모델이 있다.

해설

1. 가속수명시험의 스트레스 부가방법
   일정형, 계단형, 점진형, 주기형이 있다.

2. 가속시험모형의 종류
   환경스트레스 인자에 따라서 모형이 구분된다.
   1) 아레니우스 모형: 수명이 '온도'의 영향을 받을 때.
   2) 아이링 모형: 수명이 온도스트레스를 포함한 '2개의 인자'의 영향을 받을 때.
   3) 10℃ 법칙: 정상온도보다 10℃ 증가시키면서 가속수명시험을 하면 수명이 반으로 감소된다.
   4) α 승 법칙: '압력 또는 전압'을 가속인자로 사용하는 가속모델.

3. 가속수명시험 데이터 분석 방법
   1. 와이블 분포(weibull distribution)
      와이블 분포는 증가, 감소, 상수(지수분포) 고장률을 모두 다룰 수 있는 응용범위가 매우 넓은 분포이다. 각종 베어링류, 클러치, 피스톤, 모터, 밸브류, 압력용기, 콤프레서, 펌프, 윤활유 등을 포함한 각종 기계류 부품의 수명이 와이블 분포를 따르는 것으로 알려져 있다.
      모수(parameter)에는 척도모수와 형상(형태)모수가 있다.
   2. 지수분포
      사용시간에 따라 마모나 열화가 없는 고장률이 일정한 경우의 수명분포.
   3. 대수정규분포(log-normal distribution)
      수명(T)의 로그값 lnT가 정규분포를 따를 때, 수명(T)은 대수정규분포를 따른다고 한다. 왼편이 볼록한 분포로 어떤 사건의 위험도가 급격히 증가했다가 급격히 낮아지는 모형을 말한다.
      가속수명시험은 가속조건에서의 시험결과로 정상사용조건에서의 신뢰성을 추정하고자 하는 것으로 이를 위하여 우선적으로 알아야 하는 것은 가속조건과 정상사용조건 사이의 가속효과를 나타내는 '가속계수'(Acceleration Factor, AF)이며 다음과 같이 정의된다. 가속계수(AF)=가속조건에서의 수명÷정상 사용조건에서의 수명.
      가속계수를 알고 있다면 가속조건에서의 고장시간에 가속계수를 곱하여 정상사용조건에서의 고장시간을 구할 수 있다.

정답 ③

테마4. 권장무게한계 (RWL: Recommended Weight Limit)

권장무게한계 (RWL : Recommended Weight Limit)는 건강한 작업자가 특정한 들기작업에서 실제 작업시간 동안 허리에 무리를 주지 않고 요통의 위험 없이 들 수 있는 무게의 한계이다.

○ **미국산업안전보건원(NIOSH)의 들기지수**(1991년 개정, 1981)

NIOSH에서 개발한 들기지수는 NLE(NIOSH Lifting Equation)이다.

RWL=23kg × HM × VM × DM × AM × FM × CM

HM(수평계수) = 25 / 수평거리 → 25cm 일 경우 지수는 1.

VM(수직계수) → 75cm 일 경우 지수는 1.

DM(거리계수) → 25cm 일 경우 지수는 1.

AM(비대칭계수) → 1991년 개정에 처음 등장.

FM(빈도계수)

CM(결합계수) → 손잡이 유무, 1991년 개정에 처음 등장.

들기지수(LI: Lifting Index)를 구하려면 먼저 권장무게한계(RWL)를 구하고 실제 들려고 하는 중량의 무게를 RWL로 나누어 1보다 낮도록 관리하는 것이다.

RWL의 각 계수들은 0~1 사이의 값들로 각 계수가 모두 1일 때, 들기에 최적의 조건이 된다.

즉, 6개의 개수들이 작으면 들기에 불편하므로 들 수 있는 권장무게 한계가 줄어든다. 결론적으로 RWL이 클수록 좋은 것이다.

LI = 중량물의 무게 ÷ RWL

LI가 작을수록 좋으며 1보다 크면 요통의 발생위험이 높아진다.

확인학습

01 다음 [표]를 참고하여 각 시점과 종점의 권장무게 한계(RWL)를 옳게 구한 것은?(단, 개정된 NIOSH의 들기 작업 지침을 적용한다.)

	HM	VM	DM	AM	FM	CM
시점	1	0.955	0.87	1	0.88	0.95
종점	0.5	0.775	0.87	1	0.88	1

① 시점 : 15.98kg, 종점 : 6.82kg
② 시점 : 15.98kg, 종점 : 1.76kg
③ 시점 : 28.65kg, 종점 : 6.82kg
④ 시점 : 28.65kg, 종점 : 1.76kg
⑤ 시점 : 28.70kg, 종점 : 1.96kg

해설

정답 ①

02 NIOSH 들기지침에 관한 설명으로 옳지 않은 것은?

① OWAS, RULA, REBA 등이 평가기법으로 사용된다.
② 초기에는 양손 대칭 작업에만 적용할 수 있었으나, 그 이후에는 비대칭작업, 커플링(coupling) 효과가 추가되었다.
③ 이가이드는 역학적(epidemiological), 생체역학적(biomechanical), 생리학적(physiological), 심물리학적(psychophysical) 기준에 근거하여 개발되었다.
④ 권장무게한계(Recommended Weight of Limit)를 계산하여 제시하여 준다.
⑤ 들기작업지수(Lifting Index)를 계산하는데 LI는 실제 작업물의 무게와 권장무게 한계의 비율이며, LI값이 1.0보다 작아야 안전하다.

해설

자세를 평가하기 위한 방법으로 OWAS, RULA, REBA 등이 많이 사용되고 있지만 그 중 OWAS는 전신작업의 평가에 이용할 수 있는 작업 자세 평가 기법이다.

1. OWAS(Ovako Working Analysis System)

    핀란드 제철회사(Ovako)에서 1973년 개발되었다.

    특별한 기구 없이 관찰에 의해서만 작업자세를 평가한다.

    현장에서 기록 및 해석이 용이하다.

    현장성이 강하면서도 상지와 하지의 작업분석이 가능하며 작업대상물의 무게를 분석요인에 포함시킨다.

    단점으로는 상지나 하지 등 몸의 일부의 움직임이 적으면서도 반복하여 사용하는 작업에서는 차이를 파악하기 어렵다.

2. RULA(Rapid Upper Limb Assessment)

    1993년 신체부위 중 상지부의 작업자세를 평가하기 위해 개발된 것이다.

    RULA는 비교적 사용이 용이하고 작업분석을 수행하는데 인간공학 전문가의 정확한 분석 이전에 일차적인 분석도구로 유용하다.

    RULA는 작업자세 평가, 근육의 사용여부, 힘과 부하량의 평가 3부분으로 나누어 평가한다.

    작업자세 평가는 신체를 크게 두 부분(A군, B군)으로 나누어 평가하는데

    A군: 상완, 전완, 손목

    B군: 목, 다리, 허리

3. REBA(Rapid Entire Body Assessment)

    가장 최근에 개발된 REBA는 보건관리와 다른 서비스 산업에서 발견되는 예측할 수 없는 작업자세에 민감하게 잘 적응하기 위해 개발된 작업자세 분석도구로서 작업자의 움직임 단계를 관찰한 후 신체부위를 분할하여 각 신체부위에 부위별 점수를 부여한 후 점수코드 체제를 이용하는 분석하는 도구이다.

정답 ①

03
23kg의 부재를 제자리에서 들어 올리는 들기작업을 수행할 때 시작점에서 NIOSH의 들기작업공식에 의한 들기지수(LI)는?

○ 중량물과 몸통과의 수평거리(H)는 50cm이다.
○ 중량물을 들기 시작하는 손의 수직높이(V)는 75cm이다.
○ 중량물을 들어 올리는 수직이동거리(D)는 25cm이다.
○ 회전(A)은 발생하지 않는다.
○ 물체의 모양은 손으로 쉽게 잡을 수 있는 경우이다.(CM = 1.0)
○ 1시간 이내의 작업 이후 회복시간이 작업시간의 1.2배 정도 되는 짧은 수준의 작업으로서 빈도변수(FM)는 0.8이다.

① 1.25
② 1.50
③ 2.00
④ 2.50
⑤ 3.00

해설

정답 ④

04 동작경제의 원칙 중 신체사용에 관한 원칙에서 손목을 축으로 하는 손동작은 몇 등급에 해당되는가?

① 1등급
② 2등급
③ 3등급
④ 4등급
⑤ 5등급

해설

○ 동작경제의 원칙은 다음과 같이 세 부문으로 나누어 생각할 수 있다.
　1. 신체부위의 사용에 관한 동작경제의 원칙
　2. 작업장의 배치에 관한 동작경제의 원칙
　3. 도구와 설비의 설계에 관한 동작경제의 원칙이다.

○ **손동작의 일반적인 등급**
　1) 손가락의 동작
　2) 손가락과 팔목(손목)의 동작
　3) 손가락과 팔목과 앞 팔의 동작
　4) 손가락, 팔목, 앞 팔과 위팔의 동작
　5) 손가락, 팔목, 앞 팔, 위팔과 어깨의 동작
　이 등급은 자세를 어렵게 하는 정도의 순으로 매겼다.

정답 ②

05

20[kg]의 물건을 컨베이어($V_o = 75[cm]$)에서 작업대($V_d = 100[cm]$) 높이로 들어 올리는 작업을 수행하고 있다. 물체까지의 수평거리는 컨베이어, 작업대 모두 동일하다($H = 25[cm]$). 비틀림각도는 시점, 종점 모두 0도이다. 다음 NIOSH 들기 작업공식 분석 결과 중 옳지 않은 것은?(단, 거리계수(DM) = $0.82 + 4.5/D$)

구분	LC	HM	VM	DM	AM	FM	CM	RWL
시점	23	1	1	1	1	1	1	23
종점	23	1	0.925	㉠	1	1	1	㉡

① 시점에서의 들기 작업조건은 최적 작업조건범위 안에 있다.
② 이 작업은 위험성이 있는 것으로 판단되며, 개선의 필요성이 있다.
③ 종점에서의 거리계수(DM)인 ㉠값은 1이다.
④ 권장무게한계값(RWL) ㉡은 21.275[kg]이다.
⑤ 시점에서의 들기지수(LI)는 약 0.87이다.

해설

종점 DM: $0.82 + \dfrac{4.5}{100-75} = 1$

시점: RWL = 23 × 1 = 23

종점: RWL = 23 × 1 × 0.925 = 21.275

시점LI = $\dfrac{20}{23}$ = 0.87

종점LI = $\dfrac{20}{21.275}$ = 0.94

Lifting Index(LI) = $\dfrac{Weight}{RWL}$

○ RWL(Recommended weight limit, 권장무게한계)
 = LC(23kg) × HM × VM × DM × AM × FM × CM
 LC: (중량상수, 23kg: 최적 작업 상태 권장 최대 무게)
 HM: Horizontal multiplier(수평계수) → HM = 25/H
 VM: Vertical multiplier(수직계수) → VM = 1 − 0.003×(V−75)
 DM: Distance multiplier(거리계수, 물체를 수직이동시킨 거리) → DM = 0.82 + 4.5/D
 AM: Asymmetric multiplier(비대칭성계수, 신체중심에서 물건중심까지 비틀린 각도)
 → AM = 1 − 0.0032A
 FM: Frequency multiplier(빈도계수, 1분 동안 반복한 횟수)
 CM: Coupling multiplier(결합계수, 물체를 잡는데 따른 계수)

정답 ②

테마5. 안전계수

○ **안전계수**(Factor of Safety, Safety Factor)
제작품의 재질, 하중, 해석(시험)등의 구조적 불확실성에 대한 대비책으로 하중에 비해 재질이 어느 정도 여유를 가지는가를 나타낸다. 안전계수가 큰 값일수록 강도 여유를 많이 가진다.
- 안전계수 = (극한)강도 / (허용)응력

확인학습

01 극한강도가 60 MPa, 허용응력이 40 MPa일 경우 안전계수(S)는?

① 0.7
② 1.0
③ 1.5
④ 2.4
⑤ 2.8

해설

정답 ③

02 극한하중이 600N인 체인에 안전계수가 4일 때 체인의 정격하중(N)은?

① 130
② 140
③ 150
④ 160
⑤ 180

해설

정답 ③

테마6. 사업장 위험성 평가에 관한 지침 (시행: 2025. 1. 2.)

제1장 총칙

제1조(목적) 이 고시는 「산업안전보건법」 제36조에 따라 사업주가 스스로 사업장의 유해·위험요인에 대한 실태를 파악하고 이를 평가하여 관리·개선하는 등 필요한 조치를 통해 산업재해를 예방할 수 있도록 지원하기 위하여 위험성평가 방법, 절차, 시기 등에 대한 기준을 제시하고, 위험성평가 활성화를 위한 시책의 운영 및 지원사업 등 그 밖에 필요한 사항을 규정함을 목적으로 한다.

제2조(적용범위) 이 고시는 위험성평가를 실시하는 모든 사업장에 적용한다.

제3조(정의) ① 이 고시에서 사용하는 용어의 뜻은 다음과 같다.
1. "유해·위험요인"이란 유해·위험을 일으킬 잠재적 가능성이 있는 것의 고유한 특징이나 속성을 말한다.
2. "위험성"이란 유해·위험요인이 사망, 부상 또는 질병으로 이어질 수 있는 가능성과 중대성 등을 고려한 위험의 정도를 말한다.
3. "위험성평가"란 사업주가 스스로 유해·위험요인을 파악하고 해당 유해·위험요인의 위험성 수준을 결정하여, 위험성을 낮추기 위한 적절한 조치를 마련하고 실행하는 과정을 말한다.
4. "근로자"란 기간제, 단시간, 파견 등 고용형태 및 국적과 관계없이 「산업안전보건법」 제2조제3호에 따른 근로자를 말한다.

② 그 밖에 이 고시에서 사용하는 용어의 뜻은 이 고시에 특별히 정한 것이 없으면 「산업안전보건법」(이하 "법"이라 한다), 같은 법 시행령(이하 "영"이라 한다), 같은 법 시행규칙(이하 "규칙"이라 한다) 및 「산업안전보건기준에 관한 규칙」(이하 "안전보건규칙"이라 한다)에서 정하는 바에 따른다.

제4조(정부의 책무) ① 고용노동부장관(이하 "장관"이라 한다)은 사업장 위험성평가가 효과적으로 추진되도록 하기 위하여 다음 각 호의 사항을 강구하여야 한다.
1. 정책의 수립·집행·조정·홍보
2. 위험성평가 기법의 연구·개발 및 보급
3. 사업장 위험성평가 활성화 시책의 운영
4. 위험성평가 실시의 지원
5. 조사 및 통계의 유지·관리
6. 그 밖에 위험성평가에 관한 정책의 수립 및 추진

② 장관은 제1항 각 호의 사항 중 필요한 사항을 한국산업안전보건공단(이하 "공단"이라 한다)으로 하여금 수행하게 할 수 있다.

제2장 사업장 위험성평가

제5조(위험성평가 실시주체) ① 사업주는 스스로 사업장의 유해·위험요인을 파악하고 이를 평가하여 관리 개선하는 등 위험성평가를 실시하여야 한다.

② 법 제63조에 따른 작업의 일부 또는 전부를 도급에 의하여 행하는 사업의 경우는 도급을 준 도급인(이하 "도급사업주"라 한다)과 도급을 받은 수급인(이하 "수급사업주"라 한다)은 각각 제1항에 따른 위험성평가를 실시하여야 한다.

③ 제2항에 따른 도급사업주는 수급사업주가 실시한 위험성평가 결과를 검토하여 도급사업주가 개선할 사항이 있는 경우 이를 개선하여야 한다.

제5조의2(위험성평가의 대상) ① 위험성평가의 대상이 되는 유해·위험요인은 업무 중 근로자에게 노출된 것이 확인되었거나 노출될 것이 합리적으로 예견 가능한 모든 유해·위험요인이다. 다만, 매우 경미한 부상 및 질병만을 초래할 것으로 명백히 예상되는 유해·위험요인은 평가 대상에서 제외할 수 있다.

② 사업주는 사업장 내 부상 또는 질병으로 이어질 가능성이 있었던 상황(이하 "아차사고"라 한다)을 확인한 경우에는 해당 사고를 일으킨 유해·위험요인을 위험성평가의 대상에 포함시켜야 한다.
③ 사업주는 사업장 내에서 법 제2조제2호의 중대재해가 발생한 때에는 지체 없이 중대재해의 원인이 되는 유해·위험요인에 대해 제15조제2항의 위험성평가를 실시하고, 그 밖의 사업장 내 유해·위험요인에 대해서는 제15조제3항의 위험성평가 재검토를 실시하여야 한다.

제6조(근로자 참여) 사업주는 위험성평가를 실시할 때, 법 제36조제2항에 따라 다음 각 호에 해당하는 경우 해당 작업에 종사하는 근로자를 참여시켜야 한다.
1. 유해·위험요인의 위험성 수준을 판단하는 기준을 마련하고, 유해·위험요인별로 허용 가능한 위험성 수준을 정하거나 변경하는 경우
2. 해당 사업장의 유해·위험요인을 파악하는 경우
3. 유해·위험요인의 위험성이 허용 가능한 수준인지 여부를 결정하는 경우
4. 위험성 감소대책을 수립하여 실행하는 경우
5. 위험성 감소대책 실행 여부를 확인하는 경우

제7조(위험성평가의 방법) ① 사업주는 다음과 같은 방법으로 위험성평가를 실시하여야 한다.
1. 안전보건관리책임자 등 해당 사업장에서 사업의 실시를 총괄 관리하는 사람에게 위험성평가의 실시를 총괄 관리하게 할 것
2. 사업장의 안전관리자, 보건관리자 등이 위험성평가의 실시에 관하여 안전보건관리책임자를 보좌하고 지도·조언하게 할 것
3. 유해·위험요인을 파악하고 그 결과에 따른 개선조치를 시행할 것
4. 기계·기구, 설비 등과 관련된 위험성평가에는 해당 기계·기구, 설비 등에 전문 지식을 갖춘 사람을 참여하게 할 것
5. 안전·보건관리자의 선임의무가 없는 경우에는 제2호에 따른 업무를 수행할 사람을 지정하는 등 그 밖에 위험성평가를 위한 체제를 구축할 것

② 사업주는 제1항에서 정하고 있는 자에 대해 위험성평가를 실시하기 위해 필요한 교육을 실시하여야 한다. 이 경우 위험성평가에 대해 외부에서 교육을 받았거나, 관련학문을 전공하여 관련 지식이 풍부한 경우에는 필요한 부분만 교육을 실시하거나 교육을 생략할 수 있다.
③ 사업주가 위험성평가를 실시하는 경우에는 산업안전·보건 전문가 또는 전문기관의 컨설팅을 받을 수 있다.
④ 사업주가 다음 각 호의 어느 하나에 해당하는 제도를 이행한 경우에는 그 부분에 대하여 이 고시에 따른 위험성평가를 실시한 것으로 본다.
1. 위험성평가 방법을 적용한 안전·보건진단(법 제47조)
2. 공정안전보고서(법 제44조). 다만, 공정안전보고서의 내용 중 공정위험성 평가서가 최대 4년 범위 이내에서 정기적으로 작성된 경우에 한한다.
3. 근골격계부담작업 유해요인조사(안전보건규칙 제657조부터 제662조까지)
4. 그 밖에 법과 이 법에 따른 명령에서 정하는 위험성평가 관련 제도

⑤ 사업주는 사업장의 규모와 특성 등을 고려하여 다음 각 호의 위험성평가 방법 중 한 가지 이상을 선정하여 위험성평가를 실시할 수 있다.
1. 위험 가능성과 중대성을 조합한 빈도·강도법
2. 체크리스트(Checklist)법
3. 위험성 수준 3단계(저·중·고) 판단법
4. 핵심요인 기술(One Point Sheet)법
5. 그 외 규칙 제50조제1항제2호 각 목의 방법

제8조(위험성평가의 절차) 사업주는 위험성평가를 다음의 절차에 따라 실시하여야 한다. 다만, 상시근로자 5인 미만

사업장(건설공사의 경우 1억원 미만)의 경우 제1호의 절차를 생략할 수 있다.
1. 사전준비
2. 유해·위험요인 파악
3. 삭제
4. 위험성 결정
5. 위험성 감소대책 수립 및 실행
6. 위험성평가 실시내용 및 결과에 관한 기록 및 보존

제9조(사전준비) ① 사업주는 위험성평가를 효과적으로 실시하기 위하여 최초 위험성평가시 다음 각 호의 사항이 포함된 위험성평가 실시규정을 작성하고, 지속적으로 관리하여야 한다.
1. 평가의 목적 및 방법
2. 평가담당자 및 책임자의 역할
3. 평가시기 및 절차
4. 근로자에 대한 참여·공유방법 및 유의사항
5. 결과의 기록·보존

② 사업주는 위험성평가를 실시하기 전에 다음 각 호의 사항을 확정하여야 한다.
1. 위험성의 수준과 그 수준을 판단하는 기준
2. 허용 가능한 위험성의 수준(이 경우 법에서 정한 기준 이상으로 위험성의 수준을 정하여야 한다)

③ 사업주는 다음 각 호의 사업장 안전보건정보를 사전에 조사하여 위험성평가에 활용할 수 있다.
1. 작업표준, 작업절차 등에 관한 정보
2. 기계·기구, 설비 등의 사양서, 물질안전보건자료(MSDS) 등의 유해·위험요인에 관한 정보
3. 기계·기구, 설비 등의 공정 흐름과 작업 주변의 환경에 관한 정보
4. 법 제63조에 따른 작업을 하는 경우로서 같은 장소에서 사업의 일부 또는 전부를 도급을 주어 행하는 작업이 있는 경우 혼재 작업의 위험성 및 작업 상황 등에 관한 정보
5. 재해사례, 재해통계 등에 관한 정보
6. 작업환경측정결과, 근로자 건강진단결과에 관한 정보
7. 그 밖에 위험성평가에 참고가 되는 자료 등

제10조(유해·위험요인 파악) 사업주는 사업장 내의 제5조의2에 따른 유해·위험요인을 파악하여야 한다. 이때 업종, 규모 등 사업장 실정에 따라 다음 각 호의 방법 중 어느 하나 이상의 방법을 사용하되, 특별한 사정이 없으면 제1호에 의한 방법을 포함하여야 한다.
1. 사업장 순회점검에 의한 방법
2. 근로자들의 상시적 제안에 의한 방법
3. 설문조사·인터뷰 등 청취조사에 의한 방법
4. 물질안전보건자료, 작업환경측정결과, 특수건강진단결과 등 안전보건 자료에 의한 방법
5. 안전보건 체크리스트에 의한 방법
6. 그 밖에 사업장의 특성에 적합한 방법

제11조(위험성 결정) ① 사업주는 제10조에 따라 파악된 유해·위험요인이 근로자에게 노출되었을 때의 위험성을 제9조제2항제1호에 따른 기준에 의해 판단하여야 한다.

② 사업주는 제1항에 따라 판단한 위험성의 수준이 제9조제2항제2호에 의한 허용 가능한 위험성의 수준인지 결정하여야 한다.

제12조(위험성 감소대책 수립 및 실행) ① 사업주는 제11조제2항에 따라 허용 가능한 위험성이 아니라고 판단한 경우에는 위험성의 수준, 영향을 받는 근로자 수 및 다음 각 호의 순서를 고려하여 위험성 감소를 위한 대책을 수립하여 실행하여야 한다. 이 경우 법령에서 정하는 사항과 그 밖에 근로자의 위험 또는 건강장해를 방지하기 위

하여 필요한 조치를 반영하여야 한다.
1. 위험한 작업의 폐지·변경, 유해·위험물질 대체 등의 조치 또는 설계나 계획 단계에서 위험성을 제거 또는 저감하는 조치
2. 연동장치, 환기장치 설치 등의 공학적 대책
3. 사업장 작업절차서 정비 등의 관리적 대책
4. 개인용 보호구의 사용

② 사업주는 위험성 감소대책을 실행한 후 해당 공정 또는 작업의 위험성의 수준이 사전에 자체 설정한 허용 가능한 위험성의 수준인지를 확인하여야 한다.
③ 제2항에 따른 확인 결과, 위험성이 자체 설정한 허용 가능한 위험성 수준으로 내려오지 않는 경우에는 허용 가능한 위험성 수준이 될 때까지 추가의 감소대책을 수립·실행하여야 한다.
④ 사업주는 중대재해, 중대산업사고 또는 심각한 질병이 발생할 우려가 있는 위험성으로서 제1항에 따라 수립한 위험성 감소대책의 실행에 많은 시간이 필요한 경우에는 즉시 잠정적인 조치를 강구하여야 한다.

제13조(위험성평가의 공유) ① 사업주는 위험성평가를 실시한 결과 중 다음 각 호에 해당하는 사항을 근로자에게 게시, 주지 등의 방법으로 알려야 한다.
1. 근로자가 종사하는 작업과 관련된 유해·위험요인
2. 제1호에 따른 유해·위험요인의 위험성 결정 결과
3. 제1호에 따른 유해·위험요인의 위험성 감소대책과 그 실행 계획 및 실행 여부
4. 제3호에 따른 위험성 감소대책에 따라 근로자가 준수하거나 주의하여야 할 사항

② 사업주는 위험성평가 결과 법 제2조제2호의 중대재해로 이어질 수 있는 유해·위험요인에 대해서는 작업 전 안전점검회의(TBM: Tool Box Meeting) 등을 통해 근로자에게 상시적으로 주지시키도록 노력하여야 한다.

제14조(기록 및 보존) ① 규칙 제37조제1항제4호에 따른 "그 밖에 위험성평가의 실시내용을 확인하기 위하여 필요한 사항으로서 고용노동부장관이 정하여 고시하는 사항"이란 다음 각 호에 관한 사항을 말한다.
1. 위험성평가를 위해 사전조사 한 안전보건정보
2. 그 밖에 사업장에서 필요하다고 정한 사항

② 시행규칙 제37조제2항의 기록의 최소 보존기한은 제15조에 따른 실시 시기별 위험성평가를 완료한 날부터 기산한다.

제15조(위험성평가의 실시 시기) ① 사업주는 사업이 성립된 날(사업 개시일을 말하며, 건설업의 경우 실착공일을 말한다)로부터 1개월이 되는 날까지 제5조의2제1항에 따라 위험성평가의 대상이 되는 유해·위험요인에 대한 최초 위험성평가의 실시에 착수하여야 한다. 다만, 1개월 미만의 기간 동안 이루어지는 작업 또는 공사의 경우에는 특별한 사정이 없는 한 작업 또는 공사 개시 후 지체 없이 최초 위험성평가를 실시하여야 한다.

② 사업주는 다음 각 호의 어느 하나에 해당하여 추가적인 유해·위험요인이 생기는 경우에는 해당 유해·위험요인에 대한 수시 위험성평가를 실시하여야 한다. 다만, 제5호에 해당하는 경우에는 재해발생 작업을 대상으로 작업을 재개하기 전에 실시하여야 한다.
1. 사업장 건설물의 설치·이전·변경 또는 해체
2. 기계·기구, 설비, 원재료 등의 신규 도입 또는 변경
3. 건설물, 기계·기구, 설비 등의 정비 또는 보수(주기적·반복적 작업으로서 이미 위험성평가를 실시한 경우에는 제외)
4. 작업방법 또는 작업절차의 신규 도입 또는 변경
5. 중대산업사고 또는 산업재해(휴업 이상의 요양을 요하는 경우에 한정한다) 발생
6. 그 밖에 사업주가 필요하다고 판단한 경우

③ 사업주는 다음 각 호의 사항을 고려하여 제1항에 따라 실시한 위험성평가의 결과에 대한 적정성을 1년마다 정기적으로 재검토(이때, 해당 기간 내 제2항에 따라 실시한 위험성평가의 결과가 있는 경우 함께 적정성을 재검토하여야 한다)하여야 한다. 재검토 결과 허용 가능한 위험성 수준이 아니라고 검토된 유해·위험요인에 대

해서는 제12조에 따라 위험성 감소대책을 수립하여 실행하여야 한다.
1. 기계·기구, 설비 등의 기간 경과에 의한 성능 저하
2. 근로자의 교체 등에 수반하는 안전·보건과 관련되는 지식 또는 경험의 변화
3. 안전·보건과 관련되는 새로운 지식의 습득
4. 현재 수립되어 있는 위험성 감소대책의 유효성 등

④ 사업주가 사업장의 상시적인 위험성평가를 위해 다음 각 호의 사항을 이행하는 경우 제2항과 제3항의 수시평가와 정기평가를 실시한 것으로 본다.
1. 매월 1회 이상 근로자 제안제도 활용, 아차사고 확인, 작업과 관련된 근로자를 포함한 사업장 순회점검 등을 통해 사업장 내 유해·위험요인을 발굴하여 제11조의 위험성결정 및 제12조의 위험성 감소대책 수립·실행을 할 것
2. 매주 안전보건관리책임자, 안전관리자, 보건관리자, 관리감독자 등(도급사업주의 경우 수급사업장의 안전·보건 관련 관리자 등을 포함한다)을 중심으로 제1호의 결과 등을 논의·공유하고 이행상황을 점검할 것
3. 매 작업일마다 제1호와 제2호의 실시결과에 따라 근로자가 준수하여야 할 사항 및 주의하여야 할 사항을 작업 전 안전점검회의 등을 통해 공유·주지할 것

제3장 위험성평가 인정

제16조(인정의 신청) ① 장관은 소규모 사업장의 위험성평가를 활성화하기 위하여 위험성평가 활동이 일정 수준 이상인 사업장에 대해 인정하는 사업을 운영할 수 있다. 이 경우 인정을 신청할 수 있는 사업장은 다음 각 호와 같다.
1. 상시 근로자 수 100명 미만 사업장(건설공사를 제외한다). 이 경우 법 제63조에 따른 작업의 일부 또는 전부를 도급에 의하여 행하는 사업의 경우는 도급사업주의 사업장(이하 "도급사업장"이라 한다)과 수급사업주의 사업장(이하 "수급사업장"이라 한다) 각각의 근로자수를 이 규정에 의한 상시 근로자 수로 본다.
2. 총 공사금액 120억원(토목공사는 150억원) 미만의 건설공사

② 제2장에 따른 위험성평가를 실시한 사업장으로서 해당 사업장을 제1항의 인정을 받고자 하는 사업주는 별지 제1호서식의 위험성평가 인정신청서를 해당 사업장을 관할하는 공단 광역본부장·지역본부장·지사장에게 제출하여야 한다.
③ 제2항에 따른 인정신청은 위험성평가 인정을 받고자 하는 단위 사업장(또는 건설공사)으로 한다. 다만, 다음 각 호의 어느 하나에 해당하는 사업장은 인정신청을 할 수 없다.
1. 제22조에 따라 인정이 취소된 날부터 1년이 경과하지 아니한 사업장
2. 최근 1년 이내에 제22조제1항 제2호부터 제4호까지의 규정 중 어느 하나에 해당하는 사유가 있는 사업장
④ 법 제63조에 따른 작업의 일부 또는 전부를 도급에 의하여 행하는 사업장의 경우에는 도급사업장의 사업주가 수급사업장을 일괄하여 인정을 신청하여야 한다. 이 경우 인정신청에 포함하는 해당 수급사업장 명단을 신청서에 기재(건설공사를 제외한다)하여야 한다.
⑤ 제4항에도 불구하고 수급사업장이 제19조에 따른 인정을 별도로 받았거나, 법 제17조에 따른 안전관리자 또는 같은 법 제18조에 따른 보건관리자 선임대상인 경우에는 제4항에 따른 인정신청에서 해당 수급사업장을 제외할 수 있다.

제17조(인정심사) ① 공단은 위험성평가 인정신청서를 제출한 사업장에 대해 다음 각 호에서 정하는 항목에 대해 별표의 기준에 따라 인정 여부를 심사(이하 "인정심사"라 한다)하여야 한다.
1. 사업주의 관심도
2. 위험성평가 실행수준
3. 구성원의 참여 및 이해 수준
4. 재해발생 수준

② 공단 광역본부장·지역본부장·지사장은 소속 직원으로 하여금 사업장을 방문하여 제1항의 인정심사(이하 "현장심사"라 한다)를 하도록 하여야 한다. 이 경우 현장심사는 현장심사 전일을 기준으로 최초인정은 최근 1년, 최초인정 후 다시 인정(이하 "재인정"이라 한다)하는 것은 최근 3년 이내에 실시한 위험성평가를 대상으로 한다.

③ 제2항에 따른 현장심사 결과는 제18조에 따른 인정심사위원회에 보고하여야 하며, 인정심사위원회는 현장심사 결과 등으로 인정심사를 하여야 한다.
④ 제16조제4항에 따른 도급사업장의 인정심사는 도급사업장과 인정을 신청한 수급사업장(건설공사의 수급사업장은 제외한다)에 대하여 각각 실시하여야 한다. 이 경우 도급사업장의 인정심사는 사업장 내의 모든 수급사업장을 포함한 사업장 전체를 종합적으로 실시하여야 한다.
⑤ 인정심사의 운영에 필요한 세부사항은 고용노동부장관의 승인을 거쳐 공단 이사장이 정한다.

제18조(인정심사위원회의 구성·운영) ① 공단은 위험성평가 인정과 관련한 다음 각 호의 사항을 심의·의결하기 위하여 각 광역본부·지역본부·지사에 위험성평가 인정심사위원회를 두어야 한다.
1. 인정 여부의 결정
2. 인정취소 여부의 결정
3. 인정과 관련한 이의신청에 대한 심사 및 결정
4. 심사항목 및 심사기준의 개정 건의
5. 그 밖에 인정 업무와 관련하여 위원장이 회의에 부치는 사항

② 인정심사위원회는 공단 광역본부장·지역본부장·지사장을 위원장으로 하고, 관할 지방고용노동관서 산재예방지도과장(산재예방지도과가 설치되지 않은 관서는 근로개선지도과장)을 당연직 위원으로 하여 5명 이상 10명 이하의 내·외부 위원으로 구성하여야 한다. 이때 외부 위원의 수는 위원장을 제외한 위원 수의 2분의 1 이상으로 한다.
③ 외부위원은 다음 각 호에 해당하는 사람 중에서 위원장이 위촉한다.
1. 노동계·경영계를 대표하는 단체의 산업안전보건 업무 관련자
2. 법에 따른 산업안전지도사 또는 산업보건지도사
3. 「국가기술자격법」에 따른 안전·보건 분야의 기술사
4. 「국가기술자격법」에 따른 안전·보건 분야의 기사 자격 또는 「의료법」 제78조에 따른 산업전문간호사 면허를 취득하고 안전·보건 분야 경력이 10년 이상인 사람
5. 전문대학 이상의 학교에서 안전·보건 분야 관련 학과 조교수 이상인 사람
6. 안전·보건 분야 박사학위 소지자로 안전·보건 분야 실무경력이 5년 이상인 사람
7. 「의료법」 제77조에 따른 직업환경의학과 전문의
8. 그 밖에 위원장이 자격이 있다고 인정하는 사람

④ 그 밖에 인정심사위원회의 운영에 관하여 필요한 사항은 고용노동부장관의 승인을 거쳐 공단 이사장이 정한다.

제19조(위험성평가의 인정) ① 공단은 인정신청 사업장에 대한 현장심사를 완료한 날부터 1개월 이내에 인정심사위원회의 심의·의결을 거쳐 인정 여부를 결정하여야 한다. 이 경우 다음의 기준을 충족하는 경우에만 인정을 결정하여야 한다.
1. 제2장에서 정한 방법, 절차 등에 따라 위험성평가를 수행한 사업장
2. 현장심사 결과 제17조제1항 각 호의 평가점수가 100점 만점에 70점을 미달하는 항목이 없고 종합점수가 100점 만점에 90점 이상인 사업장

② 인정심사위원회는 제1항의 인정 기준을 충족하는 사업장의 경우에도 인정심사위원회를 개최하는 날을 기준으로 최근 1년 이내에 제22조제1항 각 호에 해당하는 사유가 있는 사업장에 대하여는 인정하지 아니한다.
③ 공단은 제1항에 따라 인정을 결정한 사업장에 대해서는 별지 제2호서식의 인정서를 발급하여야 한다. 이 경우 제17조제4항에 따른 인정심사를 한 경우에는 인정심사 기준을 만족하는 도급사업장과 수급사업장에 대해 각각 인정서를 발급하여야 한다.
④ 위험성평가 인정 사업장의 유효기간은 제1항에 따른 인정이 결정된 날부터 3년으로 한다. 다만, 제22조에 따라 인정이 취소된 경우에는 인정취소 사유 발생일 전날까지로 한다.
⑤ 위험성평가 인정을 받은 사업장 중 사업이 법인격을 갖추어 사업장관리번호가 변경되었으나 다음 각 호의 사

항을 증명하는 서류를 공단에 제출하여 동일 사업장임을 인정받을 경우 변경 후 사업장을 위험성평가 인정 사업장으로 한다. 이 경우 인정기간의 만료일은 변경 전 사업장의 인정기간 만료일로 한다.
1. 변경 전·후 사업장의 소재지가 동일할 것
2. 변경 전 사업의 사업주가 변경 후 사업의 대표이사가 되었을 것
3. 변경 전 사업과 변경 후 사업간 시설·인력·자금 등에 대한 권리·의무의 전부를 포괄적으로 양도·양수하였을 것

제20조(재인정) ① 사업주는 제19조제4항 본문에 따른 인정 유효기간이 만료되어 재인정을 받으려는 경우에는 제16조제2항에 따른 인정신청서를 제출하여야 한다. 이 경우 인정신청서 제출은 유효기간 만료일 3개월 전부터 할 수 있다.
② 제1항에 따른 재인정을 신청한 사업장에 대한 심사 등은 제16조부터 제19조까지의 규정에 따라 처리한다.
③ 재인정 사업장의 인정 유효기간은 제19조제4항에 따른다. 이 경우, 재인정 사업장의 인정 유효기간은 이전 위험성평가 인정 유효기간의 만료일 다음날부터 새로 계산한다.

제21조(인정사업장 사후점검) ① 공단은 제19조제3항 및 제20조에 따라 인정을 받은 사업장이 위험성평가를 효과적으로 유지하고 있는지 확인하기 위하여 인정기간 중 1회 이상 사후점검을 할 수 있다. 다만, 사후점검일 기준 잔여공사기간이 3개월 미만인 건설공사는 제외할 수 있다.
② 사후점검은 직전 현장심사를 받은 이후에 사업장에서 실시한 위험성평가에 대해 현장점검을 하는 것으로 하며, 해당 사업장이 제19조에 따른 인정 기준을 유지하는지 여부 및 수립한 위험성 감소대책을 충실히 이행하고 있는지 여부를 확인하여야 한다.

제22조(인정의 취소) ① 위험성평가 인정사업장에서 인정 유효기간 중에 다음 각 호의 어느 하나에 해당하는 사업장은 인정을 취소하여야 한다.
1. 거짓 또는 부정한 방법으로 인정을 받은 사업장
2. 인정기간 중 다음 각 목의 어느 하나에 해당하는 중대재해가 발생한 사업장. 다만, 법 제5조에 따른 사업주의 의무와 직접적으로 관련이 없는 재해로서 「고용보험 및 산업재해보상보험의 보험료징수 등에 관한 법률 시행령」 제18조의5제1항에서 정하는 사유는 제외한다.
    가. 사망자가 1명 이상 발생한 재해
    나. 3개월 이상의 요양이 필요한 부상자가 동시에 2명 이상 발생한 재해
    다. 부상자 또는 직업성 질병자가 동시에 10명 이상 발생한 재해
3. 근로자의 부상(3일 이상의 휴업)을 동반한 중대산업사고 발생사업장
4. 법 제10조에 따른 산업재해 발생건수, 재해율 또는 그 순위 등이 공표된 사업장(영 제10조제1항제1호 및 제5호에 한정한다)
5. 제21조에 따른 사후점검을 거부하거나 점검 결과 다음 각 목의 어느 하나의 사유가 확인된 사업장
    가. 제19조에 따른 인정기준을 충족하지 못한 경우
    나. 현장심사 또는 사후점검에서 개선하도록 지적된 사항을 이행하지 않아 조치 기간을 부여하였음에도 이행하지 않은 것이 확인된 경우
6. 사업주가 자진하여 인정 취소를 요청한 사업장
7. 그 밖에 인정취소가 필요하다고 공단 광역본부장·지역본부장 또는 지사장이 인정한 사업장
② 공단은 제1항에 해당하는 사업장에 대해서는 인정심사위원회에 상정하여 인정취소 여부를 결정하여야 한다. 이 경우 해당 사업장에는 소명의 기회를 부여하여야 한다.
③ 제2항에 따라 인정심사위원회가 인정취소를 결정한 경우 인정취소일은 제1항에 따른 인정취소 사유가 발생한 날로 한다.

제23조(위험성평가 지원사업) ① 장관은 사업장의 위험성평가를 지원하기 위하여 공단 이사장으로 하여금 다음 각 호의 위험성평가 사업을 추진하게 할 수 있다.
1. 추진기법 및 모델, 기술자료 등의 개발·보급
2. 우수 사업장 발굴 및 홍보

3. 사업장 관계자에 대한 교육
4. 사업장 컨설팅
5. 전문가 양성
6. 지원시스템 구축·운영
7. 인정사업의 운영
8. 그 밖에 위험성평가 추진에 관한 사항

② 공단 이사장은 제1항에 따른 사업을 추진하는 경우 고용노동부와 협의하여 추진하고 추진결과 및 성과를 분석하여 매년 1회 이상 장관에게 보고하여야 한다.

제24조(위험성평가 교육지원) ① 공단은 제23조제1항에 따라 사업장의 위험성평가를 지원하기 위하여 다음 각 호의 교육과정을 개설하여 운영할 수 있다.

1. 사업주 교육
2. 평가담당자 교육
3. 실무 역량 지원 교육

② 공단은 제1항에 따른 교육과정을 광역본부·지역본부·지사 또는 산업안전보건교육원(이하 "교육원"이라 한다)에 개설하여 운영하여야 한다.

③ 제1항제2호 및 제3호에 따른 교육을 수료한 근로자에 대해서는 해당 시기에 사업주가 실시해야 하는 관리감독자 교육을 수료한 시간만큼 실시한 것으로 본다.

제25조(위험성평가 컨설팅지원) ① 공단은 근로자 수 50명 미만 소규모 사업장(건설업의 경우 전년도에 공시한 시공능력 평가액 순위가 200위 초과인 종합건설업체 본사 또는 총 공사금액 120억원(토목공사는 150억원)미만인 건설공사를 말한다)의 사업주로부터 제5조제3항에 따른 컨설팅지원을 요청 받은 경우에 위험성평가 실시에 대한 컨설팅지원을 할 수 있다.

② 제1항에 따른 공단의 컨설팅지원을 받으려는 사업주는 사업장 관할의 공단 광역본부장·지역본부장·지사장에게 지원 신청을 하여야 한다.

③ 제2항에도 불구하고 공단 광역본부장·지역본부·지사장은 재해예방을 위하여 필요하다고 판단되는 사업장을 직접 선정하여 컨설팅을 지원할 수 있다.

제26조(지원 신청 등) ① 제24조에 따른 교육지원 신청은 별지 제3호서식에 따르며 제25조에 따른 컨설팅지원 신청은 별지 제4호서식에 따른다. 다만, 제24조제1항제3호에 따른 교육의 신청 및 비용 등은 교육원이 정하는 바에 따른다.

② 제24조제1항에 따라 사업주 교육 및 평가담당자 교육을 실시하는 기관의 장은 교육 이수자에 대하여 별지 제5호서식 또는 별지 제6호서식에 따른 교육 확인서를 발급하여야 한다.

③ 공단은 예산이 허용하는 범위에서 사업장이 제24조에 따른 교육지원과 제25조에 따른 컨설팅지원을 민간기관에 위탁하고 그 비용을 지급할 수 있으며, 이에 필요한 지원 대상, 비용지급 방법 및 기관 관리 등 세부적인 사항은 공단 이사장이 정할 수 있다.

④ 공단은 사업주가 위험성평가 감소대책의 실행을 위하여 해당 시설 및 기기 등에 대하여 「산업재해예방시설자금 융자금 지원사업 및 보조금 지급사업 업무 처리규칙」에 따라 보조금 또는 융자금을 신청한 경우에는 우선하여 지원할 수 있다.

⑤ 공단은 제19조에 따른 위험성평가 인정 또는 제20조에 따른 재인정, 제22조에 따른 인정 취소를 결정한 경우에는 결정일부터 3일 이내에 인정일 또는 재인정일, 인정취소일 및 사업장명, 소재지, 업종, 근로자 수, 인정 유효기간 등의 현황을 지방고용노동관서 산재예방지도과(산재예방지도과가 설치되지 않은 관서는 근로개선지도과)로 보고하여야 한다. 다만, 위험성평가 지원시스템 또는 그 밖의 방법으로 지방고용노동관서에서 인정사업장 현황을 실시간으로 파악할 수 있는 경우에는 그러하지 아니한다.

제27조(인정사업장 등에 대한 혜택) ① 장관은 위험성평가 인정사업장에 대하여는 제19조 및 제20조에 따른 인정 유효기간 동안 사업장 안전보건 감독을 유예할 수 있다.

② 제1항에 따라 유예하는 안전보건 감독은 「근로감독관 집무규정(산업안전보건)」 제10조제1항에 따른 사업장 안전보건감독 종합계획에서 정한 감독·점검 중 장관이 별도로 지정한 감독·점검으로 한정한다.
③ 장관은 위험성평가를 실시하였거나, 위험성평가를 실시하고 인정을 받은 사업장에 대해서는 정부 포상 또는 표창의 우선 추천 및 그 밖의 혜택을 부여할 수 있다.

제28조(재검토기한) 고용노동부장관은 이 고시에 대하여 2025년 1월 1일 기준으로 매 3년이 되는 시점(매 3년째의 12월 31일까지를 말한다)마다 그 타당성을 검토하여 개선 등의 조치를 하여야 한다.

확인학습

01 사업장 위험성평가에 관한 지침에 따라 위험성평가 실시규정을 작성할 때 반드시 포함되어야 할 사항이 아닌 것은? [2024년 기출]

① 평가의 목적 및 방법
② 결과의 기록·보존
③ 위험성평가 인정신청서 작성방법
④ 근로자에 대한 참여·공유방법 및 유의사항
⑤ 평가담당자 및 책임자의 역할

해설

정답 ③

02 사업장 위험성 평가에 관한 지침에서 위험성평가의 실시에 관한 내용으로 옳지 않은 것은? [2022년 기출]

① 위험성평가는 최초평가 및 수시평가, 정기평가로 구분하여 실시하여야 한다.
② 최초평가 및 정기평가는 전체작업을 대상으로 한다.
③ 중대산업사고 또는 산업재해(휴업 이상의 요양을 요하는 경우에 한정한다) 발생 시에는 재해발생 작업을 대상으로 작업을 재개하기 전에 수시평가를 실시하여야 한다.
④ 사업장 건설물의 설치·이전·변경 또는 해체 계획이 있는 경우에는 해당 계획의 실행을 착수하기 전에 수시평가를 실시하여야 한다.
⑤ 정기평가는 최초평가 후 2년에 1회 실시하여야 한다.

> 해설

제15조(위험성평가의 실시 시기) ① 사업주는 사업이 성립된 날(사업 개시일을 말하며, 건설업의 경우 실착공일을 말한다)로부터 1개월이 되는 날까지 제5조의2 제1항에 따라 위험성평가의 대상이 되는 유해·위험요인에 대한 최초 위험성평가의 실시에 착수하여야 한다. 다만, 1개월 미만의 기간 동안 이루어지는 작업 또는 공사의 경우에는 특별한 사정이 없는 한 작업 또는 공사 개시 후 지체 없이 최초 위험성평가를 실시하여야 한다.

② 사업주는 다음 각 호의 어느 하나에 해당하여 추가적인 유해·위험요인이 생기는 경우에는 해당 유해·위험요인에 대한 수시 위험성평가를 실시하여야 한다. 다만, 제5호에 해당하는 경우에는 재해발생 작업을 대상으로 작업을 재개하기 전에 실시하여야 한다.

1. 사업장 건설물의 설치·이전·변경 또는 해체
2. 기계·기구, 설비, 원재료 등의 신규 도입 또는 변경
3. 건설물, 기계·기구, 설비 등의 정비 또는 보수(주기적·반복적 작업으로서 이미 위험성평가를 실시한 경우에는 제외)
4. 작업방법 또는 작업절차의 신규 도입 또는 변경
5. 중대산업사고 또는 산업재해(휴업 이상의 요양을 요하는 경우에 한정한다) 발생
6. 그 밖에 사업주가 필요하다고 판단한 경우

③ 사업주는 다음 각 호의 사항을 고려하여 제1항에 따라 실시한 위험성평가의 결과에 대한 적정성을 1년마다 정기적으로 재검토(이때, 해당 기간 내 제2항에 따라 실시한 위험성평가의 결과가 있는 경우 함께 적정성을 재검토하여야 한다)하여야 한다. 재검토 결과 허용 가능한 위험성 수준이 아니라고 검토된 유해·위험요인에 대해서는 제12조에 따라 위험성 감소대책을 수립하여 실행하여야 한다.

1. 기계·기구, 설비 등의 기간 경과에 의한 성능 저하
2. 근로자의 교체 등에 수반하는 안전·보건과 관련되는 지식 또는 경험의 변화
3. 안전·보건과 관련되는 새로운 지식의 습득
4. 현재 수립되어 있는 위험성 감소대책의 유효성 등

④ 사업주가 사업장의 상시적인 위험성평가를 위해 다음 각 호의 사항을 이행하는 경우 제2항과 제3항의 수시평가와 정기평가를 실시한 것으로 본다.

1. 매월 1회 이상 근로자 제안제도 활용, 아차사고 확인, 작업과 관련된 근로자를 포함한 사업장 순회점검 등을 통해 사업장 내 유해·위험요인을 발굴하여 제11조의 위험성결정 및 제12조의 위험성 감소대책 수립·실행을 할 것
2. 매주 안전보건관리책임자, 안전관리자, 보건관리자, 관리감독자 등(도급사업주의 경우 수급사업장의 안전·보건 관련 관리자 등을 포함한다)을 중심으로 제1호의 결과 등을 논의·공유하고 이행상황을 점검할 것
3. 매 작업일마다 제1호와 제2호의 실시결과에 따라 근로자가 준수하여야 할 사항 및 주의하여야 할 사항을 작업 전 안전점검회의 등을 통해 공유·주지할 것

정답 ⑤

03 산업안전보건법령상 위험성평가를 실시한 것으로 보는 경우에 해당하는 것을 모두 고른 것은?

> ㄱ. 위험성평가 방법을 적용한 안전·보건진단
> ㄴ. 유해위험방지계획서의 작성·제출
> ㄷ. 공정안전보고서의 내용 중 공정위험성 평가서가 최대 4년 범위 이내에서 정기적으로 작성된 경우
> ㄹ. 근골격계부담작업 유해요인조사

① ㄱ, ㄴ
② ㄴ, ㄷ
③ ㄱ, ㄴ, ㄷ
④ ㄱ, ㄷ, ㄹ
⑤ ㄱ, ㄴ, ㄷ, ㄹ

해설

정답 ④

04 산업안전보건법령상 사업장 위험성 평가에 관한 지침의 내용 중 옳은 것은?

① "위험성"이란 사업주가 스스로 유해·위험요인을 파악하고 해당 유해·위험요인의 위험성 수준을 결정하여, 위험성을 낮추기 위한 적절한 조치를 마련하고 실행하는 과정을 말한다.
② 고용노동부장관은 위험성평가 기법의 연구·개발 및 보급에 관하여 필요한 사항을 한국산업안전보건공단으로 하여금 수행하게 하여야 한다.
③ 사업주가 공정안전보고서의 내용 중 공정위험성 평가서가 최대 3년 범위 이내에서 정기적으로 작성한 경우 위험성평가를 실시한 것으로 본다.
④ 사업주가 위험성평가를 실시하는 경우 상시근로자 5인 미만 또는 1억 원 미만 건설공사에서는 사전준비 절차를 생략할 수 있다.
⑤ 사업주는 중대재해, 중대산업사고 또는 심각한 질병이 발생할 우려가 있는 위험성으로서 위험성감소대책의 수립에 많은 시간이 필요한 경우에는 즉시 잠정적인 조치를 강구하여야 한다.

해설

정답 ④

05 위험성 평가기법에 관한 설명으로 옳은 것은?

① FMEA는 정성적, 연역적 평가기법으로 시스템 요소의 고장을 형태별로 분석하는 기법이다.
② HAZOP기법은 가이드워드(guide word)와 공정의 파라메터(parameter)를 결합하여 위험요소와 운전상의 문제점을 도출한다.
③ ETA는 에너지의 흐름이 사람이나 설비에 도달하여 재해가 발생되지 않도록 장벽을 도입하는 기법이다.
④ FTA는 기본 사상에서 top사상으로 진행되어 간다.
⑤ Decision Tree기법은 연역적이고, 정량적인 분석 기법이다.

해설

○ **HAZOP기법의 가이드 워드**
NO 또는 NOT: 설계 의도의 완전한 부정
AS WELL AS: 성질상의 증가
PART OF: 성질상의 감소
MORE 또는 LESS: 양의 증가 또는 양의 감소로 양과 성질을 함께 나타낸다.
OTHER THAN: 완전한 대체를 의미한다.
REVERSE: 설계 의도와는 논리적인 역(易)을 의미

○ **예비 위험분석(PHA: preliminary hazards analysis)**
모든 시스템 안전프로그램의 최초단계(설계단계, 구상단계)에서 실시하는 분석법으로 시스템내의 위험 요소가 얼마나 위험상태에 있는가를 정성적으로 평가하는 방식이다.

○ **결함나무분석(FTA: Fault Tree Analysis)**
그 사고의 원인이 되는 장치 및 기기의 결함이나 작업자 오류 등을 연역적이며 정량적으로 평가하는 분석법이다. ETA의 나무는 촉발사상으로부터 시작되어 제품 상태를 나타내는 결과로 발전하여 가는 귀납적 구조였지만, FTA의 나무는 정상 사상 (top event) 이라고 부르는 바람직하지 않은 사상을 시작으로 그 발생원인이나 거기에 기여하는 조건들이나 요인들을 찾아 시간적 흐름을 거슬러 분석해 가는 연역적 구조라는 점이다. 또한, 정성적인 분석과 정량적인 분석이 모두 가능하고, 제품 구성수준측면에서 보면 하향성 분석방법 (top-down approach) 이며, 수학적 논리는 부울 대수(Boolean Algebra) 에 의해 지원되고 있다.

○ **사건수 분석기법(ETA: Event Tree Analysis)**
사건 초기에서부터 마지막 결과까지 여러 가지 결과의 발생경로를 추론하여 발생확률을 산정하는 귀납적 분석기법이다. 이 기법은 의사결정수목(Decision Tree)의 원리를 이용, 재해사고의 발생과정을 재해요인들의 연쇄로 파악하여, 재해발생의 초기사상 혹은 촉발사상(initiating event)으로부터 재해사고까지의 연쇄적 전개를 나뭇가지 형태로 표현하는 귀납적인 제품 안전성 분석기법이다. 더욱이 각 재해발생요인들의 발생확률을 알고 있다면, 정성적인 분석기법인

동시에 정량적인 분석기법의 장점도 활용할 수 있다.

○ **결함위험분석(FHA: Fault hazards analysis)**

한 계약자만으로 모든 시스템의 설계를 담당하지 않고 몇 개의 공동 계약자가 분담할 경우 서브시스템 해석에 사용되는 분석법이다.

○ **고장형태와 영향 분석(FMEA: Fault modes effects analysis)**

시스템에 영향을 미치는 모든 요소의 고장을 형태별로 분석하여 그 영향을 검토하는 정성적, 귀납적 분석법이다.

각 요소간의 영향을 분석하기 어렵기 때문에 동시에 두 개 이상의 고장이 날 경우 해석이 곤란하다.

○ **치명도 분석(CA: Critically analysis)**

고장의 직접 시스템의 손실과 인명의 사상에 연결되는 높은 위험도를 가진 요소나 고장의 형태에 따른 분석법이다. 고장이 시스템에 얼마나 치명적인 영향을 끼치는 지에 대한 고장을 정량적으로 분석하는 기법이다. FMECA=FMEA+CA(정성적+정량적).

○ **인간에러율 예측기법(THERP: Technique of human error rate prediction)**

인간의 과오를 정량적으로 평가하기 위하여 1963년 A. D. Swain에 의해 개발

정답 ②

06 FTA에서 사용되는 최소 컷셋에 관한 설명으로 옳지 않은 것은?

① 일반적으로 Fussell Algorithm을 이용한다.
② 정상사상(Top event)을 일으키는 최소한의 집합이다.
③ 반복되는 사건이 많은 경우 Limnios와 Ziani Algorithm을 이용하는 것이 유리하다.
④ 시스템에 고장이 발생하지 않도록 하는 모든 사상의 집합이다.
⑤ 일반적으로 시스템에서 최소 컷셋의 개수가 늘어나면 위험수준이 높아진다.

해설

1) 미니멀 컷셋(최소 컷셋)
정상사상을 일으키기 위한 최소한의 컷셋으로 일반적으로 Fussell 알고리즘을 이용한다.
일반적으로 시스템에서 최소 컷셋이 늘어나면 위험수준이 높아진다.
컷셋 중 다른 컷셋을 포함하고 있는 것을 배제하고 남은 컷셋들을 말한다.
최소 컷셋은 반복사상이 없는 경우 일반적으로 퍼셀(Fussell) 알고리즘을 이용한다.
불대수(Boolean algebra) 이론을 적용하여 시스템 고장을 유발시키는 모든 기본 사상들의 조합을 구한다.

2) 미니멀 페스셋
시스템의 신뢰성을 표현

3) 반복되는 사건이 많은 경우 Limnios와 Ziani 알고리즘을 이용하는 것이 유리하다.

정답 ④

07 안전과 위험에 대한 개념 설명으로 옳지 않은 것은?

① 안전이란 재해와 위험이 없는 바람직한 상태에 도달하는 것을 말한다.
② 재해가 발생하는 것은 위험에 의한 결과적인 현상을 말한다.
③ 위험이란 근로자가 작업 장소에서 접촉하는 물건 또는 환경과의 상호관계를 나타내는 것으로 그 결과로 부상이 발생하는 것이다.
④ 안전에 대응하는 반대 개념은 재해가 발생하는 것이다.
⑤ 안전은 상해, 손실, 위해 또는 위험에 노출되는 것으로부터의 자유를 말한다.

해설

정답 ④

08 다음 시스템에 대하여 톱사상(Top Event)에 도달할 수 있는 최소 컷셋(Minimal Cut Sets)을 구할 때 다음 중 올바른 집합은? (단, ⓐ,ⓑ,ⓒ,ⓓ는 각부품의 고장확률을 의미하며 집합 {a, b}는 ⓐ번 부품과 ⓑ번 부품이 동시에 고장 나는 경우를 의미한다.)

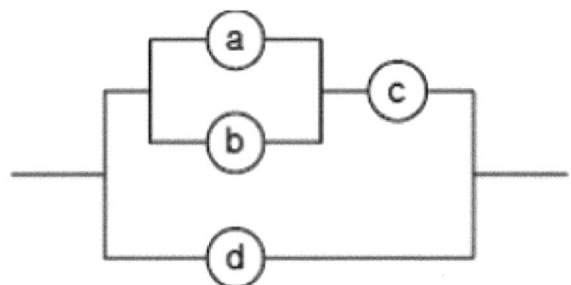

① {a,b}, {c,d}
② {a,c}, {b,d}
③ {a,c,d}, {b,c,d}
④ {a,b,d}, {c,d}

해설

정답 ④

테마7. 재해사례 연구방법

○ **재해사례 연구순서**

전제조건(재해 상황의 파악)
사례연구의 전제조건인 재해 상황의 파악은 다음의 기재한 항목에 관하여 실시한다.
- 재해발생일시, 장소
- 업종, 규모
- 상해의 파악(상해의 부위, 정도, 성질)
- 물적 피해상황
- 피해근로자의 특성
- 사고형태
- 기인물
- 가해물
- 조직 계통도
- 재해현황 도면(평면도, 측면도, 사진)

1단계: 사실의 확인
작업 개시에서 재해 발생까지의 과정 중 재해와 관계가 있는 사실 및 재해요인으로 알려진 사실을 객관적으로 확인한다. 이상 시, 사고 시 또는 재해 발생 시의 조치도 포함한다.

2단계: 문제점의 발견
파악된 사실로부터 판단하여 각종 기준에서 차이의 문제점을 발견한다.
- 문제점이 된 사실에 대하여는 인적·물적·관리적인 면에서 분석·검토하고 이들의 문제점이 재해에 관련되는 영향의 범위 및 정도를 평가하여 장래에 대한 영향까지도 예측하는 것이 중요하다.
- 재해사례연구의 기준으로서는 법규, 계획, 사내규정, 작업표준, 설비기준, 작업명령, 직장의 습관, 작업시의 상식 등을 말한다.

3단계: 근본적 문제점의 결정
재해의 중심이 된 문제점에 관하여 어떤 관리적 책임의 결함이 있는지를 여러 가지 안전보건의 키(key)에 대하여 분석한다.

4단계: 대책의 수립
사례를 해결하기 위한 대책을 세운다.
- 동종 재해 및 유사 재해의 방지대책을 세운다.
- 대책에 대한 실시계획을 세운다.

확인학습

01 재해사례 연구방법의 각 단계를 올바르게 설명한 것은?

① "사실의 확인"은 파악된 사실로부터 기준에서 벗어난 문제점을 적출하고 그것이 문제로 된 이유를 분명히 한다.
② "문제점의 발견"은 문제점이 된 사실을 재해요인으로 분석, 검토하고 재해와 관계 되는 영향의 정도를 평가한다.
③ "근본적 문제점의 결정"은 관리자, 감독자 및 작업자의 권한, 책임 및 직무로 보아 누가 할 것인가, 기준대로 하였는가를 평가하고 판단하여 결정한다.
④ "대책의 수립"은 문제점 가운데 재해의 중심이 된 사항과 재해원인을 결정하고 보고한다.
⑤ "대책의 수립"은 사례연구의 전제조건과 재해 상황의 주된 항목에 관하여 파악한다.

해설

○ 재해사례연구의 진행 단계
① 전제조건-재해 상황의 파악: 사례연구의 전제조건인 재해 상황의 파악은 다음에 기재한 항목에 관하여 실시한다.
② 제1단계-사실의 확인(하인리히의 사실의 확인사항: 사람, 물건, 관리, 재해발생결과): 작업의 개시에서 재해의 발생까지의 경과 가운데 재해와 관계가 있는 사실 및 재해요인으로 알려진 사실을 객관적으로 확인한다. 이상 시, 사고 시 또는 재해발생시의 조치도 포함된다.
③ 제2단계-문제점의 발견: 파악된 사실로부터 판단하여 각종 기준에서 차이의 문제점을 발견한다. (직접원인)
④ 제3단계-근본 문제점의 결정: 문제점 가운데 재해의 중심이 된 근본적 문제점을 결정하고 다음에 재해원인을 결정한다.(기본원인)
⑤ 제4단계-대책수립: 사례를 해결하기 위한 대책을 세운다.

정답 ③

02
재해사례연구법(Accident Analysis and Control Method)중 '사실의 확인' 단계에서 사용하기 가장 적절한 분석 기법은?

① 크로즈분석도
② 특성요인도
③ 관리도
④ 파레토도
⑤ 히스토그램

해설

정답 ②

03
결함수분석(FTA)에 의한 재해사례의 연구 순서가 다음과 같을 때 올바른 순서대로 나열한 것은?

① FT(Fault Tree)도 작성
② 개선안 실시계획
③ 톱 사상의 선정
④ 사상마다 재해원인 및 요인 규명
⑤ 개선계획 작성

① ④ → ⑤ → ③ → ① → ②
② ② → ④ → ③ → ⑤ → ①
③ ③ → ④ → ① → ⑤ → ②
④ ⑤ → ③ → ② → ① → ④
⑤ ③ → ⑤ → ① → ④ → ②

해설

정답 ③

04

한 화학공장에는 24개의 공정제어회로가 있으며, 4,000 시간의 공정 가동 중 이 회로에는 14번의 고장이 발생하였고, 고장이 발생하였을 때마다 회로는 즉시 교체 되었다. 이 회로의 평균 고장시간(MTTF)은 얼마인가?

① 6,857시간
② 7,571시간
③ 8,240시간
④ 9,500시간
⑤ 9,800시간

해설

고장률을 먼저 구하면 쉽다.
고장률 = 고장건수 / 전체가동시간
고장률은 MTBF(mean time between failures) 또는 MTTF(mean time to failures)의 역수관계이다.

정답 ①

05

다음 중 재해사례연구의 진행단계로 옳은 것은?

① 전제조건 → 사실의 확인 → 문제점 발견 → 근본적 문제점 결정 → 대책수립
② 사실의 확인 → 전제조건 → 근본적 문제점 결정 → 문제점 발견 → 대책수립
③ 문제점 발견 → 사실의 확인 → 전제조건 → 근본적 문제점 결정 → 대책수립
④ 전제조건 → 문제점 발견 → 근본적 문제점 결정 → 대책수립 → 사실의 확인
⑤ 문제점 발견 → 사실의 확인 → 근본적 문제점 결정 → 대책수립 → 전제조건

해설

정답 ①

06 어떤 설비의 평균고장률이 0.0125회/시간이고, 이 설비에 고장이 발생하면 수리 하는데 소요되는 평균시간은 40시간이라고 한다. 다음 설명 중 옳은 것은?(단, 사후보전만 실시한다.)

① 이 설비의 평균수리율은 0.025회/시간이다.
② 이 설비의 가동성은 0.5 이다.
③ 이 설비의 수명은 지수분포를 따르지 않는다.
④ 이 설비를 평균수명만큼 사용한다면 고장이 발생하지 않을 확률은 약 63%이다.
⑤ 이 설비를 1,000시간 동안 사용한다면 평균 15회의 고장이 발생하며, 사후수리를 받게 된다.

해설

○ 가용도(Availability : 이용률)

일정 기간에 시스템이 고장 없이 가동될 확률

1. 가용도(A) = MTTF/(MTTF+MTTR) = MTTF/MTBF

   가용도는 MTTF/MTBF로 계산되므로, 평균고장시간(MTTF)이 길수록, 평균수리시간(MTTR)이 짧을수록 유리함. MTBF, MTTF는 길수록 MTTR은 짧을수록 우수한 장비의 척도가 된다.

2. 가용도(A) = $\mu / (\lambda + \mu)$

   여기서, λ : 평균고장율, μ : 평균수리율

① 평균수리시간(MTTR) = $\dfrac{1}{평균수리율} = \dfrac{1}{40} = 0.025$ [회/시간]
② 가동성 = $\mu/(\lambda+\mu)$ = 0.67
③ 지수분포를 따른다. 서로 독립적인 경우 지수분포를 따르는 것이다.
④ 신뢰도를 구하는 문제이다. 평균수명만큼 사용한다면 t=MTBF이고 λ =1/MTBF. 따라서 신뢰도(R) = e^{-1} = 0.36787…이므로 36.7%가 고장 나지 않고 사용할 확률이 된다.
⑤ λ = 고장건수/가동시간 = 12.5회

∴ N=12.5≒13[회]

정답 ①

07

평균수명이 10,000시간인 지수분포를 따라는 요소 10개가 직렬계로 구성되어 있는 경우 계의 기대 수명은 몇 시간인가?

① 1,000시간
② 5,000시간
③ 10,000시간
④ 100,000시간
⑤ 100시간

해설

○ 평균고장시간(MTTF; Mean Time To Failure)
   – 시스템, 부품 등이 고장나기까지 동작시간의 평균치, 평균수명
   1. 직렬계의 경우 System의 수명은 = MTTF/n = $1/\lambda$
   2. 병렬계의 경우 System의 수명은 = MTTF(1+1/2+1/3+…+1/n)
      여기서, n : 직렬 또는 병렬계의 요소
※ λ (평균고장율) = (고장건수/총가동시간)

정답 ①

08

고장률이 λ인 n개의 구성품이 병렬로 연결된 시스템의 평균수명 MTBF을 구하는 식으로 옳은 것은?

① MTBF=λ
② MTBF=nλ
③ MTBF=$1/\lambda$ +$1/2\lambda$ +$1/3\lambda$ +…+$1/n\lambda$
④ MTBF=$1/\lambda$ ×$1/2\lambda$ ×$1/3\lambda$ ×…×$1/n\lambda$
⑤ MTBF=$1/\lambda$ −$1/2\lambda$ −$1/3\lambda$ −…−$1/n\lambda$

해설

직렬인 경우에는 평균수명 MTBF는 다음과 같다.

$$MTBF_S = \frac{1}{\lambda_S}$$

$$여기서, \lambda_S = \sum_{i=1}^{n} \lambda_i = \lambda_1 + \lambda_2 + \cdots + \lambda_n$$

정답 ③

09 A사 안전보건팀은 작년에 이 회사에서 발생한 재해와 관련하여 다음과 같은 업무를 수행하였다. 재해사례 연구의 진행단계에 따라 각 업무 활동을 순서대로 나열한 것은?

> ㄱ. 재해와 관련된 사실 및 재해요인으로 알려진 사실을 확인하였다.
> ㄴ. 유사 재해가 발생하는 것을 방지하기 위한 대책을 수립하였다.
> ㄷ. 인적, 물적, 관리적 측면에서 문제점을 파악하고 분석하였다.
> ㄹ. 재해 발생의 근본적 문제점을 결정하였다.

① ㄱ - ㄴ - ㄷ - ㄹ
② ㄱ - ㄷ - ㄹ - ㄴ
③ ㄱ - ㄹ - ㄷ - ㄴ
④ ㄹ - ㄱ - ㄷ - ㄴ
⑤ ㄹ - ㄷ - ㄱ - ㄴ

해설

정답 ②

테마8. 욕조곡선

일정 시점까지는 고장이 나지 않고, 그 이후 순간적으로 고장이 날 조건부확률

○ **고장률 함수 형태에 따른 유형 구분**
1) IFR(Increasing Failure Rate): 고장률이 시간에 따라 증가
2) DFR(Decreasing Failure Rate): 고장률이 시간에 따라 감소
3) CFR(Constant Failure Rate): 고장률이 시간에 따라 일정

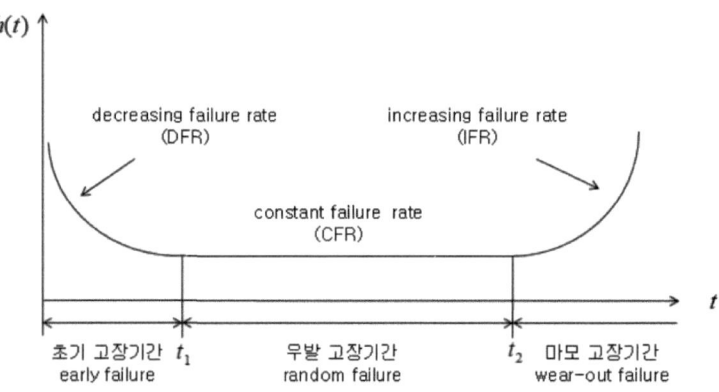

1. 초기 고장 기간 (DFR)
초기에는 시스템의 고장률이 높은 경우가 많다. 이유는 다음과 같다.
1) 표준 이하의 재료 사용
2) 불충분한 품질 관리
3) 표준 이하의 작업자 기술
4) 불충분한 디버깅(debugging)
5) 부족한 제조 기술
6) 부족한 가공 및 취급 기술
7) 조립상의 과오
8) 오염
9) 부적절한 설치
10) 부적절한 시동
11) 포장 및 운반 중의 부품 고장
12) 적절한 포장 및 운송

이러한 초기 고장은 공정관리, 중간 및 최종 검사, 수명시험, 환경시험 중에 발견된다. 적절한 'burn-in'기간을 설정하여 고장을 발견하고 디버깅(debugging)을 행하여 제거하여야 한다. 여기서 디버깅 또는 burn-in은 에이징(aging)에 의한 안정화의 과정을 말한다.

* 디버깅(debugging): 초기고장을 경감하기 위해 아이템을 사용 전 또는 사용 개시 후의 초기에 동작시켜서 결점을 검출, 제거하여 바로 잡는 것을 말한다.
* burn-in: 장기간 모의 상태 하에서 많은 구성품을 동작시켜, 무사히 통과한 구성품만을 장치의 조립에 사용하는 것을 말한다.

2. 우발 고장 기간 (CFR)
시스템의 고장률이 안정화된 시기를 말한다. 이 경우에도 Failure rate는 0이 아니다.
1) 낮은 안전계수(safety factor)
2) 실제 스트레스가 기대(예상) 했던 레벨보다 높은 경우
3) 시스템 내구성(강도)이 기대(예상) 보다 낮은 경우
4) 혹사
5) 사용자의 과오
6) 이전 검사방법으로 탐지되지 않은 고장 발견
7) 예방보전(PM)에 의해서도 제어할 수 없는 고장
8) 천재지변

이 시기에는 디버깅이나 예방보전(PM)은 효과가 없다. 정상운전 중의 고장에 대해 사후보전(BM: Breakdown Maintenance)을 실시한다.

3. 마모 고장 기간 (IFR)
소프트웨어를 제외한 대다수의 시스템은 수명을 가지고 있다. 노화에 따른 마모 고장의 경우 예방보전(PM)을 통해 고장률을 감소시켜야 한다.
1) 부식 또는 산화
2) 마모 또는 피로
3) 노화 및 퇴화
4) 불충분한 정비
5) 부적절한 오버홀 (overhaul),
   여기서 오버홀은 "기계류를 완전히 분해하여 점검, 수리, 조정하는 일"을 말한다.
6) 수축 또는 균열

확인학습

01 욕조고장률(bathtube failure rate)곡선에 대한 설명으로 옳지 않은 것은?

① 초기에는 짧은 기간 동안 고장률 감소현상을 나타낸다.
② 우발고장 동안은 일정한 고장률을 가진다.
③ 초기고장의 대책으로는 충분한 디버깅이나 번인(burn-in)기간이 필요하다.
④ 우발고장은 노화에 의해 발생한다.
⑤ 마모고장은 예방보전이나 사후보전을 통해 고장률을 감소시킬 수 있다.

해설

마모고장은 노화에 의해 발생한다.

정답 ④

02 다음 중 시스템의 수명곡선(욕조곡선)에서 마모고장기간의 고장 형태로 옳은 것은?

① 감소형
② 증가형
③ 일정형
④ 지그재그형
⑤ 분산형

해설

정답 ②

03
다음 중 시스템의 수명곡선(욕조곡선)에 있어서 디버깅(debugging)과 가장 관련이 깊은 것은?

① 초기 고장기간의 대표적 안정화과정이다.
② 우발 고장기간의 대표적 안정화과정이다.
③ 마모 고장기간의 대표적 안정화과정이다.
④ 고장기간의 안정화과정과는 아무 관계가 없다.
⑤ 디버깅은 장기간 모의 상태 하에서 많은 구성품을 동작시켜, 무사히 통과한 구성품만을 장치의 조립에 사용하는 것을 말한다.

해설

정답 ①

04
다음 중 욕조곡선에서의 고장 형태에서 일정한 형태의 고장율이 나타나는 구간은?

① 초기 고장구간
② 마모 고장구간
③ 피로 고장구간
④ 우발 고장구간
⑤ 고장의 전 구간

해설

정답 ④

05
자동차 엔진의 수명은 지수분포를 따르는 경우 신뢰도를 95%를 유지시키면서 8000시간을 사용하기 위한 적합한 고장률은 약 얼마인가?

① 3.4×10^{-6}/시간
② 6.4×10^{-6}/시간
③ 8.2×10^{-6}/시간
④ 9.5×10^{-6}/시간
⑤ 10.5×10^{-6}/시간

해설

$$R(t) = e^{-\lambda t}$$

$$0.95 = e^{-\lambda \cdot 8000}$$

$$\ln 0.95 = \ln e^{-\lambda \cdot 8000} \rightarrow \text{(e 계산을 위해 log 양변 처리)}$$

$$\ln 0.95 = -\lambda \cdot 8000$$

$$\lambda = \frac{\ln 0.95}{-8000}$$

$$\therefore \ 0.00000641166 \ \rightarrow \ 6.4 \times 10^{-6}$$

정답 ②

06 고장률에 관한 욕조곡선(Bathtube Curve)의 설명으로 옳은 것을 모두 고른 것은?

ㄱ. 시간에 따른 평균고장시간(MTTF)을 도시한 것이다.
ㄴ. 초기고장 기간, 우발고장 기간, 마모고장 기간으로 구분된다.
ㄷ. 초기고장을 줄이기 위해 디버깅(debugging)이나 번인(burn-in)을 실시한다.
ㄹ. 피로나 노화 고장은 마모고장 기간에서 발생한다.
ㅁ. 예방보전은 우발고장 기간에서 가장 효과적이다.

① ㄱ, ㄴ
② ㄱ, ㄴ, ㄷ
③ ㄴ, ㄷ, ㄹ
④ ㄷ, ㄹ, ㅁ
⑤ ㄴ, ㄷ, ㄹ, ㅁ

해설

정답 ③

테마9. 시각적 표시장치(Visual Display)

정량적 정보: 양적인 변동치. 속도계나 전력계 등
정성적 정보: 변동치의 대략적인 값. 연료량 게이지 등
상태(status) 정보: On-Off 표시
확인 정보: 사물을 식별
경보, 신호 정보: 긴급, 위험상황
문자, 수치 상징적 정보
묘사적(representation) 정보: 그래프나 도표 등
시간과 관계된 정보: 모호스 부호

○ **시각적 표시장치**(Visual display)
시각적 표시장치를 나타내는 정보의 유형
1. 정량적 정보: 양적인 변동치
   1) 지침이 아닌 숫자로 표기되어 정확성이 높다.
   2) 아날로그: 표시값이 계속변하는 경우, 변화방향이나 변화속도를 관찰할 필요가 있는 경우
   3) 디지털: 표시값을 정확하게 충분히 읽을 수 있는 경우

2. 정성적 정보: 변동치의 대략적인 값
온도, 압력, 속도 같이 연속적으로 변하는 변수의 대략적인 상태, 변화, 추세 등을 알고자 할 때 변수의 상태나 조건이 미리 정해 놓은 몇 개의 범위 중 어디에 속하는 가를 판정 시 구체적인 물리량을 알 필요가 없으며 시스템이나 부품의 상태가 정상상태인가를 판정한다.

3. 상태 정보: On-Off 표시
신호등과 같이 별개의 독립된 상태를 표시하며 정성적 계기를 다른 목적으로 사용하지 않고 상태 점검용이나 확인용으로 사용하는 경우

4. 확인 정보
식별정보, 어떤 정적상태, 상황을 확인

5. 경보, 신호 정보: 긴급, 위험상황

6. 문자, 수치 상징적 정보
여러 가지 시각적 상징과 표지를 이용하여 의미를 전달하고자 하는 경우에는 많은 사람들이 이해할 수 있어야 한다. 표지판과 같이 표준화를 통해 특정 상징표지는 항상 동일한 의미를 갖도록 하여야 한다.

7. 묘사적 정보: 그래프나 도표

8. 시간과 관련된 정보

확인학습

01 표시장치로 나타낼 수 있는 정보의 설명으로 옳지 않은 것은?

① 정량적 정보는 온도나 속도와 같은 변수의 정량적인 값
② 정성적 정보는 변수의 대략적인 값, 경향, 변화율, 변화방법 등의 가변적 표시
③ 식별정보는 사물, 지역, 구성 등을 사진, 그림, 도표, 그래프, 기호 등으로 표시
④ 시차적 정보는 펄스나 신호의 지속 시간, 간격 및 이들의 조합에 의해 결정되는 신호
⑤ 상태 정보는 시스템의 조건이나 상태 등을 표시

해설

정답 ③

02 시각적 표시장치에 관한 설명으로 옳은 것을 모두 고른 것은?

> ㄱ. 디지털 표시장치는 정량적 표시장치이다.
> ㄴ. 이동지침을 가진 고정눈금 방식은 수치정보를 잘 표시하지 못하는 단점이 있다.
> ㄷ. 디지털 표시장치는 수치를 정확히 읽어야 할 때 적합하다.
> ㄹ. 정성적 표시장치는 대략적인 상태나 변화의 추세를 판정하는 용도로 쓰인다.

① ㄱ, ㄹ
② ㄴ, ㄷ
③ ㄴ, ㄹ
④ ㄱ, ㄴ, ㄷ
⑤ ㄱ, ㄷ, ㄹ

해설

계수형은 전력계나 택시요금 계기와 같이 기계, 전자적으로 숫자가 표시되는 디지털 형태로 정확한 수치가 가능하나, 아날로그 방식은 수치정보는 잘 표시하지만 정확한 수치는 표시하는 못하는 단점이 있다.

고정눈금과 이동지침 (정목 동침형)	이동눈금과 고정지침 (정침 동목형)
정량적인 눈금이 정성적으로 사용되어 원하는 값으로부터의 대략적인 편차나, 고도를 읽을 때 그 변화 방향과 변화율 등을 알고자할 때 사용한다. - 눈금이 고정되고 지침이 움직임 - 대략적인 편차나 변화를 빨리 파악 예) 시계	나타내고자 하는 값의 범위가 클 때, 비교적 작은 눈금판에 모두 나타내고자 할 때 사용한다. - 지침이 고정되고 눈금이 움직임 예) 나침판, 체중계

○ 정량적 시각적 표시

구분	고정눈금과 이동지침(동침형)	이동눈금과 고정지침(동목형)	계수형
장점	변화율(방향과 속도) 판독 가능		정확한 판독
	목표치와 차이 판독 유리	동침형에 비해 좁은 (창)면적	
단점	정확한 수치 판단 못함		변화율, 차이 판독 난점

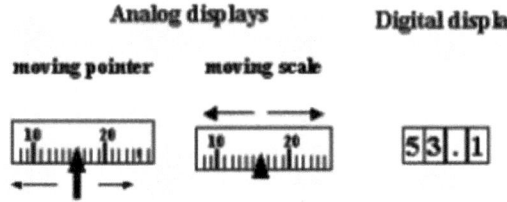

정답 ⑤

03
다음 중 온도, 압력, 속도와 같이 연속적으로 변하는 변수의 대략적인 값이나 추세 등을 알고자 할 경우 가장 적절한 표시장치는?

① 묘사적 표시장치
② 추상적 표시장치
③ 정량적 표시장치
④ 정성적 표시장치

해설

정답 ④

테마10. 휴먼에러(Human Error) 분류

○ **휴먼 에러**(human error)
휴먼 에러란 시스템의 성능, 안전 또는 효율을 저하시키거나 감소시킬 잠재력을 갖고 있는 부적절하거나 원치 않는 인간의 결정이나 행동으로 어떤 허용범위를 벗어난 일련의 인간 동작 중의 하나(요구된 수행도로부터의 이탈)로 정의된다.

○ **Swain과 Guttman의 행위에 의한 분류**
1. 생략에러(Omission Error): 필요한 작업이나 단계를 수행하지 않은 에러
2. 실행(작위)에러(Commission error): 작업이나 단계는 수행하였으나 잘못한 에러
3. 과잉행동에러(extraneous act error): 해서는 안 될 불필요한 작업행동을 수행한 에러
4. 순서 에러(sequential error): 작업수행의 순서를 잘못한 에러
5. 시간 에러(timing error): 주어진 시간 내에 동작을 수행하지 못하거나 너무 빠르게 혹은 너무 느리게 수행하였을 때 생긴 에러

○ **작업의 종류에 의한 분류**
1. 설계오류: 인간의 신체적, 정신적 특성을 충분히 고려하지 않은 설계로 인한 오류
2. 설치오류: 설비, 장치 등을 설치할 때에 발생하는 오류
3. 조작오류: 시스템 사용 과정에서 사용방법과 절차 등이 지켜지지 않아 발생한 오류
4. 제조오류: 설계는 제대로 되었으나 제조 과정에서 이를 따르지 않은 채 제조된 사항이 유발시킨 오류
5. 검사오류: 불량품 검사나 품질 검사 등에서 발생하는 오류
6. 보전오류: 기계나 설비에 필요한 주유를 생략하였다든지 부품의 교체시기에 규격이 다른 부품을 사용했다든지 하는 오류로 보전작업상의 오류
7. 관리오류

○ **Reason의 에러 분류**

불완전한 행동			
비의도적 행동		의도적 행동	
숙련기반에러		착오(mistake)	고의(violation)
실수(slip)	건망증(lapse)	1) 규칙기반착오 2) 지식기반착오	1) 일상적 위반 2) 상황적 위반 3) 예외적 위반

※ 규칙기반착오란 규칙을 고려하지 않는 성급한 결정
※ 지식기반착오란 무지로 인한 실제적 취약함
※ 착오(mistake): 상황해석을 잘못하거나 틀린 목표를 착각하여 행하는 경우
※ 실수(slip): 상황(목표)해석은 제대로 하였으나 의도와는 다른 행동을 하는 경우
※ 건망증(lapse): 여러 과정이 연계적으로 일어나는 행동을 잊어버리고 안 하는 경우

확인학습

01 휴먼에러(Human Error)중 작업에 의한 것이 아닌 것은?

① 조작에러
② 규칙에러
③ 보존에러
④ 검사에러
⑤ 설치에러

해설

정답 ②

02 <보기> 중에서 ㉮~㉱에 해당하는 용어가 올바르게 짝지어진 것은?

〈보기〉
㉮ : 허용범위를 벗어난 일련의 인간 동작 중 하나
㉯ : 계획된 목적 수행에 필요한 행동의 실행에 오류가 발생하는 것
㉰ : 부적정한 계획 결과로 인해 원래의 목적수행에 실패하는 것
㉱ : 작업자가 절차서의 지시를 고의로 따르지 않고, 다른 방향을 선택한 경우

	㉮	㉯	㉰	㉱
ㄱ	위반 (violation)	실패 (mistake)	가벼운 실수 (slips)	휴먼 에러 (human error)
ㄴ	실패 (mistake)	가벼운 실수 (slips)	휴먼 에러 (human error)	위반 (violation)
ㄷ	휴먼 에러 (human error)	위반 (violation)	가벼운 실수 (slips)	실패 (mistake)
ㄹ	실패 (mistake)	위반 (violation)	가벼운 실수 (slips)	휴먼 에러 (human error)
ㅁ	휴먼 에러 (human error)	가벼운 실수 (slips)	실패 (mistake)	위반 (violation)

① ㄱ
② ㄴ
③ ㄷ
④ ㄹ
⑤ ㅁ

해설

구분	특징
Mistake(착오)	• 인지과정과 의사결정과정에서 발생하는 에러 • 상황해석을 잘못하거나 틀린 목표를 착각하여 행하는 경우
Lapse(건망증)	• 저장단계에서 발생하는 에러 • 어떤 행동을 잊어버리고 안하는 경우
Slip(실수, 미끄러짐)	• 실행단계에서 발생하는 에러 • 상황(목표)해석은 제대로 하였으나 의도와는 다른 행동을 하는 경우

✅ 휴먼에러의 분류

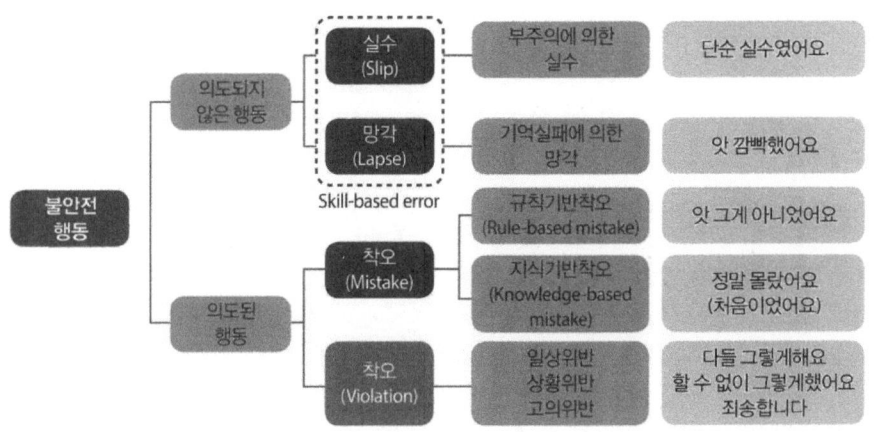

정답 ⑤

03 인간의 착각현상 중 실제로 움직이지 않지만 어느 기준의 이동에 의하여 움직이는 것처럼 느껴지는 착각현상의 명칭으로 적합한 것은?

① 자동운동
② 잔상현상
③ 유도운동
④ 착시현상

> 해설

○ 운동시에 관한 3대 착각

1. 자동운동(automatic movement)
   암실 내에서 수 미터 거리에 정지된 광점을 놓고 그것을 한동안 응시하고 있으면 그 광점이 움직이는 것처럼 보이는 현상
   예: 야간에 비행하는 비행기의 경우, 실제로는 고정된 불빛을 움직이는 불빛으로 착각하여 자기의 앞에서 비행하는 다른 비행기로 인식하고 그 불빛을 따라가다 충돌하는 경우. 야간에 표시되는 불빛은 섬광으로 하도록 한다.

2. 유도 운동(induced movement)
   정지해 있는 것을 움직이는 것으로 느낀다든가 반대로 운동하고 있는 것을 정지해 있는 것으로 느끼는 현상
   예: 열차나 자동차가 줄지어 정차해 있을 때 다른 편차가 움직이는 것인데도 불구하고 자신이 타고 있는 차 반대 방향으로 움직이는 것처럼 느끼는 경우

3. 가현 운동(apparent movement)
   두 개의 정지 대상을 0.06초의 시간 간격으로 다른 장소에 제시하면 마치 한 개의 대상이 움직이는 것처럼 보이는 운동 현상
   예: 영화, 네온사인

정답 ③

04 라스무센(Rasmussen)은 인간 행동의 종류 또는 수준에 따라 휴먼 에러를 3가지로 분류하였는데 이에 속하지 않는 것은?

① 숙련기반 에러(Skill-based error)
② 기억기반 에러(Memory-based error)
③ 규칙기반 에러(Rule-based error)
④ 지식기반 에러(Knowledge-based error)

> 해설

정답 ②

테마11. 감성공학

감성공학이란 말은 1986년 일본 마즈다 자동차회사 야마모토 겐이치 회장이 '미야타'라는 새 스포츠카를 미국시장에 소개하는 자리에서 처음 사용하였다.

인체의 특징과 감성을 제품설계에 최대한 반영시키는 기술로, '인간이 가지고 있는 소망으로서의 이미지나 감성을 구체적인 제품설계로 실현해내는 공학적인 접근방법'이라고도 정의할 수 있다. 감성공학이란 말 그대로 사람의 미묘한 감성을 과학적으로 측정 평가해 각종 제품을 개발할 때나 생활환경을 설계할 때 사람에게 가장 큰 만족을 줄 수 있도록 과학적인 연구로 뒷받침하는 것이다. 때문에 감성공학은 인간공학보다도 한 차원 높은 기술로 평가된다. 인간공학이 단순히 사람의 신체적 특성에 맞춰 기계나 도구를 설계 제작하는데 반해 감성공학은 신체적 특성과 사람의 미묘한 감성까지도 연구해 제품에 반영한다.

확인학습

01 다음 중 감성공학에 관한 설명으로 옳지 않은 것은?

① 사람의 느낌(이미지)을 고객이 요구하는 제품의 품질특성으로 변환시키고, 이를 물리적 설계요소로 번역시키는 기술이다.
② 일본의 스포츠카인 '미야타'는 최초의 감성공학 설계가 반영된 제품이다.
③ 인간-기계시스템에서 인간과 기계 사이에 정보를 주고받는 휴먼인터페이스 설계가 주요 문제로 대두되고 있다.
④ 소비자의 감성에 호소하는 제품을 설계하기 위해서 소비자의 감성적 특성을 반영하는 것이지 신체적 특성을 반영하는 것은 아니다.
⑤ 감성공학 기법으로는 기능전개형, 다변량해석형, 가상현실형이 있다.

해설

정답 ④

테마12. 재해발생의 원인

1. **직접원인**
1) 불안전상태(물적 원인)
    ① 물건 자체 결함
    ② 안전방호장치 결함
    ③ 복장, 보호구 결함
    ④ 물건 배치 및 작업 장소 결함
    ⑤ 작업환경 결함
    ⑥ 생산 공정 결함
    ⑦ 경계표지, 설비 결함
    ⑧ 기타
2) 불안전 행동(인적 원인)
    ① 위험장소 접근
    ② 안전장치 기능 제거
    ③ 복장, 보호구 잘못 사용
    ④ 기계기구 잘못 사용
    ⑤ 운전 중 기계장치에 접근
    ⑥ 불안전 속도 조작
    ⑦ 위험물 취급부주의
    ⑧ 불안전상태 방치
    ⑨ 감독, 연락 불충분

2. **간접원인(관리적원인)**
1) 기술적 원인
    ① 건물, 기계장치 설계불량
    ② 구조, 재료 부적합
    ③ 생산 공정 부적당
    ④ 점검 및 보존 불량
2) 교육적 원인
    ① 안전지식 부족
    ② 안전수칙 오해
    ③ 경험, 훈련 미숙
    ④ 작업방법 교육 불충분
3) 관리상 원인
    ① 안전관리 조직 결함
    ② 안전수칙 재 제정
    ③ 작업준비 불충분
    ④ 인원배치 부적당

확인학습

01 어떤 근로자가 빈 드럼통 위에 서서 구조물에 용접작업을 하던 중 용접불똥이 비산되어 열려 있는 드럼통 속으로 들어가 잔류 가스가 폭발하였고, 이로 인하여 근로자가 3 m 아래로 떨어져 척추를 다쳤다. 다음 중 불안전한 행동에 해당하는 것은?

① 작업 중에 드럼통 속으로 용접불똥이 튀어 들어갔다.
② 드럼통의 마개가 열려있는 채로 방치해 놓았다.
③ 드럼통 속에 잔류 가스가 남아 있었다.
④ 근로자가 3m 아래로 떨어져 척추를 다쳤다.
⑤ 드럼통 속의 내용물을 확인하지 않고 빈 드럼통 위에 서서 용접작업을 하였다.

해설

정답 ⑤

02 다음은 안전보건관리 이론 중 재해발생 메커니즘(모델, 구조)을 도식화한 것이다. (   )의 내용이 올바르게 연결된 것은?

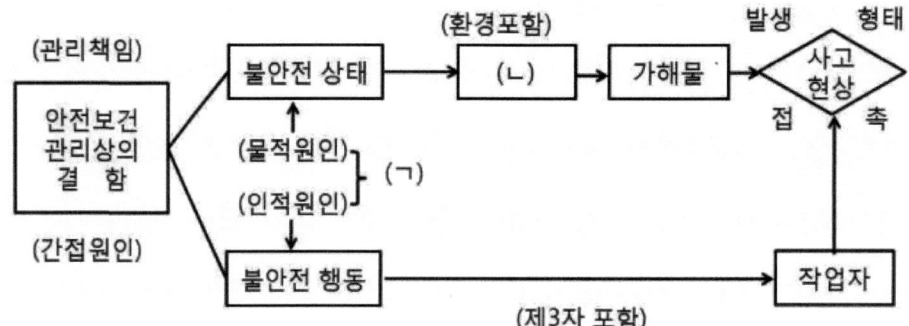

① ㄱ: 간접요인, ㄴ: 추락물
② ㄱ: 직접원인, ㄴ: 낙하물
③ ㄱ: 간접요인, ㄴ: 기인물
④ ㄱ: 직접원인, ㄴ: 기인물
⑤ ㄱ: 간접요인, ㄴ: 낙하물

> 해설

기인물: 원인제공물

○ 하인리히의 도미노 이론
   1) 사회적 환경과 유전적 요소
   2) 개인적 결함(성격·개성 결함) → 2차 원인
   3) 불완전한 행동 및 상태 → 1차 원인
   4) 사고
   5) 상해(재해)

정답 ④

03 다음과 같은 재해사례의 조사·분석 내용이 바르게 연결된 것은?

> 철근을 운반하던 천장 크레인의 손상된 로프가 끊어져 철근이 떨어졌다. 마침 그 밑에 작업모를 착용하고 지나가던 근로자의 머리 위로 철근이 떨어져 3개월 이상의 요양이 필요한 부상을 당하였다.

① 발생형태 - 부딪힘
② 기인물 - 철근
③ 가해물 - 크레인
④ 불안전한 상태 - 적절한 안전모 미착용
⑤ 불안전한 행동 - 위험구역 접근

> 해설

낙하, 비래와 부딪힘을 비교할 것!
- 발생형태 - 낙하
- 기인물(원인제공물) - 크레인의 손상된 로프
- 가해물 - 철근
- 불완전한 상태 - 기계(크레인)의 불완전한 상태

정답 ⑤

테마13. 산업재해통계업무 처리규정

제3조(용어의 정의) ① 이 예규에서 사용하는 용어의 뜻은 다음 각 호와 같다.

1. 재해율이란 임금근로자수 100명당 발생하는 재해자수의 비율을 말하며, 다음 계산식에 따라 산출한다.
   재해율 = (재해자수 / 임금근로자수) × 100

2. 사망만인율이란 임금근로자수 10,000명당 발생하는 사망자수의 비율을 말하며, 다음 계산식에 따라 산출한다.
   사망만인율 = (사망자수 / 임금근로자수) × 10,000

3. 재해자수란 근로복지공단의 휴업급여를 지급받은 재해자를 말한다. 다만, 질병에 의한 재해와 사업장 밖의 교통사고(운수업, 음식숙박업은 사업장 밖의 교통사고도 포함한다)·체육행사·폭력행위로 발생한 재해는 제외한다.

4. 사망자수란 근로복지공단의 유족급여가 지급된 사망자와 지방고용노동관서에 산업재해조사표가 제출된 사망자를 합산한 수를 말한다. 다만, 질병에 의해 사망한 경우와 사업장 밖의 교통사고(운수업, 음식숙박업은 사업장 밖의 교통사고도 포함)·체육행사·폭력행위에 의한 사망, 사고발생일로부터 1년을 경과하여 사망한 경우는 제외한다.

5. 임금근로자수란 통계청의 경제활동인구조사상 임금근로자수를 말한다. 다만, 건설업 근로자수는 통계청 건설업조사 피고용자수의 경제활동인구조사 건설업 근로자수에 대한 최근 5년 평균 배수를 산출하여 경제활동인구조사 건설업 임금근로자수에 곱하여 산출한다.

6. 요양재해율이란 근로자수 100명당 발생하는 요양재해자수의 비율을 말하며, 다음 계산식에 따라 산출한다.
   요양재해율 = (요양재해자수 / 산재보험적용근로자수) × 100

7. 도수율(빈도율)이란 1,000,000 근로시간당 요양재해발생 건수를 말하며, 다음 계산식에 따라 산출한다.
   도수율(빈도율) = 요양재해건수 / 연근로시간수 × 1,000,000

8. 강도율이란 근로시간 합계 1,000시간당 요양재해로 인한 근로손실일수를 말하며, 다음 계산식에 따라 산출한다. 총요양근로손실일수는 요양재해자의 총 요양기간을 합산하여 산출하되, 사망, 부상 또는 질병이나 장해자의 등급별 요양근로손실일수는 별표 1과 같다.
   강도율 = (총요양근로손실일수 / 연근로시간수) × 1,000

9. 산재보험적용근로자수란 「산업재해보상보험법」이 적용되는 근로자수를 말한다.

10. 요양재해자수란 근로복지공단의 유족급여가 지급된 사망자 및 근로복지공단에 최초요양신청서(재진 요양신청이나 전원 요양신청서는 제외한다)를 제출한 재해자 중 요양승인을 받은 자와 지방고용노동관서에 산업재해조사표가 제출된 재해자를 합산한 수를 말한다.

② 그 밖에 이 예규에서 사용하는 용어의 뜻은 이 예규에 특별한 규정이 없으면 법, 「산업안전보건법 시행령」 및 「산업안전보건법 시행규칙」(이하 "규칙"이라 한다)이 정하는 바에 따른다.

환산도수율	환산강도율
도수율 ÷ 10(회)	강도율 × 100(일)

○ 종합재해지수(FSI) = 도수율과 강도율을 곱해서 루트(제곱근)를 씌운다.
○ 세이프티 스코어란 과거와 현재의 안전을 비교하는 것이다.

○ Safe T Score = $\dfrac{\text{현재빈도율} - \text{과거빈도율}}{\sqrt{\dfrac{\text{과거빈도율}}{\text{연근로시간수}} \times 1,000,000}}$

○ Safety T. Score 값의 의미(과거와 현재의 안전수행을 비교)

2 이상	-2~+2	-2이하
과거보다 나빠짐	심각한 차이 없음(평이함)	과거보다 좋아짐

○ 안전활동률이란 1,000,000 시간당 안전 활동 건수를 나타낸다.
  안전활동률 = (안전 활동 건수/총근로시간수) × 1,000,000

근로자 수 400명, 1일 8시간 300일 근무하는 공장에서 과거 빈도율과 현재 빈도율은 각각 120, 100 일 때, Safety T. Score를 계산하면?

> 해설

> 정답 -1.788(과거와 현재는 안전관리 수행도에 심각한 차이 없음)

연평균근로자 600명인 회사의 안전전담부서에서 6개월간 아래와 같이 안전전담활동 시 안전활동률을 계산하시오.

> (안전 활동 건수)
> 불안전한 행동 20건 발견조치
> 불안전한 상태 34건 조치
> 권고 15건
> 안전홍보 3건
> 안전회의 3건

> 해설

> 정답 105.22

확인학습

01 연평균근로자수가 250명인 A 사업장의 연간재해발생건수는 75건, 이로 인한 재해자수가 90명이고, 총휴업일수는 3,345일이 발생하였다. 이 사업장의 재해 통계에 대한 설명으로 옳은 것은?(단, 근로자는 1일 8시간씩 연간 280일을 근무하였다.)

① 강도율은 5.97이다.
② 도수율은 160.71이다.
③ 연천인율은 360이다.
④ 종합재해지수는 29.92이다.
⑤ 이 사업장에서 연천인율과 도수율과의 관계에는 2.4의 상수값이 적용된다.

해설

$$연천인율 = \frac{연간재해자수}{연평균근로자수} \times 1,000 = \frac{90}{250} \times 1,000 = 360$$

연천인율 = (재해자수 / 연평균 근로자수) × 1,000명 = 빈도율(도수율) × 2.4
도수율 = (재해발생건수 / 총근로시간수) × 1,000,000시간

정답 ③

02 S기업의 상시근로자수는 100명이며, 연간 300일 근무 중 사망 재해건수 2건, 휴업일수 27일, 잔업시간 10,000시간, 조퇴시간으로 인한 손실시간이 500시간이 발생하였다. 이 기업의 재해 통계로 옳은 것은? (단, 근로자의 1일 평균 근로시간은 8시간 30분이다.)

① 도수율은 290이다.
② 연천인율은 18.75이다
③ 강도율은 56.79이다
④ 평균강도율은 0.196이다
⑤ 종합재해지수는 128.33이다

해설

손실일수 = 휴업일수 × (300일/365일)
사망으로 인한 손실일수는 7,500일은 암기하고 있어야 한다. 즉 25년으로 산정하여 7,500일이 나오는 것이다.

$$강도율 = \frac{근로손실일수}{연근로 총시간수} \times 1,000$$

$$= \frac{(7,500 \times 2) + (27 \times \frac{300}{365})}{(100 \times 300 \times 8.5) + 10,000 - 500} \times 1,000 = 56.79$$

정답 ③

03 다음 설명을 보고 A기업의 근로자 1인이 입사부터 정년까지 경험하는 재해건수는? (단, 소수점 아래 셋째자리에서 반올림한다.)

○ A 기업에서 상시 1,200명의 근로자가 근무하고 있으나 질병·기타사유로 인하여 4%의 결근율이라고 보았을 때, 이 회사에서 연간 50건의 재해가 발생하였다.
○ 근로자가 1주일에 48시간 연간 50주를 근무한다.
○ 근로자 1인이 입사부터 정년까지의 근로시간은 총 100,000시간이다.

① 1.81
② 4.34
③ 17.36
④ 18.08
⑤ 43.40

해설

환산도수율과 도수율의 차이를 알고 문제에서의 평생은 환산도수율임을 알면 된다. 환산이란 평생근로시간 100,000시간을 기준으로 하는 것이다.

$$환산도수 = \frac{50}{1200 \times (48 \times 50 \times 0.96)} \times 100,000 = 1.81$$

정답 ①

04

A사업장의 전년도 도수율이 10.5, 금년도 도수율이 15.2일 경우 이 사업장에 대한 안전성적의 평가로 옳은 것은?(단, 금년도 사업장의 총근로시간수는 850000 시간이다.)

① safe-t-score는 1.45 이다.
② 과거에 비하여 별 차이가 없다.
③ 과거보다 현저히 좋아졌다.
④ 과거보다 심각하게 나빠졌다.
⑤ 평가치가 -2~2 사이에 있지 않다.

해설

정답 ②

05

A사업장의 과거와 현재의 안전성적을 비교·평가하는 지표로 이용되는 세이프티스코어(STS: Safe T Score)의 설명으로 옳은 것은?

① STS값 계산 시, 과거와 현재의 강도율을 기준으로 한다.
② STS값이 0(Zero)이면 과거와 현재의 안전성적의 차이가 크다.
③ STS값의 계산식에는 연평균근로자수가 포함되어 있다.
④ STS값이 +4이면 현재의 안전 성적이 과거에 비해 심각하게 나쁘다.
⑤ STS값이 -1이면 현재와 과거의 안전 성적이 차이가 없거나 과거가 좋다.

해설

Safe-T-Score : 과거와 현재의 안전을 성적내어 비교, 평가하는 기법

$$\text{Safe T Score} = \frac{\text{현재빈도율} - \text{과거빈도율}}{\sqrt{\frac{\text{과거빈도율}}{\text{연근로시간수}} \times 1,000,000}}$$

○ Safe T Score의 의미
과거와 현재의 안전도[상해발생률(빈도율, 도수율)]를 비교한 것으로 +이면 과거보다 나쁘고 -이면 과거보다 좋다.
+2.0이상이면 과거보다 안전도가 심각하게 나쁘다.
+2.0 ~ -2.0이면 과거와 심각한 차이가 없다.
-2.0이하이면 과거보다 안전도가 좋아졌다.

정답 ④

06 다음 보기를 통하여 계산한 Safe. T. Score의 값과 의미를 쓰시오.

- 전년도 도수율: 125
- 올해 도수율: 100
- 근로자수 400명
- 올해 근로시간수: 2,390시간

해설

정답 −2.186, 과거보다 안전관리 수행도가 좋아졌다는 의미.

07 다음 보기를 통해 구한 안전활동률을 계산하시오.

연평균 근로자 600명인 S회사의 안전전담부서에서 6개월간 아래 같이 안전전담활동을 하였다. 단, 1일 9시간, 월 22일 근무, 6개월 간 사고 2건이 발생하였다.

[안전활동 건수]
- 불안전한 행동 20건 발견 조치
- 불안전한 상태 34건 조치
- 권고 15건
- 안전홍보 3건
- 안전회의 3건

해설

(풀이) $[75/(9 \times 22 \times 6 \times 600)] \times 1,000,000$

정답 105.22

테마14. 신뢰성 시험(생산자위험과 소비자위험)

로트를 불합격 또는 합격시키는 결정은 전체 로트의 데이터가 아니라 표본만을 근거로 하기 때문에 좋은 로트를 불합격시키고(생산자의 위험) 나쁜 로트를 합격시킬 위험(소비자의 위험)이 있다.

- **정시중단시험**: n개의 아이템들이 모두 고장 날 때까지 기다리지 않고 <u>미리 시간을 정해 두고 그 시간이 되면 중단하는 시험</u>
- **정수중단시험**: n개의 아이템 중에서 <u>미리 정해진 r번째 고장이 발생하였을 때 끝내는 시험</u>
- **축차시험**: 종료 시점이 미리 결정되어 있지 않은 시험이다. 합격과 불합격 판정을 내리기 위하여 일정한 수의 고장이 발생하거나 정해진 시험기간까지 기다리지 않고, 총 시험 시간에 대비하여 고장이 발생하는 개수를 평가하여 만족스러운 수준이면 합격시키고, 그렇지 않으면 불합격시킨다.

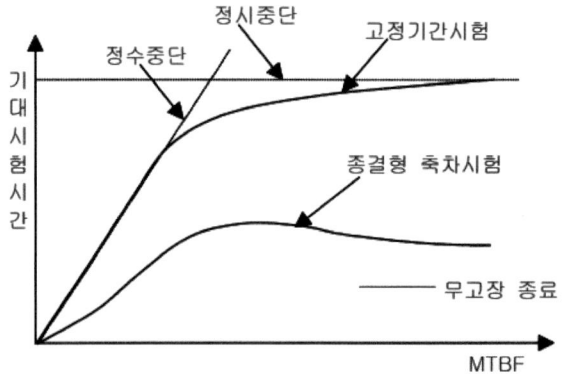

- 신뢰성 검사

비파괴검사	파괴검사
스크리닝 테스트	가속수명시험(ALT)

> ○ **생산자의 위험(알파) 및 소비자의 위험(베타)**
> 합격 표본 추출에서는 해당 로트의 표본 검사 결과를 근거로 전체 로트를 합격 또는 불합격시킬 것인지 결정한다. 로트를 불합격 또는 합격시키는 결정은 전체 로트의 데이터가 아니라 표본만을 근거로 하기 때문에 좋은 로트를 불합격시키고(생산자의 위험) 나쁜 로트를 합격시킬 위험(소비자의 위험)이 있다.
>
> 1. 생산자 위험(알파): 생산자의 위험 α 는 품질 수준이 AQL과 같은 합격시켜야 할 로트를 불합격시킬 확률이다. α 가 증가하면 불량률이 AQL과 같은 로트가 불합격될 위험이 증가하고, 이로 인해 생산자가 피해를 입는다. 생산자의 위험은 제1종 오류라고도 한다.
> $1 - \alpha$ 는 AQL에서 원하는 로트 합격 비율을 나타낸다.

2. 소비자 위험(베타): 소비자의 위험 β 는 품질 수준이 RQL과 같은 불합격시켜야 할 로트를 합격시킬 확률이다. β 가 증가하면 불량률이 RQL과 같은 로트가 합격될 위험이 증가하고, 이로 인해 소비자가 피해를 입게 된다. 소비자의 위험은 제2종 오류라고도 한다. β 는 RQL에서 원하는 로트 합격 확률을 나타낸다. 생산자를 보호하기 위해 합격 품질에 해당되는 로트를 불합격시킬 위험은 낮아야 한다. 소비자를 보호하기 위해 품질이 나쁜 로트를 합격시킬 위험은 낮아야 한다.

○ 합격 품질 수준(AQL) 및 불합격 품질 수준(RQL 또는 LTPD)

1. 합격 품질 수준(AQL): 합격 품질 수준(AQL)은 공급자의 공정에서 허용되는 것으로 간주되는 최고 불량률이다. AQL은 표본 추출 계획에서 무엇을 합격시킬 것인지 설명하는 반면, RQL은 표본 추출 계획에서 무엇을 불합격시킬 것인지 설명하게 된다. 대부분의 경우 AQL에서 특정 제품 로트를 합격시키는 표본 추출 계획을 설계할 수 있다. 예를 들어, 마이크로칩이 배달되었는데 AQL이 1.5%일 경우, 항상 정확한 결정을 내릴 수는 없다는 것을 알고 있으므로(표본 추출 위험) 생산자 위험(α)을 0.05로 설정한다. 즉, 약 95%의 경우는 결점 비율이 1.5% 이하인 로트를 올바르게 합격시키고, <u>5%의 경우는 결점 비율이 1.5% 이하인 로트를 잘못 불합격시킨다는 것을 의미한다.</u>

2. 불합격 품질 수준(RQL 또는 LTPD): 불합격 품질 수준(RQL)은 소비자가 개별 로트에서 허용할 의사가 있는 최고 불량률이다. RQL은 표본 추출 계획에서 무엇을 불합격시킬 것인지 설명하는 반면, AQL은 표본 추출 계획에서 무엇을 합격시킬 것인지 설명한다. 대부분의 경우 RQL에서 특정 제품 로트를 불합격시키는 표본 추출 계획을 설계할 수 있다. 예를 들어, 마이크로칩이 배달되었는데 RQL이 6.5%입니다. 항상 정확한 결정을 내릴 수는 없기 때문에(표본 추출 위험) 소비자 위험(β)을 0.10으로 설정한다. 즉, 최소 90%의 경우는 불량률이 6.5% 이상인 로트를 불합격시킨다는 것을 의미한다. <u>최대 10%의 경우는 품질 수준이 6.5% 이상인 로트를 합격시킨다.</u>

확인학습

01 신뢰성 시험에 설명으로 옳지 않은 것은?

① 소비자 위험은 불합격 신뢰수준에 있는 제품들이 합격될 확률로 표현된다.
② 정시중단자료는 계획된 시점에서 수명시험을 중단하고 얻은 고장시간 자료이다.
③ 종결형 축차시험은 합격, 불합격 판정영역과 고장발생 수에 따라 시험 종료시점이 달라진다.
④ 신뢰성은 어떤 시스템이 정해진 사용조건 하에서 의도하는 기간 동안 만족스럽게 작동하는 시간적 안전성을 의미한다.
⑤ 스트레스 스크리닝 시험은 사용조건보다 높은 스트레스수준에서 시간별 제품의 성능을 관측하여 고장시간을 추정하는 방법이다.

해설

정답 ⑤

02 신뢰성 척도에 관한 설명으로 옳지 않은 것은?

① 특정시점에서의 신뢰도는 시스템 혹은 부품이 작동을 시작하여 어느 시점에서 작동하고 있지 않을 확률로 정의된다.
② 고장률(failure rate)은 특정시점까지 고장 나지 않고 작동하던 시스템 혹은 부품이 이 시점으로부터 단위 기간 내에 고장을 일으키는 비율을 나타낸 것이다.
③ 평균수명(MTTF)은 수리가 불가능한 시스템 혹은 부품인 경우의 평균수명을 뜻한다.
④ 평균잔여수명(MRL)은 현장에서 사용되고 있는 기존 설비의 교체 여부를 결정하는 데에 의미 있는 정보를 제공하는 척도가 된다.
⑤ 백분위수명은 전체 부품 가운데 100%가 고장 나는 시점을 나타낸다.

해설

신뢰성은 개념적으로는 시스템이나 장치가 사용조건에 따라 소정의 시간에 걸쳐 만족하게 작동하는 시간적 안정성을 의미하고 있다. 즉, 시스템의 운용, 보수, 서비스를 포함하여 이것을 확률로 정의하고 이것을 정량적으로 표현한다. 즉, 신뢰도란 "어떤 부품 또는 시스템이 일정한 환경 하에서 일정시간 고장 없이 그 능력을 발휘하는 확률이다."라고 정의하고 있다.
평균잔여수명(mean residual life): 시점 0에서 시작하여 현재까지 작동하고 있는 부품의 잔여수명의 기댓값이다.
백분위수명: 전체 부품 중 100%가 고장 나는 시점이다. 제품의 품질보증을 위한 설계 수명이다.

정답 ①

테마15. 컷셋(cut set)과 패스셋(pass set)

cut set	pass set
1) 고장 나도록 2) 기본사상(basic event)이 '일어났을 때' 정상사상(topevent)을 일으키는 기본사상의 집합(set)	1) 고장이 나지 않도록 2) 기본사상(basic event)이 '일어나지 않을 때' 정상사상(top event)을 일으키는 기본사상의 집합(set)

확인학습

01 컷셋(cut set)과 패스셋(pass set)에 관한 설명으로 옳은 것은?

① 동일한 시스템에서 패스셋의 개수와 컷셋의 개수는 같다.
② 패스셋은 동시에 발생했을 때 정상사상을 유발하는 사상들의 집합이다.
③ 일반적으로 시스템에서 최소 컷셋의 개수가 늘어나면 위험 수준이 높아진다.
④ 최소 컷셋은 어떤 고장이나 실수를 일으키지 않으면 재해는 일어나지 않는다고 하는 것이다.
⑤ 컷셋은 기본사상이 일어나지 않을 때 정상사상(Top event)이 일어나지 않는 기본사상의 집합이다.

해설

정답 ③

02 FTA에서 활용하는 최소 컷셋(Minimal cut sets)에 관한 설명으로 맞는 것은?

① 해당 시스템에 대한 신뢰도를 나타낸다.
② 컷셋 중에 타 컷셋을 포함하고 있는 것을 배제하고 남은 컷셋들을 의미한다.
③ 어느 고장이나 에러를 일으키지 않으면 재해가 일어나지 않는 시스템의 신뢰성이다.
④ 기본사상이 일어나지 않을 때 정상사상(Top event)이 일어나지 않는 기본사상의 집합이다.
⑤ 최소 컷셋은 어떤 고장이나 실수를 일으키지 않으면 재해는 일어나지 않는다고 하는 것이다.

해설

정답 ②

03 다음 시스템에 대하여 톱사상(top event)에 도달할 수 있는 최소 컷셋(minimal cutsets)을 구할 때 올바른 집합은? (단, X2, X3, X4는 각 부품의 고장확률을 의미하며 집합{X1,X2}는 X1부품과 X2부품이 동시에 고장 나는 경우를 의미한다.)

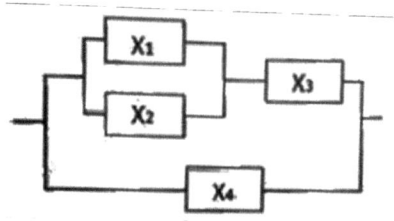

① {X1,X2}, {X3,X4}
② {X1,X3}, {X2,X4}
③ {X1,X2,X4}, {X3,X4}
④ {X1,X3,X4}, {X2,X3,X4}
⑤ {X1,X2,X4}, {X2,X3,X4}

해설

정답 ③

04 중복사상이 있는 FT(Fault Tree)에서 모든 컷셋(cut set)을 구한 경우에 최소 컷셋(minimal cut set)의 설명으로 맞는 것은?

① 모든 컷셋이 바로 최소 컷셋이다.
② 모든 컷셋에서 중복되는 컷셋만이 최소 컷셋이다.
③ 최소 컷셋은 시스템의 고장을 방지하는 기본 고장들의 집합이다.
④ 중복되는 사상의 컷셋 중 다른 컷셋에 포함되는 셋을 제거한 컷셋과 중복되지 않는 사상의 컷셋을 합한 것이 최소 컷셋이다.
⑤ 해당 시스템에 대한 신뢰도를 나타낸다.

해설

정답 ④

05 결함수분석법(FTA)에서의 미니멀 컷셋과 미니멀 패스셋에 관한 설명으로 맞는 것은?

① 미니멀 컷셋은 시스템의 신뢰성을 표시하는 것이다.
② 미니멀 패스셋은 시스템의 위험성을 표시하는 것이다.
③ 미니멀 패스셋은 시스템의 고장을 발생시키는 최소의 패스셋이다.
④ 미니멀 컷셋은 정상사상(top event)을 일으키기 위한 최소한의 컷셋이다.
⑤ 미니멀 컷셋은 정상사상을 일으키지 않은 필요 최소한의 셋이다.

| 해설 |

미니멀 패스 셋(minimal path set)은 정상사상을 일으키지 않은 필요 최소한의 셋.

정답 ④

06 시스템 1, 2에 관한 설명으로 옳은 것은? (단, 화살표는 부품의 경로이며, 각 부품의 신뢰도는 0.9로 동일하다.)

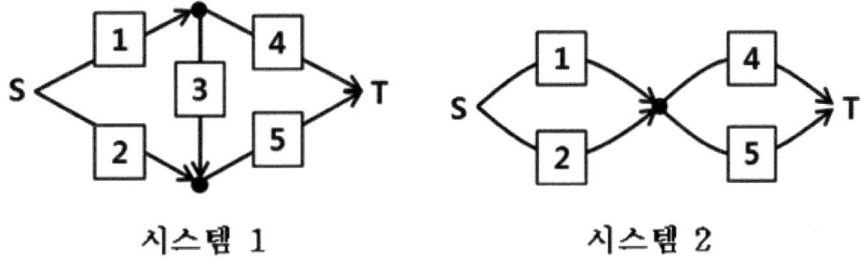

① minimal path의 수는 두 시스템 모두 4개이다.
② 3번 부품의 신뢰도가 1이라면 두 시스템의 신뢰도는 같다.
③ 시스템 2의 신뢰도가 시스템 1보다 더 작다.
④ 시스템 2의 신뢰도는 0.99보다 더 작다.
⑤ 시스템 1의 신뢰도는 '0.9×(3번이 고장 난 시스템의 신뢰도)+0.1×(시스템2의 신뢰도)'이다.

| 해설 |

직렬은 곱하고 병렬은 $1-(1-R_1)(1-R_2)$을 활용하면 쉽다.
신뢰도는 R(살았다는 뜻)이다. 신뢰도 2는 1 또는 2가 살고, 3 또는 4가 살면 시스템이 산다. 시스템 1의 신뢰도는 0.958이고 시스템 2의 신뢰도는 0.981이다.

정답 ④

07 A 회사에서 생산하는 전자부품의 전자회로는 시스템의 안전을 위하여 그림과 같이 5개의 부품 중 3개만 작동하면 시스템이 정상적으로 가동되는 구조를 갖추고 있다. 동일하고 상호독립적인 각 부품의 고장률을 λ라고 할 때, 다음 중 신뢰도를 구하는 모델로 옳은 것은?

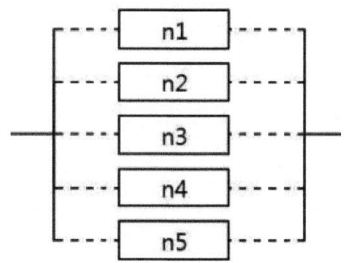

① $R(t) = \sum_{3}^{5} \binom{5}{3} [e^{-\lambda t}]^3 [1 - e^{-\lambda t}]^2$

② $R(t) = \sum_{3}^{4} \binom{4}{3} [e^{-\lambda t}]^4 [1 - e^{-\lambda t}]^3$

③ $R(t) = \sum_{5}^{3} \binom{3}{5} [e^{-\lambda t}]^3 [1 - e^{-\lambda t}]^5$

④ $R(t) = \sum_{3}^{5} \binom{5}{3} [e^{-\lambda t}]^5 [1 - e^{-\lambda t}]^3$

⑤ $R(t) = \sum_{3}^{5} \binom{5}{3} [e^{-\lambda t}]^5 [1 - e^{-\lambda t}]^2$

| 해설 |

정답 ①

테마16. 고장밀도함수

1. 지수분포

고장률함수 $\lambda(t)$가 상수 λ로 시간변화에 관계없이 고장률이 일정한 분포이다.
고장률($\lambda(t) = \lambda$)이 일정형 CFR 일 때 $f(t)$는 지수분포를 따른다.

1) 고장밀도함수: $f(t)$

$$f(t) = \lambda(t) \cdot R(t) = \lambda e^{-\lambda t} = \frac{1}{\theta} e^{-\frac{t}{\theta}}$$

(단, θ 는 t_0라고도 하며 $f(t)$의 모수로서 평균이다.)

2) 기대값과 분산

$$E(t) = \frac{1}{\lambda} = \theta \qquad V(t) = \frac{1}{\lambda^2} \qquad D(t) = \frac{1}{\lambda}$$

3) 평균수명: 기대시간

$$E(t) = \frac{1}{\lambda}$$

여기서 평균수명은 시스템을 수리하여 사용하는 경우와 수리하여 사용할 수 없는 경우로 나눌 수 있다.
- 수리 가능한 경우의 평균수명: MTBF
- 수리 불가능한 경우의 평균수명: MTTF

4) 신뢰도함수: $R(t)$

$$R(t) = e^{-\lambda t} = e^{-\frac{t}{\theta}} \quad (단, \theta = \frac{1}{\lambda} 이다.)$$

5) 불신뢰도(= 누적고장확률): $F(t)$

$$F(t) = 1-R(t) = 1-e^{-\lambda t}$$

6) 고장률함수: $\lambda(t)$

$$\lambda(t) = \frac{f(t)}{R(t)} = \lambda$$

λ : 평균고장율, μ : 평균수리율

확인학습

01 프레스에 설치된 안전장치의 수명은 지수분포를 따르며 평균수명은 100시간이다. 새로 구입한 안전장치가 50시간 동안 고장 없이 작동할 확률(가)과 이미 100시간을 사용한 안전장치가 앞으로 100시간 이상 견딜 확률(나)은 약 얼마인가?

	(가)	(나)
①	0.368	0.368
②	0.607	0.368
③	0.368	0.607
④	0.607	0.607
⑤	0.985	0.652

해설

R(t)를 구하는 문제이다. t만 다르게 출제되었다.

정답 ②

02 지수분포를 따르는 B제품의 평균수명은 5,000시간이다. 이 제품을 연속적으로 6,000시간 동안 사용할 경우 고장 없이 작동할 확률은?

① 0.3011
② 0.4346
③ 0.5654
④ 0.6989
⑤ 0.42139

해설

고장 없이 작동할 확률은 R(t)을 구하면 된다.

정답 ①

03 어느 부품 10,000개를 10,000시간 동안 가동 중에 5개의 불량품이 발생하였을 때 평균 동작시간(MTTF)은?

① 1×10^6 시간
② 2×10^7 시간
③ 1×10^7 시간
④ 2×10^6 시간
⑤ 3×10^6 시간

해설

고장률 $= \dfrac{5}{10,000 \times 10,000} = \dfrac{5}{10^8} = 5 \times 10^{-8}/h$

MTTF $= \dfrac{1}{5 \times 10^{-8/h}} = 2 \times 10^7 h$

○ **평균고장시간(MTTF; Mean Time To Failure)**
  - 시스템, 부품 등이 고장나기까지 동작시간의 평균치, 평균수명
  1. 직렬계의 경우 System의 수명은 = MTTF/n = $1/\lambda$
  2. 병렬계의 경우 System의 수명은 = MTTF(1+1/2+1/3+…+1/n)
    여기서, n : 직렬 또는 병렬계의 요소
  ※ λ (평균고장율) = (고장건수/총가동시간)

○ **평균고장간격(MTBF; Mean Time Between Failure)**
  시스템, 부품 등의 고장 간의 동작시간 평균치
  1. MTBF = $1/\lambda$, λ (평균고장율) = (고장건수/총가동시간)
  2. MTBF = MTTF + MTTR

○ **평균수리시간(MTTR; Mean Time To Repair)**
  총 수리시간을 그 기간의 수리횟수로 나눈 시간

○ **가용도(Availability: 이용률)**
  일정 기간에 시스템이 고장 없이 가동될 확률
  1. 가용도(A) = MTTF/(MTTF+MTTR) = MTTF/MTBF
    가용도는 MTTF/MTBF로 계산되므로, 평균고장시간(MTTF)이 길수록, 평균수리시간(MTTR)이 짧을수록 유리함. MTBF, MTTF는 길수록 MTTR은 짧을수록 우수한 장비의 척도가 된다.
  2. 가용도(A) = $\mu /(\lambda +\mu)$
    여기서, λ : 평균고장율, μ : 평균수리율

정답 ②

04
시스템의 고장률이 0.03/hr이고 수리율이 0.1/hr인 경우, 시스템의 가용도는?

① 11/10
② 13/3
③ 3/13
④ 11/13
⑤ 10/13

해설

정답 ⑤

05
지수분포를 따르는 부품 10개에 대해 고장이 나면 즉시 교체가 되는 수명시험으로 100시간에서 중지하였다. 이 시간동안 고장난 부품이 4개로 각각 10, 30, 70, 90시간에서 발생하였다. 이 부품에 대한 t=100시간에서의 누적고장활률 H(t)는 얼마인가?

① 0.33/hr
② 0.4/hr
③ 0.5/hr
④ 0.67/hr
⑤ 0.78/hr

해설

우선 고장률을 먼저 구하면 전체 가동시간(1,000시간) 중 고장 부품 개수로 나누면 된다. 누적고장확률 = 고장률×누적시간 =λ t

정답 ②

06 신뢰성의 개념에 관한 설명으로 옳지 않은 것은? (단, t는 시간이다.)

① 신뢰도는 시스템, 기기 및 부품 등이 정해진 사용조건에서 의도하는 기간에 정해진 기능을 수행할 확률이다.
② 누적고장률함수 F(t)는 처음부터 임의의 시점까지 고장이 발생할 확률을 나타내는 함수이다.
③ 고장밀도함수 f(t)는 시간당 어떤 비율로 고장이 발생하고 있는가를 나타내는 함수이다.
④ 고장률 h(t)는 현재 고장이 발생하지 않은 제품 중 단위시간 동안 고장이 발생할 제품의 비율이다.
⑤ 신뢰도함수 R(t)는 임의의 시점에서 고장을 일으키지 않고 남아 있는 제품의 비율로, 1− f(t)로 정의된다.(단, f(t)는 고장밀도함수이다.)

해설

R(t)=1− F(t)

정답 ⑤

07 고장건수가 10건이고, 총가동시간이 1만 시간일 때, 고장률(ㄱ) 및 900시간 가동 시 고장확률(ㄴ)을 구하시오.

	ㄱ	ㄴ
①	0.01	0.41
②	0.001	0.59
③	0.02	0.41
④	0.002	0.59
⑤	0.1	0.41

해설

고장률은 전체 가동시간 중에서 고장건수의 비율이다.
한편 R(t)+F(t)=1을 활용하면 문제의 답을 구할 수 있다.

정답 ②

08
에어컨 스위치의 수명은 지수분포를 따르며 평균수명이 1,000시간일 경우 새로 구입한 스위치가 향후 500시간 동안 고장 없이 작동할 확률(ㄱ)과, 이미 1,000시간을 사용한 스위치가 향후 500시간 이상 견딜 확률(ㄴ)을 구하시오.

	ㄱ	ㄴ
①	0.31	0.31
②	0.41	0.41
③	0.51	0.51
④	0.61	0.61
⑤	0.71	0.71

해설

정답 ④

테마17. 근원적인 안전성 확보

○ 화학설비의 안전설계 일반기준에 관한 기술지침

1. 목적
사업장의 근원적 안전성 확보는 제어 시스템, 인터록 설비, 경보 설비 등을 설치하거나 개선하는 것보다 화학물질의 양을 줄이거나 유해 위험성이 적은 물질로 대체, 사용하는 조건을 완화하는 등 위험성이 원천적으로 감소되도록 설계되어야 한다. 이 기준은 설계단계에서 근원적인 안전성 확보를 위한 지침을 주는데 있다.

2. 용어의 정의
(1) 이 기준에서 사용하는 용어의 정의는 다음 각 호의 1과 같다.
  (가) "근원적 (Inherent) 방법"이라 함은 위험하지 않은 화학물질 또는 공정 조건을 사용하여 위험요인(Hazard)를 없애는 방법을 말하며 테레프탈산(TPA)제조공정에서 용제를 물로 바꾸는 것 또는 알킬벤젠 제조공정에서 촉매를 불화수소에서 지글러 촉매로 교체하는 것 등을 예로 들 수 있다.
  (나) "수동적 (Passive) 방법"이라 함은 위험성을 제거하지 않고 사고의 빈도나 사고의 크기를 줄이기 위하여 공정 또는 설비의 설계 특성을 이용하여 위험성을 없애거나 최소화하는 방법을 말하며 설비의 설계압력을 높이는 방법 등을 예로 들 수 있다.
  (다) "능동적 (Active) 방법"이라 함은 제어장치, 안전을 위한 인터록 설비, 비상정지시스템 등을 사용하여 위험성이 있는 공정의 이탈을 감지하고 이에 대한 적절한 조치를 할 수 있도록 하는 방법을 말한다.
  (라) "절차적(Procedural) 방법"이라 함은 사고를 예방하고 사고의 결과를 최소화하기 위하여 안전운전절차, 비상조치계획 기타 관리 절차를 이용하는 방법을 말한다.
(2) 기타 이 기준에서 사용하는 용어의 정의는 특별한 규정이 있는 경우를 제외하고는 산업안전보건법, 동법 시행령 및 동법 시행규칙에서 정하는 바에 의한다.

3. 일반사항
(1) 근원적으로 공장을 안전하게 설계하는 방법에는 다음 각 호와 같은 방법이 있다.
  (가) 효율화(Intensification): 유해·위험성이 있는 물질의 양을 줄임.
  (나) 대체(Substitution): 유해·위험성이 적은 물질로 바꿈.
  (다) 완화(Attenuation): 취급조건 또는 형태를 유해·위험성이 적은 조건 또는 형태로 변경함.
  (라) 영향의 제한(Limitation of effects): 유해·위험한 물질 또는 에너지의 누출에 의한 결과가 최소화 되도록 설비를 설계함.
  (마) 단순화(Simplification): 운전상의 실수 또는 오류가 최소화 될 수 있도록 설비를 설계함.

확인학습

01 생산 산업현장에 존재하는 유해·위험요인(hazard)의 제거 또는 감소를 위한 대응 전략으로 옳은 것은 어느 것인가?

① 최소화: 위험물질을 상대적으로 위험이 낮은 물질로 교체한다.
② 위험완화: 위험물질의 유해성을 제거하기 위해 유기용제로 희석한다.
③ 위험완화: 불필요한 복잡성을 최소화하거나 제거하여 설계한다.
④ 단순화: 위험이 낮은 조건을 사용한다.
⑤ 단순화: 오류 발생 가능성이 낮은 조업시스템을 설계한다.

해설

대체, 완화, 영향의 제한, 단순화의 개념을 잘 알아둘 것!
완화에는 희석, 냉동 등이 예시로 되어 있다.

정답 ②

테마18. 클로즈 분석도

○ **클로즈 분석**: 2개 이상의 문제관계를 분석하는 데 사용
① 데이터 집계
② 요인별 결과 내역을 교차한 클로즈도를 작성
  T : 전 재해 건수
  A : 불안전한 상태에 의한 재해 건수
  B : 불안전한 행동에 의한 재해 건수
  C : 불안전한 상태와 불안전한 행동이 겹쳐서 발생한 건수
  D : 불안전한 상태 및 불안전한 행동에 아무런 관계없이 발생한 재해 건수
③ C의 재해가 A와 B에 의해 발생할 확률

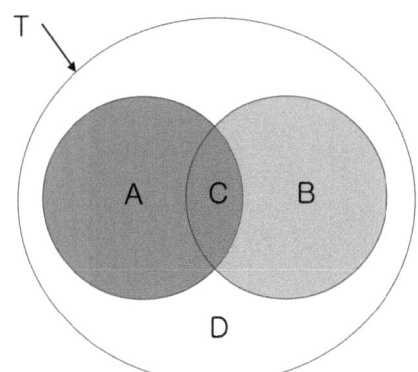

$$Pc = \frac{A}{T} \times \frac{B}{T} = \frac{AB}{T^2}$$

확인학습

01 사고조사 원인분석 방법 가운데 통계적 재해원인 분석방법의 하나인 '클로즈(close) 분석도'에 해당하는 것은?

① 사고의 유형이나 기인물 등의 분류 항목이 큰 것부터 작은 순서대로 도표화한 것이다.
② 특성과 그 요인의 간계를 도표화하여 분석하는 방법이다.
③ 재해발생 추이를 파악하여 목표관리를 행하는데 관리선을 설정하여 분석한다.
④ 2개 이상의 문제관계를 분석하는데 이용되며, 요인별 결과내역을 교차한 그림을 사용하여 분석한다.
⑤ 관리선은 상·하방관리한계 및 중심선(CL)으로 표시한다.

해설

정답 ④

테마19. 안전보건관리조직

○ 스태프 조직의 특징

장점	단점	특징
- 안전담부서의 참모인 안전관리자가 안전관리의 계획에서 시행까지 업무추진(고도의 안전활동 진행) - 안전기법 등에 대한 교육훈련을 통해 조직적으로 안전관리 추진(안전에 관한 업무의 표준화, 정착화) - 경영자의 조언과 자문역할(안전보건 업무에 대하여 조언자 역할) - 안전에 관한 지식, 기술 축적 및 정보 수집이 용이하고 신속 - 사업장 특성에 맞는 안전보건대책 수립 용이	- 생산계통의 기능과 상반된 견해차이 등으로 안전활동 위한 협력이 부족 - 안전지시의 이원화로 명령계통의 혼란초래(응급조치 곤란, 통제수단 복잡) - 안전에 대한 이해가 부족할 경우 안전대책의 현장 침투 불가 - 안전과 생산을 별개로 취급(생산부분은 안전에 대한 책임과 권한 없음)	- 근로자 100~1,000명 정도의 중규모사업장에 적합 - 안전에 관한 계획안의 작성, 조사. 점검결과에 의한 조언, 보고의 역할(스스로 생산라인의 안전업무를 행할 수 없음) - 테일러의 기능형 조직에서 발전 -> 분업의 원칙을 고도로 이용 -> 책임과 권한이 직능적으로 분담

○ 라인 조직의 특징

장점	단점	특징
- 안전보건관리와 생산을 동시에 수행 - 명령과 보고가 상하관계뿐이므로 간단명료(모든 권한이 포괄적이고 직선적으로 행사) - 명령이나 지시가 신속 정확하게 전달되어 개선조치가 빠르게 진행 - 별도의 안전관리 요원을 두지 않아 예산절약의 효과	- 안전보건에 관한 전문지식이나 기술이 결여되어 안전보건관리가 원만하게 이루어지지 못함 (고도의 안전관리 기대불가) - 생산라인의 업무에 중점을 두어 안전보건관리가 소홀해질 수 있음 - 안전에 관한 전문지식이나 정보 불충분	- 안전보건관리업무(PDCA 사이클 등)를 생산라인을 통하여 이루어지도록 편성된 조직 - 생산라인에 모든 안전보건 관리기능을 부여(업무가 생산 위주라 안전에 대한 전문지식이나 기술습득 시간부족) - 전문적인 기술을 필요로 하지 않는 100인 미만의 소규모 사업장에 적합

○ 라인-스태프 조직의 특징

장점	단점	특징
- 라인에서 안전보건 업무가 수행되어 안전보건에 관한 지시 명령조치가 신속, 정확하게 전달, 수행 - 안전보건의 전문지식이나 기술 축적 용이(당해 사업장에 적합한 대책수립가능) - 스탭에서 안전에 관한 기획, 조사, 검토 및 연구를 수행	- 라인과 스탭간에 협조가 안될 경우 업무의 원활한 추진 불가 - 스탭의 기능이 너무 강하면 권한의 남용으로 라인에 간섭 -> 라인의 권한 약화 -> 라인의 유명무실 - 명령계통과 조언, 권고적 참여가 혼돈될 가능성	- 라인형과 스탭형의 장점을 절충한 이상적인 조직 - 안전 보건 업무를 전담하는 스탭을 두고 생산라인의 부서의 장으로 하여금 안전보건 담당(안전보건대책 : 스탭에서 수립 -> 라인을 통하여 실천) - 라인에는 생산과 안전에 관한 책임과 권한이 동시에 부여(안전보건업무와 생산 업무의 균형 유지) - 근로자 1,000명 이상의 대규모 사업장 적합 - 우리나라 산업안전 보건법상의 조직형태 - 안전, 생산 유리될 우려가 없어 운용 적절하면 이상적 조직

확인학습

01 안전조직의 형태는 라인, 스탭, 라인스탭으로 크게 분류된다. 각 조직에 대한 설명으로 옳은 것은?

① 스탭조직에서 생산부문은 안전에 대한 책임과 권한이 약하다.
② 라인조직은 대기업에서 많이 사용된다.
③ 라인스탭 조직에서는 안전활동이 생산과 유리될 우려가 크다.
④ 라인조직은 안전과 생산을 별개로 취급하기 쉽다.
⑤ 라인조직은 외부의 전문적 안전정보가 빠르게 습득된다.

해설

정답 ①

02 근로자 40명이 근무하는 사출성형제품 생산 공장에 가장 적합한 안전 조직은?

① 안전관리의 계획부터 실시까지 모든 안전업무가 생산라인을 통해 직접적으로 적용되는 조직
② 안전업무를 관장하는 참모를 두고, 안전관리 계획·조사·검토 등의 업무와 현장에 기술지원을 담당하도록 편성된 조직
③ 안전업무 전담 참모를 두고, 생산라인에서도 부서장으로 하여금 안전업무를 수행하게 하는 조직
④ 산업안전보건위원회를 활성화한 조직
⑤ 정보수집과 사업장 특성에 적합한 안전기술 연구개발을 할 수 있는 조직

해설

○ **라인형**
안전관리의 모든 것을 생산조직을 통해서 행하는 방식
① 소규모 사업장(100명 이하) 적용 가능
② 장점 : 명령 및 지시가 신속, 정확
③ 단점 : 안전에 대한 정보 불충분, 라인에 과도한 책임 부여
④ 생산/안전 동시에 지시하는 형태

○ **스태프형(참모형)**
안전관리 전담하는 스태프가 안전관리
① 중규모 사업장(100~1000명) 적용 가능
② 장점 : 안전정보 수집이 용이
③ 단점 : 안전과 생산을 별개로 취급
④ 안전전문가(스태프)가 문제해결방안 모색
⑤ 스태프는 경영자의 조언, 자문 역할을 함
⑥ 생산은 안전에 대한 권한, 책임 없음
⑦ 권한 다툼이나 조정으로 통제 수속이 복잡

정답 ①

03 안전보건관리조직에 관한 설명으로 옳은 것은?

① 공사금액 100억 원인 건설업의 사업장은 산업안전보건위원회를 설치해야한다.
② 산업안전보건위원회의 위원 중 산업보건의는 노사합의에 의해서만 선정된다.
③ 안전보건관리조직 중 라인 조직형은 권한이 직선식으로 행사되므로 200명~300명 정도의 중견기업에 적합하다.
④ 안전보건관리조직 중 라인-스텝 복합형은 1,000명 이상의 대기업에 적합하다.
⑤ 상시근로자 100명인 자동차 및 트레일러 제조업을 하는 사업장의 산업안전보건위원회는 안전관리자나 보건관리자 중에 1명만 있으면 된다.

해설

라인조직	참모조직	라인-참모조직
소규모(100명 이하)사업장	중규모(100~1,000명)	대규모(1,000명 이상)

■ 산업안전보건법 시행령 [별표 9]

산업안전보건위원회를 구성해야 할 사업의 종류 및 사업장의 상시근로자 수(제34조 관련)

사업의 종류	사업장의 상시근로자 수
1. 토사석 광업 2. 목재 및 나무제품 제조업; 가구제외 3. 화학물질 및 화학제품 제조업; 의약품 제외(세제, 화장품 및 광택제 제조업과 화학섬유 제조업은 제외한다) 4. 비금속 광물제품 제조업 5. 1차 금속 제조업 6. 금속가공제품 제조업; 기계 및 가구 제외 7. 자동차 및 트레일러 제조업 8. 기타 기계 및 장비 제조업(사무용 기계 및 장비 제조업은 제외한다) 9. 기타 운송장비 제조업(전투용 차량 제조업은 제외한다)	상시근로자 50명 이상
10. 농업 11. 어업 12. 소프트웨어 개발 및 공급업 13. 컴퓨터 프로그래밍, 시스템 통합 및 관리업 13의2. 영상·오디오물 제공 서비스업 14. 정보서비스업 15. 금융 및 보험업 16. 임대업; 부동산 제외 17. 전문, 과학 및 기술 서비스업(연구개발업은 제외한다) 18. 사업지원 서비스업 19. 사회복지 서비스업	상시근로자 300명 이상

20. 건설업	공사금액 120억원 이상 (「건설산업기본법 시행령」 별표 1의 종합공사를 시공하는 업종의 건설업종란 제1호에 따른 토목공사업의 경우에는 150억원 이상)
21. 제1호부터 제13호까지, 제13호의2 및 제14호부터 제20호까지의 사업을 제외한 사업	상시근로자 100명 이상

영 제35조(산업안전보건위원회의 구성) ① 산업안전보건위원회의 근로자위원은 다음 각 호의 사람으로 구성한다.
  1. 근로자대표
  2. 명예산업안전감독관이 위촉되어 있는 사업장의 경우 근로자대표가 지명하는 1명 이상의 명예산업안전감독관
  3. 근로자대표가 지명하는 9명(근로자인 제2호의 위원이 있는 경우에는 9명에서 그 위원의 수를 제외한 수를 말한다) 이내의 해당 사업장의 근로자
② 산업안전보건위원회의 사용자위원은 다음 각 호의 사람으로 구성한다. 다만, 상시근로자 50명 이상 100명 미만을 사용하는 사업장에서는 제5호에 해당하는 사람을 제외하고 구성할 수 있다.
  1. 해당 사업의 대표자(같은 사업으로서 다른 지역에 사업장이 있는 경우에는 그 사업장의 안전보건관리책임자를 말한다. 이하 같다)
  2. 안전관리자(제16조 제1항에 따라 안전관리자를 두어야 하는 사업장으로 한정하되, 안전관리자의 업무를 안전관리전문기관에 위탁한 사업장의 경우에는 그 안전관리전문기관의 해당 사업장 담당자를 말한다) 1명
  3. 보건관리자(제20조 제1항에 따라 보건관리자를 두어야 하는 사업장으로 한정하되, 보건관리자의 업무를 보건관리전문기관에 위탁한 사업장의 경우에는 그 보건관리전문기관의 해당 사업장 담당자를 말한다) 1명
  4. 산업보건의(해당 사업장에 선임되어 있는 경우로 한정한다)
  5. 해당 사업의 대표자가 지명하는 9명 이내의 해당 사업장 부서의 장
③ 제1항 및 제2항에도 불구하고 법 제69조 제1항에 따른 건설공사도급인(이하 "건설공사도급인"이라 한다)이 법 제64조 제1항 제1호에 따른 안전 및 보건에 관한 협의체를 구성한 경우에는 산업안전보건위원회의 위원을 다음 각 호의 사람을 포함하여 구성할 수 있다.
  1. 근로자위원: 도급 또는 하도급 사업을 포함한 전체 사업의 근로자대표, 명예산업안전감독관 및 근로자대표가 지명하는 해당 사업장의 근로자
  2. 사용자위원: 도급인 대표자, 관계수급인의 각 대표자 및 안전관리자

> **시행규칙 제24조(근로자위원의 지명)** 영 제35조 제1항 제3호에 따라 근로자대표가 근로자위원을 지명하는 경우에 근로자대표는 조합원인 근로자와 조합원이 아닌 근로자의 비율을 반영하여 근로자위원을 지명하도록 노력해야 한다.

정답 ④

테마20. 제조물책임법

제1조(목적) 이 법은 제조물의 결함으로 발생한 손해에 대한 제조업자 등의 손해배상책임을 규정함으로써 피해자 보호를 도모하고 국민생활의 안전 향상과 국민경제의 건전한 발전에 이바지함을 목적으로 한다.

제2조(정의) 이 법에서 사용하는 용어의 뜻은 다음과 같다.
1. "제조물"이란 제조되거나 가공된 동산(다른 동산이나 부동산의 일부를 구성하는 경우를 포함한다)을 말한다.
2. "결함"이란 해당 제조물에 다음 각 목의 어느 하나에 해당하는 제조상·설계상 또는 표시상의 결함이 있거나 그 밖에 통상적으로 기대할 수 있는 안전성이 결여되어 있는 것을 말한다.
   가. "제조상의 결함"이란 제조업자가 제조물에 대하여 제조상·가공상의 주의의무를 이행하였는지에 관계없이 제조물이 원래 의도한 설계와 다르게 제조·가공됨으로써 안전하지 못하게 된 경우를 말한다.
   나. "설계상의 결함"이란 제조업자가 합리적인 대체설계(代替設計)를 채용하였더라면 피해나 위험을 줄이거나 피할 수 있었음에도 대체설계를 채용하지 아니하여 해당 제조물이 안전하지 못하게 된 경우를 말한다.
   다. "표시상의 결함"이란 제조업자가 합리적인 설명·지시·경고 또는 그 밖의 표시를 하였더라면 해당 제조물에 의하여 발생할 수 있는 피해나 위험을 줄이거나 피할 수 있었음에도 이를 하지 아니한 경우를 말한다.
3. "제조업자"란 다음 각 목의 자를 말한다.
   가. 제조물의 제조·가공 또는 수입을 업(業)으로 하는 자
   나. 제조물에 성명·상호·상표 또는 그 밖에 식별(識別) 가능한 기호 등을 사용하여 자신을 가목의 자로 표시한 자 또는 가목의 자로 오인(誤認)하게 할 수 있는 표시를 한 자

확인학습

01 제조물 책임법상 '결함'에 해당하는 것을 모두 고른 것은?

> ㄱ. 제조상의 결함
> ㄴ. 표시상의 결함
> ㄷ. 설계상의 결함

① ㄱ
② ㄷ
③ ㄱ, ㄷ
④ ㄴ, ㄷ
⑤ ㄱ, ㄴ, ㄷ

해설

정답 ⑤

02 제조물 책임법에 관한 설명으로 옳은 것은?

① 제조물 결함은 소비자가 입증해야 한다.
② 제조물에는 배, 무 같은 농작물도 포함된다.
③ 제조물 책임은 제조업자와 제조물을 공급한 자, 소비자가 공동으로 져야 한다.
④ 제조자가 경고의 의무를 소홀히 한 경우라도 소비자의 과실로 인한 손실은 소비자가 책임을 져야 한다.
⑤ 제조업자가 해당 제조물을 공급한 때의 과학·기술수준으로는 결함의 존재를 발견할 수 없었다는 사실을 입증하면 책임은 면제된다.

해설

식품에 있어 제조물책임의 대상으로는 미가공 농산물은 대상에서 제외되고 가공된 농산물이 해당된다.
개정 제조물책임법은 기존의 판례이론을 토대로, 피해자가 3가지 간접사실(①해당 제조물이 정상적으로 사용되는 상태에서 피해자의 손해가 발생하였다는 사실, ②그 손해가 제조업자의 실질적 지배영역에 속한 원인으로부터 초래되었다는 사실, ③그 손해가 해당 제조물의 결함 없이는 통상적으로 발생하지 아니한다는 사실)을 입증하면, 제조물에 결함이 있었고(결함의 존재), 그 제조물의 결함으로 인하여 손해가 발생한 것(결함과 손해 사이의 인과관계)으로 추정하는 규정을 명문화하였다.

제3조(제조물 책임) ① 제조업자는 제조물의 결함으로 생명·신체 또는 재산에 손해(그 제조물에 대하여만 발생한 손해는 제외한다)를 입은 자에게 그 손해를 배상하여야 한다.
② 제1항에도 불구하고 제조업자가 제조물의 결함을 알면서도 그 결함에 대하여 필요한 조치를 취하지 아니한 결과로 생명 또는 신체에 중대한 손해를 입은 자가 있는 경우에는 그 자에게 발생한 손해의 3배를 넘지 아니하는 범위에서 배상책임을 진다. 이 경우 법원은 배상액을 정할 때 다음 각 호의 사항을 고려하여야 한다.
  1. 고의성의 정도
  2. 해당 제조물의 결함으로 인하여 발생한 손해의 정도
  3. 해당 제조물의 공급으로 인하여 제조업자가 취득한 경제적 이익
  4. 해당 제조물의 결함으로 인하여 제조업자가 형사처벌 또는 행정처분을 받은 경우 그 형사처벌 또는 행정처분의 정도
  5. 해당 제조물의 공급이 지속된 기간 및 공급 규모
  6. 제조업자의 재산상태
  7. 제조업자가 피해구제를 위하여 노력한 정도
③ 피해자가 제조물의 제조업자를 알 수 없는 경우에 그 제조물을 영리 목적으로 판매·대여 등의 방법으로 공급한 자는 제1항에 따른 손해를 배상하여야 한다. 다만, 피해자 또는 법정대리인의 요청을 받고 상당한 기간 내에 그 제조업자 또는 공급한 자를 그 피해자 또는 법정대리인에게 고지(告知)한 때에는 그러하지 아니하다.
제3조의2(결함 등의 추정) 피해자가 다음 각 호의 사실을 증명한 경우에는 제조물을 공급할 당시 해당 제조물에 결함이 있었고 그 제조물의 결함으로 인하여 손해가 발생한 것으로 추정한다. 다만, 제조업자가 제조물의 결함이 아닌 다른 원인으로 인하여 그 손해가 발생한 사실을 증명한 경우에는 그러하지 아니하다.

1. 해당 제조물이 정상적으로 사용되는 상태에서 피해자의 손해가 발생하였다는 사실
2. 제1호의 손해가 제조업자의 실질적인 지배영역에 속한 원인으로부터 초래되었다는 사실
3. 제1호의 손해가 해당 제조물의 결함 없이는 통상적으로 발생하지 아니한다는 사실

제4조(면책사유) ① 제3조에 따라 손해배상책임을 지는 자가 다음 각 호의 어느 하나에 해당하는 사실을 입증한 경우에는 이 법에 따른 손해배상책임을 면(免)한다.
1. 제조업자가 해당 제조물을 공급하지 아니하였다는 사실
2. 제조업자가 해당 제조물을 공급한 당시의 과학·기술 수준으로는 결함의 존재를 발견할 수 없었다는 사실
3. 제조물의 결함이 제조업자가 해당 제조물을 공급한 당시의 법령에서 정하는 기준을 준수함으로써 발생하였다는 사실
4. 원재료나 부품의 경우에는 그 원재료나 부품을 사용한 제조물 제조업자의 설계 또는 제작에 관한 지시로 인하여 결함이 발생하였다는 사실

② 제3조에 따라 손해배상책임을 지는 자가 제조물을 공급한 후에 그 제조물에 결함이 존재한다는 사실을 알거나 알 수 있었음에도 그 결함으로 인한 손해의 발생을 방지하기 위한 적절한 조치를 하지 아니한 경우에는 제1항 제2호부터 제4호까지의 규정에 따른 면책을 주장할 수 없다.

제5조(연대책임) 동일한 손해에 대하여 배상할 책임이 있는 자가 2인 이상인 경우에는 연대하여 그 손해를 배상할 책임이 있다.

제6조(면책특약의 제한) 이 법에 따른 손해배상책임을 배제하거나 제한하는 특약(特約)은 무효로 한다. 다만, 자신의 영업에 이용하기 위하여 제조물을 공급받은 자가 자신의 영업용 재산에 발생한 손해에 관하여 그와 같은 특약을 체결한 경우에는 그러하지 아니하다.

제7조(소멸시효 등) ① 이 법에 따른 손해배상의 청구권은 피해자 또는 그 법정대리인이 다음 각 호의 사항을 모두 알게 된 날부터 3년간 행사하지 아니하면 시효의 완성으로 소멸한다.
1. 손해
2. 제3조에 따라 손해배상책임을 지는 자

② 이 법에 따른 손해배상의 청구권은 제조업자가 손해를 발생시킨 제조물을 공급한 날부터 10년 이내에 행사하여야 한다. 다만, 신체에 누적되어 사람의 건강을 해치는 물질에 의하여 발생한 손해 또는 일정한 잠복기간(潛伏期間)이 지난 후에 증상이 나타나는 손해에 대하여는 그 손해가 발생한 날부터 기산(起算)한다.

제8조(「민법」의 적용) 제조물의 결함으로 인한 손해배상책임에 관하여 이 법에 규정된 것을 제외하고는 「민법」에 따른다.

정답 ⑤

03 제조물책임법상 용어의 정의로 옳지 않은 것은?

① 제조물이란 제조되거나 가공된 동산(다른 동산이나 부동산의 일부를 구성하는 경우를 포함한다)을 말한다.
② 제조업자란 제조물의 제조·가공 또는 수입을 업으로 하는 자를 말한다.
③ 제조물의 결함에는 제조상의 결함, 설계상의 결함, 유통상의 결함이 있다.
④ 설계상의 결함이란 제조업자가 합리적인 대체설계를 채용하였더라면 피해나 위험을 줄이거나 피할 수 있었음에도 대체설계를 채용하지 아니하여 해당 제조물이 안전하지 못하게 된 경우를 말한다.
⑤ 통상적으로 기대할 수 있는 안전성이 결여되어 있는 것도 결함이라 할 수 있다.

해설

정답 ③

테마21. 재해손실비율

1. 직접비와 간접비 하인리히 방식(1:4원칙)

직접비(법적으로 지급되는 산재보상비)		간접비(직접비를 제외한 모든 비용) ※ 재산손실, 생산중단 등으로 기업이 입은 손실로서 정확한 산출이 어려울 때에는 직접비의 4배로 산정하여 계산한다.
요양급여	요양비 전액	• 인적손실 • 물적손실 • 생산손실 • 임금손실 • 시간손실 • 기타손실
휴업급여	1일당 지급금액은 평균임금의 100분의 70에 상당하는 금액	
장해급여	장해등급에 따라 장해보상 연금 또는 장해보상 일시금으로 지급	
간병급여	요양급여 받은 자가 치유 후 간병이 필요하여 실제로 간병을 받는 자에게 지급	
유족급여	근로자가 업무상 사유로 사망한 경우 유족에게 지급	
상병보상연금	요양 개시 후 2년 경과한 날 이후에 다음의 상태가 계속되는 경우 지급 1. 부상 또는 질병이 치유되지 아니한 상태 2. 부상 또는 질병에 의한 폐질의 정도가 폐질등급기준에 해당	
장의비	평균임금의 120일분에 상당하는 금액	

* 총재해 코스트 = 직접비 + 간접비
* 직접손실비용 : 간접손실비용 = 1 : 4

2. 버드의 방식(간접비의 빙산 원리)

직접비	간접비	
보험비	비보험재산손실비용	비보험기타손실비용
상해사고와 관련되는 의료비 또는 보상비	- 건물손실 - 기구 및 장비손실 - 제품 및 재료손실 - 조업중단 및 지연	- 시간조사 - 교육 - 임대 등
1	5~50	1~3

3. 시몬즈의 총재해비용

산출방식은 보험 Cost와 비보험 Cost의 합산이다.
사망과 영구전노동불능상해는 재해 범주에서 제외하는 단점이 있다.

보험 Cost	비보험 Cost
보험금 총액 보험회사의 보험에 관련된 제경비와 이익금	작업 중지에 따른 임금손실 기계설비 및 재료의 손실비용 작업 중지로 인한 시간 손실 신규 근로자의 교육훈련비용 기타 제 경비

* 시몬즈의 비보험 코스트 분류 ★
1) 휴업상해
2) 통원상해
3) 응급처치
4) 무상해사고

* 시몬즈와 하인리히 방식의 차이점
1) 시몬즈는 보험코스트와 비보험코스트로, 하인리히는 직접비와 간접비로 구분하였다.
2) 산재보험료와 보상금을 시몬즈는 보험 코스트에 가산하였지만 하인리히는 가산하지 않았다.
3) 간접비와 비보험코스트는 같은 개념이나 구성 항목에 있어 차이가 있다.
4) 시몬즈는 하인리히의 1:4 방식을 전면 부정하고 새로운 산정방식인 평균치법을 채택하였다. 일본의 노구찌는 이를 따라 손실비용을 산정함.

확인학습

01 하인리히(Heinrich)의 재해손실비(accident cost)에 관한 설명으로 옳지 않은 것은?

① 직접비와 간접비의 비율은 1 : 4이다.
② 직접비는 법령으로 정한 피해자에게 지급되는 산재보상비이다.
③ 간접비는 재산손실 및 생산중단으로 기업이 입은 손실이다.
④ 간접비의 정확한 산출이 어려울 때는 직접비의 2배를 간접비로 산정한다.
⑤ 총 재해손실비는 직접비와 간접비를 더한 값으로 계산한다.

해설

간접비의 정확한 산출이 어려울 때는 직접비의 4배를 간접비로 산정한다.

정답 ④

02 전년도 A건설기업의 재해발생으로 인한 산업재해보상보험금의 보상비용이 5천만원이었다. 하인리히 방식을 적용하여 재해손실비용을 산정할 경우 총 재해손실비용은 얼마이겠는가?

① 2억원
② 2억 5천만원
③ 3억원
④ 3억 5천만원
⑤ 4억원

해설

재해손실비=직접비+간접비=1:4
즉, 재해손실비용은 직접비의 5배이다.

정답 ②

03 다음 중 재해손실비용에 있어 직접손실비용에 해당하지 않는 것은?

① 요양급여
② 직업재활급여
③ 상병보상연금
④ 생산중단손실비용
⑤ 장애급여

해설

정답 ④

04 재해손실비의 평가방식 중 시몬즈(simonds) 방식에서 비보험코스트의 산정 항목에 해당하지 않는 것은?

① 사망사고건수
② 무상해사고건수
③ 통원상해건수
④ 응급조치건수
⑤ 휴업상해건수

해설

정답 ①

05 재해손실 산정 방법 중 하인리히 방식에 있어 직접비에 해당하지 않는 것은?

① 장해급여
② 직업재활급여
③ 장의비
④ 신규채용 교육훈련비
⑤ 간병급여

해설

정답 ④

06
재해손실비의 평가방식 중 시몬즈 방식에서 비보험 코스트에 반영되는 장해 정도의 건수에 해당하지 않는 것은?

① 휴업상해
② 통원상해
③ 응급조치
④ 무손실사고
⑤ 무상해사고

해설

정답 ④

07
재해손실에 따른 평가산정방식에서 재해코스트 이론을 주장한 인물과 평가산정방식의 내용이 옳지 않은 것은?

① 하인리히(H. Heinrich): 총 재해코스트는 직접비와 간접비의 합이다.
② 시몬즈(R. Simonds): 총 재해코스트는 산재보험코스트와 비보험코스트의 합이다.
③ 콤페스(P. Compes): 총 재해손실비용은 공동비용(불변)과 개별비용(변수)의 합이다.
④ 버드(F. Bird): 간접비의 빙산원리를 주장하였으며, 총 재해손실비용은 보험비, 비보험 재산비용, 비보험 제반비용을 포함한다고 하였다.
⑤ 노구찌(野口三郎): 하인리히의 평균치법을 근거로 일본의 상황에 맞는 손실방법을 제시하였다.

해설

노구찌는 시몬즈의 평균치법을 근거로 하였다.

정답 ⑤

테마22. 안전보건경영시스템

1. 안전보건관리 계획수립의 정의
안전보건관리를 계획적으로 행하기 위하여 일정기간을 정하여 작성한 세부 실행계획을 안전보건 관리계획이라고 말한다. 사업장 스스로가 수립한 안전보건 계획을 이행하여 안전하고 쾌적한 작업장을 만드는 데 그 목적이 있다.

2. 안전보건관리 계획의 구성항목
- 안전보건 목표 설정
- 안전보건활동 추진계획

3. 안전보건관리 계획수립의 선행요건
- 최고 경영자의 안전보건 방침 설정 및 근로자 이해관계자에게 공포
- 사업장의 안전보건 수준향상을 저해하는 요인 파악(위험성 평가)
- 사업 관련 법규 규제 및 기타 이해관계자들의 요구사항 파악 관리
- 법적 기준 이상의 안전보건활동을 전개하기 위하여서는 사업과 관련된 법규, 규제 및 기타 이해관계자들의 요구사항 파악
- 안전보건 체제를 유지하는 데 필요한 문서화 및 문서관리 기준 수집
- 사업장의 재해발생에 따른 원인조사 및 재해 통계자료, 각종 점검, 감사 자료 수집

4. 안전보건관리 목표설정
○ 목표 설정을 위한 자료 분석
1) 목표 설정을 위한 자료 검토 내용
- 산업안전보건법과 그 밖의 요건
- 안전보건경영에 관한 각종 기준 및 지침
- 사업장의 우수 안전보건 실천 사례
- 안전 보건경영체제 운영을 위한 보유자원활용과 효율성
- 위험성 평가 결과 및 내·외부 감사자료
2) 목표 설정을 기능에 따른 두 개의 항목
- 사업장 전체목표
- 부서별 세부목표

○ 사업장 전체목표 설정
- 수량적 목표
- 대책 목표

○ 부서별 세부목표 설정
1) 세부목표 설정 시 고려사항
- 구체적일 것
- 측정 가능할 것

- 달성 가능할 것
- 목표와 관련성 있을 것
- 정해진 기간 내에 달성 가능할 것
2) 세부목표의 우선순위
- 중대재해 발생 등 긴급한 위해 위험성 제거 및 감소
- 위험성평가 결과 위험성이 큰 것
- 교육 및 보호구 미착용에 대한 조치
- 기존 위험관리의 개선 및 향상을 위한 조치

5. 안전보건활동 추진계획 수립
1) 안전보건활동 추진계획 작성 절차

정보수집 분석 → 초안 작성(단위 부서장→안전관리부서장 취합) → 팀장회의 검토 → 산업안전보건위원회 → 최고 경영자 승인

2) 안전보건활동 추진계획 수립 시 고려사항
- 조직의 전체목표 및 부서별 세부목표와 이를 추진하고자 하는 책임자 지정
- 목표달성을 위한 안전보건활동계획(수단, 방법, 일정)고려
- 안전보건활동별 성과지표 고려
3) 안전보건활동 추진계획 변경
- 안전보건 경영방침 또는 안전보건목표 및 세부목표 변경 시
- 사업장의 안전보건 경영체제 변경 시
- 안전보건 내부 심사 결과에서 추진계획 항목에 부적합 발생 시
- 안전보건 성과측정 결과에서 추진계획 변경 필요 시
- 신규개발 등에 따라 추진계획 변경 필요 시

6. 안전보건관리계획 실행평가 및 개선
1) 계획의 실행평가 시 검토 항목
- 안전보건방침에 따른 목표가 계획대로 달성되고 있는지 측정
- 안전보건방침과 목표를 이루기 위한 안전보건활동계획의 적정성과 이행 여부 확인
- 안전보건경영에 필요한 절차서와 안전보건활동 일치성 여부의 확인
- 적용법규 및 준수 여부 평가
- 사고, 아차사고, 업무상재해 발생 시 발생원인과 안전보건활동 성과의 관계
2) 개선 검토 시 반영 사항
- 계획의 실행 및 목표 달성의 적합성과 효과성 검토
- 목표와 계획 수립의 적합성과 효과성 검토

확인학습

01 안전보건경영시스템에서 안전보건활동추진계획을 수립함에 있어 옳지 않은 것은?

① 사업장은 안전보건상의 목표를 달성하기 위한 활동 추진계획을 해당 업무별, 단위별(팀별, 부·과별)로 수립해야 한다.
② 안전보건활동추진계획의 문서화 여부는 사업주가 결정한다.
③ 조직의 전체 목표 및 부서별 세부목표와 이를 추진하고자 하는 책임자를 지정해야 한다.
④ 목표달성을 위한 안전보건활동계획의 수단·방법·일정을 결정해야 한다.
⑤ 안전보건활동추진계획을 정기적으로 검토되고, 조직의 운영변경 또는 새로운 계획의 추가사유가 발생할 때에는 수정하여야 한다.

해설

정답 ②

테마23. 산업안전보건위원회

제15조(안전보건관리책임자) ① 사업주는 사업장을 실질적으로 총괄하여 관리하는 사람에게 해당 사업장의 다음 각 호의 업무를 총괄하여 관리하도록 하여야 한다.
  1. 사업장의 산업재해 예방계획의 수립에 관한 사항
  2. 제25조 및 제26조에 따른 안전보건관리규정의 작성 및 변경에 관한 사항
  3. 제29조에 따른 안전보건교육에 관한 사항
  4. 작업환경측정 등 작업환경의 점검 및 개선에 관한 사항
  5. 제129조부터 제132조까지에 따른 근로자의 건강진단 등 건강관리에 관한 사항
  6. 산업재해의 원인 조사 및 재발 방지대책 수립에 관한 사항
  7. 산업재해에 관한 통계의 기록 및 유지에 관한 사항
  8. 안전장치 및 보호구 구입 시 적격품 여부 확인에 관한 사항
  9. 그 밖에 근로자의 유해·위험 방지조치에 관한 사항으로서 고용노동부령으로 정하는 사항
② 제1항 각 호의 업무를 총괄하여 관리하는 사람(이하 "안전보건관리책임자"라 한다)은 제17조에 따른 안전관리자와 제18조에 따른 보건관리자를 지휘·감독한다.
③ 안전보건관리책임자를 두어야 하는 사업의 종류와 사업장의 상시근로자 수, 그 밖에 필요한 사항은 대통령령으로 정한다.

★ **제24조(산업안전보건위원회)** ① 사업주는 사업장의 안전 및 보건에 관한 중요 사항을 심의·의결하기 위하여 사업장에 근로자위원과 사용자위원이 같은 수로 구성되는 산업안전보건위원회를 구성·운영하여야 한다.
② 사업주는 다음 각 호의 사항에 대해서는 제1항에 따른 산업안전보건위원회(이하 "산업안전보건위원회"라 한다)의 심의·의결을 거쳐야 한다.
  1. 제15조 제1항 제1호부터 제5호까지 및 제7호에 관한 사항 → 8호(적격품)는 포함 안 됨.
  2. 제15조 제1항 제6호에 따른 사항 중 중대재해에 관한 사항 → 6호와 비교할 것.
  3. 유해하거나 위험한 기계·기구·설비를 도입한 경우 안전 및 보건 관련 조치에 관한 사항
  4. 그 밖에 해당 사업장 근로자의 안전 및 보건을 유지·증진시키기 위하여 필요한 사항
③ 산업안전보건위원회는 대통령령으로 정하는 바에 따라 회의를 개최하고 그 결과를 회의록으로 작성하여 보존하여야 한다.
④ 사업주와 근로자는 제2항에 따라 산업안전보건위원회가 심의·의결한 사항을 성실하게 이행하여야 한다.
⑤ 산업안전보건위원회는 이 법, 이 법에 따른 명령, 단체협약, 취업규칙 및 제25조에 따른 안전보건관리규정에 반하는 내용으로 심의·의결해서는 아니 된다.
⑥ 사업주는 산업안전보건위원회의 위원에게 직무 수행과 관련된 사유로 불리한 처우를 해서는 아니 된다.
⑦ 산업안전보건위원회를 구성하여야 할 사업의 종류 및 사업장의 상시근로자 수, 산업안전보건위원회의 구성·운영 및 의결되지 아니한 경우의 처리방법, 그 밖에 필요한 사항은 대통령령으로 정한다.

★ **영 제34조(산업안전보건위원회 구성 대상)** 법 제24조 제1항에 따라 산업안전보건위원회를 구성해야 할 사업의 종류 및 사업장의 상시근로자 수는 별표 9와 같다.

제35조(산업안전보건위원회의 구성) ① 산업안전보건위원회의 근로자위원은 다음 각 호의 사람으로 구성한다.
  1. 근로자대표

2. 명예산업안전감독관이 위촉되어 있는 사업장의 경우 근로자대표가 지명하는 1명 이상의 명예산업안전감독관
3. 근로자대표가 지명하는 9명(근로자인 제2호의 위원이 있는 경우에는 9명에서 그 위원의 수를 제외한 수를 말한다) 이내의 해당 사업장의 근로자

② 산업안전보건위원회의 사용자위원은 다음 각 호의 사람으로 구성한다. 다만, 상시근로자 50명 이상 100명 미만을 사용하는 사업장에서는 제5호에 해당하는 사람을 제외하고 구성할 수 있다.
1. 해당 사업의 대표자(같은 사업으로서 다른 지역에 사업장이 있는 경우에는 그 사업장의 안전보건관리책임자를 말한다. 이하 같다)
2. 안전관리자(제16조 제1항에 따라 안전관리자를 두어야 하는 사업장으로 한정하되, 안전관리자의 업무를 안전관리전문기관에 위탁한 사업장의 경우에는 그 안전관리전문기관의 해당 사업장 담당자를 말한다) 1명
3. 보건관리자(제20조 제1항에 따라 보건관리자를 두어야 하는 사업장으로 한정하되, 보건관리자의 업무를 보건관리전문기관에 위탁한 사업장의 경우에는 그 보건관리전문기관의 해당 사업장 담당자를 말한다) 1명
4. 산업보건의(해당 사업장에 선임되어 있는 경우로 한정한다)
5. 해당 사업의 대표자가 지명하는 9명 이내의 해당 사업장 부서의 장

③ 제1항 및 제2항에도 불구하고 법 제69조 제1항에 따른 건설공사도급인(이하 "건설공사도급인"이라 한다)이 법 제64조 제1항 제1호에 따른 안전 및 보건에 관한 협의체를 구성한 경우에는 산업안전보건위원회의 위원을 다음 각 호의 사람을 포함하여 구성할 수 있다.
1. 근로자위원: 도급 또는 하도급 사업을 포함한 전체 사업의 근로자대표, 명예산업안전감독관 및 근로자대표가 지명하는 해당 사업장의 근로자
2. 사용자위원: 도급인 대표자, 관계수급인의 각 대표자 및 안전관리자

> **시행규칙 제24조(근로자위원의 지명)** 영 제35조 제1항 제3호에 따라 근로자대표가 근로자위원을 지명하는 경우에 근로자대표는 조합원인 근로자와 조합원이 아닌 근로자의 비율을 반영하여 근로자위원을 지명하도록 노력해야 한다.

제36조(산업안전보건위원회의 위원장) 산업안전보건위원회의 위원장은 위원 중에서 호선(互選)한다. 이 경우 근로자위원과 사용자위원 중 각 1명을 공동위원장으로 선출할 수 있다.

제37조(산업안전보건위원회의 회의 등) ① 법 제24조 제3항에 따라 산업안전보건위원회의 회의는 정기회의와 임시회의로 구분하되, **정기회의는 분기마다** 산업안전보건위원회의 위원장이 소집하며, 임시회의는 위원장이 필요하다고 인정할 때에 소집한다.
② 회의는 근로자위원 및 사용자위원 각 과반수의 출석으로 개의(開議)하고 출석위원 과반수의 찬성으로 의결한다.
③ 근로자대표, 명예산업안전감독관, 해당 사업의 대표자, 안전관리자 또는 보건관리자는 회의에 출석할 수 없는 경우에는 해당 사업에 종사하는 사람 중에서 1명을 지정하여 위원으로서의 직무를 대리하게 할 수 있다.
④ 산업안전보건위원회는 다음 각 호의 사항을 기록한 회의록을 작성하여 갖추어 두어야 한다.
1. 개최 일시 및 장소
2. 출석위원
3. 심의 내용 및 의결·결정 사항
4. 그 밖의 토의사항

제38조(의결되지 않은 사항 등의 처리) ① 산업안전보건위원회는 다음 각 호의 어느 하나에 해당하는 경우에는 근로자위원과 사용자위원의 합의에 따라 산업안전보건위원회에 중재기구를 두어 해결하거나 제3자에 의한 중재를 받아야 한다.

1. 법 제24조 제2항 각 호에 따른 사항에 대하여 산업안전보건위원회에서 의결하지 못한 경우
2. 산업안전보건위원회에서 의결된 사항의 해석 또는 이행방법 등에 관하여 의견이 일치하지 않는 경우

② 제1항에 따른 중재 결정이 있는 경우에는 산업안전보건위원회의 의결을 거친 것으로 보며, 사업주와 근로자는 그 결정에 따라야 한다.

영 제39조(회의 결과 등의 공지) 산업안전보건위원회의 위원장은 산업안전보건위원회에서 심의·의결된 내용 등 회의 결과와 중재 결정된 내용 등을 사내방송이나 사내보(社內報), 게시 또는 자체 정례조회, 그 밖의 적절한 방법으로 근로자에게 신속히 알려야 한다.

→ 일간신문(x)

산업안전보건법 시행령 [별표 9]

<u>산업안전보건위원회를 구성해야 할 사업의 종류 및 사업장의 상시근로자 수</u>(제34조 관련)

사업의 종류	사업장의 상시근로자 수
1. 토사석 광업 2. 목재 및 나무제품 제조업; **가구제외** 3. 화학물질 및 화학제품 제조업; **의약품 제외**(세제, 화장품 및 광택제 제조업과 화학섬유 제조업은 제외한다) 4. 비금속 광물제품 제조업 5. 1차 금속 제조업 6. 금속가공제품 제조업; **기계 및 가구 제외** 7. 자동차 및 트레일러 제조업 8. 기타 기계 및 장비 제조업(**사무용 기계 및 장비 제조업은 제외**한다) 9. 기타 운송장비 제조업(**전투용 차량 제조업은 제외**한다)	상시근로자 <u>50명 이상</u>
10. 농업 11. 어업 12. 소프트웨어 개발 및 공급업 13. 컴퓨터 프로그래밍, 시스템 통합 및 관리업 13의2. 영상·오디오물 제공 서비스업 14. 정보서비스업 15. 금융 및 보험업 16. 임대업; 부동산 제외 17. 전문, 과학 및 기술 서비스업(**연구개발업은 제외**한다) 18. 사업지원 서비스업 19. 사회복지 서비스업	상시근로자 <u>300명 이상</u>
20. 건설업	공사금액 120억원 이상(「건설산업기본법 시행령」 별표 1의 종합공사를 시공하는 업종의 건설업종란 제1호에 따른 토목공사업의 경우에는 150억원 이상)
21. 제1호부터 제13호까지, 제13호의2 및 제14호부터 제20호까지의 사업을 제외한 사업	상시근로자 100명 이상

확인학습

01 산업안전보건법령상 산업안전보건위원회의 구성에 있어 사용자 위원에 해당되지 않는 것은?

① 안전관리자
② 명예산업안전감독관
③ 해당 사업의 대표자가 지명한 9인 이내 해당사업장 부서의 장
④ 보건관리자의 업무를 위탁한 경우 대행기관의 해당 사업장 담당자
⑤ 산업보건의

해설

정답 ②

02 다음 중 산업안전보건법령상 산업안전보건위원회의 심의 또는 의결사항에 해당하지 않는 것은?

① 산업재해 예방계획의 수립에 관한 사항
② 근로자의 건강진단 등 건강관리에 관한 사항
③ 안전장치 및 보호구 구입시의 적격품 여부 확인에 관한 사항
④ 중대재해로 분류되는 산업재해의 원인 조사 및 재발 방지대책의 수립에 관한 사항
⑤ 작업환경측정 등 작업환경의 점검 및 개선에 관한 사항

해설

정답 ③

03 다음 중 산업안전보건법에 따라 구성, 운영되는 산업안전 보건위원회의 심의·의결사항이 아닌 것은?

① 안전보건관리규정의 작성 및 변경에 관한 사항
② 작업환경측정 등 작업환경의 점검 및 개선에 관한 사항
③ 사업장 경영체계 구성 및 운영에 관한 사항
④ 산업재해 예방계획의 수립에 관한 사항
⑤ 작업환경측정 등 작업환경의 점검 및 개선에 관한 사항

해설

정답 ③

04 산업안전보건법상 산업안전보건위원회의 설치대상 사업장이 아닌 것은?

① 토사석 광업
② 비금속광물제품 제조업
③ 자동차 및 트레일러 제조업
④ 의약품 제조업
⑤ 세제, 화장품 및 광택제 제조업과 화학섬유 제조업

해설

정답 ④

05 다음 중 산업안전보건위원회에서 심의·의결된 내용 등 회의 결과를 근로자에게 알리는 방법으로 적절하지 않은 것은?

① 사업장 게시판에 게시
② 사보에 게재
③ 자체 정례조회를 통한 전달
④ 일간 신문에 게재

해설

정답 ④

06 다음 중 산업안전보건위원회의 심의·의결사항이 아닌 것은?

① 안전보건관리규정의 작성 및 변경에 관한 사항
② 작업환경측정 등 작업환경의 점검 및 개선에 관한사항
③ 근로자의 건강관리, 보건교육 및 건강증진 지도
④ 산업재해 예방계획의 수립에 관한 사항
⑤ 중대재해의 원인조사 및 그 재발방지대책 수립에 관한 사항

해설

정답 ③

07 다음 중 산업안전보건위원회의 심의 또는 의결사항이 아닌 것은?

① 산업재해예방계획의 수립에 관한 사항
② 근로자의 건강진단 등 건강관리에 관한 사항
③ 산업재해에 관한 통계의 기록·유지에 관한 사항
④ 산업재해의 원인 조사 및 재발 방지대책 수립에 관한 사항
⑤ 안전보건관리규정의 작성 및 변경에 관한 사항

해설

중대재해의 원인조사 및 재발방지대책의 수립에 관한 사항

정답 ④

테마24. 명예산업안전감독관

★ **제32조(명예산업안전감독관 위촉 등)** ① 고용노동부장관은 다음 각 호의 어느 하나에 해당하는 사람 중에서 법 제23조 제1항에 따른 명예산업안전감독관(이하 "명예산업안전감독관"이라 한다)을 위촉할 수 있다.
  1. 산업안전보건위원회 구성 대상 사업의 근로자 또는 노사협의체 구성·운영 대상 건설공사의 근로자 중에서 근로자대표(해당 사업장에 단위 노동조합의 산하 노동단체가 그 사업장 근로자의 과반수로 조직되어 있는 경우에는 지부·분회 등 명칭이 무엇이든 관계없이 해당 노동단체의 대표자를 말한다. 이하 같다)가 사업주의 의견을 들어 추천하는 사람
  2. 「노동조합 및 노동관계조정법」 제10조에 따른 연합단체인 노동조합 또는 그 지역 대표기구에 소속된 임직원 중에서 해당 연합단체인 노동조합 또는 그 지역 대표기구가 추천하는 사람
  3. 전국 규모의 사업주단체 또는 그 산하조직에 소속된 임직원 중에서 해당 단체 또는 그 산하조직이 추천하는 사람
  4. 산업재해 예방 관련 업무를 하는 단체 또는 그 산하조직에 소속된 임직원 중에서 해당 단체 또는 그 산하조직이 추천하는 사람

② **명예산업안전감독관의 업무는 다음 각 호와 같다**. 이 경우 제1항 제1호에 따라 위촉된 명예산업안전감독관의 업무 범위는 해당 사업장에서의 업무(제8호는 제외한다)로 한정하며, 제1항 제2호부터 제4호까지의 규정에 따라 위촉된 명예산업안전감독관의 업무 범위는 제8호부터 제10호까지의 규정에 따른 업무로 한정한다.
  1. 사업장에서 하는 자체점검 참여 및 「근로기준법」 제101조에 따른 근로감독관(이하 "근로감독관"이라 한다)이 하는 사업장 감독 참여
  2. 사업장 산업재해 예방계획 수립 참여 및 사업장에서 하는 기계·기구 자체검사 참석
  3. 법령을 위반한 사실이 있는 경우 사업주에 대한 개선 요청 및 감독기관에의 신고
  4. 산업재해 발생의 급박한 위험이 있는 경우 사업주에 대한 작업중지 요청
  5. 작업환경측정, 근로자 건강진단 시의 참석 및 그 결과에 대한 설명회 참여
  6. 직업성 질환의 증상이 있거나 질병에 걸린 근로자가 여러 명 발생한 경우 사업주에 대한 임시건강진단 실시 요청
  7. 근로자에 대한 안전수칙 준수 지도
  8. 법령 및 산업재해 예방정책 개선 건의
  9. 안전·보건 의식을 북돋우기 위한 활동 등에 대한 참여와 지원
  10. 그 밖에 산업재해 예방에 대한 홍보 등 산업재해 예방업무와 관련하여 고용노동부장관이 정하는 업무

③ 명예산업안전감독관의 임기는 2년으로 하되, 연임할 수 있다.
④ 고용노동부장관은 명예산업안전감독관의 활동을 지원하기 위하여 수당 등을 지급할 수 있다.
⑤ 제1항부터 제4항까지에서 규정한 사항 외에 명예산업안전감독관의 위촉 및 운영 등에 필요한 사항은 고용노동부장관이 정한다.

확인학습

01 산업안전보건위원회 설치대상 사업장에서 명예산업안전 감독관의 당해 사업장에서의 업무에 해당하지 않는 것은?

① 사업장에서 하는 자체점검 참여
② 사업장 산업재해예방계획수립의 참여
③ 산업재해발생의 급박한 위험이 있는 경우 사업주에 대한 작업 중지 요청
④ 보호구의 구입 시 적격품의 선정
⑤ 직업성 질환의 증상이 있거나 질병에 걸린 근로자가 여러 명 발생한 경우 사업주에 대한 임시건강진단 실시 요청

해설

정답 ④

02 전국 규모의 사업주단체 또는 그 산하조직에 소속된 임직원 중에서 해당 단체 또는 그 산하조직이 추천하는 사람 중에서 위촉된 명예산업안전 감독관의 업무에 해당하는 것은?

① 법령을 위반한 사실이 있는 경우 사업주에 대한 개선 요청 및 감독기관에의 신고
② 작업환경측정, 근로자 건강진단 시의 참석 및 그 결과에 대한 설명회 참여
③ 법령 및 산업재해 예방정책 개선 건의
④ 직업성 질환의 증상이 있거나 질병에 걸린 근로자가 여러 명 발생한 경우 사업주에 대한 임시건강진단 실시 요청
⑤ 근로자에 대한 안전수칙 준수 지도

해설

정답 ③

테마25. 노사협의체

제75조(안전 및 보건에 관한 협의체 등의 구성·운영에 관한 특례) ① 대통령령으로 정하는 규모의 건설공사의 건설공사도급인은 해당 건설공사 현장에 근로자위원과 사용자위원이 같은 수로 구성되는 안전 및 보건에 관한 협의체(이하 "노사협의체"라 한다)를 대통령령으로 정하는 바에 따라 구성·운영할 수 있다.
→ '협의체'와 '노사협의체'를 구분할 것!
② 건설공사도급인이 제1항에 따라 노사협의체를 구성·운영하는 경우에는 산업안전보건위원회 및 제64조 제1항 제1호에 따른 안전 및 보건에 관한 협의체를 각각 구성·운영하는 것으로 본다.
③ 제1항에 따라 노사협의체를 구성·운영하는 건설공사도급인은 제24조 제2항 각 호의 사항에 대하여 노사협의체의 심의·의결을 거쳐야 한다. 이 경우 노사협의체에서 의결되지 아니한 사항의 처리방법은 대통령령으로 정한다.
④ 노사협의체는 대통령령으로 정하는 바에 따라 회의를 개최하고 그 결과를 회의록으로 작성하여 보존하여야 한다.
⑤ 노사협의체는 산업재해 예방 및 산업재해가 발생한 경우의 대피방법 등 고용노동부령으로 정하는 사항에 대하여 협의하여야 한다.
⑥ 노사협의체를 구성·운영하는 건설공사도급인·근로자 및 관계수급인·근로자는 제3항에 따라 노사협의체가 심의·의결한 사항을 성실하게 이행하여야 한다.
⑦ 노사협의체에 관하여는 제24조 제5항 및 제6항을 준용한다. 이 경우 "산업안전보건위원회"는 "노사협의체"로 본다.

영 제63조(노사협의체의 설치 대상) 법 제75조 제1항에서 "대통령령으로 정하는 규모의 건설공사"란 공사금액이 120억원(「건설산업기본법 시행령」 별표 1의 종합공사를 시공하는 업종의 건설업종란 제1호에 따른 토목공사업은 150억원) 이상인 건설공사를 말한다.

제64조(노사협의체의 구성) ① 노사협의체는 다음 각 호에 따라 근로자위원과 사용자위원으로 구성한다.
  1. 근로자위원
    가. 도급 또는 하도급 사업을 포함한 전체 사업의 근로자대표
    나. 근로자대표가 지명하는 명예산업안전감독관 1명. 다만, 명예산업안전감독관이 위촉되어 있지 않은 경우에는 근로자대표가 지명하는 해당 사업장 근로자 1명
    다. 공사금액이 20억원 이상인 공사의 관계수급인의 각 근로자대표
  2. 사용자위원
    가. 도급 또는 하도급 사업을 포함한 전체 사업의 대표자
    나. 안전관리자 1명
    다. 보건관리자 1명(별표 5 제44호에 따른 보건관리자 선임대상 건설업으로 한정한다)
    라. 공사금액이 20억원 이상인 공사의 관계수급인의 각 대표자
② 노사협의체의 근로자위원과 사용자위원은 합의하여 노사협의체에 공사금액이 20억원 미만인 공사의 관계수급인 및 관계수급인 근로자대표를 위원으로 위촉할 수 있다.
③ 노사협의체의 근로자위원과 사용자위원은 합의하여 제67조 제2호에 따른 사람을 노사협의체에 참여하도록 할 수 있다.

★ 영 제65조(노사협의체의 운영 등) ① 노사협의체의 회의는 정기회의와 임시회의로 구분하여 개최하되, 정기회의는 2개월마다 노사협의체의 위원장이 소집하며, 임시회의는 위원장이 필요하다고 인정할 때에 소집한다.
② 노사협의체 위원장의 선출, 노사협의체의 회의, 노사협의체에서 의결되지 않은 사항에 대한 처리방법 및 회의 결과 등의 공지에 관하여는 각각 제36조, 제37조 제2항부터 제4항까지, 제38조 및 제39조를 준용한다. 이 경우

"산업안전보건위원회"는 "노사협의체"로 본다.

시행규칙 제93조(노사협의체 협의사항 등) 법 제75조 제5항에서 "고용노동부령으로 정하는 사항"이란 다음 각 호의 사항을 말한다.
1. 산업재해 예방방법 및 산업재해가 발생한 경우의 대피방법
2. 작업의 시작시간, 작업 및 작업장 간의 연락방법
3. 그 밖의 산업재해 예방과 관련된 사항

〈참고〉

시행규칙 제2절 도급인의 안전조치 및 보건조치

제79조(협의체의 구성 및 운영) ① 법 제64조 제1항 제1호에 따른 <u>안전 및 보건에 관한 협의체(이하 이 조에서 "협의체" 라 한다)는 도급인 및 그의 수급인 전원으로 구성해야 한다.</u>
② 협의체는 다음 각 호의 사항을 협의해야 한다.
1. 작업의 시작 시간
2. 작업 또는 작업장 간의 연락방법
3. 재해발생 위험이 있는 경우 대피방법
4. 작업장에서의 법 제36조에 따른 위험성평가의 실시에 관한 사항
5. 사업주와 수급인 또는 수급인 상호 간의 연락 방법 및 작업공정의 조정

③ <u>협의체는 매월 1회 이상 정기적으로 회의를 개최하고 그 결과를 기록·보존해야 한다.</u>

★ **제80조(도급사업 시의 안전·보건조치 등)** ① 도급인은 법 제64조 제1항 제2호에 따른 **작업장 순회점검**을 다음 각 호의 구분에 따라 실시해야 한다.
1. **다음 각 목의 사업: 2일에 1회 이상**
   가. 건설업
   나. 제조업
   다. 토사석 광업
   라. 서적, 잡지 및 기타 인쇄물 출판업
   마. 음악 및 기타 오디오물 출판업
   바. 금속 및 비금속 원료 재생업
2. 제1호 각 목의 사업을 제외한 사업: 1주일에 1회 이상

② 관계수급인은 제1항에 따라 도급인이 실시하는 순회점검을 거부·방해 또는 기피해서는 안 되며 점검 결과 도급인의 시정요구가 있으면 이에 따라야 한다.
③ 도급인은 법 제64조 제1항 제3호에 따라 관계수급인이 실시하는 근로자의 안전·보건교육에 필요한 장소 및 자료의 제공 등을 요청받은 경우 협조해야 한다.

확인학습

01 다음 중 안전·보건에 관한 노사협의체의 구성·운영에 대한 설명으로 틀린 것은?

① 노사협의체는 근로자와 사용자가 같은 수로 구성되어야 한다.
② 노사협의체의 회의 결과는 회의록으로 작성하여 보존 하여야 한다.
③ 노사협의체의 회의는 정기회의와 임시회의로 구분하되, 정기회의는 3개월마다 소집한다.
④ 노사협의체는 산업재해 예방 및 산업재해가 발생한 경우의 대피방법 등에 대하여 협의하여야 한다.
⑤ 노사협의체의 근로자위원과 사용자위원은 합의하여 노사협의체에 공사금액이 20억원 미만인 공사의 관계수급인 및 관계수급인 근로자대표를 위원으로 위촉할 수 있다.

해설

정답 ③

02 산업안전보건법령에 따른 안전·보건에 관한 노사협의체의 사용자위원 구성기준 중 틀린 것은?

① 해당 사업의 대표자
② 안전관리자 1명
③ 공사금액이 20억원 이상인 도급 또는 하도급 사업의 사업주
④ 근로자대표가 지명하는 명예감독관 1명
⑤ 보건관리자 1명

해설

정답 ④

테마26. 사고 연쇄성 이론과 학자

1. **하인리히(H. W. Heinrich)의 산업재해 도미노 이론**
① 제1단계: 사회적 환경과 유전적 요소(가정 및 사회적 환경의 결함)
② 제2단계: 개인적 결함
③ 제3단계: 불안전 상태 및 불안전 행동
④ 제4단계: 사고
⑤ 제5단계: 상해(재해)

2. **버드(Bird)의 최신 연쇄성 이론**
① 제1단계: 전문적 관리 부족(제어 부족)
② 제2단계: 기본원인(기원)
③ 제3단계: 직접원인(징후) : 인적 원인 + 물적 원인
④ 제4단계: 사고(접촉)
⑤ 제5단계: 상해(손해, 손실)

3. **웨버(Weaver)의 사고연쇄성 이론**
① 제1단계: 유전과 환경
② 제2단계: 인간의 결함
③ 제3단계: 불안전한 행동과 불안전한 상태
④ 제4단계: 사고(재해)
⑤ 제5단계: 상해

4. **자베타키스(Zabetakis)의 연쇄성 이론**
① 제1단계: 개인과 환경(안전정책과 결정)
② 제2단계: 불안전한 행동과 불안전한 상태
③ 제3단계: 물질에너지의 기준 이탈
④ 제4단계: 사고
⑤ 제5단계: 상해

5. **아담스(Adams)의 연쇄이론**
① 제1단계: 관리구조
② 제2단계: 작전적 에러(경영자 감독자 행동) → 간접원인
③ 제3단계: 전술적 에러(불안전한 행동 or 조작) → 직접원인
④ 제4단계: 사고(물적 사고)
⑤ 제5단계: 상해 또는 손실

확인학습

01 아담스(Edward Adams)의 사고 연쇄이론의 단계로 옳은 것은?

① 사회적 환경 및 유전적 요소→개인적 결함→불안전 행동 및 상태→사고→상해
② 통제의 부족→기본원인→직접원인→사고→상해
③ 관리구조 결함→작전적 에러→전술적 에러→사고→상해
④ 안전정책과 결정→불안전 행동 및 상태→물질에너지 기준이탈→사고→상해
⑤ 통제의 부족→간접원인→직접원인→사고→상해

해설

정답 ③

02 애드워드 아담스(Edward adams)의 사고연쇄반응 이론을 설명한 것으로 옳은 것은?

① 연쇄이론은 기본 에러, 관리부족, 전술적 에러, 사고, 상해의 순으로 진행된다.
② 작전적 에러는 관리자의 의사결정이 그릇되거나 잘못된 행동으로 인한 것이다.
③ 기본 에러는 불안전한 행동 및 불안전한 상태를 말한다.
④ 사고의 바로 직전에는 관리구조의 부재가 존재한다.
⑤ 사고와 상해는 필연적 관계로 존재한다.

해설

○ 아담스의 사고 요인과 관리 시스템
　① 관리구조
　② 작전적 에러(CEO의 의지부족, 목표설정미흡, 관리구조결함)
　③ 전술적 에러(관리감독자의 에러, 불행불상방치)
　④ 사고
　⑤ 재해

정답 ②

03 재해 발생 관련 이론에 관한 설명으로 옳은 것은?

① 자베타키스(Zabetakis)의 사고연쇄성이론 5단계 중에서 2단계는 '작전적 에러'이고, 3단계는 '전술적 에러'이다.
② 웨버(Weaver)의 사고연쇄성이론 5단계 중에서 2단계는 '인간의 결함'을 정의하고, '무엇이 재해를 일으켰는지'를 찾으려고 하는 것이다.
③ 아담스(Adams)의 사고연쇄성이론 5단계 중에서 3단계는 '에너지 및 위험물의 예기치 못한 폭주'이다.
④ 버드(Bird)의 사고연쇄성이론 5단계 중에서 1단계는 '사회적 환경과 유전적 요소' 이다.
⑤ 하인리히(Heinrich)의 재해발생이론에서 1단계는 '제어의 부족'이다.

| 해설 |

정답 ②

04 다음 중 웨버(D.A Weaver)의 새로운 도미노 이론으로 올바르게 나열된 것은?

① 관리구조 → 작전적 에러 → 전술적 에러 → 사고 → 상해
② 유전과 환경 → 인간의 결함 → 불안전한 행동 및 상태 → 재해 → 상해
③ 제어의 부족 → 기본원인 → 직접 원인 → 사고 → 상해
④ 유전적 요인 및 사회적 환경 → 개인적 결함 → 불안전한 행동 및 상태 → 사고 → 상해

| 해설 |

정답 ②

테마27. 의식수준과 뇌파

일본의 의사 하시모토 쿠니에가 제시하였다. 의식수준의 5단계는 다음과 같다.

단계 (phase)	뇌파	의식의 상태	주의력	생리적 상태	신뢰성
0	δ 파	무의식	제로	수면	0
I	θ 파	의식이 둔함	inactive	피로, 졸림	0.9 이하
II	α 파	편안한 상태	passive	안정, 휴식	0.99~0.99999
III	β 파	명석한 상태	active	적극적 활동	0.999999 이상
IV	간질파	흥분 상태	판단 정지	패닉	0.9 이하

하시모토의 조사에 의하면 근무자들 중 3분의 2에서 4분의 3은 phase II 이고, 특히 익숙한 정상(normal, routine) 작업에서는 대부분이 phase II 에서 처리되고 있다. 즉 익숙한 작업이기 때문에 예측기능의 활발한 활동, 창조적인 의지력을 그다지 기대하지 않다고 할 수 있는 작업을 하고 있다.

따라서 이와 같은 작업에 대해서는 의식수준이 phase II 라 하더라도 사고나 재해가 발생하지 않도록 기계·설비·작업환경의 안전화를 도모해 두는 것이 필요하다.

그리고 작업 도중에 비정상(abnormal, non-routine)작업을 하는 경우에는 의식수준이 phase III 으로 전환되도록 하여야 한다.

한편, 델타파(1~3 Hz), 세타파(4~8 Hz), 알파파(9~12 Hz), 베타파(13~25 Hz)의 진동수를 가지고 있다.

- β (베타)파: 뇌세포가 활발하게 활동하고 풍부한 정신기능을 발휘하고 있는 상태에서 발생하는 파형으로서 활동파라고도 한다.
- α (알파)파: 뇌가 안정 상태에 있고 가장 보통이라고 인정되는 상태에서 나타나는 파형으로서 휴식파라고도 한다.
- θ (세타)파: 의식이 둔한 상태에 있고 졸음도 심하며 에러를 일으키기 쉬운 상태에서 발생하는 파형이다.
- 방추파: 수면 상태에서 나타나는 파형이다.
- δ (델타)파: 숙면 상태, 삼매경에 이르는 명상 또는 의식불명 상태에서 나타나는 파형이다.

단계 (phase)	뇌파패턴	의식의 상태	주의의 작용	신뢰성
0	δ (델타)파	무의식, 실신	제로	0
1(I)	θ (세타)파	의식이 둔한 상태	활발하지 못함 (inactive)	0.9 이하
2(II)	α (알파)파	편안한 상태	수동적임(passive)	0.99~0.9999
3(III)	β (베타)파	명석한 상태	활발함 (active)	0.9999 이상
4(IV)	간질파	흥분상태	일점에 응집, 판단정지	0.9 이하

phaseⅢ의 경우는 주의력이 가장 잘 작동하고 주의의 범위도 넓지만, 시간, 상황 등이 절박한 경우에는 판단을 잘 못하는 형태의 에러가 발생하기도 한다.

대뇌의 정보처리회로는 하나의 채널(one channel) 구조라고 불릴 만큼 좁기 때문에, 대량의 판단처리에 직면한 때는, 그 정보를 잘 처리할 수 없는 대뇌의 구조상의 한계에 기인한 에러가 발생할 수 있다.

자동기계의 상태에 문제가 있어 열심히 조정을 하고 있었는데 그 문제가 해결되었을 때에 뒤쪽에 있는 산업용 로봇의 팔(manipulator)이 펴져 이것에 의해 일격을 받아 중상을 입은 재해의 경우에는, 조정 작업이기 때문에 phaseⅢ의 상태였다고 생각되는데 복수의 정보를 한 번에 처리할 수 없었던 예에 해당한다.

확인학습

01 다음 중 부주의의 특징이 아닌 것은?

① 의식의 우회
② 의식의 유도
③ 의식수준의 저하
④ 의식의 과잉
⑤ 의식의 단절

해설

○ **부주의 현상**
  1. **의식의 단절**: 의식수준 제0단계의 상태 → 질병
  2. **의식의 우회**: 의식수준 제0단계의 상태 → 걱정, 고뇌, 욕구불만
  3. **의식수준의 저하**: 의식수준 제1단계 이하의 상태 → 심신의 피로상태
  4. **의식의 혼란**: 외적조건의 문제로 의식이 혼란되고 분산되어 작업된 위험요인에 대응할 수 없는 상태
  5. **의식의 과잉**: 의식수준이 제4단계인 상태

정답 ②

02 부주의의 현상 중 의식의 우회에 대한 원인으로 가장 적절한 것은?

① 특수한 질병
② 단조로운 작업
③ 작업도중의 걱정, 고뇌, 욕구불만
④ 자극이 너무 약하거나 너무 강할 때
⑤ 작업환경 조건의 불량

해설

○ 부주의 현상의 원인 및 대책

외적 원인 및 대책	내적 원인 및 대책
작업, 환경조건 불량: 환경정비 작업순서의 부적당: 작업 순서의 정비	소질적 조건: 적성배치 의식의 우회: 상담(counselling) 경험미숙: 교육

정답 ③

03 부주의에 의한 사고방지대책에 있어 기능 및 작업 측면의 대책에 해당하는 것은?

① 적성배치
② 안전의식의 제고
③ 주의력 집중 훈련
④ 작업환경과 설비의 안전화
⑤ 표준 작업 제도 도입

해설

○ 부주의에 의한 사고 방지 대책
1. 정신적 대책
   ⓐ 주의력 집중 훈련
   ⓑ 스트레스 해소 대책
   ⓒ 안전 의식의 재고
   ⓓ 작업 의욕의 고취

2. **기능 및 작업 측면의 대책**
   ⓐ 표준 작업의 습관화
   ⓑ 안전 작업 방법 습득
   ⓒ 작업 조건의 개선
   ⓓ 적성 배치

3. **설비 및 환경 측면의 대책**
   ⓐ 표준 작업 제도 도입
   ⓑ 작업 환경과 설비의 안전화
   ⓒ 긴급 시 안전 작업 대책 수립

정답 ①

04 부주의 발생의 외적 조건에 해당되지 않는 것은?

① 의식의 우회
② 높은 작업강도
③ 작업순서의 부적당
④ 주위 환경조건의 불량
⑤ 관리자의 통제 부족

해설

정답 ①

05 다음 용어의 설명 중 맞는 것은?

① 리스크테이킹(risk taking)이란 한 지점에 주의를 집중할 때 다른 곳의 주의가 약해져 발생한 위험을 말한다.
② 부주의란 목적수행을 위한 행동전개과정 중 목적에서 벗어나는 심리적, 신체적 변화의 현상을 말한다.
③ 역할갈등이란 개인에게 여러 개의 역할기대가 있을 경우 그 중의 어떤 역할기대는 불응, 거부하는 것을 말한다.
④ 투사란 다른 사람으로부터의 판단이나 행동에 대하여 무비판적으로 논리적, 사실적 근거 없이 수용하는 것을 말한다.
⑤ 분할주의란 정신을 산만하게 하는 다른 자극이 존재하는 중에 구체적인 활동 또는 자극에 집중하는 능력을 말한다.

해설

○ 리스크테이킹(risk taking)이란 위험감수를 의미하는 것.
○ 역할조성(role shapling): 개인에게 여러 개의 역할 기대가 있을 경우 그 중의 어떤 역할기대는 불응, 거부하는 수도 있으며, 혹은 다른 역할을 해내기 위해 다른 일을 구할 때도 있다.
○ 역할 갈등: 한 사람이 여러 가지 역할을 동시에 수행해야 하는 상황에서 역할들이 서로 충돌하여 곤란을 겪는 경우를 역할 갈등이라고 한다.
○ 투사란 개인의 태도나 특성에 대해 다른 사람에게 무의식적으로 원인을 돌리거나, 또는 자신의 감정, 태도를 다른 사람에게 전이시키는 심리현상을 말한다.
○ 선택적 주의: 정신을 산만하게 하는 다른 자극이 존재하는 중에 구체적인 활동 또는 자극에 집중하는 능력.
○ 교대 주의: 두 가지 또는 그 이상의 자극에서 주의 초점을 변경할 수 있는 능력.
○ 분할 주의: 동시에 다양한 자극과 활동에 주의를 기울일 수 있는 우리의 뇌가 가지고 있는 능력.

정답 ②

06

인간-기계시스템은 수동시스템, 기계화시스템 및 자동화시스템으로 분류할 수 있다. 다음 설명 중 옳지 않은 것은?

① 자동화시스템에서는 기계가 의사결정을 한다.
② 수동시스템에서는 인간의 통제를 받아 제품을 생산하는 것이 기계의 기능하다.
③ 기계화시스템에서는 인간의 통제를 받아 제품을 생산하는 것이 기계의 기능이다.
④ 기계화시스템에서 표시장치로부터 정보를 얻어 조종 장치를 통해 기계를 통제하는 것은 인간의 기능이다.
⑤ 빨래를 하는 경우 수동시스템은 사람이 직접 하는 것이고, 자동화시스템은 사람이 물과 세제를 세탁기에 넣어 주면 자동으로 세탁하고 탈수하는 것이다.

해설

물과 세제를 공급하면 세탁탈수기능: 반자동 시스템이다(기계화 시스템)

정답 ⑤

07

인간공학적 설계를 위하여 고려하여야 하는 작업환경 영향요소의 설명으로 옳지 않은 것은?

① 조명은 작업대의 조도기준 상 보통작업은 150럭스 이상으로 한다.
② 온도는 작업의 경중에 따라 그 기준치를 달리하며, 일반적으로 최적온도는 18~21℃이다.
③ 우리나라의 소음 노출기준은 90dB(A)에 8시간 노출을 기준으로 정하고 있으며, '5dB(A) 법칙'을 적용하지 않는다.
④ 고열, 냉습, 온도, 기류 및 환기가 적절하지 않은 경우 작업자의 건강과 정신적 스트레스 및 육체적 피로에 영향을 미친다.
⑤ 표시・조종장치는 작업정보가 정확하게 표시되고, 인간의 실수 또는 오조종으로 위험이 발생하지 않도록 보호장치 및 비상조종장치를 설치한다.

해설

○ 온도의 영향
  1. 안전 활동에 알맞은 최적온도: 18~21℃
  2. 갱내 작업장의 기온상황: 37℃이하
  3. 체온의 안전한계와 최고한계온도: 38℃와 41℃
  4. 손가락에 영향을 주는 한계온도: 13~15.5℃

안전보건규칙 제8조(조도) 사업주는 근로자가 상시 작업하는 장소의 작업면 조도(照度)를 다음 각 호의 기준에 맞도록 하여야 한다. 다만, 갱내(坑內) 작업장과 감광재료(感光材料)를 취급하는 작업장은 그러하지 아니하다.

1. 초정밀작업: 750럭스(lux) 이상
2. 정밀작업: 300럭스 이상
3. 보통작업: 150럭스 이상
4. 그 밖의 작업: 75럭스 이상

제512조(정의) 이 장에서 사용하는 용어의 뜻은 다음과 같다. 〈개정 2024. 6. 28.〉

1. "소음작업"이란 1일 8시간 작업을 기준으로 85데시벨 이상의 소음이 발생하는 작업을 말한다.
2. "강렬한 소음작업"이란 다음 각목의 어느 하나에 해당하는 작업을 말한다.
   가. 90데시벨 이상의 소음이 1일 8시간 이상 발생하는 작업
   나. 95데시벨 이상의 소음이 1일 4시간 이상 발생하는 작업
   다. 100데시벨 이상의 소음이 1일 2시간 이상 발생하는 작업
   라. 105데시벨 이상의 소음이 1일 1시간 이상 발생하는 작업
   마. 110데시벨 이상의 소음이 1일 30분 이상 발생하는 작업
   바. 115데시벨 이상의 소음이 1일 15분 이상 발생하는 작업
3. "충격소음작업"이란 소음이 1초 이상의 간격으로 발생하는 작업으로서 다음 각 목의 어느 하나에 해당하는 작업을 말한다.
   가. 120데시벨을 초과하는 소음이 1일 1만회 이상 발생하는 작업
   나. 130데시벨을 초과하는 소음이 1일 1천회 이상 발생하는 작업
   다. 140데시벨을 초과하는 소음이 1일 1백회 이상 발생하는 작업
4. "진동작업"이란 다음 각 목의 어느 하나에 해당하는 기계·기구를 사용하는 작업을 말한다.
   가. 착암기(鑿巖機)
   나. 동력을 이용한 해머
   다. 체인톱
   라. 엔진 커터(engine cutter)
   마. 동력을 이용한 연삭기
   바. 임팩트 렌치(impact wrench)
   사. 그 밖에 진동으로 인하여 건강장해를 유발할 수 있는 기계·기구
5. "청력보존 프로그램"이란 다음 각 목의 사항이 포함된 소음성 난청을 예방·관리하기 위한 종합적인 계획을 말한다.
   가. 소음노출 평가
   나. 소음노출에 대한 공학적 대책
   다. 청력보호구의 지급과 착용
   라. 소음의 유해성 및 예방 관련 교육
   마. 정기적 청력검사
   바. 청력보존 프로그램 수립 및 시행 관련 기록·관리체계
   사. 그 밖에 소음성 난청 예방·관리에 필요한 사항

정답 ③

08 부주의 현상 중 외부의 자극이 모호하거나 필요 이상으로 강하거나 약할 때, 의식이 분산되어 한 곳에 대응할 수 없는 것은?

① 의식의 단절
② 의식의 우회
③ 의식수준의 저하
④ 의식의 혼란
⑤ 감각차단현상

해설

의식의 혼란이란 외부의 자극이 애매모호하거나, 자극이 강할 때 및 약할 때 발생한다.

정답 ④

09 인간의 의식수준을 단계별로 분류할 때, 에러 발생 가능성이 낮은 것으로부터 높아지는 순서대로 연결된 것은?

① Ⅰ단계 - Ⅱ단계 - Ⅲ단계 - Ⅳ단계
② Ⅰ단계 - Ⅳ단계 - Ⅲ단계 - Ⅱ단계
③ Ⅱ단계 - Ⅰ단계 - Ⅳ단계 - Ⅲ단계
④ Ⅲ단계 - Ⅱ단계 - Ⅰ단계 - Ⅳ단계
⑤ Ⅳ단계 - Ⅲ단계 - Ⅱ단계 - Ⅰ단계

해설

정답 ④

10 몹시 피로하거나 단조로운 작업으로 인하여 의식이 뚜렷하지 않은 상태의 의식 수준으로 옳은 것은?

① phase0
② phaseⅠ
③ phaseⅡ
④ phaseⅢ
⑤ phaseⅣ

해설

정답 ②

11 일본의 의학자인 하시모토 쿠니에가 제시한 의식수준 5단계(Phase)의 의식상태와 신뢰성에 관한 내용으로 옳은 것은?

① Phase0의 의식상태는 무의식 상태이며 신뢰성은 0.3이다.
② Phase1의 의식상태는 실신 상태이며 신뢰성은 0.6이상이다.
③ Phase2의 의식상태는 의식이 둔한 상태이며 신뢰성은 0.9이다.
④ Phase3의 의식상태는 명석한 상태이며 신뢰성은 0.999999이상이다.
⑤ Phase4의 의식상태는 편안한 상태이며 신뢰성은 1.0이다.

해설

정답 ④

테마28. 유해위험방지계획서

제42조(유해위험방지계획서의 작성·제출 등) ① 사업주는 다음 각 호의 어느 하나에 해당하는 경우에는 이 법 또는 이 법에 따른 명령에서 정하는 유해·위험 방지에 관한 사항을 적은 계획서(이하 "유해위험방지계획서"라 한다)를 작성하여 고용노동부령으로 정하는 바에 따라 고용노동부장관에게 제출하고 심사를 받아야 한다. 다만, 제3호에 해당하는 사업주 중 산업재해발생률 등을 고려하여 고용노동부령으로 정하는 기준에 해당하는 사업주는 유해위험방지계획서를 스스로 심사하고, 그 심사결과서를 작성하여 고용노동부장관에게 제출하여야 한다. 〈개정 2020. 5. 26.〉

1. 대통령령으로 정하는 사업의 종류 및 규모에 해당하는 사업으로서 해당 제품의 생산 공정과 직접적으로 관련된 건설물·기계·기구 및 설비 등 전부를 설치·이전하거나 그 주요 구조부분을 변경하려는 경우
2. 유해하거나 위험한 작업 또는 장소에서 사용하거나 건강장해를 방지하기 위하여 사용하는 기계·기구 및 설비로서 대통령령으로 정하는 기계·기구 및 설비를 설치·이전하거나 그 주요 구조부분을 변경하려는 경우
3. 대통령령으로 정하는 크기, 높이 등에 해당하는 **건설공사를 착공**하려는 경우

② 제1항 제3호에 따른 건설공사를 착공하려는 사업주(제1항 각 호 외의 부분 단서에 따른 사업주는해위험방지계획서를 작성할 때 건설안전 분야의 자격 등 고용노동 제외한다)는 유부령으로 정하는 자격을 갖춘 자의 의견을 들어야 한다.

③ 제1항에도 불구하고 사업주가 제44조 제1항에 따라 공정안전보고서를 고용노동부장관에게 제출한 경우에는 해당 유해·위험설비에 대해서는 유해위험방지계획서를 제출한 것으로 본다.

④ 고용노동부장관은 제1항 각 호 외의 부분 본문에 따라 제출된 유해위험방지계획서를 고용노동부령으로 정하는 바에 따라 심사하여 그 결과를 사업주에게 서면으로 알려 주어야 한다. 이 경우 근로자의 안전 및 보건의 유지·증진을 위하여 필요하다고 인정하는 경우에는 해당 작업 또는 건설공사를 중지하거나 유해위험방지계획서를 변경할 것을 명할 수 있다.

⑤ 제1항에 따른 사업주는 같은 항 각 호 외의 부분 단서에 따라 스스로 심사하거나 제4항에 따라 고용노동부장관이 심사한 유해위험방지계획서와 그 심사결과서를 사업장에 갖추어 두어야 한다.

⑥ 제1항 제3호에 따른 건설공사를 착공하려는 사업주로서 제5항에 따라 유해위험방지계획서 및 그 심사결과서를 사업장에 갖추어 둔 사업주는 해당 건설공사의 공법의 변경 등으로 인하여 그 유해위험방지계획서를 변경할 필요가 있는 경우에는 이를 변경하여 갖추어 두어야 한다.

제43조(유해위험방지계획서 이행의 확인 등) ① 제42조 제4항에 따라 유해위험방지계획서에 대한 심사를 받은 사업주는 고용노동부령으로 정하는 바에 따라 유해위험방지계획서의 이행에 관하여 고용노동부장관의 확인을 받아야 한다.

② 제42조 제1항 각 호 외의 부분 단서에 따른 사업주는 고용노동부령으로 정하는 바에 따라 유해위험방지계획서의 이행에 관하여 스스로 확인하여야 한다. 다만, 해당 건설공사 중에 근로자가 사망(교통사고 등 고용노동부령으로 정하는 경우는 제외한다)한 경우에는 고용노동부령으로 정하는 바에 따라 유해위험방지계획서의 이행에 관하여 고용노동부장관의 확인을 받아야 한다.

③ 고용노동부장관은 제1항 및 제2항 단서에 따른 확인 결과 유해위험방지계획서대로 유해·위험방지를 위한 조치가 되지 아니하는 경우에는 고용노동부령으로 정하는 바에 따라 시설 등의 개선, 사용중지 또는 작업중지 등 필요한 조치를 명할 수 있다.

④ 제3항에 따른 시설 등의 개선, 사용중지 또는 작업중지 등의 절차 및 방법, 그 밖에 필요한 사항은 고용노동부령으로 정한다.

★ 영 제42조(유해위험방지계획서 제출 대상) ① 법 제42조 제1항 제1호에서 "대통령령으로 정하는 사업의 종류 및 규모에 해당하는 사업"이란 다음 각 호의 어느 하나에 해당하는 사업으로서 전기 계약용량이 300킬로와트 이상인 경우를 말한다.
  1. 금속가공제품 제조업; **기계 및 가구 제외**
  2. 비금속 광물제품 제조업
  3. 기타 기계 및 장비 제조업
  4. 자동차 및 트레일러 제조업
  5. 식료품 제조업
  6. 고무제품 및 플라스틱제품 제조업
  7. 목재 및 나무제품 제조업
  8. 기타 제품 제조업
  9. 1차 금속 제조업
  10. 가구 제조업
  11. 화학물질 및 화학제품 제조업
  12. 반도체 제조업
  13. 전자부품 제조업

② 법 제42조제1항 제2호에서 "대통령령으로 정하는 기계·기구 및 설비"란 다음 각 호의 어느 하나에 해당하는 기계·기구 및 설비를 말한다. 이 경우 다음 각 호에 해당하는 기계·기구 및 설비의 구체적인 범위는 고용노동부장관이 정하여 고시한다. 〈개정 2021. 11. 19.〉 → 용해로/건조/가스/밀폐/화(학)
  1. 금속이나 그 밖의 광물의 용해로
  2. 화학설비
  3. 건조설비
  4. 가스집합 용접장치
  5. 근로자의 건강에 상당한 장해를 일으킬 우려가 있는 물질로서 고용노동부령으로 정하는 물질의 밀폐·환기·배기를 위한 설비
  6. 삭제 〈2021. 11. 19.〉

③ 법 제42조 제1항 제3호에서 "대통령령으로 정하는 크기 높이 등에 해당하는 **건설공사**"란 다음 각 호의 어느 하나에 해당하는 공사를 말한다.
  1. 다음 각 목의 어느 하나에 해당하는 건축물 또는 시설 등의 건설·개조 또는 해체(이하 "건설등"이라 한다) 공사
    가. 지상높이가 31미터 이상인 건축물 또는 인공구조물
    나. 연면적 3만제곱미터 이상인 건축물
    다. 연면적 5천제곱미터 이상인 시설로서 다음의 어느 하나에 해당하는 시설
      1) 문화 및 집회시설(전시장 및 동물원·식물원은 제외한다)
      2) 판매시설, 운수시설(고속철도의 역사 및 집배송시설은 제외한다)
      3) 종교시설
      4) 의료시설 중 종합병원
      5) 숙박시설 중 관광숙박시설
      6) 지하도상가
      7) 냉동·냉장 창고시설

2. 연면적 5천제곱미터 이상인 냉동·냉장 창고시설의 설비공사 및 단열공사
3. 최대 지간(支間)길이(다리의 기둥과 기둥의 중심사이의 거리)가 50미터 이상인 다리의 건설등 공사
4. 터널의 건설등 공사
5. 다목적댐, 발전용댐, 저수용량 2천만톤 이상의 용수 전용 댐 및 지방상수도 전용 댐의 건설등 공사
6. 깊이 10미터 이상인 굴착공사

시행규칙 제42조(제출서류 등) ① 법 제42조 제1항 제1호에 해당하는 사업주가 유해위험방지계획서를 제출할 때에는 사업장별로 별지 제16호서식의 제조업 등 유해위험방지계획서에 다음 각 호의 서류를 첨부하여 해당 작업 시작 15일 전까지 공단에 2부를 제출해야 한다. 이 경우 유해위험방지계획서의 작성기준, 작성자, 심사기준, 그 밖에 심사에 필요한 사항은 고용노동부장관이 정하여 고시한다.

1. 건축물 각 층의 평면도
2. 기계·설비의 개요를 나타내는 서류
3. 기계·설비의 배치도면
4. 원재료 및 제품의 취급, 제조 등의 작업방법의 개요
5. 그 밖에 고용노동부장관이 정하는 도면 및 서류

② 법 제42조 제1항 제2호에 해당하는 사업주가 유해위험방지계획서를 제출할 때에는 사업장별로 별지 제16호서식의 제조업 등 유해위험방지계획서에 다음 각 호의 서류를 첨부하여 해당 작업 시작 **15일 전까지** 공단에 2부를 제출해야 한다.

1. 설치장소의 개요를 나타내는 서류
2. 설비의 도면
3. 그 밖에 고용노동부장관이 정하는 도면 및 서류

③ **법 제42조 제1항 제3호에 해당하는** 사업주가 유해위험방지계획서를 제출할 때에는 별지 제17호서식의 건설공사 유해위험방지계획서에 별표 10의 서류를 첨부하여 해당 공사의 착공(유해위험방지계획서 작성 대상 시설물 또는 구조물의 공사를 시작하는 것을 말하며, 대지 정리 및 가설사무소 설치 등의 공사 준비기간은 착공으로 보지 않는다) **전날까지** 공단에 2부를 제출해야 한다. 이 경우 해당 공사가 「건설기술 진흥법」 제62조에 따른 안전관리계획을 수립해야 하는 건설공사에 해당하는 경우에는 유해위험방지계획서와 안전관리계획서를 통합하여 작성한 서류를 제출할 수 있다. → **건설공사**

④ 같은 사업장 내에서 영 제42조 제3항 각 호에 따른 공사의 착공시기를 달리하는 사업의 사업주는 해당 공사별 또는 해당 공사의 단위작업공사 종류별로 유해위험방지계획서를 분리하여 각각 제출할 수 있다. 이 경우 이미 제출한 유해위험방지계획서의 첨부서류와 중복되는 서류는 제출하지 않을 수 있다.

⑤ 법 제42조 제1항 단서에서 "산업재해발생률 등을 고려하여 고용노동부령으로 정하는 기준에 해당하는 사업주"란 별표 11의 기준에 적합한 건설업체(이하 "자체심사 및 확인업체"라 한다)의 사업주를 말한다.

⑥ 자체심사 및 확인업체는 별표 11의 자체심사 및 확인방법에 따라 유해위험방지계획서를 스스로 심사하여 해당 공사의 착공 전날까지 별지 제18호서식의 유해위험방지계획서 자체심사서를 공단에 제출해야 한다. 이 경우 공단은 필요한 경우 자체심사 및 확인업체의 자체심사에 관하여 지도·조언할 수 있다.

제43조(유해위험방지계획서의 건설안전분야 자격 등) 법 제42조 제2항에서 "건설안전 분야의 자격 등 고용노동부령으로 정하는 자격을 갖춘 자"란 다음 각 호의 어느 하나에 해당하는 사람을 말한다.

1. 건설안전 분야 산업안전지도사
2. 건설안전기술사 또는 토목·건축 분야 기술사
3. 건설안전산업기사 이상의 자격을 취득한 후 건설안전 관련 실무경력이 건설안전기사 이상의 자격은 5년, 건설안전산업기사 자격은 7년 이상인 사람

제44조(계획서의 검토 등) ① 공단은 제42조에 따른 유해위험방지계획서 및 그 첨부서류를 접수한 경우에는 접수일부터 15일 이내에 심사하여 사업주에게 그 결과를 알려야 한다. 다만, 제42조 제6항에 따라 자체심사 및 확인업체가 유해위험방지계획서 자체심사서를 제출한 경우에는 심사를 하지 않을 수 있다.

② 공단은 제1항에 따른 유해위험방지계획서 심사 시 관련 분야의 학식과 경험이 풍부한 사람을 심사위원으로 위촉하여 해당 분야의 심사에 참여하게 할 수 있다.

③ 공단은 유해위험방지계획서 심사에 참여한 위원에게 수당과 여비를 지급할 수 있다. 다만, 소관 업무와 직접 관련되어 참여한 위원의 경우에는 그렇지 않다.

④ 고용노동부장관이 정하는 건설물ㆍ기계ㆍ기구 및 설비 또는 건설공사의 경우에는 법 제145조에 따라 등록된 지도사에게 유해위험방지계획서에 대한 평가를 받은 후 별지 제19호서식에 따라 그 결과를 제출할 수 있다. 이 경우 공단은 제출된 평가 결과가 고용노동부장관이 정하는 대상에 대하여 고용노동부장관이 정하는 요건을 갖춘 지도사가 평가한 것으로 인정되면 해당 평가결과서로 유해위험방지계획서의 심사를 갈음할 수 있다.

⑤ 건설공사의 경우 제4항에 따른 유해위험방지계획서에 대한 평가는 같은 건설공사에 대하여 법 제42조 제2항에 따라 의견을 제시한 자가 해서는 안 된다.

제45조(심사 결과의 구분) ① 공단은 유해위험방지계획서의 심사 결과를 다음 각 호와 같이 구분ㆍ판정한다.
  1. 적정: 근로자의 안전과 보건을 위하여 필요한 조치가 구체적으로 확보되었다고 인정되는 경우
  2. 조건부 적정: 근로자의 안전과 보건을 확보하기 위하여 일부 개선이 필요하다고 인정되는 경우
  3. 부적정: 건설물ㆍ기계ㆍ기구 및 설비 또는 건설공사가 심사기준에 위반되어 공사착공 시 중대한 위험이 발생할 우려가 있거나 해당 계획에 근본적 결함이 있다고 인정되는 경우

② 공단은 심사 결과 적정판정 또는 조건부 적정판정을 한 경우에는 별지 제20호서식의 유해위험방지계획서 심사 결과 통지서에 보완사항을 포함(조건부 적정판정을 한 경우만 해당한다)하여 해당 사업주에게 발급하고 지방고용노동관서의 장에게 보고해야 한다.

③ 공단은 심사 결과 부적정판정을 한 경우에는 지체 없이 별지 제21호서식의 유해위험방지계획서 심사 결과(부적정) 통지서에 그 이유를 기재하여 지방고용노동관서의 장에게 통보하고 사업장 소재지 특별자치시장ㆍ특별자치도지사ㆍ시장ㆍ군수ㆍ구청장(구청장은 자치구의 구청장을 말한다. 이하 같다)에게 그 사실을 통보해야 한다.

④ 제3항에 따른 통보를 받은 지방고용노동관서의 장은 사실 여부를 확인한 후 공사착공중지명령, 계획변경명령 등 필요한 조치를 해야 한다.

⑤ 사업주는 지방고용노동관서의 장으로부터 공사착공중지명령 또는 계획변경명령을 받은 경우에는 유해위험방지계획서를 보완하거나 변경하여 공단에 제출해야 한다.

제46조(확인) ① 법 제42조 제1항 제1호 및 제2호에 따라 유해위험방지계획서를 제출한 사업주는 해당 건설물ㆍ기계ㆍ기구 및 설비의 시운전단계에서, 법 제42조 제1항 제3호에 따른 사업주는 건설공사 중 6개월 이내마다 법 제43조 제1항에 따라 다음 각 호의 사항에 관하여 공단의 확인을 받아야 한다.
  1. 유해위험방지계획서의 내용과 실제공사 내용이 부합하는지 여부
  2. 법 제42조 제6항에 따른 유해위험방지계획서 변경내용의 적정성
  3. 추가적인 유해ㆍ위험요인의 존재 여부

② 공단은 제1항에 따른 확인을 할 경우에는 그 일정을 사업주에게 미리 통보해야 한다.

③ 제44조 제4항에 따른 건설물ㆍ기계ㆍ기구 및 설비 또는 건설공사의 경우 사업주가 고용노동부장관이 정하는 요건을 갖춘 지도사에게 확인을 받고 별지 제22호서식에 따라 그 결과를 공단에 제출하면 공단은 제1항에 따른 확인에 필요한 현장방문을 지도사의 확인결과로 대체할 수 있다. 다만, 건설업의 경우 최근 2년간 사망재해(별표 1 제3호라목에 따른 재해는 제외한다)가 발생한 경우에는 그렇지 않다.

④ 제3항에 따른 유해위험방지계획서에 대한 확인은 제44조 제4항에 따라 평가를 한 자가 해서는 안 된다.

제47조(자체심사 및 확인업체의 확인 등) ① 자체심사 및 확인업체의 사업주는 별표 11에 따라 해당 공사 준공 시까지 6개월 이내마다 제46조 제1항 각 호의 사항에 관하여 자체확인을 해야 하며, 공단은 필요한 경우 해당 자체확인에 관하여 지도ㆍ조언할 수 있다. 다만, 그 공사 중 사망재해(별표 1 제3호라목에 따른 재해는 제외한다)가 발생한 경우에는 제46조 제1항에 따른 공단의 확인을 받아야 한다.
② 공단은 제1항에 따른 확인을 할 경우에는 그 일정을 사업주에게 미리 통보해야 한다.

제48조(확인 결과의 조치 등) ① 공단은 제46조 및 제47조에 따른 확인 결과 해당 사업장의 유해ㆍ위험의 방지상태가 적정하다고 판단되는 경우에는 5일 이내에 별지 제23호서식의 확인 결과 통지서를 사업주에게 발급해야 하며, 확인결과 경미한 유해ㆍ위험요인이 발견된 경우에는 일정한 기간을 정하여 개선하도록 권고하되, 해당 기간 내에 개선되지 않은 경우에는 기간 만료일부터 10일 이내에 별지 제24호서식의 확인결과 조치 요청서에 그 이유를 적은 서면을 첨부하여 지방고용노동관서의 장에게 보고해야 한다.
② 공단은 확인 결과 중대한 유해ㆍ위험요인이 있어 법 제43조 제3항에 따라 시설 등의 개선, 사용중지 또는 작업중지 등의 조치가 필요하다고 인정되는 경우에는 지체 없이 별지 제24호서식의 확인결과 조치 요청서에 그 이유를 적은 서면을 첨부하여 지방고용노동관서의 장에게 보고해야 한다.
③ 제1항 또는 제2항에 따른 보고를 받은 지방고용노동관서의 장은 사실 여부를 확인한 후 필요한 조치를 해야 한다.

시행규칙 제49조(보고 등) 공단은 유해위험방지계획서의 작성ㆍ제출ㆍ확인업무와 관련하여 다음 각 호의 어느 하나에 해당하는 사업장을 발견한 경우에는 지체 없이 해당 사업장의 명칭ㆍ소재지 및 사업주명 등을 구체적으로 적어 지방고용노동관서의 장에게 보고해야 한다.
1. 유해위험방지계획서를 제출하지 않은 사업장
2. 유해위험방지계획서 제출기간이 지난 사업장
3. 제43조 각 호의 자격을 갖춘 자의 의견을 듣지 않고 유해위험방지계획서를 작성한 사업장

■ **산업안전보건법 시행규칙 [별표 11] 〈개정 2022. 8. 18.〉**

자체심사 및 확인업체의 기준, 자체심사 및 확인방법
(제42조 제5항ㆍ제6항 및 제47조 제1항 관련)

1. **자체심사 및 확인업체의 기준**: 다음 각 목의 요건을 모두 충족할 것. 다만, 영 제110조제1호 및 이 규칙 제238조제2항에 따른 동시에 2명 이상의 근로자가 사망한 재해(별표 1 제3호라목의 재해는 제외한다. 이하 이 표에서 같다)가 발생하거나 그 밖에 부실한 안전관리 문제로 사회적 물의를 일으켜 더 이상 자체심사 및 확인업체로 둘 수 없다고 고용노동부장관이 인정하는 경우에는 즉시 자체심사 및 확인업체에서 제외된다.
   가. 「건설산업기본법」 제8조 및 같은 법 시행령 별표 1 제1호다목에 따른 토목건축공사업에 대해 같은 법 제23조에 따라 평가하여 공시된 시공능력의 순위가 상위 200위 이내인 건설업체
   나. 별표 1에 따라 산정한 직전 3년간의 평균산업재해발생률(직전 3년간의 사고사망만인율 중 산정하지 않은 연도가 있을 경우 산정한 연도의 평균값을 말한다)이 가목에 따른 건설업체 전체의 직전 3년간 평균산업재해발생률 이하인 건설업체
   다. 영 제17조에 따른 안전관리자의 자격을 갖춘 사람(영 별표 4 제8호에 해당하는 사람은 제외한다) 1명 이상을 포함하여 3명 이상의 안전전담직원으로 구성된 안전만을 전담하는 과 또는 팀 이상의 별도조직을 갖춘 건설업체

라. 제4조제1항제7호나목에 따른 직전년도 건설업체 산업재해예방활동 실적 평가 점수가 70점 이상인 건설업체
마. 해당 연도 8월 1일을 기준으로 직전 2년간 근로자가 사망한 재해가 없는 건설업체

2. 자체심사 및 확인방법
가. 자체심사는 임직원 및 외부 전문가 중 다음에 해당하는 사람 1명 이상이 참여하도록 해야 한다.
 1) 산업안전지도사(건설안전 분야만 해당한다)
 2) 건설안전기술사
 3) 건설안전기사(산업안전기사 이상의 자격을 취득한 후 건설안전 실무경력이 3년 이상인 사람을 포함한다)
 로서 공단에서 실시하는 유해위험방지계획서 심사전문화 교육과정을 28시간 이상 이수한 사람
나. 자체확인은 가목의 인력기준에 해당하는 사람이 실시하도록 해야 한다.
다. 자체확인을 실시한 사업주는 별지 제103호서식의 유해위험방지계획서 자체확인 결과서를 작성하여 해당 사업장에 갖추어 두어야 한다.

확인학습

01 유해·위험방지계획서 제출 대상 사업장에 해당하지 않는 것은? (단, 아래 답지항의 사업장은 전기 계약용량 300 kW 이상이다.)

① 금속가공제품 중 기계 및 가구 제조업
② 비금속 광물제품 제조업
③ 자동차 및 트레일러 제조업
④ 식료품 제조업
⑤ 반도체 제조업

해설

정답 ①

02
산업안전보건법령상 규정하고 있는 유해·위험방지계획서에 관한 설명 중 ㄱ, ㄴ의 내용이 옳게 연결된 것은?

> 건설업 중 터널건설 등의 공사를 착공하려는 사업주는 관련 절차를 준수하여 작성한 유해·위험방지계획서에 해당 서류를 첨부하여 해당 공사의 착공 (ㄱ)까지 (ㄴ)에 제출하여야 한다.

① ㄱ: 전날,　ㄴ: 한국산업안전보건공단
② ㄱ: 전날,　ㄴ: 관할 지방고용노동관서
③ ㄱ: 3일전,　ㄴ: 한국산업안전보건공단
④ ㄱ: 3일전,　ㄴ: 관할 지방고용노동관서
⑤ ㄱ: 7일전,　ㄴ: 한국산업안전보건공단

해설

정답 ①

03
다음 중 산업안전보건법에 따른 유해·위험방지계획서 제출 대상 사업은 기계 및 기구를 제외한 금속가공 제품 제조업으로서 전기사용설비의 정격용량의 합이 얼마 이상인 사업을 말하는가?

① 50kW
② 100kW
③ 200kW
④ 300kW
⑤ 700kW

해설

정답 ④

04

다음 중 산업안전보건법령에 따라 유해하거나 위험한 장소에서 사용하는 기계·기구 및 설비를 설치·이전하는 경우 유해·위험방지계획서를 작성, 제출하여야 하는 대상이 아닌 것은?

① 화학설비
② 건조설비
③ 가스집합용접장치
④ 금속 용해로
⑤ 분진작업 관련 설비

해설

② 법 제42조제1항 제2호에서 "대통령령으로 정하는 기계·기구 및 설비"란 다음 각 호의 어느 하나에 해당하는 기계·기구 및 설비를 말한다. 이 경우 다음 각 호에 해당하는 기계·기구 및 설비의 구체적인 범위는 고용노동부장관이 정하여 고시한다. 〈개정 2021. 11. 19.〉 → 용해로/건조/가스/밀폐/화(학)

1. 금속이나 그 밖의 광물의 용해로
2. 화학설비
3. 건조설비
4. 가스집합 용접장치
5. 근로자의 건강에 상당한 장해를 일으킬 우려가 있는 물질로서 고용노동부령으로 정하는 물질의 밀폐·환기·배기를 위한 설비
6. 삭제 〈2021. 11. 19.〉

정답 ⑤

05

건설업 유해위험방지계획서 제출대상 공사로 틀린 것은?

① 지상높이가 32m인 아파트 건설공사
② 연면적이 4,000㎡인 관광숙박시설
③ 깊이가 16m인 굴착공사
④ 최대지간 길이가 100m인 교량 건설공사
⑤ 다목적댐, 발전용댐, 저수용량 2천만톤 이상의 용수 전용 댐 및 지방상수도 전용 댐의 건설 등 공사

> **해설**

③ 법 제42조 제1항 제3호에서 "대통령령으로 정하는 크기 높이 등에 해당하는 **건설공사**"란 다음 각 호의 어느 하나에 해당하는 공사를 말한다.
  1. 다음 각 목의 어느 하나에 해당하는 건축물 또는 시설 등의 건설·개조 또는 해체(이하 "건설 등"이라 한다) 공사
     가. 지상높이가 31미터 이상인 건축물 또는 인공구조물
     나. 연면적 3만제곱미터 이상인 건축물
     다. 연면적 5천제곱미터 이상인 시설로서 다음의 어느 하나에 해당하는 시설
        1) 문화 및 집회시설(전시장 및 동물원·식물원은 제외한다)
        2) 판매시설, 운수시설(고속철도의 역사 및 집배송시설은 제외한다)
        3) 종교시설
        4) 의료시설 중 종합병원
        5) 숙박시설 중 관광숙박시설
        6) 지하도상가
        7) 냉동·냉장 창고시설
  2. 연면적 5천제곱미터 이상인 냉동·냉장 창고시설의 설비공사 및 단열공사
  3. 최대 지간(支間)길이(다리의 기둥과 기둥의 중심사이의 거리)가 50미터 이상인 다리의 건설등 공사
  4. 터널의 건설등 공사
  5. 다목적댐, 발전용댐, 저수용량 2천만톤 이상의 용수 전용 댐 및 지방상수도 전용 댐의 건설등 공사
  6. 깊이 10미터 이상인 굴착공사

정답 ②

테마29. 공정안전보고서

제44조(공정안전보고서의 작성·제출) ① 사업주는 사업장에 대통령령으로 정하는 유해하거나 위험한 설비가 있는 경우 그 설비로부터의 위험물질 누출, 화재 및 폭발 등으로 인하여 사업장 내의 근로자에게 즉시 피해를 주거나 사업장 인근 지역에 피해를 줄 수 있는 사고로서 대통령령으로 정하는 사고(이하 "중대산업사고"라 한다)를 예방하기 위하여 대통령령으로 정하는 바에 따라 공정안전보고서를 작성하고 고용노동부장관에게 제출하여 심사를 받아야 한다. 이 경우 공정안전보고서의 내용이 중대산업사고를 예방하기 위하여 적합하다고 통보받기 전에는 관련된 유해하거나 위험한 설비를 가동해서는 아니 된다.
② 사업주는 제1항에 따라 공정안전보고서를 작성할 때 산업안전보건위원회의 심의를 거쳐야 한다. 다만, 산업안전보건위원회가 설치되어 있지 아니한 사업장의 경우에는 근로자대표의 의견을 들어야 한다.

제45조(공정안전보고서의 심사 등) ① 고용노동부장관은 공정안전보고서를 고용노동부령으로 정하는 바에 따라 심사하여 그 결과를 사업주에게 서면으로 알려 주어야 한다. 이 경우 근로자의 안전 및 보건의 유지·증진을 위하여 필요하다고 인정하는 경우에는 그 공정안전보고서의 변경을 명할 수 있다.
② 사업주는 제1항에 따라 심사를 받은 공정안전보고서를 사업장에 갖추어 두어야 한다.

제46조(공정안전보고서의 이행 등) ① 사업주와 근로자는 제45조 제1항에 따라 심사를 받은 공정안전보고서(이 조 제3항에 따라 보완한 공정안전보고서를 포함한다)의 내용을 지켜야 한다.
② 사업주는 제45조 제1항에 따라 심사를 받은 공정안전보고서의 내용을 실제로 이행하고 있는지 여부에 대하여 고용노동부령으로 정하는 바에 따라 고용노동부장관의 확인을 받아야 한다.
③ 사업주는 제45조 제1항에 따라 심사를 받은 공정안전보고서의 내용을 변경하여야 할 사유가 발생한 경우에는 지체 없이 그 내용을 보완하여야 한다.
④ 고용노동부장관은 고용노동부령으로 정하는 바에 따라 공정안전보고서의 이행 상태를 정기적으로 평가할 수 있다.
⑤ 고용노동부장관은 제4항에 따른 평가 결과 제3항에 따른 보완 상태가 불량한 사업장의 사업주에게는 공정안전보고서의 변경을 명할 수 있으며, 이에 따르지 아니하는 경우 공정안전보고서를 다시 제출하도록 명할 수 있다.

★ 영 제43조(공정안전보고서의 제출 대상) ① 법 제44조 제1항 전단에서 "대통령령으로 정하는 유해하거나 위험한 설비"란 다음 각 호의 어느 하나에 해당하는 사업을 하는 사업장의 경우에는 그 보유설비를 말하고, 그 외의 사업을 하는 사업장의 경우에는 별표 13에 따른 유해·위험물질 중 하나 이상의 물질을 같은 표에 따른 규정량 이상 제조·취급·저장하는 설비 및 그 설비의 운영과 관련된 모든 공정설비를 말한다.
  1. 원유 정제처리업
  2. 기타 석유정제물 재처리업
  3. 석유화학계 기초화학물질 제조업 또는 합성수지 및 기타 플라스틱물질 제조업. 다만, 합성수지 및 기타 플라스틱물질 제조업은 별표 13 제1호 또는 제2호에 해당하는 경우로 한정한다.
  4. 질소 화합물, 질소·인산 및 칼리질 화학비료 제조업 중 질소질 비료 제조
  5. 복합비료 및 기타 화학비료 제조업 중 복합비료 제조(단순혼합 또는 배합에 의한 경우는 제외한다)
  6. 화학 살균·살충제 및 농업용 약제 제조업[농약 원제(原劑) 제조만 해당한다]
  7. 화약 및 불꽃제품 제조업
② 제1항에도 불구하고 다음 각 호의 설비는 유해하거나 위험한 설비로 보지 않는다.
  1. 원자력 설비
  2. 군사시설

3. 사업주가 해당 사업장 내에서 직접 사용하기 위한 난방용 연료의 저장설비 및 사용설비
4. 도매·소매시설
5. 차량 등의 운송설비
6. 「액화석유가스의 안전관리 및 사업법」에 따른 액화석유가스의 충전·저장시설
7. 「도시가스사업법」에 따른 가스공급시설
8. 그 밖에 고용노동부장관이 누출·화재·폭발 등의 사고가 있더라도 그에 따른 피해의 정도가 크지 않다고 인정하여 고시하는 설비

③ 법 제44조 제1항 전단에서 "대통령령으로 정하는 사고"란 다음 각 호의 어느 하나에 해당하는 사고를 말한다.
1. 근로자가 사망하거나 부상을 입을 수 있는 제1항에 따른 설비(제2항에 따른 설비는 제외한다. 이하 제2호에서 같다)에서의 누출·화재·폭발 사고
2. 인근 지역의 주민이 인적 피해를 입을 수 있는 제1항에 따른 설비에서의 누출·화재·폭발 사고

제44조(공정안전보고서의 내용) ① 법 제44조 제1항 전단에 따른 공정안전보고서에는 다음 각 호의 사항이 포함되어야 한다.
1. 공정안전자료
2. 공정위험성 평가서
3. 안전운전계획
4. 비상조치계획
5. 그 밖에 공정상의 안전과 관련하여 고용노동부장관이 필요하다고 인정하여 고시하는 사항

② 제1항 제1호부터 제4호까지의 규정에 따른 사항에 관한 세부 내용은 고용노동부령으로 정한다.

제45조(공정안전보고서의 제출) ① 사업주는 제43조에 따른 유해하거나 위험한 설비를 설치(기존 설비의 제조·취급·저장 물질이 변경되거나 제조량·취급량·저장량이 증가하여 별표 13에 따른 유해·위험물질 규정량에 해당하게 된 경우를 포함한다)·이전하거나 고용노동부장관이 정하는 주요 구조부분을 변경할 때에는 고용노동부령으로 정하는 바에 따라 법 제44조 제1항 전단에 따른 공정안전보고서를 작성하여 고용노동부장관에게 제출해야 한다. 이 경우 「화학물질관리법」에 따라 사업주가 환경부장관에게 제출해야 하는 같은 법 제23조에 따른 유해화학물질 화학사고 장외영향평가서(이하 이 항에서 "장외영향평가서"라 한다) 또는 같은 법 제41조에 따른 위해관리계획서(이하 이 항에서 "위해관리계획서"라 한다)의 내용이 제44조에 따라 공정안전보고서에 포함시켜야 할 사항에 해당하는 경우에는 그 해당 부분에 대해서 장외영향평가서 또는 위해관리계획서 사본의 제출로 갈음할 수 있다.

② 제1항 전단에도 불구하고 사업주가 제출해야 할 공정안전보고서가 「고압가스 안전관리법」 제2조에 따른 고압가스를 사용하는 단위공정 설비에 관한 것인 경우로서 해당 사업주가 같은 법 제11조에 따른 안전관리규정과 같은 법 제13조의2에 따른 안전성향상계획을 작성하여 공단 및 같은 법 제28조에 따른 한국가스안전공사가 공동으로 검토·작성한 의견서를 첨부하여 허가 관청에 제출한 경우에는 해당 단위공정 설비에 관한 공정안전보고서를 제출한 것으로 본다.

영 제45조(공정안전보고서의 제출) ① 사업주는 제43조에 따른 유해하거나 위험한 설비를 설치(기존 설비의 제조·취급·저장 물질이 변경되거나 제조량·취급량·저장량이 증가하여 별표 13에 따른 유해·위험물질 규정량에 해당하게 된 경우를 포함한다)·이전하거나 고용노동부장관이 정하는 주요 구조부분을 변경할 때에는 고용노동부령으로 정하는 바에 따라 법 제44조 제1항 전단에 따른 공정안전보고서를 작성하여 고용노동부장관에게 제출해야 한다. 이 경우 「화학물질관리법」에 따라 사업주가 환경부장관에게 제출해야 하는 같은 법 제23조에 따른 화학사고예방관리계획서의 내용이 제44조에 따라 공정안전보고서에 포함시켜야 할 사항에 해당하는 경우에는 그 해당 부분에 대한 작성·제출을 같은 법 제23조에 따른 화학사고예방관리계획서 사본의 제출로 갈음할 수 있다. 〈개정 2020. 9. 8.〉

② 제1항 전단에도 불구하고 사업주가 제출해야 할 공정안전보고서가 「고압가스 안전관리법」 제2조에 따른 고압가스

를 사용하는 단위공정 설비에 관한 것인 경우로서 해당 사업주가 같은 법 제11조에 따른 안전관리규정과 같은 법 제13조의2에 따른 안전성향상계획을 작성하여 공단 및 같은 법 제28조에 따른 한국가스안전공사가 공동으로 검토·작성한 의견서를 첨부하여 허가 관청에 제출한 경우에는 해당 단위공정 설비에 관한 공정안전보고서를 제출한 것으로 본다.

[시행일 : 2021. 4. 1.] 제45조 제1항 후단

■ 산업안전보건법 시행령 [별표 13]

유해·위험물질 규정량(제43조 제1항 관련)

번호	유해·위험물질	CAS번호	규정량(kg)
1	인화성 가스	-	제조·취급: 5,000(저장: 200,000)
2	인화성 액체	-	제조·취급: 5,000(저장: 200,000)
3	메틸 이소시아네이트	624-83-9	제조·취급·저장: 1,000
4	포스겐	75-44-5	제조·취급·저장: 500
5	아크릴로니트릴	107-13-1	제조·취급·저장: 10,000
6	암모니아	7664-41-7	제조·취급·저장: 10,000
7	염소	7782-50-5	제조·취급·저장: 1,500
8	이산화황	7446-09-5	제조·취급·저장: 10,000
9	삼산화황	7446-11-9	제조·취급·저장: 10,000
10	이황화탄소	75-15-0	제조·취급·저장: 10,000
11	시안화수소	74-90-8	제조·취급·저장: 500
12	불화수소(무수불산)	7664-39-3	제조·취급·저장: 1,000
13	염화수소(무수염산)	7647-01-0	제조·취급·저장: 10,000
14	황화수소	7783-06-4	제조·취급·저장: 1,000
15	질산암모늄	6484-52-2	제조·취급·저장: 500,000
16	니트로글리세린	55-63-0	제조·취급·저장: 10,000
17	트리니트로톨루엔	118-96-7	제조·취급·저장: 50,000
18	수소	1333-74-0	제조·취급·저장: 5,000
19	산화에틸렌	75-21-8	제조·취급·저장: 1,000
20	포스핀	7803-51-2	제조·취급·저장: 500
21	실란(Silane)	7803-62-5	제조·취급·저장: 1,000
22	질산(중량 94.5% 이상)	7697-37-2	제조·취급·저장: 50,000
23	발연황산(삼산화황 중량 65% 이상 80% 미만)	8014-95-7	제조·취급·저장: 20,000
24	과산화수소(중량 52% 이상)	7722-84-1	제조·취급·저장: 10,000

25	톨루엔 디이소시아네이트	91-08-7, 584-84-9, 26471-62-5	제조·취급·저장: 2,000
26	클로로술폰산	7790-94-5	제조·취급·저장: 10,000
27	브롬화수소	10035-10-6	제조·취급·저장: 10,000
28	삼염화인	7719-12-2	제조·취급·저장: 10,000
29	염화 벤질	100-44-7	제조·취급·저장: 2,000
30	이산화염소	10049-04-4	제조·취급·저장: 500
31	염화 티오닐	7719-09-7	제조·취급·저장: 10,000
32	브롬	7726-95-6	제조·취급·저장: 1,000
33	일산화질소	10102-43-9	제조·취급·저장: 10,000
34	붕소 트리염화물	10294-34-5	제조·취급·저장: 10,000
35	메틸에틸케톤과산화물	1338-23-4	제조·취급·저장: 10,000
36	삼불화 붕소	7637-07-2	제조·취급·저장: 1,000
37	니트로아닐린	88-74-4, 99-09-2, 100-01-6, 29757-24-2	제조·취급·저장: 2,500
38	염소 트리플루오르화	7790-91-2	제조·취급·저장: 1,000
39	불소	7782-41-4	제조·취급·저장: 500
40	시아누르 플루오르화물	675-14-9	제조·취급·저장: 2,000
41	질소 트리플루오르화물	7783-54-2	제조·취급·저장: 20,000
42	니트로 셀룰로오스(질소 함유량 12.6% 이상)	9004-70-0	제조·취급·저장: 100,000
43	과산화벤조일	94-36-0	제조·취급·저장: 3,500
44	과염소산 암모늄	7790-98-9	제조·취급·저장: 3,500
45	디클로로실란	4109-96-0	제조·취급·저장: 1,000
46	디에틸 알루미늄 염화물	96-10-6	제조·취급·저장: 10,000
47	디이소프로필 퍼옥시디카보네이트	105-64-6	제조·취급·저장: 3,500
48	불산(중량 10% 이상)	7664-39-3	제조·취급·저장: 10,000
49	염산(중량 20% 이상)	7647-01-0	제조·취급·저장: 20,000
50	황산(중량 20% 이상)	7664-93-9	제조·취급·저장: 20,000
51	암모니아수(중량 20% 이상)	1336-21-6	제조·취급·저장: 50,000

비고
1. "인화성 가스"란 인화한계 농도의 최저한도가 13% 이하 또는 최고한도와 최저한도의 차가 12% 이상인 것으로서 표준압력(101.3 ㎪)에서 20℃에서 가스 상태인 물질을 말한다.
2. 인화성 가스 중 사업장 외부로부터 배관을 통해 공급받아 최초 압력조정기 후단 이후의 압력이 0.1 MPa(계기압력) 미만으로 취급되는 사업장의 연료용 도시가스(메탄 중량성분 85% 이상으로 이 표에 따른 유해·위험물질이 없는 설비에 공급되는 경우에 한정한다)는 취급 규정량을 50,000kg으로 한다.

3. 인화성 액체란 표준압력(101.3 KPa)에서 인화점이 60℃ 이하이거나 고온·고압의 공정운전조건으로 인하여 화재·폭발위험이 있는 상태에서 취급되는 가연성 물질을 말한다.
4. 인화점의 수치는 태그밀폐식 또는 펜스키마르테르식 등의 밀폐식 인화점 측정기로 표준압력(101.3 KPa)에서 측정한 수치 중 작은 수치를 말한다.
5. 유해·위험물질의 규정량이란 제조·취급·저장 설비에서 공정과정 중에 저장되는 양을 포함하여 하루 동안 최대로 제조·취급 또는 저장할 수 있는 양을 말한다.
6. 규정량은 화학물질의 순도 100%를 기준으로 산출하되, 농도가 규정되어 있는 화학물질은 그 규정된 농도를 기준으로 한다.
7. 사업장에서 다음 각 목의 구분에 따라 해당 유해·위험물질을 그 규정량 이상 제조·취급·저장하는 경우에는 유해·위험설비로 본다.
    가. 한 종류의 유해·위험물질을 제조·취급·저장하는 경우: 해당 유해·위험물질의 규정량 대비 하루 동안 제조·취급 또는 저장할 수 있는 최대치 중 가장 큰 값($\frac{C}{T}$)이 1 이상인 경우
    나. 두 종류 이상의 유해·위험물질을 제조·취급·저장하는 경우: 유해·위험물질별로 가목에 따른 가장 큰 값($\frac{C}{T}$)을 각각 구하여 합산한 값(R)이 1 이상인 경우, 그 계산식은 다음과 같다.

$$R = \frac{C1}{T1} + \frac{C2}{T2} + \cdots\cdots + \frac{Cn}{Tn}$$

    주) Cn: 유해·위험물질별(n) 규정량과 비교하여 하루 동안 제조·취급 또는 저장할 수 있는 최대치 중 가장 큰 값
        Tn: 유해·위험물질별(n) 규정량
8. 가스를 전문으로 저장·판매하는 시설 내의 가스는 이 표의 규정량 산정에서 제외한다.

★ **시행규칙 제50조(공정안전보고서의 세부 내용 등)** ① 영 제44조에 따라 공정안전보고서에 포함해야 할 세부내용은 다음 각 호와 같다. ★
  1. 공정안전자료
    가. 취급·저장하고 있거나 취급·저장하려는 유해·위험물질의 종류 및 수량
    나. 유해·위험물질에 대한 물질안전보건자료
    다. 유해하거나 위험한 설비의 목록 및 사양
    라. 유해하거나 위험한 설비의 운전방법을 알 수 있는 공정도면
    마. 각종 건물·설비의 배치도
    바. 폭발위험장소 구분도 및 전기단선도
    사. 위험설비의 안전설계·제작 및 설치 관련 지침서
  2. 공정위험성평가서 및 잠재위험에 대한 사고예방·피해 최소화 대책(공정위험성평가서는 공정의 특성 등을 고려하여 다음 각 목의 위험성평가 기법 중 한 가지 이상을 선정하여 위험성평가를 한 후 그 결과에 따라 작성해야 하며, 사고예방·피해최소화 대책은 위험성평가 결과 잠재위험이 있다고 인정되는 경우에만 작성한다)
    가. 체크리스트(Check List)
    나. 상대위험순위 결정(Dow and Mond Indices)
    다. 작업자 실수 분석(HEA)
    라. 사고 예상 질문 분석(What-if)

마. 위험과 운전 분석(HAZOP)
　　　바. 이상위험도 분석(FMECA)
　　　사. 결함 수 분석(FTA)
　　　아. 사건 수 분석(ETA)
　　　자. 원인결과 분석(CCA)
　　　차. 가목부터 자목까지의 규정과 같은 수준 이상의 기술적 평가기법
　3. 안전운전계획
　　　가. 안전운전지침서
　　　나. 설비점검·검사 및 보수계획, 유지계획 및 지침서
　　　다. 안전작업허가
　　　라. 도급업체 안전관리계획
　　　마. 근로자 등 교육계획
　　　바. 가동 전 점검지침
　　　사. 변경요소 관리계획
　　　아. 자체감사 및 사고조사계획
　　　자. 그 밖에 안전운전에 필요한 사항
　4. 비상조치계획
　　　가. 비상조치를 위한 장비·인력 보유현황
　　　나. 사고발생 시 각 부서·관련 기관과의 비상연락체계
　　　다. 사고발생 시 비상조치를 위한 조직의 임무 및 수행 절차
　　　라. 비상조치계획에 따른 교육계획
　　　마. 주민홍보계획
　　　바. 그 밖에 비상조치 관련 사항
② 공정안전보고서의 세부내용별 작성기준, 작성자 및 심사기준, 그 밖에 심사에 필요한 사항은 고용노동부장관이 정하여 고시한다.

제51조(공정안전보고서의 제출 시기) 사업주는 영 제45조 제1항에 따라 유해하거나 위험한 설비의 설치·이전 또는 주요 구조부분의 변경공사의 착공일(기존 설비의 제조·취급·저장 물질이 변경되거나 제조량·취급량·저장량이 증가하여 영 별표 13에 따른 유해·위험물질 규정량에 해당하게 된 경우에는 그 해당일을 말한다) 30일 전까지 공정안전보고서를 2부 작성하여 공단에 제출해야 한다.

제52조(공정안전보고서의 심사 등) ① 공단은 제51조에 따라 공정안전보고서를 제출받은 경우에는 제출받은 날부터 30일 이내에 심사하여 1부를 사업주에게 송부하고, 그 내용을 지방고용노동관서의 장에게 보고해야 한다.
② 공단은 제1항에 따라 공정안전보고서를 심사한 결과 「위험물안전관리법」에 따른 화재의 예방·소방 등과 관련된 부분이 있다고 인정되는 경우에는 그 관련 내용을 관할 소방관서의 장에게 통보해야 한다.

제53조(공정안전보고서의 확인 등) ① 공정안전보고서를 제출하여 심사를 받은 사업주는 법 제46조 제2항에 따라 다음 각 호의 시기별로 공단의 확인을 받아야 한다. 다만, 화공안전 분야 산업안전지도사, 대학에서 조교수 이상으로 재직하고 있는 사람으로서 화공 관련 교과를 담당하고 있는 사람, 그 밖에 자격 및 관련 업무 경력 등을 고려하여 고용노동부장관이 정하여 고시하는 요건을 갖춘 사람에게 제50조 제3호아목에 따른 자체감사를 하게 하고 그 결과를 공단에 제출한 경우에는 공단의 확인을 생략할 수 있다.
　1. 신규로 설치될 유해하거나 위험한 설비에 대해서는 설치 과정 및 설치 완료 후 시운전단계에서 각 1회
　2. 기존에 설치되어 사용 중인 유해하거나 위험한 설비에 대해서는 심사 완료 후 3개월 이내

3. 유해하거나 위험한 설비와 관련한 공정의 중대한 변경이 있는 경우에는 변경 완료 후 1개월 이내
   4. 유해하거나 위험한 설비 또는 이와 관련된 공정에 중대한 사고 또는 결함이 발생한 경우에는 1개월 이내. 다만, 법 제47조에 따른 안전보건진단을 받은 사업장 등 고용노동부장관이 정하여 고시하는 사업장의 경우에는 공단의 확인을 생략할 수 있다.
② 공단은 사업주로부터 확인요청을 받은 날부터 1개월 이내에 제50조 제1호부터 제4호까지의 내용이 현장과 일치하는지 여부를 확인하고, 확인한 날부터 15일 이내에 그 결과를 사업주에게 통보하고 지방고용노동관서의 장에게 보고해야 한다.
③ 제1항 및 제2항에 따른 확인의 절차 등에 관하여 필요한 사항은 고용노동부장관이 정하여 고시한다.

★ **시행규칙 제54조(공정안전보고서 이행 상태의 평가)** ① 법 제46조 제4항에 따라 고용노동부장관은 같은 조 제2항에 따른 공정안전보고서의 확인(신규로 설치되는 유해하거나 위험한 설비의 경우에는 설치 완료 후 시운전 단계에서의 확인을 말한다) 후 1년이 지난 날부터 2년 이내에 공정안전보고서 이행 상태의 평가(이하 "이행상태평가"라 한다)를 해야 한다.
② 고용노동부장관은 제1항에 따른 이행상태평가 후 4년마다 이행상태평가를 해야 한다. 다만, 다음 각 호의 어느 하나에 해당하는 경우에는 1년 또는 2년마다 이행상태평가를 할 수 있다.
   1. 이행상태평가 후 사업주가 이행상태평가를 요청하는 경우
   2. 법 제155조에 따라 사업장에 출입하여 검사 및 안전·보건점검 등을 실시한 결과 제50조 제1항 제3호사목에 따른 변경요소 관리계획 미준수로 공정안전보고서 이행상태가 불량한 것으로 인정되는 경우 등 고용노동부장관이 정하여 고시하는 경우
③ 이행상태평가는 제50조 제1항 각 호에 따른 공정안전보고서의 세부내용에 관하여 실시한다.
④ 이행상태평가의 방법 등 이행상태평가에 필요한 세부적인 사항은 고용노동부장관이 정한다.

〈참고〉
★ **시행규칙 제126조(안전검사의 주기와 합격표시 및 표시방법)** ① 법 제93조 제3항에 따른 안전검사대상기계 등의 안전검사 주기는 다음 각 호와 같다.
   1. 크레인(이동식 크레인은 제외한다), 리프트(이삿짐운반용 리프트는 제외한다) 및 곤돌라: 사업장에 설치가 끝난 날부터 3년 이내에 최초 안전검사를 실시하되, 그 이후부터 2년마다(건설현장에서 사용하는 것은 최초로 설치한 날부터 6개월마다)
   2. 이동식 크레인, 이삿짐운반용 리프트 및 고소작업대: 「자동차관리법」 제8조에 따른 신규등록 이후 3년 이내에 최초 안전검사를 실시하되, 그 이후부터 2년마다
   3. 프레스, 전단기, 압력용기, 국소 배기장치, 원심기, 롤러기, 사출성형기, 컨베이어 및 산업용 로봇: 사업장에 설치가 끝난 날부터 3년 이내에 최초 안전검사를 실시하되, 그 이후부터 2년마다(공정안전보고서를 제출하여 확인을 받은 압력용기는 4년마다)

확인학습

01 산업안전보건법에 따라 공정안전보고서에 포함되어야 하는 사항 중 공정안전자료의 세부내용에 해당하는 것은?

① 공정위험성평가서
② 안전운전지침서
③ 건물·설비의 배치도
④ 도급업체 안전관리계획
⑤ 유해하거나 위험한 설비의 운전방법을 알 수 없는 공정도면

해설

1. 공정안전자료
   가. 취급·저장하고 있거나 취급·저장하려는 유해·위험물질의 종류 및 수량
   나. 유해·위험물질에 대한 물질안전보건자료
   다. 유해하거나 위험한 설비의 목록 및 사양
   라. 유해하거나 위험한 설비의 운전방법을 알 수 있는 공정도면
   마. 각종 건물·설비의 배치도
   바. 폭발위험장소 구분도 및 전기단선도
   사. 위험설비의 안전설계·제작 및 설치 관련 지침서

정답 ③

02 산업안전보건법령상 공정안전보고서에 포함되어야 하는 내용 중 공정안전자료의 세부 내용에 해당하는 것은?

① 안전운전지침서
② 공정위험성평가서
③ 도급업체 안전관리계획
④ 각종 건물·설비의 배치도
⑤ 유해하거나 위험한 설비의 운전방법을 알 수 없는 공정도면

해설

정답 ④

03 작업환경이 현저히 불량하여 안전보건개선계획의 수립·시행 명령을 받은 사업주는 노동부장관이 정하는 바에 따라 안전보건개선계획서를 작성하여 그 명령을 받은 날부터 며칠 이내에 관할 지방노동관서의 장에게 제출하여야 하는가?

① 15일
② 30일
③ 60일
④ 90일
⑤ 150일

> **해설**
>
> **시행규칙 제61조(안전보건개선계획의 제출 등)** ① 법 제50조 제1항에 따라 안전보건개선계획서를 제출해야 하는 사업주는 법 제49조 제1항에 따른 안전보건개선계획서 수립·시행 명령을 받은 날부터 60일 이내에 관할 지방고용노동관서의 장에게 해당 계획서를 제출(전자문서로 제출하는 것을 포함한다)해야 한다.
> ② 제1항에 따른 안전보건개선계획서에는 시설, 안전보건관리체제, 안전보건교육, 산업재해 예방 및 작업환경의 개선을 위하여 필요한 사항이 포함되어야 한다.
> **시행규칙 제62조(안전보건개선계획서의 검토 등)** ① 지방고용노동관서의 장이 제61조에 따른 안전보건개선계획서를 접수한 경우에는 접수일부터 15일 이내에 심사하여 사업주에게 그 결과를 알려야 한다.
> ② 법 제50조 제2항에 따라 지방고용노동관서의 장은 안전보건개선계획서에 제61조 제2항에서 정한 사항이 적정하게 포함되어 있는지 검토해야 한다. 이 경우 지방고용노동관서의 장은 안전보건개선계획서의 적정 여부 확인을 공단 또는 지도사에게 요청할 수 있다.

정답 ③

04 산업안전보건법령에 따른 안전인증기준에 적합한지를 확인하기 위하여 안정인증기관이 하는 심사의 종류가 아닌 것은?

① 서면심사
② 예비심사
③ 제품심사
④ 완성심사
⑤ 기술능력 및 생산체계 심사

> **해설**

★ **시행규칙 제110조(안전인증 심사의 종류 및 방법)** ① 유해·위험기계등이 안전인증기준에 적합한지를 확인하기 위하여 안전인증기관이 하는 심사는 다음 각 호와 같다.
1. 예비심사: 기계 및 방호장치·보호구가 유해·위험기계등 인지를 확인하는 심사(법 제84조 제3항에 따라 안전인증을 신청한 경우만 해당한다)
2. 서면심사: 유해·위험기계등의 종류별 또는 형식별로 설계도면 등 유해·위험기계등의 제품기술과 관련된 문서가 안전인증기준에 적합한지에 대한 심사
3. 기술능력 및 생산체계 심사: 유해·위험기계등의 안전성능을 지속적으로 유지·보증하기 위하여 사업장에서 갖추어야 할 기술능력과 생산체계가 안전인증기준에 적합한지에 대한 심사. 다만, 다음 각 목의 어느 하나에 해당하는 경우에는 기술능력 및 생산체계 심사를 생략한다.
   가. 영 제74조 제1항 제2호 및 제3호에 따른 방호장치 및 보호구를 고용노동부장관이 정하여 고시하는 수량 이하로 수입하는 경우
   나. 제4호가목의 개별 제품심사를 하는 경우
   다. 안전인증(제4호나목의 형식별 제품심사를 하여 안전인증을 받은 경우로 한정한다)을 받은 후 같은 공정에서 제조되는 같은 종류의 안전인증대상기계등에 대하여 안전인증을 하는 경우
4. 제품심사: 유해·위험기계등이 서면심사 내용과 일치하는지와 유해·위험기계등의 안전에 관한 성능이 안전인증기준에 적합한지에 대한 심사. 다만, 다음 각 목의 심사는 유해·위험기계등별로 고용노동부장관이 정하여 고시하는 기준에 따라 어느 하나만을 받는다.
   가. 개별 제품심사: 서면심사 결과가 안전인증기준에 적합할 경우에 유해·위험기계등 **모두에 대하여 하는 심사**(안전인증을 받으려는 자가 서면심사와 개별 제품심사를 동시에 할 것을 요청하는 경우 병행할 수 있다)
   나. 형식별 제품심사: 서면심사와 기술능력 및 생산체계 심사 결과가 안전인증기준에 적합할 경우에 유해·위험기계등의 **형식별로 표본을 추출하여** 하는 심사(안전인증을 받으려는 자가 서면심사, 기술능력 및 생산체계 심사와 형식별 제품심사를 동시에 할 것을 요청하는 경우 병행할 수 있다)

② 제1항에 따른 유해·위험기계등의 종류별 또는 형식별 심사의 절차 및 방법은 고용노동부장관이 정하여 고시한다.

③ 안전인증기관은 제108조 제1항에 따라 안전인증 신청서를 제출받으면 다음 각 호의 구분에 따른 심사 종류별 기간 내에 심사해야 한다. 다만, 제품심사의 경우 처리기간 내에 심사를 끝낼 수 없는 부득이한 사유가 있을 때에는 15일의 범위에서 심사기간을 연장할 수 있다.
1. 예비심사: 7일
2. 서면심사: 15일(외국에서 제조한 경우는 30일)
3. 기술능력 및 생산체계 심사: 30일(외국에서 제조한 경우는 45일)
4. 제품심사
   가. 개별 제품심사: 15일
   나. 형식별 제품심사: 30일(영 제74조 제1항 제2호사목의 방호장치와 같은 항 제3호가목부터 아목까지의 보호구는 60일)

④ 안전인증기관은 제3항에 따른 심사가 끝나면 안전인증을 신청한 자에게 별지 제45호서식의 심사결과 통지서를 발급해야 한다. 이 경우 해당 심사 결과가 모두 적합한 경우에는 별지 제46호서식의 안전인증서를 함께 발급해야 한다.

⑤ 안전인증기관은 안전인증대상기계등이 특수한 구조 또는 재료로 제조되어 안전인증기준의 일부를 적용하기 곤란할 경우 해당 제품이 안전인증기준과 같은 수준 이상의 안전에 관한 성능을 보유한 것으로 인정(안전인증을 신청한 자의 요청이 있거나 필요하다고 판단되는 경우를 포함한다)되면 「산업표준화법」 제12조에 따른 한국산업표준 또는 관련 국제규격 등을 참고하여 안전인증기준의 일부를 생략하거나 추가하여 제1항 제2호 또는 제4호에 따른 심사를 할 수 있다.

⑥ 안전인증기관은 제5항에 따라 안전인증대상기계등이 안전인증기준과 같은 수준 이상의 안전에 관한 성능을 보유한 것으로 인정되는지와 해당 안전인증대상기계등에 생략하거나 추가하여 적용할 안전인증기준을 심의·의결하기 위하여 안전인증심의위원회를 설치·운영해야 한다. 이 경우 안전인증심의위원회의 구성·개최에 걸리는 기간은 제3항에 따른 심사기간에 산입하지 않는다.

⑦ 제6항에 따른 안전인증심의위원회의 구성·기능 및 운영 등에 필요한 사항은 고용노동부장관이 정하여 고시한다.

정답 ④

테마30. 위험 및 운전성 검토(HAZOP)

○ 가이드 워드

NO 또는 NOT: 설계 의도의 완전한 부정
AS WELL AS: 성질상의 증가
PART OF: 성질상의 감소
MORE LESS: 양의 증가 또는 양의 감소로 양과 성질을 함께 나타낸다.
OTHER THAN: 완전한 대체를 의미한다.
REVERSE: 설계의도와는 논리적인 역(易)을 의미

확인학습

01 다음 중 위험 및 운전성 경도(HAZOP)에서 "성질상의 감소"를 나타내는 가이드 워드는?

① MORE LESS
② OTHER THAN
③ AS WELL AS
④ PART OF
⑤ REVERSE

해설

정답 ④

02 위험 및 운전성 검토(HAZOP)의 성패를 좌우하는 중요 요인과 거리가 먼 것은?

① 팀의 무재해 운동 추진 실태
② 검토에 사용된 도면이나 자료들의 정확성
③ 팀의 기술능력과 통찰력
④ 발견된 위험의 심각성을 평가할 때 그 팀의 균형감각을 유지할 수 있는 능력
⑤ 이상원인 결과들을 발견하기 위해 상상력을 동원하는 데에 보조수단으로 사용할 수 있는 팀의 능력

해설

정답 ①

03 다음 중 HAZOP 기법에서 사용하는 가이드워드와 그 의미가 잘못 연결된 것은?

① As well as: 성질상의 증가
② More/Less: 정량적인 증가 또는 감소
③ Part of: 성질상의 감소
④ Other than: 기타 환경적인 요인
⑤ REVERSE: 설계의도와는 논리적인 역(易)

해설

정답 ④

테마31. 국제노동기구(ILO)의 산업재해정도 분류

○ **국제노동기구에 의한 분류(ILO)**
1) 영구 전 노동불능 상해: 신체장애등급 제1급~3급, 부상의 결과로 근로의 기능을 완전히 잃는 상해 정도.
2) 영구 일부 노동불능 상해: 신체장애등급 제4급~14급, 부상의 결과로 신체의 일부가 영구적으로 노동 기능을 상실한 상해 정도.
3) 일시 전노동 불능 상해: 의사의 진단에 따라 일정기간 노동에 종사할 수 없는 상태로 신체장애가 남지 않는 일반적인 휴업재해.
4) 일시 일부 노동불능 상해: 의사의 진단으로 일정 기간 정규 노동에 종사할 수 없으나, 휴무상태가 아닌 일시 가벼운 노동에 종사할 수 있는 상해 정도.
5) 응급조치 상해: 응급처치 또는 자가 치료(1일 미만)를 받고 정상 작업에 임할 수 있는 상해 정도.

확인학습

01 국제노동기구(ILO)의 산업재해 정도에 따른 분류에 관한 설명으로 옳지 않은 것은?

① "영구 전노동 불능"은 부상의 결과로 근로의 기능을 완전히 영구적으로 잃는 상해를 말하며, 신체장애 등급은 1~3등급에 해당된다.
② "일시 일부노동 불능"은 의사의 진단으로 일정 기간 정규 노동에는 종사할 수 없으나 휴무 상태가 아닌 일시 가벼운 노동에 종사할 수 있는 상해를 말한다.
③ "일시 전노동 불능"은 의사의 진단으로 일정 기간 정규 노동에 종사할 수 없는 상해를 말한다.
④ "영구 일부노동 불능"은 부상의 결과로 신체의 일부가 영구적으로 노동 기능을 상실한 상해를 말하며, 신체장애 등급은 4~16등급에 해당된다.
⑤ "구급(응급)조치"는 응급처치 또는 1일 미만의 자가 치료를 받고, 그 후부터 정상 작업에 임할 수 있는 상해를 말한다.

해설

○ 근로 불능 상해의 종류 (ILO: 국제 노동기구)
① 사망자의 노동 손실 일수 7500일
② 영구 전노동 불능 상해(신체장애 등급 1~3등급에 해당하는 노동 손실일수 7500일)
③ 영구 일부노동 불능 상해(신체등급 4~14급에 해당)
④ 일시 전노동 불능: 의상의 진단에 따라 일정기간 노동에 종사할 수 없는 상태(신체장애가 남지 않는 일반적인 휴업재해)
⑤ 일시 일부 노동 불능상태: 의사의 진단으로 일정 기간 정규 노동에 종사할 수 없으나 휴무 상해가 아닌 상해, 즉 일시 가벼운 노동에 종사하는 경우
⑥ 응급 조치 상태: 부상을 입은 다음 치료(1일 미만)를 받고 다음부터 정상작업에 임할 수 있는 정도의 상해

정답 ④

테마32. 화학설비에 대한 안전성 평가방법

○ **화학설비의 안전성 평가(안전성 평가의 5단계)**
- **제1단계**: 관계 자료의 작성준비

- **제2단계**: 정성적 평가
    1) 설계관계: 입지조건, 공장 내의 배치, 건조물, 소방용 설비 등
    2) 운전관계: 원재료, 중간제품 등의 위험성, 프로세스의 운전조건, 수송, 저장 등에 대한 안전대책, 프로세스 기기의 선정요건

- **제3단계**: 정량적 평가(항목) ★
    1) 각 구성요소의 물질
    2) 화학설비의 용량
    3) 온도
    4) 압력
    5) 조작

- **제4단계**: 안전대책
    1) 설비에 대한 대책 – 안전장치 및 방재장치에 관해 배려한다.
    2) 관리적인 대책 – 인원배치, 교육훈련 및 보전에 관해 배려한다.

- **제5단계**: 재평가(재해정보 및 FTA에 의한 재평가)
    위험등급이 Ⅰ등급에 해당하는 플랜트에 대해서 FTA에 의한 재평가를 실시.

확인학습

01 화학설비에 대한 안전성 평가방법 중 공장의 입지조건이나 공장 내 배치에 관한 사항은 어느 단계에서 하는가?

① 제1단계: 관계 자료의 작성 준비
② 제2단계: 정성적 평가
③ 제3단계: 정량적 평가
④ 제4단계: 안전대책
⑤ 제5단계: 재평가

해설

정답 ②

02 다음 중 화학설비에 대한 안전성 평가에 있어 정량적 평가항목에 해당되지 않는 것은?

① 공정
② 취급물질
③ 압력
④ 화학설비용량
⑤ 온도

해설

정답 ①

03 다음 중 일반적인 화학설비에 대한 안전성 평가(safety assessment) 절차에 있어 안전대책 단계에 해당되지 않는 것은?

① 보전
② 설비 대책
③ 위험도 평가
④ 관리적 대책
⑤ 교육훈련

해설

정답 ③

테마33. 조종-반응비율(C/R비)

1. C/R: 조종장치(제어기기)의 이동거리 ÷ 표시장치(표시기기)의 반응거리
2. C/R비가 작을수록 이동시간(수행시간)은 짧고, 조종시간은 길고, 조종은 어려워서 민감한 조정 장치이다.
3. C/R비가 클수록 이동시간(수행시간)은 길고, 조종시간은 짧으며, 조종은 쉬운 둔감한 조정 장치이다.

확인학습

01 C/R비(Control-Response Ratio)에 관한 설명으로 옳지 않은 것은?

① C/R비의 값은 화면상의 이동거리와는 반비례한다.
② C/R비의 값이 크다는 것은 조종장치가 민감하다는 의미이다.
③ 인간-기계시스템을 설계할 때에는 조종장치의 이동시간과 조종시간을 고려해야 한다.
④ C/R비의 값이 작으면 조종장치의 조종시간이 많이 소요되고 이동시간은 적게 소요된다.
⑤ C/R비는 모니터를 보면서 조종장치를 사용하는 작업에 적용한다.

해설

낮은 C/R비: 높은 Gain, 이동시간 최소화, 원하는 위치에 갖다 놓기가 힘들다.
높은 C/R비: 낮은 Gain, 미세조정시간을 최소화, 정확하게 맞출 수 있다.
Gain이란 이익, 민감도, 반응의 크기로 C/R의 역수를 말한다.

정답 ②

아래 그림에서 ㉠㉡㉢㉣의 각 이름을 붙여 보시오.

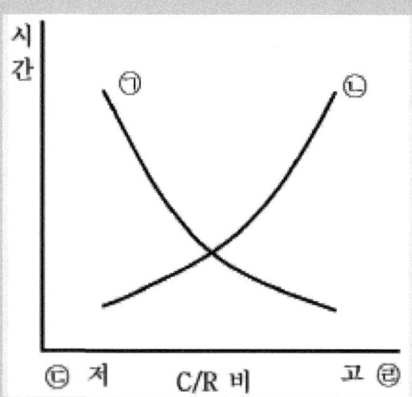

> 해설

정답 조정시간, 이동시간, 민감, 둔감

 다음 중 조종-반응비율(Control-Response ratio)에 대한 설명으로 옳은 것은?

① 조종–반응 비율이 낮을수록 둔감하다.
② 조종–반응 비율이 높을수록 조정시간은 증가한다.
③ 표시장치의 이동거리를 조종 장치의 이동거리로 나눈 비율이다.
④ 회전꼭지(knob)의 경우 조정–반응 비율은 손잡이 1회전에 상당하는 표시장치 이동거리의 역수이다.
⑤ 조종–반응 비율이 높을수록 이동시간은 짧다.

> 해설

정답 ④

연습 3 반경 7cm의 조종구를 45°움직일 때 계기판의 표시가 3cm 이동하였다. 이때의 C/R비는 얼마인가?

① 1.99
② 1.83
③ 1.45
④ 1.00
⑤ 1.25

해설

C/R: 조종장치(제어기기)의 이동거리 ÷ 표시장치(표시기기)의 반응거리
여기서 조종장치(제어기기)의 이동거리를 계산할 때 각도가 나오면
각도/360° × 2π r로 계산하면 된다.

정답 ②

테마34. 안전교육방법

1. **OJT(On the Job Training)**: 일상 업무를 통해 지식, 기능, 문제해결능력, 태도 등을 교육훈련

2. **Off JT(OFF the Job Training)**: 별도로 하는 교육 훈련 방법

3. **TWI**
   1) TWI(Training with industry, 기업 내, 산업 내 훈련)
      (1) 교육대상자: 관리감독자
      (2) 교육시간: 10시간(1일 2시간씩 5일분) 한 그룹에 10명 내외
      (3) 진행방법: 토의식과 실연법 중심으로
      (4) 교육과정 ★
         ① Job Method Training(J. M. T): 작업방법훈련
         ② Job Instruction Training(J. I. T): 작업지도훈련
         ③ Job Relations Training(J. R. T): 인간관계훈련
         ④ Job Safety Training(J. S. T): 작업안전훈련
      (5) 구비요건
         ① 직무에 관련한 지식
         ② 책임에 관련한 지식
         ③ 작업을 가르치는 능력
         ④ 작업의 방법을 개선하는 기능
         ⑤ 사람을 다스리는 기량

4. **MTP(Management Training Program) · FEAF(fast east air forces)**
   (1) 교육대상자: TWI보다 약간 높은 관리자(관리문제에 치중)
   (2) 교육시간: 40시간(2시간씩 20회) 한 그룹에 10~15명
   (3) 교육내용
      ① 관리의 기능
      ② 조직의 원칙
      ③ 조직의 운영
      ④ 시간관리
      ⑤ 학습의 원칙

5. **ATT(American Telephone&Telegram Co)**
   (1) 교육대상자 : 대상계층이 한정되어 있지 않다. (훈련을 먼저 받은 자는 직급에 관계없이 훈련을 받지 않은 자에 대해 지도원이 될 수 있다.)

(2) 교육내용
　① 계획적인 감독
　② 인원배치 및 작업의 계획
　③ 작업의 감독
　④ 공구와 자료의 보고 및 기록
　⑤ 개인작업의 개선
　⑥ 인사 관계
　⑦ 종업원의 기술향상
　⑧ 훈련
　⑨ 안전
　⑩ 고객관계

(3) 교육시간
　① 1차 과정 – 1일 8시간씩 2주간
　② 2차 과정 – 문제가 발생할 때마다

(4) 진행방법 – 토의식: 지도자가 의견을 제시하여 결론을 이끌어 내는 방식

6. CCS(Civil Communication Section)

ATP(Administration Training Program)이라고도 한다.

주일 맥아더 사령부 민간 통신국이 일본의전기통신공업의 공장진단을 행하고 나서 경영상의 결점을 시정하기 위해 훈련코스로 소개한 것이다.

교육내용
① 정책의 수립
② 조직(경영부문, 조직형태, 구조 등)
③ 통제(조직통제의 적용, 품질관리, 원가통제의 적용 등) 및 운영(운영조직, 협조에 의한 회사운영)

구분	TWI	MTP	CCS
대상	일선감독자 대상	TWI보다 약간 높은 계층	최고경영자
교육내용	작업지도 훈련 작업방법 인간관계 안전훈련	관리기능 조직운영 회의주관 시간관리 작업개선	정책수립 조직통제 운영 등
진행방법	토의법	강의법(+토의법)	강의법(+토의법)

○ 학습정도의 4단계

인지(to acquaint), 인식(to recognize)
지각(to know)
이해(to understand)
적용(to apply)

○ 교육 훈련평가의 4단계(Kirkpatrick의 4단계 평가모델)

반응단계
학습단계
행동단계
결과단계

무엇을 기준으로 하여 교육 프로그램의 효과성을 측정할 것인가에 초점.
제 1단계 - 반응 평가: 교육에 대한 교육생의 반응은 좋았는가?
제 2단계 - 학습 평가: 의도했던 학습이 일어났는가?
제 3단계 - 업무 수행 평가(행동 평가): 학습 내용이 현장에서 활용되고 있는가?
제 4단계 - 경영 성과 평가(결과 평가): 교육이 경영 성과에 기여했는가?

○ 하버드 학파의 5단계 교수법 →(암기법: 준비! 교/연/총/응용)

준비(preparation)
교시(presentation)
연합(association)
총괄(generalization)
응용(application)

○ 태도의 속성 7가지

태도는 어떤 대상에 대하여 형성된다.
태도는 직접 관찰될 수 없다.
→ 태도는 정신적 상태이기 때문에 외관적으로 관찰할 수 없고 질문 등의 방법을 통하여 간접적으로 측정하여 추론할 수 있을 뿐이다.
태도는 지속적이다.
태도는 학습되는 것으로 형성된 태도는 변화될 수 있다.
태도는 행동으로 이어질 가능성이 높다.
태도는 방향성과 강도가 다르다.
태도는 비교적 일관성 있는 반응경향이나 상황에 따라 변화될 수 있다.

○ 태도의 구성요소

1. 인지적 요소(지각적 요소, 신념요소): 대상에 대한 신념과 지식
2. 감정적 요소: 호의적, 비호의적
3. 행동적 요소: 태도와 목적물과 관련하여 개인이 취하려는 반응성향

○ 태도의 기능(D. Katz)

적응기능: 소비자가 외부환경에 대응하여 보상을 극대화하고 처벌을 극소화
가치 표현적 기능: 소비자의 자아개념, 가치관을 표현
자기 방어적 기능: 자기 이미지를 보호하기 위한 방어기제
지식기능: 환경을 이해하고 평가하는 기준을 제공

확인학습

01 안전교육방법에 관한 설명으로 옳은 것은?

① ATT(American Telephone & Telegram Co.)는 대상 계층이 한정되어 있고, 먼저 훈련을 받은 자는 직급에 관계없이 훈련을 받지 않은 자에 대하여 지도자가 될 수 있다.
② OJT(On the Job Training)는 외부 전문가를 강사로 초빙하여 직장의 설정에 맞게 실제적 훈련이 가능하다.
③ Off JT(Off the Job Training)는 훈련에만 전념하게 하고 교육훈련목표에 대해 집단적 노력을 모을 수 있다.
④ TWI(Training Within Industry)는 주로 제일선 감독자를 교육대상자로 하며 교육내용은 작업방법훈련, 작업지도훈련, 인간관계훈련, 작업안전훈련이 있다.
⑤ MTP(Management Training Program)는 TWI보다 약간 낮은 계층을 목표로 하고, TWI와는 달리 관리문제에 보다 더 치중하고 있다.

해설

정답 ④

02 안전보건교육에 관한 설명으로 옳지 않은 것은?

① 지식교육의 내용은 안전의식의 향상, 안전책임감 주입, 기초지식 주입, 전문적 기술기능 등이다.
② 안전교육에는 사고 사례 중심의 안전교육, 표준안전작업을 위한 안전교육 등이 있다.
③ 안전보건교육계획을 수립할 때에는 필요한 정보의 수집, 현장 의견의 반영, 법 규정에 의한 교육 등을 고려하여야 한다.
④ 안전보건교육계획에 포함해야 할 사항은 교육목표, 교육의 종류 및 교육대상 등이 있다.
⑤ 교육실시 계획에 포함해야 할 사항은 교육대상자의 범위 결정, 교육과정의 결정, 교육방법 및 형태의 결정 등이 있다.

> 해설

○ 안전교육의 3단계
  1. **지식교육**(knowledge building)
     목적을 올바르게 전달하며 우선 부하에게 자신의 생각을 말하게 하고 부하가 깨닫지 못하고 있는 것을 지적해 준다.
     기초지식을 주입하는 단계로 광범위한 지식의 습득과 전달이 목적이다.
     지시교육진행단계는 준비-제시-적용-평가(확인)이다.
     1) 준비(도입): 학습한 준비를 시키는 단계이다. 동기유발이 목적이다.
     2) 제시(설명): 작업을 설명한다. 이해시키는 것이 목적이다.
     3) 적용(응용): 작업을 시켜본다.
     4) 평가(확인): 가르친 뒤 살펴본다.
  2. **기능교육**(Skill training)
     경험과 적응, 전문적 기술기능, 작업능력 및 기술능력 부여, 교육기간의 장기화, 작업 동작의 표준화
  3. **태도교육**(Attitude development)
     <u>습관형성이 중요.</u> 안전의식의 향상과 안전책임감 주입

정답 ①

03 안전교육의 3단계 중에서 2단계에 해당하는 교육과 그 특성을 올바르게 연결한 것은?

① 안전기능교육: 습관과 형성
② 안전기능교육: 경험과 적응
③ 안전지식교육: 습득과 전달
④ 안전지식교육: 경험과 적응
⑤ 안전태도교육: 습관과 형성

> 해설

정답 ②

04 다음 중 안전태도교육의 내용 및 목표와 가장 거리가 먼 것은?

① 표준 작업 방법의 습관화
② 보호구 취급과 관리 자세 확립
③ 방호 장치 관리 기능 습득
④ 안전에 대한 가치관 형성

해설

정답 ③

05 다음 중 안전교육단계에 관한 설명으로 틀린 것은?

① 기능교육에서는 작업과정에서의 잘못된 행동을 학습자의 직접 반복된 시행착오를 통해서 그 시점 요령을 점차 체득하여 안전에 대한 숙련성을 높인다.
② 안전교육은 태도교육, 지식교육, 기능교육의 순서로 진행한다.
③ 지식교육단계에서는 인간감각에 의해서 감지할 수 없는 위험성이 존재한다는 것을 교육한다.
④ 태도교육단계에서는 안전을 위한 학습된 기능을 스스로 발휘하도록 태도를 형성하게 된다.

해설

정답 ②

06 직장규율과 안전규율 등을 몸에 익히기에 적합한 교육의 종류는?

① 지능교육
② 문제해결교육
③ 기능교육
④ 태도교육

해설

정답 ④

07 다음 중 안전교육의 내용과 관계가 적은 것은?

① 안전태도교육은 교육의 기회나 수단이 다양하고 광범위하다.
② 안전지식교육·안전기능교육은 일방적·획일적으로 행해지는 경우가 많다.
③ 안전지식교육은 안전행동의 기초이므로 경영관리·감독자측 모두가 일체가 되어 추진되어야 한다.
④ 안전지식교육은 인지적인 것이고 안전태도 교육은 심리적인 것이다.

해설

1) 안전지식교육
   인지적인 교육으로 일방적이고 획일적인 경우가 많다.
2) 안전기능교육
   일방적이고 획일적인 경우가 많다. 안전행동의 기초이므로 경영관리·감독자측 모두가 일체가 되어 추진되어야 한다.
3) 안전태도교육
   심리적인 교육으로 교육의 기회나 수단이 다양하고 광범위하다.

정답 ③

08 안전교육에 단계별 특징 가운데 기능교육의 특징과 거리가 먼 것은?

① 교육기간이 길다.
② 작업동작을 표준화 시킨다.
③ 작업능력 및 기술능력을 부여한다.
④ 다수인원에 대한 교육이 가능하다.

해설

기능교육의 단점으로는 다수인원에 대한 교육이 어렵다는 것이다.

정답 ④

09 관찰력의 분석과 종합능력을 기르는데 요점을 둔 안전교육의 종류에 해당되는 것은?

① 지식교육
② 태도교육
③ 기능교육
④ 문제해결 교육

해설

정답 ④

10 인간이 행동을 형성하는 데는 태도의 영향력이 크다. 태도 형성의 기능에 해당되지 않는 것은?

① 자아방위적인 기능
② 가치표현적 기능
③ 조작기능
④ 적응기능

해설

지식기능

정답 ③

11 안전교육에서 안전기술과 방호장치관리를 몸으로 습득시키는 교육방법으로 가장 적절한 것은?

① 지식교육
② 기능교육
③ 해결교육
④ 태도교육

해설

○ 교육의 3단계
   1)제1단계(지식교육) : 강의 및 시청 교육을 통해 지식을 전달
   2)제2단계(기능교육) : 현장실습 교육 등을 통해 경험을 체득하는 단계
   3)제3단계(태도교육) : 안정행동을 습관화하는 단계

정답 ②

12 다음 중 ATT 교육훈련기법의 내용이 아닌 것은?

① 인사관계
② 고객관계
③ 회의의 주관
④ 종업원의 향상

해설

정답 ③

13 안전교육 중 CCS(Civil Communication Section)라고도 하며 당초에는 일부 회사의 톱매니지먼트에 대해서만 행하여졌던 것이 널리 보급된 것은?

① TWI
② MTP
③ ATP
④ ATT

해설

정답 ③

14 산업안전보건법령상 사업장의 안전보건관리책임자 및 안전관리자에 대한 신규 및 보수교육시간으로 옳은 것은?

① 안전관리자의 신규교육: 30시간 이상
② 안전관리자의 보수교육: 16시간 이상
③ 안전보건관리책임자의 신규교육: 6시간 이상
④ 안전관리책임자의 보수교육: 4시간 이상
⑤ 안전보건관리담당자 신규교육: 8시간 이상

해설

정답 ③

15 산업안전보건법령상 근로자 안전·보건교육 교육시간에 관한 설명으로 옳은 것은?

① 사무직에 종사하는 근로자의 정기교육은 매반기 6시간 이상이다.
② 관리감독자의 지위에 있는 사람의 정기교육은 연간 8시간 이상이다.
③ 일용근로자의 작업내용 변경시의 교육은 2시간 이상이다.
④ 일용근로자의 채용 시의 교육은 4시간 이상이다.
⑤ 단기간 작업 또는 간헐적 작업인 경우에는 4시간 이상이다.

해설

■ 산업안전보건법 시행규칙 [별표 4] 〈개정 2023. 9. 27.〉

안전보건교육 교육과정별 교육시간(제26조 제1항 등 관련)

1. 근로자 안전보건교육(제26조 제1항, 제28조 제1항 관련)

교육과정	교육대상		교육시간
가. 정기교육	1) 사무직 종사 근로자		매반기 6시간 이상
	2) 그 밖의 근로자	가) 판매업무에 직접 종사하는 근로자	매반기 6시간 이상
		나) 판매업무에 직접 종사하는 근로자 외의 근로자	매반기 12시간 이상
나. 채용 시 교육	1) 일용근로자 및 근로계약기간이 1주일 이하인 기간제근로자		1시간 이상
	2) 근로계약기간이 1주일 초과 1개월 이하인 기간제근로자		4시간 이상
	3) 그 밖의 근로자		8시간 이상
다. 작업내용 변경 시 교육	1) 일용근로자 및 근로계약기간이 1주일 이하인 기간제근로자		1시간 이상
	2) 그 밖의 근로자		2시간 이상
라. 특별교육	1) 일용근로자 및 근로계약기간이 1주일 이하인 기간제근로자: 별표 5 제1호라목(제39호는 제외한다)에 해당하는 작업에 종사하는 근로자에 한정한다.		2시간 이상
	2) 일용근로자 및 근로계약기간이 1주일 이하인 기간제근로자: 별표 5 제1호라목제39호에 해당하는 작업에 종사하는 근로자에 한정한다.		8시간 이상
	3) 일용근로자 및 근로계약기간이 1주일 이하인 기간제근로자를 제외한 근로자: 별표 5 제1호라목에 해당하는 작업에 종사하는 근로자에 한정한다.		가) 16시간 이상(최초 작업에 종사하기 전 4시간 이상 실시하고 12시간은 3개월 이내에서 분할하여 실시 가능) 나) 단기간 작업 또는 간헐적 작업인 경우에는 2시간 이상
마. 건설업 기초안전 · 보건교육	건설 일용근로자		4시간 이상

비고
1. 위 표의 적용을 받는 "일용근로자"란 근로계약을 1일 단위로 체결하고 그 날의 근로가 끝나면 근로관계가 종료되어 계속 고용이 보장되지 않는 근로자를 말한다.
2. 일용근로자가 위 표의 나목 또는 라목에 따른 교육을 받은 날 이후 1주일 동안 같은 사업장에서 같은 업무의 일용근로자로 다시 종사하는 경우에는 이미 받은 위 표의 나목 또는 라목에 따른 교육을 면제한다.
3. 다음 각 목의 어느 하나에 해당하는 경우는 위 표의 가목부터 라목까지의 규정에도 불구하고 해당 교육과정별 교육시간의 2분의 1 이상을 그 교육시간으로 한다.
    가. 영 별표 1 제1호에 따른 사업
    나. 상시근로자 50명 미만의 도매업, 숙박 및 음식점업
4. 근로자가 다음 각 목의 어느 하나에 해당하는 안전교육을 받은 경우에는 그 시간만큼 위 표의 가목에 따른 해당 반기의 정기교육을 받은 것으로 본다.
    가. 「원자력안전법 시행령」 제148조제1항에 따른 방사선작업종사자 정기교육
    나. 「항만안전특별법 시행령」 제5조제1항제2호에 따른 정기안전교육
    다. 「화학물질관리법 시행규칙」 제37조제4항에 따른 유해화학물질 안전교육
5. 근로자가 「항만안전특별법 시행령」 제5조제1항제1호에 따른 신규안전교육을 받은 때에는 그 시간만큼 위 표의 나목에 따른 채용 시 교육을 받은 것으로 본다.
6. 방사선 업무에 관계되는 작업에 종사하는 근로자가 「원자력안전법 시행규칙」 제138조제1항제2호에 따른 방사선작업종사자 신규교육 중 직장교육을 받은 때에는 그 시간만큼 위 표의 라목에 따른 특별교육 중 별표 5

제1호라목의 33란에 따른 특별교육을 받은 것으로 본다.

1의2. 관리감독자 안전보건교육(제26조제1항 관련)

교육과정	교육시간
가. 정기교육	연간 16시간 이상
나. 채용 시 교육	8시간 이상
다. 작업내용 변경 시 교육	2시간 이상
라. 특별교육	16시간 이상(최초 작업에 종사하기 전 4시간 이상 실시하고, 12시간은 3개월 이내에서 분할하여 실시 가능)
	단기간 작업 또는 간헐적 작업인 경우에는 2시간 이상

2. 안전보건관리책임자 등에 대한 교육(제29조 제2항 관련) ★

교육대상	교육시간	
	신규교육	보수교육
가. 안전보건관리책임자	6시간 이상	6시간 이상
나. 안전관리자, 안전관리전문기관의 종사자	34시간 이상	24시간 이상
다. 보건관리자, 보건관리전문기관의 종사자	34시간 이상	24시간 이상
라. 건설재해예방전문지도기관의 종사자	34시간 이상	24시간 이상
마. 석면조사기관의 종사자	34시간 이상	24시간 이상
바. 안전보건관리담당자	-	8시간 이상
사. 안전검사기관, 자율안전검사기관의 종사자	34시간 이상	24시간 이상

3. 특수형태근로종사자에 대한 안전보건교육(제95조 제1항 관련)

교육과정	교육시간
가. 최초 노무제공 시 교육	2시간 이상(단기간 작업 또는 간헐적 작업에 노무를 제공하는 경우에는 1시간 이상 실시하고, 특별교육을 실시한 경우는 면제)
나. 특별교육	16시간 이상(최초 작업에 종사하기 전 4시간 이상 실시하고 12시간은 3개월 이내에서 분할하여 실시가능)
	단기간 작업 또는 간헐적 작업인 경우에는 2시간 이상

4. 검사원 성능검사 교육(제131조 제2항 관련)

교육과정	교육대상	교육시간
성능검사 교육	-	28시간 이상

정답 ①

테마35. 조명

○ 광도(luminous intensity)

단위: cd(칸델라)

광도는 광원에서 어느 방향으로 나오는 빛의 세기를 나타내는 양으로 단위는 cd이며 'candela: 칸델라'로 읽는다.

즉, 광원으로부터 한 방향으로 방출되는 광속을 말한다.

○ 휘도(luminance)

단위: cd/m^2

휘도는 눈부심의 정도, 대상면에서 반사되는 빛의 양을 나타내며 단위는 'cd/m^2' 이다.
또는 nt를 사용하고 니트(nit)로 읽는다.
그 자체가 발광하고 있는 광원뿐만 아니라, 다른 광원으로부터 반사되어 빛나는 2차적인 광원

○ 조도(illuminance)

단위: lx (룩스)

조도는 빛 밝기의 정도

대상면에 입사하는 빛의 양을 나타내며 단위는 lx로 표기하며 '럭스(lux)' 또는 '룩스' 로 읽는다. 바닥면이나 작업면 그리고 벽면 등에 입사하는 빛의 양을 나타내는 것이다.

확인학습

01 조명에 관한 용어의 설명으로 옳지 않은 것은?

① 광도(luminous intensity)는 단위 입체각 당 광원에서 방출되는 광속으로 측정한다.
② 휘도(luminance)는 단위 면적당 표면에 반사 또는 방출되는 빛의 양을 말한다.
③ 조도(illuminance)는 어떤 물체의 표면에서 내는 빛의 양을 말한다.
④ 반사율(reflectance)은 휘도와 조도의 비를 말한다.
⑤ 대비(luminance contrast)는 과녁의 휘도와 배경의 휘도 차를 말한다.

해설

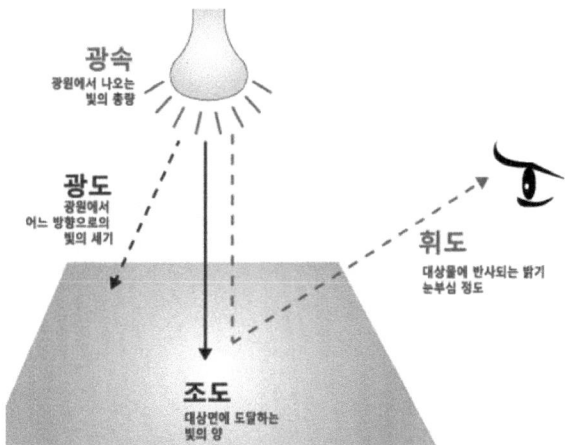

정답 ③

02 산업안전보건법에 따라 근로자 상시 작업하는 장소의 작업면 조도 기준으로 옳은 것은?

① 초정밀작업 : 700럭스 이상
② 정밀작업 : 500럭스 이상
③ 보통작업 : 150럭스 이상
④ 기타작업 : 50럭스 이상

> 해설

산업안전보건규칙 제8조(조도) 사업주는 근로자가 상시 작업하는 장소의 작업면 조도(照度)를 다음 각 호의 기준에 맞도록 하여야 한다. 다만, 갱내(坑內) 작업장과 감광재료(感光材料)를 취급하는 작업장은 그러하지 아니하다.

1. 초정밀작업: 750럭스(lux) 이상
2. 정밀작업: 300럭스 이상
3. 보통작업: 150럭스 이상
4. 그 밖의 작업: 75럭스 이상

정답 ③

테마36. 안전보건표지

01 안전보건표지의 설계 및 설치와 관련해 옳지 않은 것은?

① 표지에 사용되는 문구는 주의(caution)-경고(warning)-위험(danger) 순으로 위험의 크기는 증가한다.
② 안내 표지는 파랑 바탕에 흰색 그림으로 제작한다.
③ 경고의 형태는 삼각형 혹은 마름모형으로 제작한다.
④ 안전보건표지의 시인성(legibility)은 휘도대비(luminance contrast)에 영향을 받는다.
⑤ 안전보건표지의 시인성은 조도에 영향을 받는다.

> **해설**

구분	금지	경고	지시	안내
바탕에 부호 및 그림	흰색, 검은	노랑, 검은	파랑, 흰색	흰색, 녹색

시행규칙 제38조(안전보건표지의 종류·형태·색채 및 용도 등) ① 법 제37조 제2항에 따른 안전보건표지의 종류와 형태는 별표 6과 같고, 그 용도, 설치·부착 장소, 형태 및 색채는 별표 7과 같다.
② 안전보건표지의 표시를 명확히 하기 위하여 필요한 경우에는 그 안전보건표지의 주위에 표시사항을 글자로 덧붙여 적을 수 있다. 이 경우 글자는 흰색 바탕에 검은색 한글고딕체로 표기해야 한다.
③ 안전보건표지에 사용되는 색채의 색도기준 및 용도는 별표 8과 같고, 사업주는 사업장에 설치하거나 부착한 안전보건표지의 색도기준이 유지되도록 관리해야 한다.
④ 안전보건표지에 관하여 법 또는 법에 따른 명령에서 규정하지 않은 사항으로서 다른 법 또는 다른 법에 따른 명령에서 규정한 사항이 있으면 그 부분에 대해서는 그 법 또는 명령을 적용한다.

시행규칙 제39조(안전보건표지의 설치 등) ① 사업주는 법 제37조에 따라 안전보건표지를 설치하거나 부착할 때에는 별표 7의 구분에 따라 근로자가 쉽게 알아볼 수 있는 장소·시설 또는 물체에 설치하거나 부착해야 한다.
② 사업주는 안전보건표지를 설치하거나 부착할 때에는 흔들리거나 쉽게 파손되지 않도록 견고하게 설치하거나 부착해야 한다.
③ 안전보건표지의 성질상 설치하거나 부착하는 것이 곤란한 경우에는 해당 물체에 직접 도색할 수 있다.

시행규칙 제40조(안전보건표지의 제작) ① 안전보건표지는 그 종류별로 별표 9에 따른 기본모형에 의하여 별표 7의 구분에 따라 제작해야 한다.
② 안전보건표지는 그 표시내용을 근로자가 빠르고 쉽게 알아볼 수 있는 크기로 제작해야 한다.
③ 안전보건표지 속의 그림 또는 부호의 크기는 안전보건표지의 크기와 비례해야 하며, 안전보건표지 전체 규격의 30퍼센트 이상이 되어야 한다.
④ 안전보건표지는 쉽게 파손되거나 변형되지 않는 재료로 제작해야 한다.
⑤ 야간에 필요한 안전보건표지는 야광물질을 사용하는 등 쉽게 알아볼 수 있도록 제작해야 한다.

■ 산업안전보건법 시행규칙 [별표 6]

안전보건표지의 종류와 형태(제38조 제1항 관련)

1. 금지 표지	101 출입금지	102 보행금지	103 차량통행금지	104 사용금지	105 탑승금지	106 금연
107 화기금지	108 물체이동금지	2. 경고 표지	201 인화성물질 경고	202 산화성물질 경고	203 폭발성물질 경고	204 급성독성물질 경고
205 부식성물질 경고	206 방사성물질 경고	207 고압전기 경고	208 매달린 물체 경고	209 낙하물 경고	210 고온 경고	211 저온 경고
212 몸균형 상실 경고	213 레이저광선 경고	214 발암성·변이원성·생식독성·전신독성·호흡기 과민성 물질 경고	215 위험장소 경고	3. 지시 표지	301 보안경 착용	302 방독마스크 착용
303 방진마스크 착용	304 보안면 착용	305 안전모 착용	306 귀마개 착용	307 안전화 착용	308 안전장갑 착용	309 안전복 착용

4. 안내표지	401 녹십자표지	402 응급구호표지	403 들것	404 세안장치	405 비상용기구	406 비상구
					비상용 기구	

407 좌측비상구	408 우측비상구	5. 관계자외 출입금지	501 허가대상물질 작업장	502 석면취급/해체 작업장	503 금지대상물질의 취급 실험실 등
			관계자외 출입금지 (허가물질 명칭) 제조/사용/보관 중 보호구/보호복 착용 흡연 및 음식물 섭취 금지	관계자외 출입금지 석면 취급/해체 중 보호구/보호복 착용 흡연 및 음식물 섭취 금지	관계자외 출입금지 발암물질 취급 중 보호구/보호복 착용 흡연 및 음식물 섭취 금지

6. 문자추가시 예시문	▶ 내 자신의 건강과 복지를 위하여 안전을 늘 생각한다. ▶ 내 가정의 행복과 화목을 위하여 안전을 늘 생각한다. ▶ 내 자신의 실수로써 동료를 해치지 않도록 안전을 늘 생각한다. ▶ 내 자신이 일으킨 사고로 인한 회사의 재산과 손실을 방지하기 위하여 안전을 늘 생각한다. ▶ 내 자신의 방심과 불안전한 행동이 조국의 번영에 장애가 되지 않도록 하기 위하여 안전을 늘 생각한다.

※ 비고: 아래 표의 각각의 안전·보건표지(28종)는 다음과 같이 「산업표준화법」에 따른 한국산업표준(KS S ISO 7010)의 안전표지로 대체할 수 있다.

산업안전보건법 시행규칙[별표 7]

안전보건표지의 종류별 용도, 설치·부착장소, 형태 및 색채

분류	종류		색채
금지표지	1. 출입금지 3. 차량통행금지 5. 탑승금지 7. 화기금지	2. 보행금지 4. 사용금지 6. 금연 8. 물체이동금지	바탕은 흰색, 기본모형은 빨간색, 관련 부호 및 그림은 검은색
경고표지	1. 인화성물질 경고 2. 산화성물질 경고 3. 폭발성물질 경고 4. 급성독성물질 경고 5. 부식성물질 경고 6. 방사성물질 경고 7. 고압전기 경고 8. 매달린물체 경고 9. 낙하물체 경고 10. 고온 경고 11. 저온 경고 12. 몸균형 상실 경고 13. 레이저광선 경고 14. 발암성·변이원성·생식독성·전신독성·호흡기과민성 물질 경고 15. 위험장소 경고		바탕은 노란색, 기본모형, 관련 부호 및 그림은 검은색 다만, 인화성물질 경고, 산화성물질 경고, 폭발성물질 경고, 급성독성물질 경고, 부식성물질 경고 및 발암성·변이원성·생식독성·전신독성·호흡기과민성 물질 경고의 경우 바탕은 무색, 기본모형은 빨간색(검은색도 가능)
지시표지	1. 보안경 착용 2. 방독마스크 착용 3. 방진마스크 착용 4. 보안면 착용 5. 안전모 착용 6. 귀마개 착용 7. 안전화 착용 8. 안전장갑 착용 9. 안전복착용		바탕은 파란색, 관련 그림은 흰색
안내표지	1. 녹십자표지 3. 들것 5. 비상용기구 7. 좌측비상구	2. 응급구호표지 4. 세안장치 6. 비상구 8. 우측비상구	바탕은 흰색, 기본모형 및 관련 부호는 녹색, 바탕은 녹색, 관련 부호 및 그림은 흰색
출입금지표지	1. 허가대상유해물질 취급 2. 석면취급 및 해체·제거 3. 금지유해물질 취급		글자는 흰색바탕에 흑색다음 글자는 적색 - ○○○제조/사용/보관 중 - 석면취급/해체 중 - 발암물질 취급 중

■ 산업안전보건법 시행규칙 [별표 8]

안전보건표지의 색도기준 및 용도(제38조 제3항 관련)

색채	색도기준	용도	사용례
빨간색	7.5R 4/14	금지	정지신호, 소화설비 및 그 장소, 유해행위의 금지
		경고	화학물질 취급장소에서의 유해·위험경고
노란색	5Y 8.5/12	경고	화학물질 취급장소에서의 유해·위험경고 이외의 위험경고, 주의표지 또는 기계방호물
파란색	2.5PB 4/10	지시	특정 행위의 지시 및 사실의 고지
녹색	2.5G 4/10	안내	비상구 및 피난소, 사람 또는 차량의 통행표지
흰색	N9.5		파란색 또는 녹색에 대한 보조색
검은색	N0.5		문자 및 빨간색 또는 노란색에 대한 보조색

(참고)
1. 허용 오차 범위 H=± 2, V=± 0.3, C=± 1(H는 색상, V는 명도, C는 채도를 말한다)
2. 위의 색도기준은 한국산업규격(KS)에 따른 색의 3속성에 의한 표시방법(KSA 0062 기술표준원 고시 제2008-0759)에 따른다.

테마37. 양립성

인간의 기대가 자극들, 반응들, 혹은 자극-반응 등 모순되지 않는 관계.

○ 양립성의 종류
1. 공간적 양립성: 표시장치나 조종장치에서 물리적 형태 및 공간적 배치
2. 운동 양립성: 표시장치의 움직이는 방향과 조종장치의 방향이 사용자의 기대와 일치
3. 개념적 양립성: 이미 사람들이 학습을 통해 알고 있는 개념적 연상(청색 시동버튼, 적색 정지버튼)
4. 양식 양립성: 직무에 알맞은 자극과 응답의 양식 존재에 대한 양립성.
예를 들어, 소리로 제시된 정보는 말로 반응하게 하고, 시각 정보는 손으로 반응하는 것이다.

확인학습

01 다음 중 청각적 자극 제시와 이에 대한 음성응답 과업에서 갖는 양립성에 해당하는 것은?

① 개념적 양립성 ② 공간적 양립성
③ 운동 양립성   ④ 양식 양립성

해설

정답 ④

02 A 회사에서는 새로운 기계를 설계하면서 레버를 위로 올리면 압력이 올라가도록 하고, 오른쪽 스위치를 눌렀을 때 오른쪽 전등이 켜지도록 하였다면, 이것은 각각 어떤 유형의 양립성을 고려한 것인가?

① 레버 - 공간양립성, 스위치 - 개념양립성
② 레버 - 운동양립성, 스위치 - 개념양립성
③ 레버 - 개념양립성, 스위치 - 운동양립성
④ 레버 - 운동양립성, 스위치 - 공간양립성

해설

정답 ④

테마38. 기억의 과정

경험을 저장하고 재생하는 일련의 과정이다.
학습이 경험 내용을 획득하는 과정인데 비해, 기억은 획득한 경험 내용을 저장하고 보존하여 필요한 상황에서 이를 재생하여 활용하는 과정이다.

○ 기억의 과정
1. **기명**(signation, memorizing)
   어떤 경험의 인상이나 흔적으로 최초로 대뇌 피질의 기억 부위에 남기는 작용.
2. **파지**(retention)
   기명에 의해 생긴 지각이나 표상의 흔적을 재생이 가능한 형태로 보존시키는 것
3. **재생**(recall)
   파지된 경험의 내용이 어떤 인연이나 필요에 의해 다시 의식으로 떠오르는 것
4. **재인**(recongnition):
   현재 경험하고 있는 것이 과거에 경험한 것과 같은 것을 알아내는 것

○ 기억의 종류
1. **감각기억**
   물리적인 자극의 감각적 특징을 아주 짧은 시간 동안 그대로 저장하는 기억의 과정
2. **단기기억**
   감각 통로를 통해 투입된 정보가 단기간 저장되는 기억의 과정(1차 기억)
3. **장기기억**
   단기 기억의 과정을 거쳐 비교적 영속적으로 저장되는 기억의 과정(2차 기억)

> 확인학습

01 다음 중 인간이 기억하는 과정을 올바르게 나열한 것은?

① 파지 → 파생 → 기명 → 재인
② 재생 → 파지 → 재인 → 기명
③ 재인 → 재생 → 파지 → 기명
④ 기명 → 파지 → 재생 → 재인

해설

정답 ④

02 인간의 기억체계 가운데 정보가 잠깐 지속되었다가 정보의 코드화 없이 원래 상태로 되돌아가는 것은?

① 감각 저장
② 작업기억 저장
③ 단기기억 저장
④ 장기기억 저장

해설

정답 ①

03 다음 중 '파지'에 대한 설명으로 가장 올바른 것은?

① 사물의 인상을 마음속에 간직하는 것
② 획득된 행동이나 내용이 지속되는 것
③ 사물의 보존된 인상을 다시 의식으로 떠오르는 것
④ 과거의 경험이 어떤 형태로 미래의 행동에 영향을 주는 작용

해설

정답 ②

테마39. 산업재해예방의 원칙

1. **예방가능의 원칙**: 모든 사고는 원인이 있으며 이러한 원인을 제거하면 모든 재해는 반드시 예방된다는 원칙이다. 천재지변을 제외한 모든 인적재해는 예방이 가능하다.
2. **손실우연의 원칙**: 사고는 손실이 생기며 조건에 따라서 우연히 발생한다는 원리이다. 사고의 결과 손실의 유무 또는 대소는 사고 당시의 조건에 따라 우연적으로 발생한다.
3. **원인연계의 원칙**: 사고에는 반드시 원인이 있으며 이 원인이 연계되어 사고가 발생한다는 원칙이다. 사고에는 반드시 원인이 있고 원인의 대부분은 복합적인 연계원인이다.
4. **대책선정의 원칙**: 최선의 대응책이 존재한다는 원칙으로 사고방지대책은 사고방지를 위한 계획적이고 조직적인 행위이다.

확인학습

01 다음 중 재해예방의 4원칙과 관련이 가장 적은 것은?

① 모든 재해의 발생원인은 우연적인 상황에서 발생한다.
② 재해손실은 사고가 발생할 때 사고 대상의 조건에 따라 달라진다.
③ 재해예방을 위한 가능한 안전대책은 반드시 존재한다.
④ 재해는 원칙적으로 원인만 제거되면 예방이 가능하다.
⑤ 재해예방 4원칙은 예방가능의 원칙, 손실우연의 원칙, 원인연계의 원칙, 대책선정의 원칙이다.

해설

정답 ①

테마40. 산업재해예방기법

1. STOP(Safety Training Observation Program)
안전관찰 프로그램으로 미국 듀퐁사에서 개발.
각 계층의 감독자들이 숙련된 안전관찰을 행하여 사고를 미연에 방지하기 위해 실시.

 1) 1단계-결심(관리자는 무재해 달성 결심)
 2) 2단계-정지(근로자와 거리를 두고 정지)
 3) 3단계-관찰(근로자의 불안전 행동이나 상태를 관찰)
 4) 4단계-행동(잘못을 시정토록 친절한 대화)
 5) 5단계-보고(안전관찰카드를 작성 기록하고 보고함)

2. BS(Brain Storming)
토의식 아이디어 개발기법으로 비판금지, 자유분방, 대량발언, 수정발언 가능.

3. TBM(Tool Box Meeting)
같은 작업을 하는 동료들끼리 안전에 대하여 토의하는 기법

4. ECR(Error Cause Removal)
작업자 자신이 자기의 부주의 이외에 제반 오류의 원인을 생각함으로써 개선을 하도록 하는 과오제거 기법이다.

확인학습

01 A제지회사의 유아용 화장지 생산 공정에서 작업자의 불안전한 행동을 유발하는 상황이 자주 발생하고 있다. 이를 해결하기 위한 개선의 ECRS에 해당하지 않는 것은?

① Combine
② Standard
③ Eliminate
④ rearrange

해설

ECRS의 원칙은 현상에 낭비가 많다는 것을 전제로 하고 있다.
1. 배제(Eliminate),
2. 결합(Combine),
3. 교환(Re-arrange),
4. 간략화(Simplify)의 네 가지 관점에서 생각하는 기법이다.
배제는 '그만둘 수 없는가?
결합은 '함께 할 수 없을까?
교환은 '순서를 바꿀 수 없는가?
간소화는 '간단히 할 수 없을까?

정답 ②

02 작업자 자신이 자기의 부주의 이외에 제반 오류의 원인을 생각함으로써 개선을 하도록 하는 과오원인 제거 기법은?

① TBM
② STOP
③ BS
④ ECR

해설

정답 ④

03 다음 중 복잡한 시스템을 설계, 가동하기 전의 구상단계에서 시스템의 근본적인 위험성을 평가하는 가장 기초적인 위험도 분석기법은?

① 예비위험분석(PHA)
② 결함수 분석법(FTA)
③ 운용 안전성 분석(OSA)
④ 고장의 형과 영향분석(FMEA)

해설

정답 ①

04 다음은 유해·위험방지계획서의 제출에 관한 설명이다. ( ) 안의 내용으로 옳은 것은?

산업안전보건법령상 제출대상 사업으로 제조업의 경우 유해·위험방지계획서를 제출하려면 관련 서류를 첨부하여 해당 작업 시작 (㉠)까지, 건설업의 경우 해당 공사의 착공 (㉡)까지 관련 기관에 제출하여야 한다.

① ㉠ : 15일 전, ㉡ : 전날
② ㉠ : 15일 전, ㉡ : 7일 전
③ ㉠ : 7일 전, ㉡ : 전날
④ ㉠ : 7일 전, ㉡ : 3일 전
⑤ ㉠ : 7일 전, ㉡ : 15일 전

해설

정답 ①

05 작업을 배우고 싶은 의욕을 갖도록 하는 작업지도교육 단계는?

① 제1단계 : 학습할 준비를 시킨다.
② 제2단계 : 작업을 설명한다.
③ 제3단계 : 작업을 시켜본다.
④ 제4단계 : 가르친 뒤 살펴본다.

해설

정답 ①

테마41. BARS와 BOS(현대적인 인사고과기법)

○ 현대적인 인사고과 기법

BARS (Behaviorally Anchor Rating Scales)	BOS (Behavior Observation Scales)

1. 평정척도법과 주요사건기록법의 혼용
2. 절차
  1) 개발위원회 구성
  2) 중요사건의 열거
  3) 중요사건의 범주화
  4) 중요사건의 재분류
  5) 중요사건의 등급화
    확정된 범주와 개별 항목들에 대해서 토론하고 성과를 향상시키는데 바람직한 행동과 그렇지 않은 행동을 구분하여 7점 척도, 9점 척도를 사용해 행동을 등급화 한다.
  6) 확정 및 실행
	BARS는 평가직무에 적용되는 행동묘사문을 측정하여 점수화하고 등급을 매기는 방식인데 반해, BOS는 점수를 통해 등급화하기보다는 개별행위를 빈도를 나눠서 측정하기 때문에 BARS보다 풍부한 정보를 얻을 수 있다. 이는 개발목적의 피드백에 적합한데 행위의 빈도가 그 행동의 중요도를 증명한다고 보기는 어렵다는 비판이 있다.

확인학습

01 직무수행평가를 위해 개발된 척도 중 척도상의 점수에 그 점수를 설명하는 구체적 직무행동 내용이 제시된 것은?

① 행동기준평정척도(BARS)
② 행동관찰척도(BOS)
③ 행동기술척도(BDS)
④ 행동내용척도(BCS)

해설

정답 ①

테마42. 소음

전압, 전류, 음압 그리고 전력 등 '양'의 세기를 비교하기 위해 로그를 사용해 나타낸 비율의 단위를 데시벨이라 한다. 어떤 레벨의 음이 10배로 되었을 때와 10배에서 100배로 되었을 때의 차이를 같은 증가량으로 인식하므로 음이나 신호의 세기를 나타내는 경우, 로그 함수를 이용하여 계산된 dB값이 인간의 감각에 좀 더 가깝게 표현된다. 즉 전압, 전류, 음압은 세기가 2배이면 약 6dB차이가 나며, 전력은 3dB 차이가 발생한다.
배율은 곱하고 dB값은 더하여 6배는 16dB의 원하는 음압의 크기로 계산될 수 있다.
이 계산방식은 거리에 따른 소리의 크기 계산에서 유용하게 사용된다. 거리에 따른 음압 계산은 음원으로 부터 1m 거리를 기준으로 할 경우 1m보다 거리가 멀어지면 "-"마이너스 배율을 가지며, 거리가 가까워지면 "+"플러스 배율을 가지므로, 1m에서 100dB의 소리크기가 2m에서는 100dB-6dB(2배율값)=약 94dB가 되고, 6m에서는 100dB-16dB=약 84dB가 된다.

> 음압 세기(dB)의 값은 대표적으로 1배=0dB, 2배=6dB, 3배=10dB, 5배=14dB, 10배=20dB이다. 이 값을 이용하여 여러 배율을 쉽게 계산할 수 있다. 예를 들어 6배의 값을 계산하면 아래와 같다.
> 2배×3배=6(dB)+10(dB) = 16dB → 배수는 곱하고, dB은 더한다.

배수	음압 세기(dB)
1	0(dB)
2	6(dB)
3	10(dB)
5	14(dB)
10	20(dB)

확인학습

01 50phon의 기준음을 들려준 후 70phon의 소리를 듣는다면 작업자는 주관적으로 몇 배의 소리로 인식하는 가?

① 1.4배
② 2배
③ 3배
④ 4배
⑤ 5배

| 해설 |

정답 ④

02 어떤 소리가 1000Hz, 60dB인 음과 같은 높이임에도 4배 더 크게 들린다면, 이 소리의 음압수준은 얼마인가?

① 70dB
② 80dB
③ 90dB
④ 100dB
⑤ 120dB

| 해설 |

1,000Hz이므로 Phon으로 생각하자.

정답 ②

03 공장 내부에 소음(1대당 PWL=85dB)을 발생시키는 기계가 있을 때, 기계 2대가 동시에 가동된다면 발생하는 PWL의 합은 약 몇 dB인가?

① 86
② 88
③ 90
④ 92
⑤ 95

해설

SPL(sound pressure level)은 상대적인 특정위치에서의 소음레벨.
PWL은 측정대상의 총 소음에너지이다.

○ **소음의 척도**
1) 소음의 척도는 시끄러움의 척도가 되어야 함.
2) 소음의 척도는 인간의 청각과 관련.
3) 저주파로 갈수록 더 크게 해주어야 한다.
4) 인간의 귀는 저주파일수록 둔감하다.
5) 큰 소리일수록 주파수에 따른 변화는 적다(진폭이 큼).
6) 소리의 척도만으로 시끄러움의 척도를 나타낼 수 없다.
   1,000Hz를 기준으로 하여 40dB의 등감곡선에 유사하게 보정한 값, dB(A)
   1,000Hz를 기준으로 하여 70dB의   〃   , dB(B)
   1,000Hz를 기준으로 하여 87dB의   〃   , dB(C)

7) 10dB(A) 이상 차이가 있으면, 작은 것은 영향을 받지 않음.
   예) ① 60 dB(A)
          70 dB(A) → 70.4 dB(A)
       ② 50 dB(A)
          70 dB(A) → 70.04 dB(A)
       ③ 60 dB(A)
          60 dB(A) → 63 dB(A)
       ④ 50 dB(A)
          50 dB(A) → 53 dB(A)

8) <u>같은 소리 2개이면 3 dB 증가한다.</u>
9) 소음원이 10배 증가할 때마다 10 dB(A)씩 증가하고, 소음은 2배씩 크게 들린다. 소리의 세기가 1, 10, 100, … 배의 순차로 커지면 0, 10, 20, … 씩 매번 10 dB씩 커진다고 느낀다.
10) dB값은 대수값으로서 직접 가감산 할 수 없다.

2. phon: 감각적인 음의 크기 level.
   1) 그 음을 1,000Hz 순음의 크기와 평균적으로 같은 크기로 느끼는 1,000Hz 순음의 음의 세기레벨.
   2) 약 10phon의 차이가 있으면 소리는 2배로 크게 들린다.
3. sone: 1,000Hz 순음의 음의 세기레벨, 40dB의 음의 크기를 1sone.
   1) Asone + Bsone 의 소리가 합쳐질 때, (A+B)sone의 크기를 느낄 수 있게 정한 것.
   2) 소리를 느끼는 감각량의 단위.

○ Sone과 Phon

Phon	Sone	증가
40	$2^0 = 1$	1
50	$2^1 = 2$	2
60	4	4
70	8	8
80	16	16

→ 음의 크기레벨이 10phon 증가하면 음의 크기(sone)는 2배가 됨.

정답 ②

04 다음 중 1sone 에 대한 설명으로 가장 적절한 것은?

① 1dB 의 1000Hz 순음의 크기
② 1dB 의 4000Hz 순음의 크기
③ 40dB 의 1000Hz 순음의 크기
④ 40dB 의 4000Hz 순음의 크기

해설

정답 ③

05 음량수준을 측정할 수 있는 세 가지 척도에 해당되지 않는 것은?

① Phone에 의한 음량수준
② 지수에 의한 수준
③ 인식소음 수준
④ Sone에 의한 음량수준

해설

정답 ②

06 다음 중 음 세기(Sound Intensity)에 관한 설명으로 옳은 것은?

① 음 세기의 단위는 Hz이다.
② 음 세기는 소리의 고저와 관련이 있다.
③ 음 세기는 단위시간에 단위 면적을 통과하는 음의 에너지를 말한다.
④ 음압수준(Sound Pressure Level) 측정 시 주로 1000Hz 순음을 기준 음압으로 사용한다.

해설

음의 세기(SI)는 평면 진행파에 있어서 음파의 진행방향으로 수직으로 접하는 단위면적(m^2)을 단위시간에 통과하는 음의 에너지를 음의 세기라 한다. 음의 세기 단위는 W(와트)/m^2이다. 방향과 크기를 나타내는 벡터량이다.

소리의 고저(높고 낮음)	소리의 크기(강약)
여자가 남자보다 소리가 높다. 진동수(Hz)와 관련되어 있다.	소리의 크기는 진폭과 관련되어 있다. 진동수와는 무관하다. 음의 세기

정답 ③

07 다음 중 폰(phon)과 손(sone)에 관한 설명으로 틀린 것은?

① 40dB의 1,000Hz 순음의 크기를 1sone이라 한다.
② 음량 수준이 10phon 증가하면 음량(sone)은 4배가 증가한다.
③ 한 음의 phon 값으로 표시한 음량 수준은 이 음과 같은 크기로 들리는 1,000Hz 순음의 음압 수준(dB)이다.
④ 음량균형기법을 사용하여 정량적 평가를 하기 위하여 음량수준 척도를 작성하였고, 그 단위를 phon이라 한다.
⑤ 60dB의 기계가 두 대 가동되면 약 63db이 된다.

해설

2배 증가한다.

정답 ②

테마43. 신호검출이론

탐지 이론(Detection theory) 혹은 신호탐지이론(信號探知理論), Signal detection theory, SDT) 은 신호의 탐지가 신호에 대한 관찰자의 민감도와 관찰자의 반응 기준에 달려 있다는 이론이다. 이 이론은 신호(Signal)와 노이즈(Noise)를 구분하는 데 관련된 능력을 측정하는 수단으로 이용할 수 있다. 경험, 기대치, 심리학적 상태 (예: 피로도) 등에 따라 신호와 노이즈를 구분하는 식역 레벨의 단계가 결정된다. 예를 들어 전시의 보초병은 평상시 보다 더 작은 자극에도 민감하게 반응할 것이다. 왜냐하면 이러한 자극에 대한 기대치와 심리적 긴장 상태가 높기 때문이다. 탐지 이론의 초기 연구는 레이더 연구자에 의해 이루어졌다. 탐지 이론은 품질관리, 통신이론, 의학진단과 심리학 분야에서 다양하게 활용되고 있다.

1. **민감도(d): Sensitivity**
   신호를 소음으로부터 구분해 내는 정도로 민감도가 클수록 신호를 구별하기 쉽다.
   신호의 평균과 소음의 평균 차이가 클수록 민감도가 크다.
   변동성(표준편차)이 작을수록 민감도가 크다.
   d=평균과의 차이/표준편차

2. **반응편향(β)**
   신호를 관측하는 관측자의 반응성향
   β = 2종 오류/1종 오류 = 신호의 길이/소음의 길이
   $\beta < 1$: 모험적 의사결정으로 기준선이 좌측으로 이동('예' 가 대부분)
   $\beta > 1$: 보수적 의사결정으로 기준선이 우측으로 이동('아니요' 가 대부분)

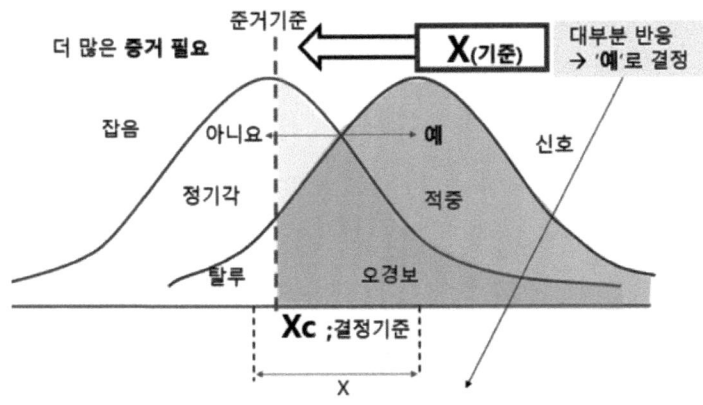

오경보가 많아지지만, 적중의 수를 증가시키는 이점이 있음.

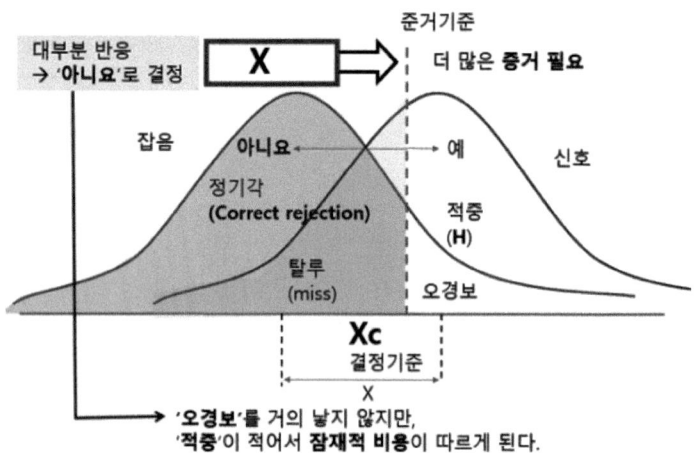

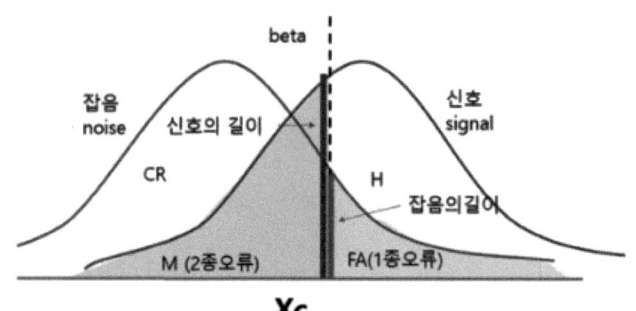

$$\beta = \frac{P(X|S)}{P(X|N)} = \frac{2종오류}{1종오류} = \frac{신호의 길이}{잡음의 길이}$$

01 신호검출이론(SDT)과 관련이 없는 것은?

① 신호와 잡음을 구별할 수 있는 능력을 측정하기 위한 이론의 하나이다.
② 민감도는 신호와 소음분포의 평균 간의 거리이다.
③ 신호검출이론 응용분야의 하나는 품질검사 능력의 측정이다.
④ 신호검출이론이 적용될 수 있는 자극은 시각적 자극에 국한된다.

해설

정답 ④

02 신호검출이론(signal detection theory)에서 판정기준을 나타내는 가능성비(likelihood ratio) β와 민감도(sensitivity) d에 대한 설명으로 옳은 것은?

① β 가 클수록 보수적이고, d가 클수록 민감함을 나타낸다.
② β 가 작을수록 보수적이고, d가 클수록 민감함을 나타낸다.
③ β 가 클수록 보수적이고, d가 클수록 둔감함을 나타낸다.
④ β 가 작을수록 보수적이고, d가 클수록 둔감함을 나타낸다.

해설

정답 ①

03 다음 중 신호검출이론에 대한 설명으로 옳은 것은?

① 잡음에 실린 신호의 분포는 잡음만의 분포와 구분되지 않아야 한다.
② 신호의 유무를 판정함에 있어 반응대안은 2가지뿐이다.
③ 판정 기준은 β (신호/노이즈)이며, $\beta > 1$이며 보수적이고, $\beta < 1$이면 자유적이다
④ 신호검출의 민감도에서 신호와 잡음간의 두 분포가 가까울수록 판정자는 신호와 잡음을 정확하게 판별하기 쉽다.

해설

○ 신호검출이론
신호와 잡음이 중첩될 때 혼동이 일어나기 쉽다.
신호의 유무를 판정함에 있어 4가지 반응 대안이 있다.
1) Hit(적중, H)
   신호 발생 시 신호를 검출하는 것
2) Correct Rejection(부정, CR)
   신호가 없을 때 없었다고 말하는 것
3) False alarm(허위경보, FA)
   신호가 발생하지 않았는데 신호로 판단하는 것
4) Miss (누락, M)
   신호가 발생했음에도 신호를 검출해내지 못하는 것

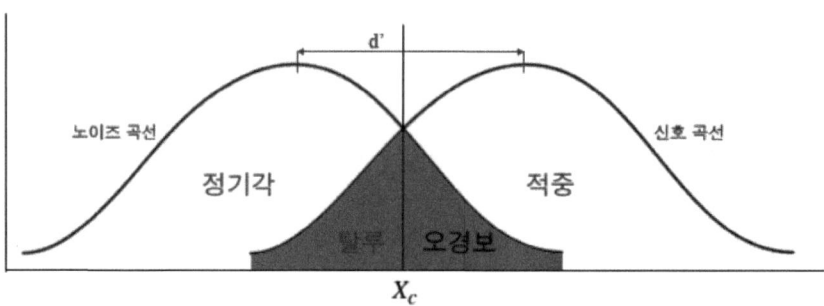

정답 ③

04 다음 중 신호검출이론(SDT)에 대한 설명으로 옳은 것은?

① 쉽게 식별할 수 없는 두 독립상태 상황에 적용된다.
② 신호가 약하거나 노이즈가 많을수록 감도는 커진다.
③ 신호와 노이즈는 모두 F-분포를 따른다고 가정한다.
④ 신호검출을 간섭하는 노이즈(noise)가 항상 있는 것은 아니다.

해설

정규분포를 따르고 분산이 같다고 가정한다.
신호검출이론은 신호를 검출하는 과정을 모형화한 이론으로 쉽게 식별할 수 없는 두 독립상황(신호, 무신호)에서 적용된다. 예를 들어 시끄러운 공장에서 경고음의 검출에 사용된다. 노이즈는 어떤 상황에서나 신호검출을 간섭하는 것이다.

		자극	
		소음	신호+소음
반응	무	CR	M
	유	FA	H

정답 ①

05 신호검출이론(SDT)에 관한 설명으로 틀린 것은? (단, β는 응답편견척도(response bias)이고, d는 감도척도(sensitivity)이다.)

① β 값이 클수록 '보수적인 판단자' 라고 한다.
② d값은 정규분포를 이용하여 구할 수 있다.
③ 민감도는 신호와 잡음 평균 간의 거리로 표현한다.
④ 잡음이 많을수록, 신호가 약하거나 분명하지 않을수록 d값은 커진다.

해설

잡음이 많을수록, 신호가 약하거나 분명하지 않을수록 d값은 작아진다.

정답 ④

테마44. Weber의 법칙

베버-페히너의 법칙이란 감각기에서 자극의 변화를 느끼기 위해서는 처음 자극에 대해 일정 비율 이상으로 자극을 받아야 된다는 이론을 말한다. 즉 처음에 약한 자극을 받으면 자극의 변화가 적어도 그 변화를 인지할 수 있다.

> 베버의 상수 $K = (S_2 - S_1)/S_1$ = 변화감지역/기준자극
> 여기서,
> K = 주관적으로 느낀 가격변화의 크기
> S_1 = 원래의 가격
> S_2 = 변화된 가격
> 예를 들어 S_1 = 1,000원이고, S_2 = 1,200원 이라면 k = 0.2가 된다.
> 그러나 S_1 = 2,000원이고, S_2 = 2,200원 이라고 하면 k = 0.1이 된다.
> 베버의 상수 K는 두 자극의 변화를 느낄 수 있는 최소 차이를 처음 자극의 세기로 나눈 값이다. <u>베버의 상수가 작을수록 그 감각은 예민하다.</u> 상수K가 더 크기 때문에 더 큰 변화로 느껴지는 것이다. 크기가 변화된 것을 느끼려면 처음 자극의 크기에 비례하여 자극의 변화량이 커져야 한다. k(베버 상수)값은 감각기에 따라 일정하고 k값이 작을수록 예민한 것이다. 예를 들면, 도서관보다 야구장에서 더 큰 소리로 말해야 알아듣는다.

똑같이 200원이 올랐지만 원래의 가격이 얼마였는지에 따라 구매자가 주관적으로 느끼는 가격변화의 크기는 달라진다. 원래가격이 높을수록 가격이 크게 올라야만 구매자가 가격인상을 느낄 수 있다.

○ JND(Just Noticeable Difference, 변화감지역)
1,000원짜리 상품에서 10원 미만의 가격인상을 알아차리지 못하고, 10원 이상의 가격인상은 알아차린다면 10원이 JND에 해당한다. 기업은 JND범위 내에서 가격을 인상하면 판매량이 줄지 않고 수익성을 향상시킬 수 있다. 고객사은행사라고 5%정도 할인한다고 해도 소비자는 시큰둥할 것이다. 30%정도는 인하해 줘야 마음이 움직이는 것이 요즘 소비자이다.

01 다음 중 웨버의 법칙에 관한 설명으로 옳은 것은?

① 표적이 작을수록, 이동거리가 길수록 작업의 난이도와 소요 이동시간이 증가한다.
② 표적이 클수록, 이동거리가 길수록 작업의 난이도와 소요 이동시간이 증가한다.
③ 더 낮은 강도 수준에서 최소식별차를 일으키기 위해서는 더 높은 강도수준에서보다 더 작은 강도 변화가 요구된다고 보았다.
④ 선택가능지가 많을수록 소요시간은 증가한다.
⑤ 주어진 선택 가능한 선택지의 숫자에 따라 사용자가 결정하는 데 소요되는 시간이 결정된다는 법칙이다.

해설

자극 강도상의 변화값을 최초의 강도와 비교한 값이 바로 베버 소수이며, 이 수가 작을수록 JND를 일으키기 위해서는 더 작은 변화만이 요구되기 때문에 더 나은 식별 능력을 가질 수 있음을 의미한다.

정답 ③

02 다음 중 Weber의 법칙에 관련된 사항을 올바르게 설명한 것은?

① 특정 감각기관의 기준 자극과 변화를 감지하기 위해 필요한 자극의 차이는 원래 제시된 자극의 수준에 비례한다.
② 자극 사이의 변화를 감지할 수 있는 두 자극 사이의 가장 큰 차이값을 변화감지역이라 한다.
③ Weber비는 기준 자극을 변화감지역으로 나눈 값이다.
④ 특정감각기관의 변화감지역이 클수록 감지능력은 높아진다.

해설

변화감지역(Just Noticeable Difference, JND)은 자극 사이의 변화를 감지할 수 있는 두 자극 사이의 가장 작은 차이값을 의미한다. 변화감지역은 사용되는 기준 자극의 크기에 비례하는 것으로 변화감지역이 작을수록 감지능력은 높아진다. JND가 작을수록 감각변화를 검출하기가 쉬운 것이다.

정답 ①

테마45. 피츠의 법칙(Fitts' Law)

피츠의 법칙(Fitts' Law)은 인간-컴퓨터 상호작용과 인간공학 분야에서 인간의 행동에 대해 속도와 정확성의 관계를 설명하는 기본적인 법칙이다. 시작점에서 목표로 하는 지역에 얼마나 빠르게 닿을 수 있을지를 예측하고자 하는 것이다. 목표에 도달하는 시간은 목표까지의 거리, 목표의 크기와 상관관계가 있다. 목표 영역의 크기가 작고 목표까지의 거리가 멀수록 달성 시간은 증가한다.

확인학습

01 컴퓨터 스크린 상에 있는 버튼을 선택하기 위해 커서를 이동시키는데 걸리는 시간을 예측하는데 가장 적합한 법칙은?

① Fitts의 법칙   ② Lewin의 법칙   ③ Hick의 법칙   ④ Weber의 법칙

해설

피츠의 법칙(Fitts' Law)은 인간-컴퓨터 상호작용과 인간공학 분야에서 인간의 행동에 대해 속도와 정확성의 관계를 설명하는 기본적인 법칙이다. 시작점에서 목표로 하는 지역에 얼마나 빠르게 닿을 수 있을지를 예측하고자 하는 것이다. 이는 목표 영역의 크기와 목표까지의 거리에 따라 결정된다. 이 법칙은 폴 피츠가 1954년에 발표하였다.
이를테면, 웹페이지에서 링크가 걸린 버튼이 너무 작으면 클릭하기 힘든 이유를 설명하는 것이다.

정답 ①

02 다음 중 fitts의 법칙에 관한 설명으로 틀린 것은?

① 반응시간에 대한 법칙이다.
② 거리에 비례하고, 타켓의 폭에 반비례한다.
③ 조작 장치의 설계에 광범위하게 이용한다.
④ 동작시간을 동작에 관련된 정보와 연관시킬 수 있다.

해설

사용자가 추적 작업을 하거나 특정 버튼을 누를 때 부담을 주는 가장 큰 요인은 현재 손의 위치와 대상까지의 거리, 그리고 대상 목표의 크기이다. 사용자가 가지는 부담은 거리에는 비례하고, 타깃의 크기에는 반비례한다. 피츠의 법칙(Fitts law)이란 이동시간이 이동길이가 클수록, 폭이 작을수록 오래 걸린다는 것이다.

정답 ①

테마46. 힉스(Hick's)의 법칙

힉스의 법칙(Hick's Law)은, 사람이 무언가를 선택하는데 걸리는 시간(반응시간)은 선택하려는 가짓수에 따라 결정된다는 법칙이다. 힉-하이먼 법칙(Hick-Hyman Law)이라고 부르기도 한다.

확인학습

01 선택반응시간(Hick의 법칙)과 동작시간(Fitts의 법칙)의 공식에 대한 설명으로 옳은 것은?

- 선택반응시간 = $a + b\log_2 N$
- 동작시간 = $a + b\log_2\left(\dfrac{2A}{W}\right)$

① N은 자극과 반응의 수, A는 목표물의 너비, W는 움직인 거리를 나타낸다.
② N은 감각기관의 수, A는 목표물의 너비, W는 움직인 거리를 나타낸다.
③ N은 자극과 반응의 수, A는 움직인 거리, W는 목표물의 너비를 나타낸다.
④ N은 감각기관의 수, A는 움직인 거리, W는 목표물의 너비를 나타낸다.
⑤ N은 감각기관의 수, A는 움직인 시간, W는 목표물의 너비를 나타낸다.

해설

$$T = a + b\log_2\left(2\dfrac{D}{W}\right)$$

Time, Distance, Coefficients, Width

Fitt의 법칙.

정답 ③

테마47. 데이비스(K. Davis) 동기지수

데이비스(K. Davis)는 지능, 사회적 성숙과 폭, 내적 동기여부와 성취욕구, 인간관계의 태도 등 4가지의 특성이 리더십과 높은 상관관계가 있다고 주장. 데이비스는 조직의 성과는 능력과 동기로부터 나온다고 하였다.
능력은 지식과 기술에서, 동기(motivation)는 상황과 태도로 구성된다.

> ○ 데이비스의 동기부여 공식
> 1) 경영의 성과 = 근로자(인간)의 성과 × 사물의 성과
> 2) 근로자(인간)의 성과 = 능력 × 동기유발
> 3) 능력 = 지식 × 기능
> 4) 동기유발 = 상황 × 태도

확인학습

01 데이비스(K. Davis)의 동기부여 이론에 관한 등식에서 그 관계가 틀린 것은?

① 지식 × 기능 = 능력
② 상황 × 능력 = 동기유발
③ 능력 × 동기유발 = 인간의 성과
④ 인간의 성과 × 물질의 성과 = 경영의 성과

해설

정답 ②

02 다음 중 데이비스(K. Davis)의 동기부여 이론에서 인간의 '능력(ability)'을 나타내는 것은?

① 지식(knowledge)×기능(skill)
② 지식(knowledge)×태도(attitude)
③ 기능(skill)×상황(situation)
④ 상황(situation)×태도(attitude)

해설

정답 ①

03 데이비스(K. Davis)의 동기부여이론에서 동기유발(motivation)에 해당하는 식은?

① 지식(knowledge) × 기능(skill)
② 능력(ability) × 태도(attitude)
③ 능력(ability) × 상황(situation)
④ 상황(situation) × 태도(attitude)

해설

정답 ④

테마48. 사정효과(Range Effect)

01 인간의 위치 동작에 있어 눈으로 보지 않고 손을 수평면상에서 움직이는 경우 짧은 거리는 지나치고, 긴 거리는 못 미치는 경향이 있는데 이를 무엇이라고 하는가?

① 사정효과(Range effect)
② 간격효과(Distance effect)
③ 손동작효과(Hand action effect)
④ 반응효과(Reaction effect)

> **해설**
> 작은 오차에는 과잉반응하고 큰 오차에는 과소반응을 하는 것을 '사정효과'라 한다.
>
> 정답 ①

02 다음 중 사정효과(Range Effect)를 바르게 설명한 것은?

① 조작자가 움직일 수 있는 속도나 조종장치에 가할 수 있는 힘에는 상한이 있다.
② 조작자는 작은 오차에는 과잉반응, 큰 오차에는 과소 반응한다.
③ 조작자는 비우발적인 입력신호는 미리 알 수 있다.
④ 조작자는 오차가 인식의 한계를 넘을 때 까지는 반응하지 못한다.

> **해설**
>
> 정답 ②

테마49. 간결성의 원리

최소의 에너지에 의해 어떤 목적에 쉽게 이르고자 하는 경향을 말한다.

1. 간결성의 원리에 기인한 사고의 심리적 원인은 다음과 같다.
    1) 착각: 실제와 다르게 보는 것
    2) 착오: 착각에 의한 잘못
    3) <u>생략</u>
    4) 단락

2. 간결성의 대응대책은 다음과 같다.
    1) 안전규칙, 수칙준수
    2) 단속대책
    3) 설비, 환경 등의 개선 강구

> **확인학습**

01 작업장의 정리·정돈 태만 등 생략행위를 유발하는 심리적 요인에 해당하는 것은?

① 폐합의 요인
② 간결성의 원리
③ Risk taking의 원리
④ 주의의 일점집중 현상

> **해설**
>
> ○ **인간행동의 특성**
> 1) 간결성의 원리
>   인간의 심리활동에서 <u>최소 에너지</u>에 의해 어떤 목적에 달성하도록 하려는 경향.
> 2) 주의의 일점 집중현상
>   한 지점에 주의를 집중하면 다른 곳의 주의는 약해짐.
> 3) 순간적인 경우 대피 방향
>   좌측으로 우선해서 행동.
> 4) 동조 행동
> 5) 좌측 통행
> 6) 리스크 테이킹
>   객관적인 위험을 자기 나름대로 판정해서 의사결정을 하고 행동에 옮기는 것.
>
> ○ **인간의 안전심리 5요소**
> 1) 동기(motive)
> 2) 기질(temper)
> 3) 습성(habits)
> 4) 습관(custom)
> 5) 감정(emotion)

정답 ②

테마50. 의사결정나무(Decision Tree)

01 사상나무분석(ETA)에 대한 의사결정나무(decision tree)가 다음과 같을 때 A, B, C, D, E에 해당하는 값으로 옳지 않은 것은?

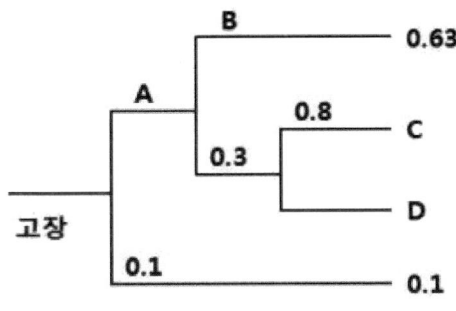

① A = 0.9
② B = 0.7
③ C = 0.216
④ D = 0.054
⑤ E = 0.9

해설

정답 ⑤

테마51. 지수분포의 신뢰도

01 지수분포를 따르는 B제품의 평균수명은 5,000시간이다. 이 제품을 연속적으로 6,000시간 동안 사용할 경우 고장 없이 작동할 확률은?

① 0.3011
② 0.4346
③ 0.5654
④ 0.6989
⑤ 0.42139

해설

1. 지수분포

고장률함수 $\lambda(t)$가 상수 λ 로 시간변화에 관계없이 고장률이 일정한 분포이다.
고장률($\lambda(t) = \lambda$)이 일정형 CFR 일 때 $f(t)$는 지수분포를 따른다.

1) 고장밀도함수: f(t)

$$f(t) = \lambda(t) \cdot R(t) = \lambda e^{-\lambda t} = \frac{1}{\theta} e^{-\frac{t}{\theta}}$$

(단, θ 는 t_0라고도 하며 $f(t)$의 모수로서 평균이다.)

▶ 기대가와 분산

$$E(t) = \frac{1}{\lambda} = \theta \qquad V(t) = \frac{1}{\lambda^2} \qquad D(t) = \frac{1}{\lambda}$$

▶ 평균수명: 기대시간

$$E(t) = \frac{1}{\lambda}$$

여기서 평균수명은 시스템을 수리하여 사용하는 경우와 수리하여 사용할 수 없는 경우로 나눌 수 있다.
- 수리 가능한 경우의 평균수명: MTBF
- 수리 불가능한 경우의 평균수명: MTTF

2) 신뢰도함수: R(t)

$$R(t) = e^{-\lambda t} = e^{-\frac{t}{\theta}} \quad (단, \theta = \frac{1}{\lambda} \text{이다.})$$

3) 불신뢰도(= 누적고장확률): F(t)

$$F(t) = 1 - R(t) = 1 - e^{-\lambda t}$$

4) 고장률함수: $\lambda(t)$

$$\lambda(t) = \frac{f(t)}{R(t)} = \lambda$$

정답 ①

테마52. 정보량

정보란 불확실성의 감소를 의미한다.
정보의 단위는 bit로 측정한다.
1bit: 동일하게 가능한 두 대안 사이에서 결정에 필요한 정보
정보량 $=\log_2$대안

확인학습

01 발생 확률이 동일한 64가지의 대안이 있을 때 얻을 수 있는 총 정보량은 몇[bit]인가?

① 6
② 16
③ 32
④ 64
⑤ 39

해설

정보량 $= \log_2$대안 $= \log_2 64 = 6$

정답 ①

테마53. 에너지 대사율(RMR, Relative Metabolic Rate)

1. 에너지 대사율(RMR) = 노동 대사량 / 기초 대사량
   = (작업 시 소비에너지 - 안정 시 소비에너지) / 기초 대사량
2. 에너지 대사율(RMR)이 높을수록 산소소모량이 많다.
3. 에너지 대사율(RMR)은 <u>산소소모량</u>으로 측정한다.
4. RMR 분류(작업강도 분류)
   1) 0~2: 경작업
   2) 2~4: 중(中)작업
   3) 4~7: 중(重)작업
   4) 7~ : 초중(重)작업

최경작업(0~1)	주로 손가락으로 앉아서 하는 작업
경작업(1~2)	주로 앉아서 손가락이나 팔로 하는 작업
중(中)작업(2~4)	손이나 상지작업, 힘, 동작, 속도가 작은 작업
중(重)작업(4~7)	일반적인 전신노동으로 힘, 동작, 속도가 큰 작업을 말하며 '강작업'이라고도 한다.
초중작업(7 이상)	중량물 작업을 과격하게 하는 정도

작업강도가 커지면 작업 지속시간은 짧아진다. 즉 에너지대사율(RMR)이 3일 때는 약 3시간의 연속작업이 가능하지만 에너지대사율(RMR)이 7일 경우 약 10분 이상 지속할 수 없다.

확인학습

01 에너지 대사율(RMR:relative metabolic rate)에 대한 설명으로 틀린 것은?

① RMR=(작업시 에너지 대사량 - 안정 시 에너지 대사량)/기초대사량이다.
② RMR이 대량 4~7정도이면 중(重) 작업(동작, 속도가 큰 작업)에 속한다.
③ 총에너지 소모량은 기초 에너지대사량과 휴식 시 에너지대사량을 합한 것이다.
④ 작업 시 에너지 대사량은 휴식 후부터 작업 종료 시까지의 에너지 대사량을 나타낸다.

해설

정답 ③

02 작업의 강도는 작업대사율(relative metabolic rate, RMR)에 따라 5단계로 구분할 수 있다. 중(重)작업의 작업대사율은?

① 0~1
② 1~2
③ 2~4
④ 4~7

해설

정답 ④

03 에너지 소비량(RMR) 산출식으로 옳은 것은?

① (작업시 소비에너지-기초대사량) ÷ 안정시 소비에너지
② (안정시 소비에너지-작업시 소비에너지) ÷ 기초대사량
③ (작업시 소비에너지-안정시 소비에너지) ÷ 기초대사량
④ (안정시 소비에너지-작업시 소비에너지) ÷ 안정시 소비에너지
⑤ (작업시 소비에너지-기초대사량) ÷ 기초대사량

해설

정답 ③

테마54. 착시현상

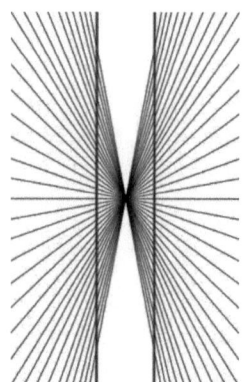

헤링 Hering 착시

두 직선은 실제로는 평행이지만 주변에 있는 사선의 영향 때문에 바깥쪽으로 휘어져 있는 것처럼 보인다.

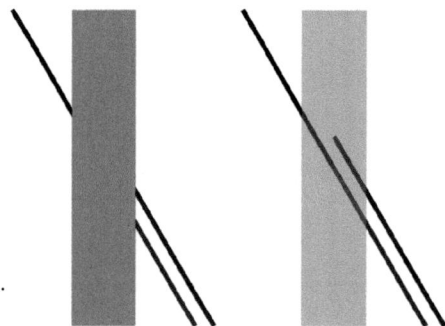

포렌도르프 Porrendorff 착시

왼쪽의 검은색 선은 오른쪽의 빨간색 선의 연장선에 있지만 파란색 선과 연결되어 있는 것처럼 보인다.

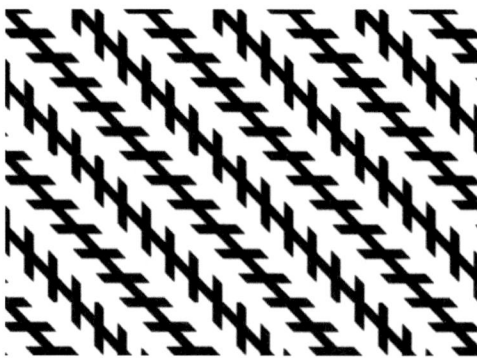

죌너 Zöllner 착시

오른쪽 아래로 향하는 사선은 모두 수평이다. 하지만 짧은 선의 영향으로 수평이 아닌 것처럼 보인다.

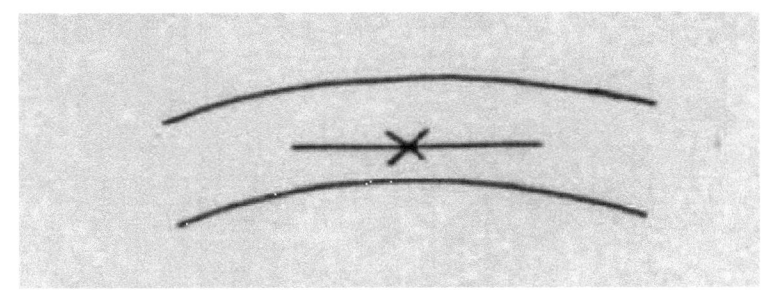

쾰러(Köhler)의 착시 - 윤곽착오

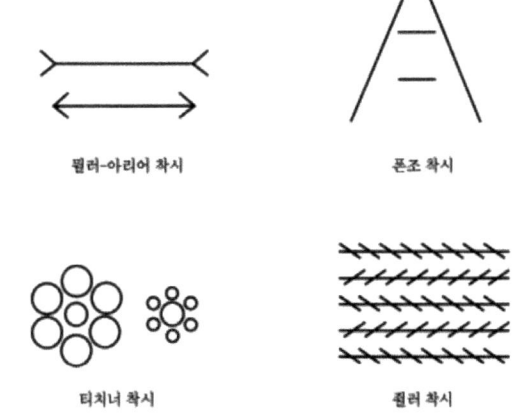

뮐러-아리어 착시   폰조 착시

티치너 착시   쾰러 착시

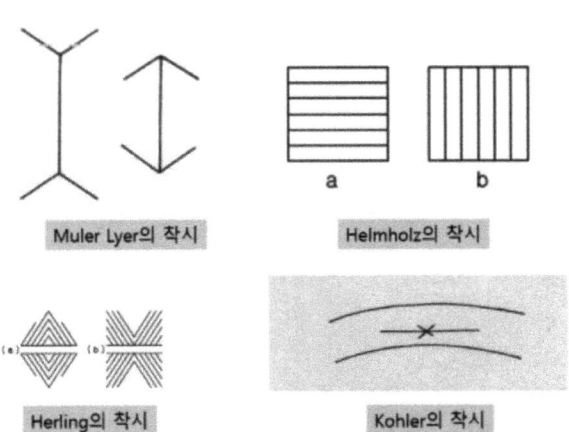

Muler Lyer의 착시   Helmholz의 착시

Herling의 착시   Kohler의 착시

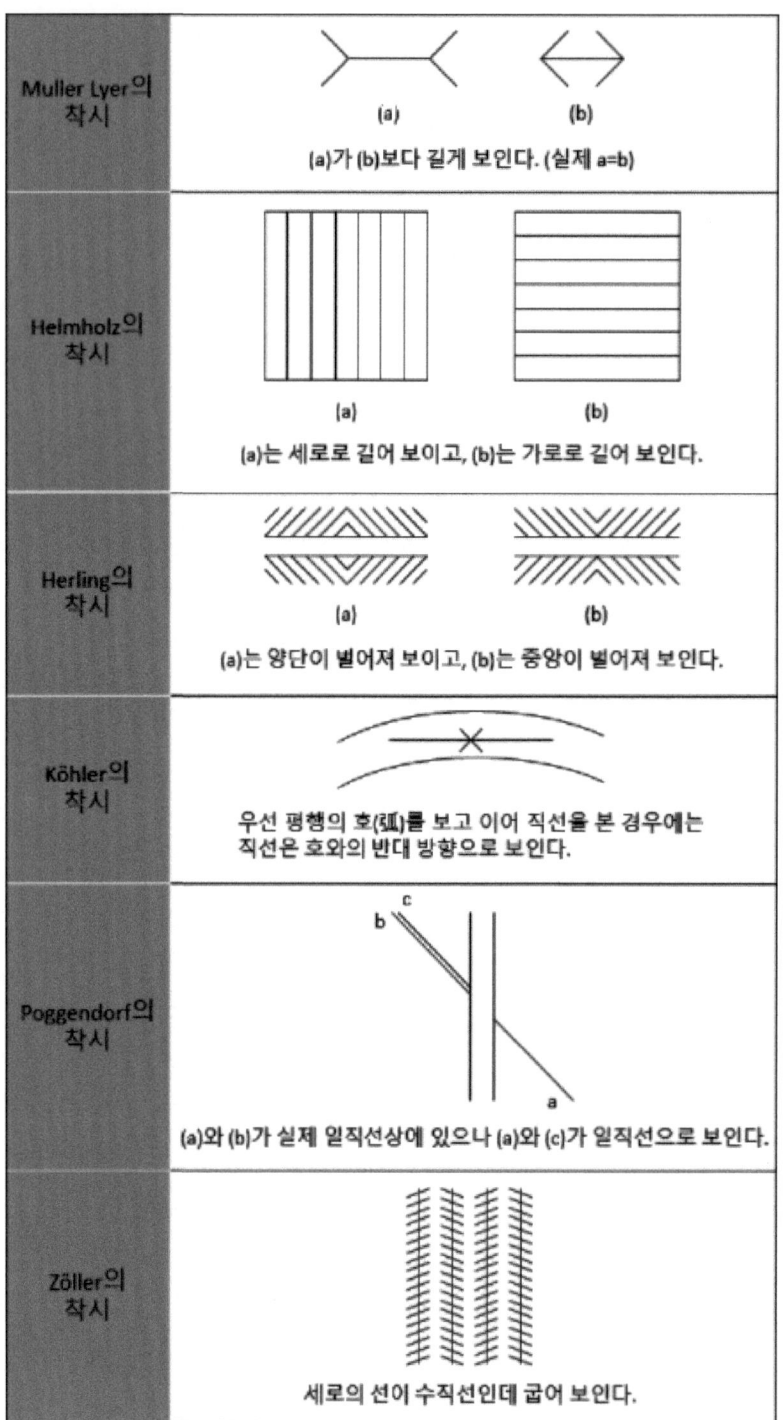

확인학습

01 그림과 같이 수직 평행인 세로의 선들이 평행하지 않는 것으로 보이는 착시현상에 해당하는 것은?

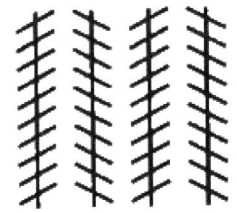

① 쵤러(Zöller)의 착시
② 쾰러(Köhler)의 착시
③ 헤링(Hering)의 착시
④ 포겐도르프(Poggendorf)의 착시

[해설]

그림을 자주 보고 익힐 것!

정답 ①

02 다음 그림은 착시현상을 나타낸 것으로 수직평행인 세로인 세로의 선이 굽어보인다. 이와 같은 착시 현상과 관계있는 것은?

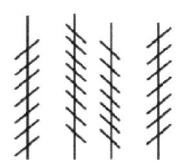

① 쵤러의 착시
② 쾰러의 착시
③ 헤링의 착시
④ 포겐도르프 착시
⑤ 에빙하우스 착시

[해설]

정답 ①

테마55. 수공구 설계의 기본원칙

올바른 수공구 설계원칙을 통해 근골격계질환의 위험을 감소시킬 수 있다.

1. 수공구가 무겁지 않도록 설계
2. 양손잡이를 모두 고려한 설계
3. 손잡이 재질은 미끄러지지 않고 비전도성으로 열과 땀에 강해야 한다.
4. 손잡이는 접촉면적을 가능한 크게 하여 압박이 손바닥 전체에 고루 분배되도록 한다.
5. 손목을 곧게 유지한다. 손목을 굽히면 손목의 수근관이 구부러지므로 건활막염이 생길 수 있다. 손목을 굽히는 대신에 손을 굽히게 하여 이러한 질환을 줄일 수 있다.
6. 반복적인 손가락 동작을 피한다.
7. 손목을 꺾지 말고 손잡이를 꺾어야 한다.
8. 손잡이 길이는 95%의 남성의 손과 폭을 기준으로 한다.
9. 가능한 수동공구 대신에 동력공구를 사용한다.

확인학습

01 수공구 설계원칙에 관한 설명으로 옳은 것을 모두 고른 것은?

ㄱ. 손에 맞은 장갑을 착용한다.
ㄴ. 손잡이를 꺾지 말고 손목을 꺾는다.
ㄷ. 손잡이 접촉면적을 작게 하여 힘을 집중시킨다.
ㄹ. 가능한 수동공구가 아닌 동력공구를 사용한다.
ㅁ. 양손잡이를 모두 고려한 설계를 한다.

① ㄱ, ㄴ, ㄷ ② ㄱ, ㄹ, ㅁ
③ ㄴ, ㄷ, ㄹ ④ ㄴ, ㄹ, ㅁ
⑤ ㄷ, ㄹ, ㅁ

해설

정답 ②

테마56. 교육진행 4단계

작업지도기법은 도입단계, 제시단계, 적용(응용)단계, 확인단계로 구분한다.

1. 도입단계
학습할 준비 단계로 마음을 안정시킨다. 무슨 교육(작업)을 할 것인가를 알려준다. 작업을 배우고 싶은 의욕을 갖게 한다.

2. 제시단계
주요단계를 하나씩 설명해 주고 시현해 보이고 그려 보인다. 급소를 강조한다. 확실하게, 빠짐없이, 끈기 있게 반복적으로 지도한다. 이해할 수 있는 능력 이상으로 강요하지 않는다.

3. 적용단계
작업을 시켜본다.

4. 확인단계
가르친 뒤를 살펴본다.

* 교육훈련 평가의 4단계(반응단계-학습단계-행동단계-결과단계)와 구분하여 학습할 것!

확인학습

01 피교육자의 능력에 따라 교육하고 급소를 강조하며, 주안점을 두어 논리적·체계적으로 반복교육을 실시하는 교육진행 단계는?

① 도입단계　　　　　② 확인단계
③ 적용단계　　　　　④ 응용단계
⑤ 제시단계

해설

정답 ⑤

테마57. 위험예지훈련 4Round(라운드)

위험예지훈련은 모두 함께 본심으로 대화하고, 재빨리 생각하여 '과연 그렇다'는 결론에 도달하게 함으로써 하고 싶다는 의욕을 가지고 구체적인 문제해결을 할 수 있게 해 주는 기법이다. 이 대화방법은 브레인스토밍 4원칙(비판금지, 자유분방, 대량생산, 수정발언 허용)을 바탕으로 하여 양(quantity) 속에서 반짝 빛나는 질(quality) 높은 것을 발견하여 합의하기 위한 대화방법이다.

1. 1R(현상파악)
어떠한 위험이 잠재하고 있는가?
2. 2R(본질추구)
이것이 위험의 포인트이다.
3. 3R(대책수립)
당신이라면 어떻게 할 것인가?
4. 4R(목표설정)
우리들은 이렇게 한다.

확인학습

01 위험예지훈련 4라운드를 순서대로 바르게 나열한 것은?

> ㄱ. 이것이 위험요점이다.
> ㄴ. 우리는 이렇게 한다.
> ㄷ. 당신이라면 어떻게 할 것인가?
> ㄹ. 어떤 위험이 잠재하고 있는가?

① ㄱ - ㄹ - ㄷ - ㄴ ② ㄷ - ㄹ - ㄱ - ㄴ
③ ㄹ - ㄱ - ㄷ - ㄴ ④ ㄹ - ㄷ - ㄱ - ㄴ
⑤ ㄹ - ㄷ - ㄴ - ㄱ

해설

정답 ③

테마58. 빛의 성질

1. **명도**
물체 표면의 밝기
2. **채도**
색의 선명한 정도로 색깔의 강약
3. **휘도**
단위면적 당 표면에서 반사되는 빛의 양
4. **조도(단위로 럭스 lux)**
표면에 도달하는 빛의 밀도로 공식이 시험에 자주 출제된다.
조도=광도(cd)/거리^2
5. **반사율(알베도)**
표면의 빛을 완전히 발산시키는 경우에는 반사율 100%가 된다.
6. **대비**
대비는 물체를 다른 물체와 배경과 구별할 수 있게 만들어주는 시각적 특성의 차이를 말한다. 0은 검정, 100은 백색이다.

확인학습

01 빛의 성질에 관한 설명으로 옳지 않은 것은?

① 과녁이 배경보다 어두우면 대비는 0~100% 사이의 값이다.
② 명도는 색의 선명한 정도, 즉 색깔의 강약을 말한다.
③ 휘도는 단위면적당 표면에서 반사 또는 방출되는 빛의 양을 말한다.
④ 조도는 어떤 물체나 표면에 도달하는 빛의 밀도를 말한다.
⑤ 빛을 완전히 발산 및 반사시키는 표면의 반사율은 100%이다.

해설

정답 ②

테마59. 재해조사

1. 작업개시부터 사고발생까지의 경과 및 인적·물적 피해상황을 5W1H의 원칙에 준해 객관적으로 상세하게 파악, 아래사항은 문서 기록한다.
    ① 언제
    ② 누가
    ③ 어디서
    ④ 어떠한 작업을 하고 있을 때
    ⑤ 어떠한 불안전 상태 또는 불안전한 행동이 있었기에
    ⑥ 어떻게 해서 사고가 발생하였는가?
    * 언제, 어디서, 누가, 어떻게, 왜, 무엇을 이렇게 여섯 글자를 따서 5W1H라고도 한다.

2. 사실을 수집한다. (이유와 원인은 뒤에 확인)

3. 목격자 등이 증언하는 사실이외의 추측이나 본인의 의견 등은 분리하고 참고로만 한다.
4. 조사는 신속히 실시하고, 2차재해 방지를 위한 안전조치를 한다.
5. 인적, 물적 요인에 대한 조사를 병행한다.
6. 객관적인 입장에서 2인 이상 실시한다.
7. 책임추궁보다 재발방지에 역점을 둔다.
8. 피해자에 대한 구급조치를 우선한다.
9. 위험에 대비해 보호구를 착용한다.

○ **재해조사 순서 5단계**
1) 전제조건(0단계): 재해 상황의 파악
2) 제1단계: 사실의 확인
3) 제2단계: 직접원인(물적 원인, 인적 원인)과 문제점 발견
4) 제3단계: 기본원인(4M)과 근본적 문제점 결정
5) 제4단계: 동종 및 유사재해 예방대책의 수립

확인학습

01 재해사례 연구방법의 각 단계를 올바르게 설명한 것은?

① "사실의 확인"은 파악된 사실로부터 기준에서 벗어난 문제점을 적출하고 그것이 문제로 된 이유를 분명히 한다.
② "문제점의 발견"은 문제점이 된 사실을 재해요인으로 분석, 검토하고 재해와 관계 되는 영향의 정도를 평가한다.
③ "근본적 문제점의 결정"은 관리자, 감독자 및 작업자의 권한, 책임 및 직무로 보아 누가 할 것인가, 기준대로 하였는가를 평가하고 판단하여 결정한다.
④ "대책의 수립"은 문제점 가운데 재해의 중심이 된 사항과 재해원인을 결정하고 보고한다.
⑤ "대책의 수립"은 사례연구의 전제조건과 재해 상황의 주된 항목에 관하여 파악한다.

> **해설**
>
> ○ 재해사례연구의 진행 단계
> ① 전제조건-**재해 상황의 파악**: 사례연구의 전제조건인 재해 상황의 파악은 다음에 기재한 항목에 관하여 실시한다.
> ② 제1단계-**사실의 확인**(하인리히의 사실의 확인사항: 사람, 물건, 관리, 재해발생결과): 작업의 개시에서 재해의 발생까지의 경과 가운데 재해와 관계가 있는 사실 및 재해요인으로 알려진 사실을 객관적으로 확인한다. 이상 시, 사고 시 또는 재해발생시의 조치도 포함된다.
> ③ 제2단계-**문제점의 발견**: 파악된 사실로부터 판단하여 각종 기준에서 차이의 문제점을 발견한다. (직접원인)
> ④ 제3단계-**근본 문제점의 결정**: 문제점 가운데 재해의 중심이 된 근본적 문제점을 결정하고 다음에 재해원인을 결정한다.(기본원인)
> ⑤ 제4단계-**대책수립**: 사례를 해결하기 위한 대책을 세운다.

정답 ②

02 재해조사를 수행할 때 유의사항으로 옳지 않은 것은?

① 책임 추궁보다 재발방지를 우선한다.
② 조사는 신속하게 행하고 긴급 조치하여 2차 재해를 방지한다.
③ 목격자 등이 증언하는 추측을 바탕으로 재해조사를 진행한다.
④ 객관적인 입장에서 공정하게 2인 이상이 조사한다.
⑤ 사람과 기계설비 양면의 재해 요인을 모두 도출한다.

해설

1. 재해조사 순서 5단계
    1) 전제조건(0단계): 재해상황의 파악
    2) 제1단계: 사실의 확인
    3) 제2단계: 직접원인(물적원인, 인적원인)과 문제점 발견
    4) 제3단계: 기본원인(4M)과 근본적 문제점 결정
    5) 제4단계: 동종 및 유사재해 예방대책의 수립

2. 재해조사 방법 5가지
    1) 재해조사는 재해발생 직후에 실시한다.(현장보존)
    2) 현장의 물리적 흔적(증거)을 수집 및 보관한다.
    3) 재해현장의 상황을 기록하고 사진을 촬영한다.
    4) 목격자 및 현장 관계자의 진술을 확보한다.
    5) 재해 피해자와 면담 (사고 직전의 상황청취 등)

3. 재해조사 시 유의사항
    1) 사실을 수집한다. (이유와 원인은 뒤에 확인)
    2) 목격자 등이 증언하는 사실이외의 추측이나 본인의 의견 등은 분리하고 참고로만 한다.
    3) 조사는 신속히 실시하고, 2차재해 방지를 위한 안전조치를 한다.
    4) 인적, 물적 요인에 대한 조사를 병행한다.
    5) 객관적인 입장에서 2인 이상 실시한다.
    6) 책임추궁보다 재발방지에 역점을 둔다.
    7) 피해자에 대한 구급조치를 우선한다.
    8) 위험에 대비해 보호구를 착용한다.

정답 ③

테마60. 하인리히 도미노 이론(사고 연쇄반응 5단계 이론)

사회적 환경과 유전적 요소-개인적인 성격상의 결함-불안전한 행위와 환경 및 조건-재해 사상의 발생-상해와 손실이다.

1. 사회적 환경과 유전적 요소
ㄱ. 안전교육의 유무
ㄴ. 안전의식 여부
ㄷ. 법·제도적 규정의 유무
ㄹ. 관리의 유무

2. 개인적인 성격상의 결함
성격은 재해발생과 아주 밀접한 관련을 맺는다. 격한 기질, 흥분성, 소홀 등의 성격은 성격상의 결함에 해당한다.

3. 불안전한 행위와 환경 및 조건
인간의 불안전한 행동과 기계적·물리적 결함을 의미한다.
1) 인간의 불안전한 행동은 다음과 같다.
ㄱ. 권한 없이 행한 조작
ㄴ. 불안전한 적재·배치 결함과 정리·정돈을 하지 않음.
ㄷ. 불안전한 속도 조작 및 위험 경고 없는 조작

2) 기계적·물리적 결함
재해발생의 물적 원인이다.
ㄱ. 결함 있는 기계 설비 및 장비
ㄴ. 불안전한 설계, 위험한 배열 및 공정
ㄷ. 불량한 정리·정돈

* 하인리히는 첫 번째 도미노와 두 번째 도미노는 단시일 내에 개선이나 보완이 불가능하므로 사고 예방을 위한 세 번째 도미노를 배제하는데 중점을 두어야 한다고 강조하였다.

확인학습

01 하인리히(Heinrich)의 도미노(Domino)이론에서 사고의 직접원인이 아닌 것은?

① 불안전한 자세 및 위치
② 권한 없이 행한 조작
③ 당황, 놀람, 잡담, 장난
④ 부적절한 태도
⑤ 불량한 정리·정돈

해설

정답 ④

테마61. 근로자 안전보건교육

■ 산업안전보건법 시행규칙 [별표 5] <개정 2023. 9. 27.>

안전보건교육 교육대상별 교육내용(제26조 제1항 등 관련)

1. 근로자 안전보건교육(제26조 제1항 관련)

　가. 정기교육 [암기법: 안전/보건/법령(산재)/직장내/스트레스/위험/**건강증진**/작업환경관리]

교육내용
○ 산업안전 및 사고 예방에 관한 사항 ○ 산업보건 및 직업병 예방에 관한 사항 ○ 위험성 평가에 관한 사항 ○ 건강증진 및 질병 예방에 관한 사항 ○ 유해·위험 작업환경 관리에 관한 사항 ○ 산업안전보건법령 및 산업재해보상보험 제도에 관한 사항 ○ 직무스트레스 예방 및 관리에 관한 사항 ○ 직장 내 괴롭힘, 고객의 폭언 등으로 인한 건강장해 예방 및 관리에 관한 사항

1의2. 관리감독자 안전보건교육(제26조제1항 관련)

　가. 정기교육 [암기법: 안전/보건/법령(산재)/직장내/스트레스/위험/건강증진/작업환경관리//**비상시**/**표준**/**체제**/**공정**/**능력배양**]

교육내용
○ 산업안전 및 사고 예방에 관한 사항 ○ 산업보건 및 직업병 예방에 관한 사항 ○ 위험성평가에 관한 사항 ○ 유해·위험 작업환경 관리에 관한 사항 ○ 산업안전보건법령 및 산업재해보상보험 제도에 관한 사항 ○ 직무스트레스 예방 및 관리에 관한 사항 ○ 직장 내 괴롭힘, 고객의 폭언 등으로 인한 건강장해 예방 및 관리에 관한 사항 ○ 작업공정의 유해·위험과 재해 예방대책에 관한 사항 ○ 사업장 내 안전보건관리체제 및 안전·보건조치 현황에 관한 사항 ○ 표준안전 작업방법 결정 및 지도·감독 요령에 관한 사항 ○ 현장근로자와의 의사소통능력 및 강의능력 등 안전보건교육 능력 배양에 관한 사항 ○ 비상시 또는 재해 발생 시 긴급조치에 관한 사항 ○ 그 밖의 관리감독자의 직무에 관한 사항

확인학습

01 산업안전보건법령상 근로자 정기교육의 내용에 해당하지 않는 것은?

① 건강증진 및 질병 예방에 관한 사항
② 산업재해보상보험 제도에 관한 사항
③ 기계·장비의 주요장치에 관한 사항
④ 유해·위험 작업환경 관리에 관한 사항
⑤ 직무스트레스 예방 및 관리에 관한 사항

해설

정답 ③

02 산업안전보건법령상 관리감독자를 대상으로 실시하는 정기 안전·보건교육 내용으로 옳지 않은 것은?

① 작업공정의 유해·위험과 재해 예방대책에 관한 사항
② 표준 안전 작업방법 및 지도요령에 관한 사항
③ 산업보건 및 직업병 예방에 관한 사항
④ 건강증진 및 질병예방에 관한 사항
⑤ 직장 내 괴롭힘, 고객의 폭언 등으로 인한 건강장해 예방 및 관리에 관한 사항

해설

정답 ④

테마62. 교육훈련기법(안전교육의 실시방법)

강의법, 토의법, 실연법(실습법), 프로그램학습법, 모의법, 시범법, 반복법 등이 있다. 주로 강의법과 토의법을 비교하는 것이 시험문제 유형이다.

하버드학파의 5단계 교수법과 커크패트릭의 교육훈련 평가 4단계를 알아야 한다.

1. 강의법
수강자가 많을 경우 단시간에 많은 내용을 교육하기 좋다.
수강자의 다소(多少)에 영향을 받지 않으며 여러 가지 다양한 매개체 활용이 가능하다. 반면 개개인의 학습 진도에 맞춘 수업이 불가능하고 수강자의 참여와 흥미를 지속하기 위한 기회가 적다는 단점이 있다.

2. 토의법
상대방에 대한 의사전달 방식에 의한 교육방법이다.
특정 분야 교육에 효과적이며 팀워크가 필요한 경우 유용하다. 반면 시간 소비량이 많고 수강자 인원수에 의해 제약을 받는다.
토의법의 종류는 다음과 같다.

1) 심포지엄(symposium)
소수의 전문가가 견해를 발표하고 참가자로 하여금 의견이나 질문을 하게 하는 토의 방식이다.

2) 포럼(forum)
새로운 자료나 교재를 제시하고 그에 따른 문제점을 피교육자가 여러 가지 방법으로 의견을 발표한다.

3) 버즈세션(buzz session)
6-6회의라고도 하며 참가자가 다수인 경우에 전원을 토의에 참여시키기 위한 방법으로 6명씩 소집단을 구성하여 6분간 자유 토의하는 방법이다.

4) 패널디스커션(panel discussion)
패널 4~5명이 피교육자 앞에서 자유로이 토의를 한 후 피교육자 전원이 참가하여 사회자의 사회에 따라 토의하는 방법이다.

5) 사례연구(case study)
먼저 사례를 제시하고 제시한 내용에 대한 문제점을 피교육자로부터 제기하게 하거나 의견을 여러 가지 방법으로 발표하게 하여 대책을 토의하는 방법이다.

3. 하버드학파의 5단계 교수법
1) 1단계: 준비시킨다.
2) 2단계: 교시(발표)
3) 3단계: 연합(조합)
4) 4단계: 총괄(보편화)
5) 5단계: 응용시킨다.

4. 교육훈련 평가 4단계
1) 1단계: 반응단계-훈련을 어떻게 생각하고 있는가?
2) 2단계: 학습단계-어떠한 원칙, 사실, 기술을 배웠는가?
3) 3단계: 행동단계-어떠한 행동변화를 가져왔는가?
4) 4단계: 결과단계-조직 효과성의 증대 정도를 파악. 비용-편익분석 실시.

확인학습

01 교육훈련 기법에서 토의법의 종류가 아닌 것은?

① 강의법
② 문제법
③ 포럼
④ 심포지엄
⑤ 사례연구

해설

정답 ①

02 교육훈련평가의 4단계에서 각 단계별로 내용이 올바르게 연결된 것은?

① 제1단계-반응단계
② 제2단계-행동단계
③ 제3단계-결과단계
④ 제4단계-학습단계
⑤ 제4단계-행동단계

해설

정답 ①

03 A기업은 근로자들에게 안전의식을 높이고 의식을 함양하기 위해서 안전교육을 다음과 같은 방식으로 실시하였다. A기업에서 채택하고 있는 교육의 진행방식으로 옳은 것은?

> 새로운 자료나 교재를 제시하고 거기에서 나온 문제점을 피교육자로 하여금 제기하게 하거나, 의견을 여러 가지 방법으로 발표하게 하고, 다시 깊이 파고들어서 토의를 진행하는 방법이다.

① Forum
② On the job training(OJT)
③ Panel Discussion
④ Buzz Session
⑤ Case Study

해설

정답 ①

테마63. 교육지도 8원칙과 학습지도방법 7가지

1. 교육의 3요소
1) 주체-강사, 교육자, 교육기관
2) 객체-교육생, 피교육자
3) 매개체-교재, 설문지

2. 교육지도 8원칙
1) 수강자 중심의 교육
2) 동기부여
3) 반복학습(1시간 이내에 약 50%를 망각하므로)
4) 한 번에 한 가지씩 교육
5) 인상의 강화(보조교재의 활용이나 견학, 사고사례 등을 통해 강조)
6) 오감(五感)을 활용
7) 쉬운 것부터 학습을 시작하여 어려운 것으로 나아간다.
8) 기능적인 이해를 돕는다.

3. 학습지도 방법의 7가지 형태
1) 강의식-교사의 언어를 통한 학습
2) 독서식-교재에 의한 학생 스스로의 학습
3) 필기식-필기에 의한 것으로 강의와 독서를 겸한 방법이다.
4) 시범식-시범자의 시범에 의한 방법이다.
5) 신체적 표현-신체를 이용한 교육방식
6) 시청각 교재의 이용
7) 계도식(유도식)-학습자의 어려운 문제 해결을 지도

확인학습

01 A기업은 학습지도 방법의 형태 중 '교재에 의한 피교육자의 자율적 학습방법을 선택하여 근로자에게 안전·보건교육을 실시하고 있다. A기업의 학습지도 방식에 해당하는 것은?

① 강의식
② 필기식
③ 독서식
④ 시범식
⑤ 계도식

해설

정답 ③

02 교육의 3요소에는 주체, 객체, 매개체가 있다. 이 중 교육의 객체(object of education)에 해당하는 것은?

① 교육생
② 강사
③ 교재
④ 설문지
⑤ 교육기관

해설

정답 ①

03 교육지도의 원칙에 관한 내용으로 옳지 않은 것은?

① 교육내용을 충분히 이해할 수 있도록 상대방의 입장을 고려하여 교육한다.
② 학습의욕을 고취하기 위하여 어려운 내용에서부터 쉬운 내용의 순서로 교육한다.
③ 교육의 성과는 양보다 질을 중시한다는 점에서 순서에 따라 한 번에 한 가지씩 교육한다.
④ 지식, 기술, 기능 및 태도가 몸에 익혀지도록 반복교육을 실시한다.
⑤ 인간의 5가지 감각기관을 복합적으로 활용하여 교육한다.

해설

정답 ②

테마64. 안전보건평가 항목의 평가척도

주요 평가척도는 절대척도, 상대척도, 평정척도, 도수척도가 있다.

1. 절대척도
재해건수 등 수치.

2. 상대척도
도수율, 강도율 등

3. 평정척도
양적으로 나타내는 것이다.
1) 표준평정척도
2) 도식평정척도
3) 숫자평정척도
4) 기술평정척도

4. 도수척도
중앙값, % 등

확인학습

01 안전관리계획의 운영방법에서 안전보건평가 항목의 주요 평가척도의 종류에 해당되지 않는 것은?

① 절대척도
② 상대척도
③ 평정척도
④ 기능척도
⑤ 도수척도

해설

정답 ④

테마65. 시스템의 수명주기 5단계

미국에서는 위험평가와 위험관리가 특징적이다. 특히 위험범위를 자주 발생, 보통 발생, 가끔 발생 등으로 구분하며, 위험관리 우선순위를 설정하는 것도 특이하며 위험중요도를 표시한다.

1. 위험가능성
1) 자주 발생
2) 보통 발생
3) 가끔 발생
4) 거의 발생하지 않음
5) 극히 발생하지 않음
6) 전혀 발생하지 않음

2. 위험 중요도

분류	범주	해당 재난
파국	Ⅰ	사망 또는 시스템 상실
중대재해	Ⅱ	중상. 직업병 또는 중요 시스템 손상
경미재해	Ⅲ	경상. 경미한 직업병 또는 시스템 가벼운 손상
무시재해	Ⅳ	사소한 상처, 직업병 또는 시스템 손상

3. 시스템안전 프로그램의 수명주기(Life Cycle)

시스템 수명주기를 5단계로 구분하면 일반적으로 **구**상단계(concept), **정**의단계(또는 사양결정단계, definition), 개**발**단계(development), **생산**(production), **운전**단계(deployment)로 나누어지고 하나 더 추가하면 마지막 단계인 폐기단계(disposal)가 있다. → 시스템수명주기 암기법(구정발/생운전)

확인학습

01 시스템의 수명주기 5단계를 순서대로 나열한 것은?

ㄱ. 생산　　ㄴ. 구상　　ㄷ. 개발　　ㄹ. 운전　　ㅁ. 정의

① ㄱ - ㄴ - ㄷ - ㄹ - ㅁ
② ㄴ - ㄷ - ㄱ - ㅁ - ㄹ
③ ㄴ - ㅁ - ㄷ - ㄱ - ㄹ
④ ㄹ - ㄷ - ㄱ - ㅁ - ㄴ
⑤ ㅁ - ㄴ - ㄱ - ㄷ - ㄹ

해설

정답 ③

테마66. 차파니스(Chapanis)가 정의한 위험확률

구분	확률값
자주 발생하는 확률	10^{-2}/day
보통 발생하는 확률	10^{-3}/day
가끔 발생하는 확률	10^{-4}/day
거의 발생하지 않는 확률	10^{-5}/day
극히 발생하지 않는 확률	10^{-6}/day
전혀 발생하지 않는 확률	10^{-8}/day

확인학습

01 차파니스(Chapanis)가 정의한 위험의 확률수준과 그에 따른 위험발생률로 옳은 것은?

① 전혀 발생하지 않는(impossible) 발생빈도: 10^{-8}/day
② 극히 발생할 것 같지 않는(extremely unlikely) 발생빈도: 10^{-7}/day
③ 거의 발생하지 않은(remote) 발생빈도: 10^{-6}/day
④ 가끔 발생하는(occasional) 발생빈도: 10^{-5}/day
⑤ 자주 발생하는 발생빈도: 10^{-3}/day

해설

정답 ①

테마67. 가속계수

가속계수(AF) = (가속조건/사용조건)^n

확인학습

01 A부품회사는 최근 개발한 신규 볼베어링의 수명을 예측하기 위하여 가속시험을 수행하였다. 통상적으로 볼베어링에 작용하는 하중은 20KN이다. 이 볼베어링에 80KN의 하중을 가해 가속시험을 하였을 때, 가속계수는 얼마인가? (단, 가속모델은 n승 법칙모델을 따르고, n=2.5이다)

① 4
② 16
③ 32
④ 64
⑤ 128

해설

$(80/20)^n$

정답 ③

테마68. 누적고장확률: F(t)

고장밀도함수인 f(t)의 의미를 정확히 알면 누적고장률 문제는 아주 쉽다. 계산기를 반드시 지참하고 학습을 해야 한다. 신뢰도 함수인 R(t)와 불신뢰도인 누적고장확률인 F(t)의 합은 1이 된다.

확인학습

01 C회사에서 생산되는 가변저항의 수명이 지수분포를 따르고 고장밀도함수 $f(t) = \dfrac{1}{200}e^{-t/200}$ 이라면, t=200 주(week)일 때 누적고장률 F(200)은 얼마인가? (단, 소수점 넷째자리에서 반올림한다.)

① 0.018
② 0.268
③ 0.368
④ 0.632
⑤ 0.732

해설

정답 ④

테마69. 미니멀 컷셋(최소컷셋)과 미니멀 패스셋(최소패스셋)

미니멀 패스셋(최소 패스셋)은 논리 연산자를 역(易)으로 해석하여 계산한다.
최소패스셋이란 포함된 기본사상(원인)이 일어나지 않을 때 처음으로 정상사상(고장)이 발생하지 않는 기본사상들의 집합으로 정의한다.

확인학습

01 다음 FT 도에서 최소컷셋(Minimal cut set)으로만 올바르게 나열한 것은?

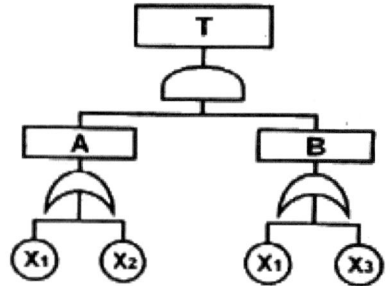

① [X1]
② [X1], [X2]
③ [X1, X2, X3]
④ [X1, X2], [X1, X3]

해설

정답 ①

02
다음 그림의 결함수에서 최소 패스셋(minmal path sets)과 그 신뢰도 R(t)는? (단, 각각의 부품 신뢰도는 0.9이다.)

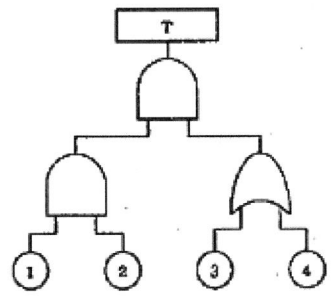

① 최소 패스셋 : {1}, {2}, {3, 4}
  R(t) = 0.9081
② 최소 패스셋 : {1}, {2}, {3, 4}
  R(t) = 0.9981
③ 최소 패스셋 : {1, 2, 3}, {1, 2, 4}
  R(t) = 0.9081
④ 최소 패스셋 : {1, 2, 3}, {1, 2, 4}
  R(t) = 0.9981

해설

직렬과 병렬의 산식을 구할 수 있어야 한다. 최소 패스셋 문제는 논리적 인자를 역으로 상정하면 쉽게 구할 수 있다.

T=1−(1−A)(1−B)=0.9981
A=1−(1−0.9)(1−0.9)=0.99
B=0.9×0.9=0.81

정답 ②

03 FTA(Fault Tree Analysis) 분석기법을 이용하여, 다음의 정상사상(top event) T의 미니멀 컷셋(minimal cut set)을 구하면?

$$T = A_1 \cdot A_2$$
$$A_1 = X_1 \cdot X_2, \quad A_2 = X_1 + X_3$$

① (X1, X2)
② (X1, X3)
③ (X2, X3)
④ (X1, X2, X3)
⑤ (X1, X2), (X2, X3)

| 해설 |

정답 ①

테마70. 하인리히의 재해코스트

재해비용의 계산은 발생한 재해로부터의 직접적인 손해비용과 간접적 손해비용을 계산하는 것이다.
재해비용의 산정은 위험관리대상의 선정과 대책수립의 중요한 요소로써 가능한 모든 위험요소에 대한 사회적 피해를 고려하여 산정되어야 한다.

1. 하인리히(H. W. Heinrich) 방식
재해코스트를 직접비와 간접비로 구분하여 직접비:간접비의 비율은 1:4가 된다고 하였다.

직접비(재해보상비)	간접비
치료비, 휴업보상비, 장해보상비, 유족보상비, 장례비 등	1) 인적 시간손실: 부상자의 시간손실, 작업 중단에 의한 인적 시간손실, 기타 인원 시간손실 2) 기타 재산손실: 기계, 공구, 재료, 생산손실, 납기 지연 등 손실 3) 부수적 손실: 사기저하 등의 심리적 손실

확인학습

01 하인리히의 재해코스트 산정 시 간접비에 해당하는 것은?

> ㄱ. 휴업보상비　　ㄴ. 장해보상비　　ㄷ. 재산손실
> ㄹ. 유족보상비　　ㅁ. 생산 감소

① ㄱ, ㄴ
② ㄱ, ㅁ
③ ㄴ, ㄹ
④ ㄷ, ㄹ
⑤ ㄷ, ㅁ

해설

정답 ⑤

테마71. 하인리히의 사고예방대책 기본원리 5단계

1. 안전관리조직
안전에 대한 목표설정 및 계획의 수립

2. 사실의 발견
불안전한 요소의 발견(안전점검, 사고조사, 안전회의 등)

3. 평가 및 분석
발견된 사실이나 원인 분석

4. 시정책의 선정
효과적인 개선 방법의 선정(기술적 개선, 교육적 개선, 제도 개선)

5. 시정책의 적용(3E)
1) 기술적 대책(Engineering)
안전설계, 설비의 개선, 작업 기준
2) 교육적 대책(Education)
안전교육, 교육훈련 실시
3) 규제적 대책(Enforcement)
안전기준 설정, 규칙 및 규정 준수

확인학습

01 하인리히(H. W. Heinrich)의 사고방지를 위한 기본원리 5단계를 순서대로 나열한 것은?

| ㄱ. 안전관리조직 | ㄴ. 시정책의 실행 | ㄷ. 사실의 발견 |
| ㄹ. 시정방법의 선정 | ㅁ. 분석·평가 | |

① ㄱ → ㄷ → ㅁ → ㄹ → ㄴ
② ㄱ → ㅁ → ㄷ → ㄹ → ㄴ
③ ㄷ → ㄹ → ㄴ → ㅁ → ㄱ
④ ㄷ → ㅁ → ㄱ → ㄹ → ㄴ
⑤ ㄷ → ㅁ → ㄹ → ㄴ → ㄱ

해설

정답 ①

테마72. 결함수 분석법(FTA)의 논리기호

1. 정상사상(top event)
재해의 위험도를 고려하여 결함수 분석을 하기로 결정한 사고나 결과를 말한다.

2. 기본사상(basic event)
더 이상 원인을 독립적으로 전개할 수 없는 기본적인 사고의 원인으로서 기기의 기계적 고장, 보수와 시험 이용불능 및 작업자 실수사상 등을 말한다.

3. 중간사상(intermediate event)
정상사상과 기본사상 중간에 전개되는 사상을 말한다.

확인학습

01 다음에서 설명하는 논리기호의 명칭은?

- 더 이상 해석이나 분석할 필요가 없는 사상
- 결함수 분석법(FTA)의 도표에 사용되는 논리 기호 중 '원' 기호로 표시됨

① 결함사상
② 기본사상
③ 이하 생략의 결함사상
④ 통상사상
⑤ 전이기호

> 해설

기호	명명	기호설명
○	기본사상 (Basic event)	더 이상 전개할 수 없는 사건의 원인
⬭	조건부사상 (Conditional event)	논리게이트에 연결되어 사용되며, 논리에 적용되는 조건이나 제약 등을 명시 (우선적 억제 게이트에 우선적으로 적용)
◇	생략사상 (Undeveloped event)	사고 결과나 관련정보가 미비하여 계속 개발될 수 없는 특정 초기사상
⌂	통상사상 (External event)	유동계통의 층 변화와 같이 일반적으로 발생이 예상되는 사상
▭	중간사상 (Intermediate event)	한개 이상의 입력사상에 의해 발생된 고장사상으로서 주로 고장에 대한 설명 서술
⌒	OR 게이트 (OR gate)	한개 이상의 입력사상이 발생하면 출력사상이 발생하는 논리게이트
⌒	AND 게이트 (AND gate)	입력사상이 전부 발생하는 경우에만 출력사상이 발생하는 논리게이트
⬡○	억제 게이트 (Inhibit gate)	AND 게이트의 특별한 경우로서 이 게이트의 출력사상은 한개의 입력사상에 의해 발생하며, 입력사상이 출력사상을 생성하기 전에 특정조건을 만족하여야 하는 논리게이트
△	배타적 OR 게이트 (Exclusive OR gate)	OR 게이트의 특별한 경우로서 입력사상중 오직 한개의 발생으로만 출력사상이 생성되는 논리게이트
△	우선적 AND 게이트 (Priority AND gate)	AND 게이트의 특별한 경우로서 입력사상이 특정 순서별로 발생한 경우에만 출력사상이 발생하는 논리게이트
△	전이기호 (Transfer symbol)	다른 부분에 있는(예:다른 페이지) 게이트와의 연결관계를 나타내기 위한 기호. 전입(Transfer in)과 전출(Transfer out)기호가 있음.

정답 ②

테마73. 위험조정기술

위험조정(처리)기술은 위험회피, 위험감축(경감), 보류(보유), 전가로 4가지가 있다. →(암기법: 수/감/회피/전가)

1. 위험보류(보유, 수용, retention)
위험의 잠재 손실 비용을 감수하는 것이다.

2. 위험감축(reduction)
위험을 감축시키려는 대책을 마련한다. 비용이 많이 들기 때문에 비용 분석을 실시해야 한다.

3. 위험회피(avoidance)
위험이 존재하는 사업이나 프로세스를 진행하지 않는 것이다.

4. 위험전가(transfer)
보험이나 외주(아웃소싱) 등으로 잠재 위험을 제3자에게 전가하는 하는 것이다.

확인학습

01 위험관리단계에서 발생빈도보다는 손실에 중점을 두며, 기업 간 의존도, 한 가지 사고가 여러 가지 손실을 수반하는 것에 대해 유의하며 안전에 미치는 영향의 강도를 평가하는 단계는?

① 위험의 파악 단계
② 위험의 처리 단계
③ 위험의 분석 및 평가 단계
④ 위험의 발견, 확인, 측정방법 단계
⑤ 개선대책의 수립

해설

정답 ③

02 위험상황을 해결하기 위한 위험처리(조정)기술에 해당하는 것은?

① Combine(결합)
② Reduction(위험감축)
③ Simplify(단순화)
④ Rearrange(작업순서의 변경 및 재배열)
⑤ Elimination(제거)

해설

정답 ②

테마74. 작업개선의 ECRS원칙

1. Eliminate(제거)
불필요한 작업이나 작업요소를 제거

2. Combine(결합)
다른 작업이나 작업요소와의 결합

3. Rearrange(재배열)
작업순서의 변경

4. Simplify(단순화)
작업이나 작업요소의 단순화와 간소화

확인학습

01 다음 중 작업방법의 개선원칙(ECRS)에 해당되지 않는 것은?

① 교육
② 결합
③ 재배치
④ 단순화
⑤ 제거

> 해설

정답 ①

테마75. 재해 누발자의 유형

1. 상황적 누발자
작업의 어려움이나 기계·설비의 결함, 환경 상 주의력의 집중 혼란, 심신의 근심 등 때문에 재해를 누발하는 자를 말한다.

2. 습관성 누발자
재해의 경험으로 인해 겁쟁이가 되거나 신경과민으로 인해 재해를 누발하는 자, 일종의 슬럼프 상태에 빠져서 재해를 누발하는 자를 말한다.

3. 소질성 누발자
재해의 소질적 요인을 가지고 있기 때문에 재해를 누발하는 자를 말한다. '재해빈발자' 라고도 한다.

4. 미숙성 누발자
기능 미숙이나 환경에 익숙하지 못한 탓에 재해를 누발하는 자를 말한다.

확인학습

01 상황적 누발자의 재해유발원인으로 가장 적절한 것은?

① 소심한 성격
② 주의력의 산만
③ 기계·설비의 결함
④ 침착성 및 도덕성의 결여
⑤ 기능의 미숙

해설

정답 ③

테마76. 재해의 간접원인 3E와 기본원인 4M

1. 재해의 간접원인 3E
산업재해의 간접원인으로 Engineering(기술), Education(교육), Enforcement(규제, 관리)의 3가지를 들고 있다. 이것은 오래전부터 안전관리프로그램의 기초가 되어 왔다.

2. 재해발생의 간접원인(3E)

1) Engineering(기술적 원인)
ㄱ. 기계설비의 설계 결함
ㄴ. 위험방호의 불량
ㄷ. 근원적 안전시스템 미흡

2) Education(교육적 원인)
ㄱ. 작업방법 교육 불충분
ㄴ. 안전지식 부족
ㄷ. 안전수칙 무시

3) Enforcement(관리적 원인)
ㄱ. 안전관리조직 결함
ㄴ. 안전관리규정 미흡
ㄷ. 안전관리계획 미수립

3. 재해예방대책

1) 기술적 대책
설비환경의 개선 및 작업방법의 개선

2) 교육적 대책
안전교육 및 훈련의 실시

3) 관리적 대책
엄격한 규칙에 의한 제도적 시행

4. 기본원인 4M
모든 재해는 불안전한 상태 및 불안전한 행동(직접원인)에 의하여 발생하며, 재해의 기본원인인 4M은 Man, Machine, Media, Management에 있으며 이에 대한 안전대책의 수립이 필요하다.

5. 4M의 구성

1) Man(인간적 요인)
ㄱ. 심리적 요인: 주변적 동작, 걱정거리, 망각, 착오 등
ㄴ. 생리적 요인: 피로, 수면부족 등

2) Machine(기계적 요인)
ㄱ. 기계·설비의 설계 결함
ㄴ. 위험방호 불량
ㄷ. 근원적 안전화 미흡

3) Media(매개체=환경적 요인)
ㄱ. 작업 방법적 요인: 작업자세, 속도, 강도, 근로시간 등
ㄴ. 작업 환경적 요인: 작업 공간, 조명, 색채, 소음, 진동 등

4) Management(관리적 요인)
ㄱ. 안전관리조직 결함
ㄴ. 안전관리규정의 미흡
ㄷ. 안전관리계획의 미수립

확인학습

01 재해의 기본원인에 해당되지 않는 것은?

① Man
② Measurement
③ Machine
④ Media
⑤ Management

해설

정답 ②

테마77. 기본원인(4M)의 항목별 유해·위험요인

1. 안전보건공단에서 제시하는 4M의 항목별 유해·위험요인은 다음과 같다.

항목	유해·위험요인
Man(인간)	- 근로자의 특성(장애인, 여성, 고령자, 외국인, 미숙련자 등)에 의한 불안전 행동 - 작업정보의 부적절 - 작업 자세, 작업 동작의 결함 - 작업 방법의 부적절
Machine(기계)	- 기계·설비의 설계상의 결함 - 방호장치의 불량 - 본질안전화의 부족 - 사용 유틸리티(전기, 압축공기, 물)의 결함 - 설비를 이용한 운반수단의 결함 등
Media(물질·환경)	- 작업 공간(작업장 상태 및 구조)의 결함 - 가스, 증기, 분진, 흄, 미스트 발생 - 산소결핍, 병원체, 방사선, 유해광선, 고온, 저온, 초음파, 소음, 진동, 이상기압 등에 의한 건강장해 - 취급 화학물질의 물질안전보건자료(MSDS) 확인
Management(관리)	- 관리조직의 결함 - 규정, 매뉴얼의 미작성 - 안전관리계획의 미흡 - 부하에 대한 감독지도의 결여 - 교육·훈련의 부족 - 안전수칙 및 각종 표지판의 미게시 - 건강관리의 사후관리 미흡

2. 안전관리의 주요대상과 3E의 관계도

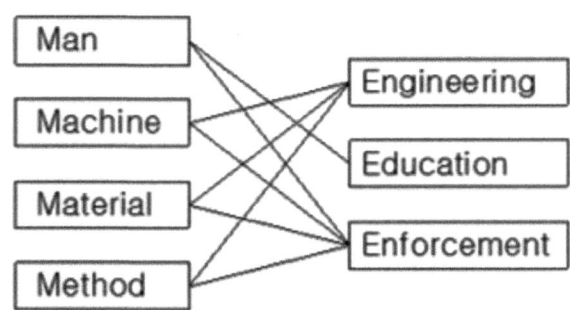

확인학습

01 위험성 평가 시 유해위험요인의 발굴을 위해 4M기법을 활용한다. 다음 중 인적(Man) 항목이 아닌 것은?

① 작업자세
② 개인 보호구 미착용
③ 휴먼에러
④ 관리조직의 결함 및 건강관리의 불량
⑤ 미숙련자의 불안전한 행동

해설

정답 ④

테마78. 안전인증대상 기계·기구 및 설비, 방호장치, 보호구

영 제74조(안전인증대상기계등) ① 법 제84조 제1항에서 "대통령령으로 정하는 것"이란 다음 각 호의 어느 하나에 해당하는 것을 말한다. →크리곤/전프압사/고롤

1. 다음 각 목의 어느 하나에 해당하는 기계 또는 설비
   가. 프레스
   나. 전단기 및 절곡기(折曲機)
   다. 크레인
   라. 리프트
   마. 압력용기
   바. 롤러기
   사. 사출성형기(射出成形機)
   아. 고소(高所) 작업대
   자. 곤돌라

2. 다음 각 목의 어느 하나에 해당하는 방호장치 →전프양보/압안파/절방활선/방폭/가/산
   가. 프레스 및 전단기 방호장치
   나. 양중기용(揚重機用) 과부하 방지장치
   다. 보일러 압력방출용 안전밸브
   라. 압력용기 압력방출용 안전밸브
   마. 압력용기 압력방출용 파열판
   바. 절연용 방호구 및 활선작업용(活線作業用) 기구
   사. 방폭구조(防爆構造) 전기기계·기구 및 부품
   아. 추락·낙하 및 붕괴 등의 위험 방지 및 보호에 필요한 가설기자재로서 고용노동부장관이 정하여 고시하는 것
   자. 충돌·협착 등의 위험 방지에 필요한 산업용 로봇 방호장치로서 고용노동부장관이 정하여 고시하는 것

3. 다음 각 목의 어느 하나에 해당하는 보호구 →안전(4)/보안(2)/방(2)/보호복/송기/귀전
   가. 추락 및 감전 위험방지용 안전모
   나. 안전화
   다. 안전장갑
   라. 방진마스크
   마. 방독마스크
   바. 송기(送氣)마스크
   사. 전동식 호흡보호구
   아. 보호복
   자. 안전대
   차. 차광(遮光) 및 비산물(飛散物) 위험방지용 보안경
   카. 용접용 보안면

타. 방음용 귀마개 또는 귀덮개
② 안전인증대상기계등의 세부적인 종류, 규격 및 형식은 고용노동부장관이 정하여 고시한다.

시행규칙 제107조(안전인증대상기계등) 법 제84조 제1항에서 "고용노동부령으로 정하는 안전인증대상기계등"이란 다음 각 호의 기계 및 설비를 말한다.

1. **설치·이전**하는 경우 안전인증을 받아야 하는 기계
   가. 크레인
   나. 리프트
   다. 곤돌라
2. **주요 구조 부분을 변경**하는 경우 안전인증을 받아야 하는 기계 및 설비
   가. 프레스
   나. 전단기 및 절곡기(折曲機)
   다. 크레인
   라. 리프트
   마. 압력용기
   바. 롤러기
   사. 사출성형기(射出成形機)
   아. 고소(高所)작업대
   자. 곤돌라

확인학습

01 산업안전보건법령상 안전인증 대상 기계·기구 등에 해당하지 않는 것은?

① 산업용 로봇
② 프레스
③ 크레인
④ 압력용기
⑤ 곤돌라

해설

정답 ①

테마79. 자율안전확인대상 기계 또는 설비, 방호장치, 보호구

영 제77조(자율안전확인대상기계등) ① 법 제89조 제1항 각 호 외의 부분 본문에서 "대통령령으로 정하는 것"이란 다음 각 호의 어느 하나에 해당하는 것을 말한다.

1. 다음 각 목의 어느 하나에 해당하는 기계 또는 설비 →공고자식/컨산인연/파혼
   가. 연삭기(研削機) 또는 연마기. 이 경우 휴대형은 제외한다.
   나. 산업용 로봇
   다. 혼합기
   라. 파쇄기 또는 분쇄기
   마. 식품가공용 기계(파쇄·절단·혼합·제면기만 해당한다)
   바. 컨베이어
   사. 자동차정비용 리프트
   아. 공작기계(선반, 드릴기, 평삭형삭기, 밀링만 해당한다)
   자. 고정형 목재가공용 기계(둥근톱, 대패, 루타기, 띠톱, 모떼기 기계만 해당한다)
   차. 인쇄기

2. 다음 각 목의 어느 하나에 해당하는 방호장치 →목동아가/교가/연롤~~
   가. 아세틸렌 용접장치용 또는 가스집합 용접장치용 안전기
   나. 교류 아크용접기용 자동전격방지기
   다. 롤러기 급정지장치
   라. 연삭기 덮개
   마. 목재 가공용 둥근톱 반발 예방장치와 날 접촉 예방장치
   바. 동력식 수동대패용 칼날 접촉 방지장치
   사. 추락·낙하 및 붕괴 등의 위험 방지 및 보호에 필요한 가설기자재(제74조 제1항 제2호 아목의 가설기자재는 제외한다)로서 고용노동부장관이 정하여 고시하는 것

3. 다음 각 목의 어느 하나에 해당하는 보호구 →보안경/보안면/안전모
   가. 안전모(제74조 제1항 제3호가목의 안전모는 제외한다)
   나. 보안경(제74조 제1항 제3호차목의 보안경은 제외한다)
   다. 보안면(제74조 제1항 제3호카목의 보안면은 제외한다)

② 자율안전확인대상기계등의 세부적인 종류, 규격 및 형식은 고용노동부장관이 정하여 고시한다.

확인학습

01 다음 보기에서 안전인증대상 기계·기구 및 설비, 방호장치, 보호구를 모두 고른 것은?

ㄱ. 안전대	ㄴ. 연삭기 덮개	ㄷ. 산업용 로봇 안전매트
ㄹ. 압력용기	ㅁ. 양중기용 과부하 방지장치	
ㅂ. 파쇄기	ㅅ. 이동식 사다리	
ㅇ. 동력식 수동대패용 칼날 접촉방지장치		
ㅈ. 교류아크용 용접기 자동전격방지기		
ㅊ. 용접용 보안면		

① ㄱ, ㄴ, ㄷ, ㅁ, ㅈ
② ㄱ, ㄹ, ㅇ, ㅂ, ㅊ
③ ㄱ, ㄷ, ㄹ, ㅁ, ㅊ
④ ㄱ, ㄴ, ㄷ, ㄹ, ㅁ
⑤ ㄴ, ㄷ, ㄹ, ㅂ, ㅈ

해설

○ 방호장치 안전인증 고시

제8장 추락·낙하 및 붕괴 등의 위험방호에 필요한 가설기자재

제1절 통칙

제35조(정의) 추락·낙하 및 붕괴 등의 위험방호에 필요한 가설기자재(이하 "가설기자재"라 한다)에 사용하는 용어의 뜻은 다음 각 호와 같다.

1. "파이프서포트 및 동바리용 부재"란 건설공사에서 타설된 콘크리트가 소정의 강도를 얻기까지 거푸집을 지지하기 위하여 설치하는 동바리 및 부재로서 파이프 서포트, 틀형 동바리용 부재, 시스템 동바리용 부재는 다음 각 목과 같다.
   가. "파이프서포트"란 단품으로 사용되는 동바리를 말한다. 다만, 압축강도가 180kN 이상인 강관 동바리는 제외한다.
   나. "틀형 동바리용 부재"란 수직재와 횡가재 및 보강재가 일체화된 주틀, 가새재 등으로 조립하여 설치한 동바리를 구성하는 부재를 말한다.
   다. "시스템 동바리용 부재"란 수직재, 수평재, 가새재 등 개개의 부재들이 서로 조립·설치된 동바리를 구성하는 부재를 말한다.
2. "조립식 비계용 부재"란 공사용 통로나 작업 발판 등을 설치하기 위하여 구조물의 주위에 조립·설치되어 고정된 비계를 구성하는 부재로서 다음 각 목과 같다.

가. "강관 비계용 부재"란 단관비계용 강관을 강관조인트와 클램프 등으로 조립하여 설치한 비계를 구성하는 부재를 말한다.
나. "틀형 비계용 부재"란 수직재와 횡가재 및 보강재가 일체화된 주틀, 교차가새, 띠장틀 등으로 조립하여 설치한 비계를 구성하는 부재를 말한다.
다. "시스템 비계용 부재"란 수직재와 수평재 및 가새재 등을 조립하여 설치한 비계를 구성하는 부재를 말한다.

3. "이동식 비계용 부재"란 이동식 비계용 주틀의 하단에 발바퀴를 부착하여 이동할 수 있도록 조립하는 비계의 부재로서 다음 각 목과 같다.
    가. "이동식 비계용 주틀"이란 이동식비계를 구성하기 위하여 수직으로 조립되는 주틀을 말한다.
    나. "발바퀴"란 최하단 주틀의 기둥재에 삽입되는 바퀴를 말한다.
    다. "이동식 비계용 난간틀"이란 이동식비계 상부의 작업발판에서 작업자가 추락하지 않도록 설치하는 난간틀을 말한다.
    라. "이동식 비계용 아웃트리거"란 이동식 비계에서 작업중이거나, 작업자가 승강 중에 비계가 전도되는 것을 방지하기 위하여 설치하는 지지대를 말한다.

4. "작업발판"이란 비계 등에서 작업자의 통로 및 작업공간으로 사용되는 발판으로서 다음 각 목과 같다.
    가. "작업대"란 비계용 강관에 설치할 수 있는 걸침고리가 용접 또는 리벳 등에 의하여 발판에 일체화되어 제작된 작업발판을 말한다.
    나. "통로용 작업발판"이란 작업대와 달리 걸침고리가 없는 작업발판을 말한다.

5. "조임철물"이란 비계용 강관 또는 동바리 등을 조립·설치하기 위하여 강관과 강관, 강관과 형강의 체결에 사용되는 철물로서 다음 각 목과 같다.
    가. "클램프"란 강관과 강관을 연결하는 조임 철물을 말한다.
    나. "철골용 클램프"란 강관과 형강을 체결하는 조임 철물을 말한다.

6. "받침철물"이란 비계 및 동바리 기둥의 상하부에 설치하여 미끄러짐이나 침하를 방지하고 항상 수평 및 수직을 유지하도록 하는데 사용하는 철물로서 다음 각 목과 같다.
    가. "조절형 받침철물"이란 높이 조절이 가능한 받침철물을 말한다.
    나. "피벗형 받침철물"이란 건축물 등의 공사에서 경사진 부분의 비계 및 동바리의 상하부에 연결하여 사용하며 높이 조절이 가능한 받침철물을 말한다.

7. "조립식 안전난간"이란 추락의 우려가 있는 장소에 기둥재와 수평난간대가 현장에서 조립되어 설치되는 난간을 말한다. 다만, 수평난간대와 안전난간 기둥이 일체식으로 구성된 안전난간은 대상에서 제외한다.

8. 제1호 및 제2호에 따른 부재에 대한 용어의 뜻은 다음 각 목과 같다.
    가. "주틀"이란 틀형 동바리 및 비계를 구성하는 부재 중 하나로서 기둥재, 횡가재 및 보강재가 일체화되어 동바리 및 비계에 작용하는 수직하중을 지지하기 위한 부재를 말한다.
    나. "교차가새"란 틀형 동바리 및 비계를 구성하는 부재 중 하나로서 평행하게 배열되는 주틀과 주틀을 핀으로 체결하는 X형태의 가새재로서 동바리 및 비계에 작용하는 수평방향의 압축·인장력을 지지하는 부재를 말하며, 이동식 비계용으로도 사용할 수 있다.
    다. "띠장틀"이란 틀형 비계를 구성하는 부재 중 하나로서 수직으로 조립되는 주틀의 5단 이내마다 주틀의 횡가재에 결합되어 틀형 비계를 지지하기 위한 부재를 말한다.
    라. "벽연결용 철물"이란 비계 또는 동바리를 건물의 벽체나 기둥 등의 구조체에 연결함으로서

풍하중, 충격 등의 수평 및 수직하중에 의한 인장 및 압축하중을 지지하는 부재를 말한다.
마. "연결조인트"란 틀형 동바리 및 비계의 주틀과 주틀을 상하로 연결하거나, 시스템 동바리 및 시스템 비계의 수직재와 수직재를 상하로 연결하고 수직재의 이탈을 방지하기 위하여 사용하는 연결핀을 말한다.
바. "강관조인트"란 단관비계용 강관 2개를 서로 이어서 비계의 길이를 늘이기 위하여 사용하는 이음 부재를 말한다.
사. "트러스"란 시스템 동바리의 수직재에 결합되어 주로 보하부 거푸집의 멍에 또는 장선을 지지하는 부재를 말한다.
아. "수직재"란 시스템 비계 및 동바리를 구성하는 부재 중 기둥 부재를 말한다.
자. "수평재"란 수직재에 직각으로 결합되어 수평하중을 지지하는 부재를 말한다.
차. "가새재"란 시스템 조립형 비계 및 동바리의 수직재 또는 수평재에 경사지게 결합되어 수평하중을 수직재에 전달하는 부재를 말한다.

○ 방호장치 자율안전기준 고시

제14조의2(정의) ① 추락·낙하 및 붕괴 등의 위험 방지 및 보호에 필요한 가설기자재(이하 "가설기자재"라 한다)에 사용하는 용어의 뜻은 다음 각 호와 같다.
1. "선반지주"란 비계기둥에 부착하여 작업발판을 설치하기 위하여 사용하는 지주를 말한다.
2. "강관비계용 강관"이란 작업장에서 조립하여 설치하는 강관비계 또는 가설울타리에 사용되는 수직재, 띠장재 및 장선재용 부재를 말한다.
3. "고정형 받침철물"이란 강관비계기둥의 하부에 설치하여 비계의 미끄러짐과 침하를 방지하기 위하여 사용하는 받침철물을 말한다.
4. "달비계용 부재"란 작업공간 확보가 곤란한 고소작업을 위하여 설치하는 비계를 구성하는 부재를 말한다.
  가. "달기체인"이란 바닥에서부터 외부비계 설치가 곤란한 높은 곳에 달비계를 설치하기 위한 체인형식의 금속제 인장부재를 말한다.
  나. "달기틀"이란 작업공간 확보가 곤란한 고소작업에 필요한 작업 발판의 설치를 위하여 철골보 등의 구조물에 매달아 사용하는 틀을 말한다.
5. "방호선반"이란 비계 또는 구조물의 외측면에 설치하여 낙하물로부터 작업자나 보행자의 상해를 방지하기 위하여 설치하는 선반을 말한다.
6. "엘리베이터 개구부용 난간틀"이란 작업자가 작업 중 엘리베이터 개구부로 추락하는 것을 방지하기 위하여 설치하는 기둥재와 수평 난간재가 일체형으로 제작된 안전난간을 말한다.
7. "측벽용 브래킷"이란 공동주택 공사의 측벽 등에 강관비계 조립을 목적으로 본 구조물에 볼트 등으로 부착하는 쌍줄용 브래킷을 말한다.

정답 ③

테마80. 계산문제 종합

확인학습

01 다음 FT도에서 정상사상 X의 값은 얼마인가?

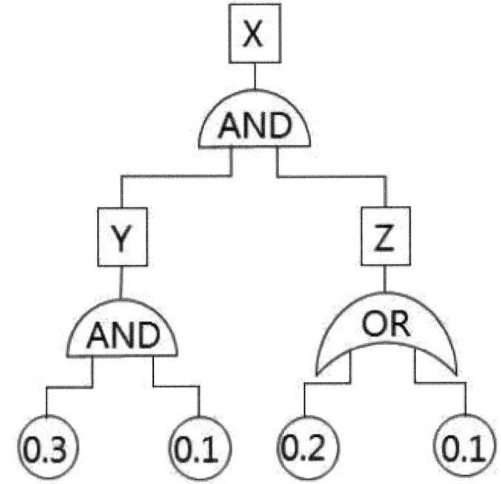

① 0.0084
② 0.3826
③ 0.42
④ 0.55
⑤ 0.61

해설

정답 ①

02
국내 사업장의 전년도 도수율은 3, 강도율은 27이었다. 이 사업장의 종합재해지수(FSI)는 얼마인가?

① 5
② 6
③ 7
④ 8
⑤ 9

해설

종합재해지수(FSI) 공식은 루트 안에 도수율과 강도율을 곱하면 금세 풀 수 있다.

정답 ⑤

03
500명이 근무하는 (주)안전의 작년 재해 통계를 기준으로 하였을 때, (주)안전의 근로자가 입사하여 정년까지 평균적으로 경험하는 재해건수와 근로손실일수가 각각 0.5건과 10일인 것으로 나타났다. (주)안전의 작년 재해자수와 근로손실일수는? (단, 근로자 1인당 연간 총근로시간은 2,400시간이며 근로자 1인이 입사하여 정년까지 근무하는 총근로시간은 100,000시간으로 가정한다.)

① 재해자수: 5명, 근로손실일수: 60일
② 재해자수: 5명, 근로손실일수: 120일
③ 재해자수: 6명, 근로손실일수: 60일
④ 재해자수: 6명, 근로손실일수: 120일
⑤ 재해자수: 10명, 근로손실일수: 100일

해설

환산도수율과 환산강도율의 공식을 그대로 대입하면 정답을 쉽게 구할 수 있다.

정답 ④

04
다음 설명을 보고 A기업의 근로자 1인이 입사부터 정년까지 경험하는 재해건수는? (단, 소수점 아래 셋째자리에서 반올림한다.)

> ○ A기업에서 상시 1,200명의 근로자가 근무하고 있으나 질병·기타 사유로 인하여 4%의 결근율이라고 보았을 때, 이 회사에서 연간 50건의 재해가 발생하였다.
> ○ 근로자가 1주일에 48시간 연간 50주를 근무한다.
> ○ 근로자 1인의 입사부터 정년까지의 근로시간은 총 100,000시간이다.

① 1.81
② 4.34
③ 17.36
④ 18.08
⑤ 43.40

해설

입사부터 정년까지의 재해건수를 묻는 문제이므로 환산도수율 문제이다. 결근율이 4%이므로 근무시간 계산할 때 96%로 계산하는 것을 주의하자.

연간 재해건수 = $\dfrac{50}{1200 \times (48 \times 50 \times 0.96)} \times 100{,}000 = 1.81$

정답 ①

05

A 시스템은 그림과 같이 3가지의 부품을 직렬로 연결한 체계를 체계중복으로 하여 구성되어 있으며, 그림의 수치들은 각각 부품들의 신뢰도를 표기한 것이다. A시스템의 신뢰도는? (단, 소수점 넷째자리에서 반올림하여 소수점 셋째자리까지 구하시오.)

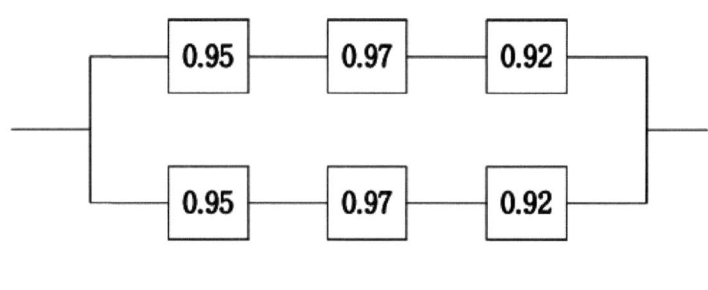

① 0.957
② 0.967
③ 0.977
④ 0.987
⑤ 0.997

해설

직렬과 병렬 문제이다.

정답 ③

06

광원으로부터 2m 떨어진 곳의 조도가 2,000lux이면, 같은 광원으로부터 4m거리에서의 조도(lux)는? (단, 동일한 조명 환경이 유지되는 것으로 가정한다.)

① 100
② 200
③ 250
④ 500
⑤ 1,000

해설

조도는 거리의 제곱에 반비례한다.

정답 ④

07 다음 중 점광원에 관한 조도를 나타내는 식으로 옳은 것은?

① $\dfrac{광도}{거리}$
② $\dfrac{광도^2}{거리}$
③ $\dfrac{광도}{거리^2}$
④ $\left(\dfrac{거리}{광도}\right)^2$
⑤ $\dfrac{거리}{광도^2}$

해설

정답 ③

08 A공장의 프레스 장비는 평균고장간격(MTBF)이 5년이고, 평균수리시간(MTTR)이 0.5년이다. 프레스 장비의 가용도(Availability)는 약 얼마인가? (단, 프레스 장비의 고장수명은 지수분포를 따르며, 소수점 아래 셋째자리에서 반올림한다.)

① 0.10
② 0.91
③ 1.10
④ 5.00
⑤ 20.00

해설

가용성 = MTBF / (MTBF + MTTR) = 5 / (5+0.5) = 0.91

정답 ②

09 재해구성 비율에 관한 설명으로 옳지 않은 것은?

① 버드이론에서 인적상해 비율은 41/641이다.
② 버드의 재해발생비율 항목은 물적손실 무상해 항목이 있다.
③ 하인리히의 잠재된 위험이 버드의 잠재된 위험보다 낮다.
④ 버드이론에서 무상해 비율은 630/641이다.
⑤ 하인리히 이론에서 잠재위험 비율은 300/330이다.

> 해설

하인리히의 재해비율은 중상 : 경상 : 무상해 = 1 : 29 : 300 이다.
버드의 재해비율은 중상 : 경상 : 무상해·물적손실 : 무상해 = 1 : 10 : 30 : 600으로 하인리히보다 재해의 구성비율을 좀 더 세부적으로 구분하였다.
잠재적 위험비율은 사고가 일어나기 이전에 항상 어떤 신호(상해는 없지만)가 있다는 것이다.
하인리히의 잠재적 위험비율은 300/330이며, 버드는 630/641이다

정답 ①

10 무재해 시간의 계산방식으로 옳지 않은 것은?

① 무재해 시간의 산정은 실근로자의 수와 실근무시간을 곱한다.
② 3일 미만의 경미한 부상은 무재해로 간주한다.
③ 사무직은 하루 통산 8시간을 근무시간으로 산정한다.
④ 무재해 개시 후 재해가 발생하면 처음(0시간)부터 다시 시작한다.
⑤ 업무시간 외에 발생한 재해 중 작업 개시 전의 작업준비 및 작업종료 후의 정리·정돈 과정에서 발생한 재해도 포함한다.

> 해설

사업장 무재해운동 추진 및 운영에 관한 규칙 참조

○ 무재해운동 시간계산 방법
1. 총시간 = 실제 근로시간수 × 실근무자수
2. 사무직 또는 사무직외의 근로자로서 실 근로시간 산정이 곤란한 자의 경우에는 1일 8시간, 건설현장 근로자 1일 10시간
3. 무재해 개시 후 재해가 발생하면 0점부터 다시 시작
4. 치료기일이 4일 이내의 경미한 사항은 무재해로 계산
5. 무재해의 범위
　ㄱ. 제3자의 행위로 인한 재해와 사업장 외에서의 교통재해 및 개인질병은 무재해로 한다.
　ㄴ. 업무시간 외의 재해. 다만, 사업주가 제공한 시설물에서 발생한 재해 및 작업준비, 작업장 정리·정돈과정에서 발생한 재해는 무재해에서 제외한다.

제2조(정의) 이 규칙에서 사용하는 용어의 뜻은 다음과 같다.
1. "무재해"란 사업장에서 근로자가 업무에 기인하여 사망 또는 4일 이상의 요양을 요하는 부상 또는 질병에 이환되지 않는 것을 말한다. 다만, 다음 각 목의 어느 하나에 해당하는 경우에는 무재해로 본다.
   가. 「산업재해보상보험법 시행령」제27조 제1항4호에 따른 업무수행 중의 사고 중 천재지변 또는 돌발적인 사고로 인한 구조행위 또는 긴급피난 중 발생한 사고
   나. 「산업재해보상보험법 시행령」제35조에 따른 출퇴근 도중에 발생한 재해
   다. 「산업재해보상보험법 시행령」제30조에 따른 운동경기 등 각종 행사 중 발생한 재해
   라. 「산업재해보상보험법 시행령」제31조에 따른 사고 중 천재지변 또는 돌발적인 사고 우려가 많은 장소에서 사회통념상 인정되는 업무수행 중 발생한 사고
   마. 「산업재해보상보험법 시행령」제33조에 따른 제3자의 행위에 의한 업무상 재해
   바. 「산업재해보상보험법 시행령」별표3의 업무상 질병에 대한 구체적인 인정기준 중 뇌혈관질병 또는 심장질병에 의한 재해
   사. 업무시간외에 발생한 재해. 다만, 사업주가 제공한 사업장내의 시설물에서 발생한 재해 또는 작업개시전의 작업준비 및 작업종료후의 정리정돈과정에서 발생한 재해는 제외한다.
   아. 도로에서 발생한 사업장 밖의 교통사고, 소속 사업장을 벗어난 출장 및 외부기관으로 위탁교육 중 발생한 사고, 회식중의 사고, 전염병 등 사업주의 법 위반으로 인한 것이 아니라고 인정되는 재해
2. "요양"이란 부상 등의 치료를 말하며 재가, 통원 및 입원의 경우를 모두 포함한다.
3. "재개시"란 무재해운동 추진 중 재해가 발생한 경우로서 업무상 사고는 재해가 발생한 다음날부터, 업무상 질병은 근로복지공단의 최초 요양 승인일의 다음날부터 다시 개시한 것으로 간주하는 것을 말한다.
4. "재설정"이란 특정 목표배수를 달성하고 다음 배수를 달성하기 위해 상시근로자 수, 업종, 공사금액 등을 확인하여 목표 일수(시간)를 다시 설정하는 것을 말한다.
5. 삭제〈2019.1.25.〉

제3조(적용범위) 이 규칙은 「산업안전보건법」(이하 "법"이라 한다)의 적용을 받는 모든 사업 또는 사업장에 적용한다.

제2장 무재해 목표 설정기준

제4조(적용업종 분류기준) 사업장 무재해운동 적용업종은 「고용보험 및 산업재해보상보험의 보험료징수 등에 관한 법률」제14조 제3항 및 제4항, 같은 법 시행규칙 제12조에 따라 고용노동부장관이 정하여 매년 고시하는 산업재해보상보험요율표에 명시된 사업종류에 근거하여 분류한다.

제5조(무재해 목표 설정기준) ① "무재해 1배수 목표"란 업종규모별로 사업장을 그룹화하고 그룹 내 사업장들이 평균적으로 재해자 1명이 발생하는 기간 동안 당해 사업장에서 재해가 발생하지 않는 것을 말한다.
② 삭제〈개정 2011.4.5., 2015.12.19., 2018.3.13. 2019.1.00〉
③ 제8조에 따른 무재해운동 자율참여 사업장은 무재해 목표를 별표 1을 참고하여 자율적으로 설정한다.

정답 ⑤

11 극한강도가 60 MPa, 허용응력이 40 MPa일 경우 안전계수(S)는?

① 0.7
② 1.0
③ 1.5
④ 2.4
⑤ 2,400

해설

○ 안전계수(Factor of Safety, Safety Factor)
제작품의 재질, 하중, 해석(시험)등의 구조적 불확실성에 대한 대비책으로 하중에 비해 재질이 어느 정도 여유를 가지는가를 나타낸다. 안전계수가 큰 값일수록 강도 여유를 많이 가진다.
안전계수 = 재료강도(극한강도) ÷ 응력(허용응력)

정답 ③

12 2,000명이 근무하는 기업의 작년 1년간 산업재해자가 48명 발생하여 근로손실일수가 2,400일이었다면 이 회사에 근무하는 근로자가 입사하여 정년까지 평균적으로 경험하는 재해의 건수와 근로손실일수는? (단, 근로자 1인당 연간 총 근로시간은 2,400시간, 근로자 1인이 입사하여 정년까지 근무하는 총 근로시간은 100,000 시간으로 가정한다.)

① 재해건수: 1건, 근로손실일수: 50일
② 재해건수: 0.5건, 근로손실일수: 100일
③ 재해건수: 2건, 근로손실일수: 200일
④ 재해건수: 1.5건, 근로손실일수: 150일
⑤ 재해건수: 2.5건, 근로손실일수: 200일

해설

환산도수율과 환산강도율을 구하는 문제이다.

환산도수율 = $\dfrac{1년간\ 재해자수}{총\ 근무자수 \times 연간\ 총근로시간} \times$ 입사하여 정년까지 근무하는 총 근로시간

$= \dfrac{48}{2,000 \times 2,400} \times 100,000 = 1$

환산강도율 = $\dfrac{연간\ 근로손실일수}{총근로자수 \times 연간\ 총근로시간} \times$ 입사하여 정년까지 근무하는 총 근로시간

$= \dfrac{2,400}{2,000 \times 2,400} \times 100,000 = 50$

정답 ①

13 고장분포함수가 F(t) (t=time)일 때, 함수간의 관계가 잘못 표시된 것은? (단, f(t)는 고장밀도함수이고, R(t)는 신뢰도함수이며, h(t)는 고장률함수이다.)

① $f(t) = \dfrac{d}{dt} F(t)$
② $R(t) = 1 - F(t)$
③ $h(t) = \dfrac{f(t)}{1 - F(t)}$
④ $f(t) = \dfrac{h(t)}{1 - R(t)}$
⑤ $h(t) = \dfrac{f(t)}{R(t)}$

> **해설**

정답 ④

14 연평균 근로자가 500명인 공장에서 1년 동안 5건의 재해가 발생했다. 이로 인해 재해를 입은 근로자들의 총 요양기간은 730일이다. 이 공장의 강도율은? (단, 1일 8시간, 1년 300일 근무)

① 0.50
② 0.61
③ 1.00
④ 2.00
⑤ 4.20

> **해설**
>
> 문제는 강도율에 관한 것이므로 근로손실일수만 확인하면 된다. 재해건수는 강도율과 상관없다. 주의할 것은 손실일수와 요양일수는 다르다.
> 근로손실일수=(휴업, 입원 또는 요양일수)×(근무일수/365)
>
> 강도율 = $\left(\dfrac{\text{총요양근로손실일수}}{\text{연근로시간수}}\right) \times 1{,}000$
>
> $= \dfrac{730 \times \dfrac{300}{365}}{500 \times 8 \times 300} \times 1{,}000 = 0.5$
>
> 근로손실일수=(휴업, 입원 또는 요양일수)×(근무일수/365)

정답 ①

테마81. 인간공학과 인터페이스

1. 인간공학은 Human-Machine System에서 인간과 기계가 만나는 면인 Interface를 설계하는 학문이다.

1) 인체공학(Interface)
기계장치의 크기가 인체에 적합하도록 하는 것을 말한다.

2) 인지공학(Interaction)
기계장치와 상호작용이 쉽도록 하는 것을 말한다.

3) 감성공학(Experience)
기계장치의 사용이 매력적 경험이 되도록 하는 것을 말한다.

인체공학(Interface) 〈 인지공학(Interaction) 〈 감성공학(Experience)

2. 인터페이스(Interface) 구분
1) 물리적 또는 신체적 인터페이스: 키보드의 경우 키의 크기
2) 인지적 인터페이스: 키보드의 경우 키의 라벨, 아이콘의 의미
3) 감성적 인터페이스: 키의 눌림과 촉감, 조작감

3. 인간공학 연구의 기준
1) 시스템 기준(system-descriptive criteria)
장비의 신뢰도, 내마모성, 조작비, 정비성을 비롯하여 회전수, 무게, 전파 노이즈 등의 공학적 규격

2) 과업 수행기준(task performance criteria)
과업의 결과를 반영하는 것을 말한다.

3) 인간기준(human criteria)
과업 실행 중의 인간의 행동과 응답을 다루는 것으로서 퍼포먼스의 척도, 생리지표, 주관적 반응을 측정하는 것을 말한다.

4. 인간-기계 시스템

인간기준(human criteria) 평가 척도는 제품의 물리적 성능, 제품 사용과 관련한 인간성능 지표, 생리적 지표, 주관적 반응 등을 측정 또는 평가하는 과정이다.
척도는 다음과 같다.

1) 인간성능 지표
속도(작업수행시간), 정확도(에러 발생률)

2) 생리적 지표
심박수, 근전도, 심박수, 산소소모량, 뇌파, 눈깜박임, 발한량 등

3) 주관적 반응
선호도, 만족도, 고통정도 등

확인학습

01 인간-기계 시스템에서 인간 기준(human criteria) 평가 척도의 유형이 나머지와 다른 것은?

① 근전도
② 피부온도
③ 심박수
④ 뇌파
⑤ 선호도

해설

정답 ⑤

02 인간-기계시스템에 관한 설명으로 옳지 않은 것은?

① 인간-기계시스템에서 인간과 기계는 공통의 목표를 갖고 있다.
② 기계에서 경보음을 위한 스피커는 인간-기계시스템의 청각적 표시장치에 해당된다.
③ 인간-기계 인터페이스(interface)를 설계할 때는 인간의 신체적 특성, 인지 특성, 감성 특성 등을 고려해야 한다.
④ 인간-기계시스템은 정보 표시 방식에 따라 개회로(open-loop) 시스템과 폐회로(closed-loop) 시스템으로 구분된다.
⑤ 인간-기계시스템은 사용 환경을 고려하여 설계하여야 한다.

해설

폐회로는 feed-back이 되는 회로를 말한다. 즉, 피드백 여부에 따라 개회로와 폐회로를 구분한다.

정답 ④

03 시스템의 평가척도 유형으로 볼 수 없는 것은?

① 인간 기준(human criteria)
② 관리 기준(management criteria)
③ 시스템 기준(system-descriptive criteria)
④ 작업 성능기준(task performance criteria)

해설

정답 ②

04 인간공학에서는 인간의 신체적 특성과 인지적 특성을 고려하여 제품을 설계한다. 인간특성과 설계사례의 연결로 옳지 않은 것은?

① 신체적 특성 - 사용자의 손 크기를 고려한 박스의 손잡이 설계
② 인지적 특성 - 전자레인지가 작동 중에 문을 열면 작동을 멈추도록 하는 인터락 설계
③ 신체적 특성 - 오금 높이를 기준으로 책상용 의자의 높이를 설계
④ 인지적 특성 - 작업자의 팔 행동반경을 고려하여 조종 장치를 배치
⑤ 인지적 특성 - 전화기 버튼을 누르면, 눌릴 때 마다 청각적 피드백을 제공하는 설계

해설

인지적 특성은 지각, 경계, 인지, 기억과 재생 등의 인간 심리적인 정신활동과 정신적 절차의 특성에 중점을 두어 인간과 다른 시스템과의 상호작용에서 미치는 영향을 연구하는 것이다.

정답 ④

테마82. 청력보호구의 착용방법 및 관리에 관한 지침

1. 청력보호구는 청력을 보호하기 위하여 사용하는 귀마개와 귀덮개를 말한다.
2. 소음작업이란 1일 8시간 작업을 기준으로 85dB(A) 이상의 소음이 발생하는 작업을 말한다.
3. 청력보호구 착용이 필요한 조건

1일 노출시간	소음수준 dB(A)
8	85
4	90
2	95
1	100
0.5	105

4. 청력보호구 종류
방음용 귀마개 또는 귀덮개의 종류·등급 등

종류	등급	기호	성능	비고
귀마개	1종	EP-1	저음부터 고음까지 차음하는 것	귀마개의 경우 재사용 여부를 제조특성으로 표기
귀마개	2종	EP-2	주로 고음을 차음하고 저음(회화음영역)은 차음하지 않는 것	
귀덮개	–	EM		

5. 소음의 정도에 따라 착용해야 할 보호구가 각각 다르다. 즉, 소음수준이 85~115dB일 때는 귀마개 또는 귀덮개를 각각 착용하고, 110~120dB이 넘을 때는 귀마개와 귀덮개를 동시에 착용한다.

6. 청력보호구는 보호구의 착용으로 8시간 시간가중평균(TWA) 90dB(A) 이하의 소음노출수준이 되도록 차음효과가 있어야 한다. 단, 소음성 난청 유소견자나 유의한 역치 변동이 있는 근로자에 대해서는 청력 보호구의 착용 효과로 소음노출 수준이 최소한 8시간 시간가중평균 85dB(A) 이하가 되어야 한다.

확인학습

01 개인보호구에 관한 설명으로 옳지 않은 것은?

① 개인보호구는 근로자의 몸에 맞출 수 있도록 조절될 수 있어야 한다.
② ABE형 안전모는 규정된 시험 절차에 따라 내전압성 성능시험을 통과해야 한다.
③ 금속 흄 등과 같이 열적으로 생기는 분진 발생 장소에서는 1급 방진 마스크를 사용하는 것이 적절하다.
④ 차음해야 할 소음이 저음부터 고음까지 고른 경우에는 2종 귀마개(EP-2)를 사용해야 한다.
⑤ 청력보호구는 보호구 착용으로 8시간 시간가중평균 90 dB(A) 이하의 소음노출수준이 되도록 차음효과가 있어야 한다.

해설

정답 ④

테마83. 산업안전보건기준에 관한 규칙상 소음 및 진동에 의한 건강장해 예방

제512조(정의) 이 장에서 사용하는 용어의 뜻은 다음과 같다. 〈개정 2024. 6. 28.〉
1. "소음작업"이란 1일 8시간 작업을 기준으로 85데시벨 이상의 소음이 발생하는 작업을 말한다.
2. "강렬한 소음작업"이란 다음 각목의 어느 하나에 해당하는 작업을 말한다.
   가. 90데시벨 이상의 소음이 1일 8시간 이상 발생하는 작업
   나. 95데시벨 이상의 소음이 1일 4시간 이상 발생하는 작업
   다. 100데시벨 이상의 소음이 1일 2시간 이상 발생하는 작업
   라. 105데시벨 이상의 소음이 1일 1시간 이상 발생하는 작업
   마. 110데시벨 이상의 소음이 1일 30분 이상 발생하는 작업
   바. 115데시벨 이상의 소음이 1일 15분 이상 발생하는 작업
3. "충격소음작업"이란 소음이 1초 이상의 간격으로 발생하는 작업으로서 다음 각 목의 어느 하나에 해당하는 작업을 말한다.
   가. 120데시벨을 초과하는 소음이 1일 1만회 이상 발생하는 작업
   나. 130데시벨을 초과하는 소음이 1일 1천회 이상 발생하는 작업
   다. 140데시벨을 초과하는 소음이 1일 1백회 이상 발생하는 작업
4. "진동작업"이란 다음 각 목의 어느 하나에 해당하는 기계·기구를 사용하는 작업을 말한다.
   가. 착암기(鑿巖機)
   나. 동력을 이용한 해머
   다. 체인톱
   라. 엔진 커터(engine cutter)
   마. 동력을 이용한 연삭기
   바. 임팩트 렌치(impact wrench)
   사. 그 밖에 진동으로 인하여 건강장해를 유발할 수 있는 기계·기구
5. "청력보존 프로그램"이란 다음 각 목의 사항이 포함된 소음성 난청을 예방·관리하기 위한 종합적인 계획을 말한다.
   가. 소음노출 평가
   나. 소음노출에 대한 공학적 대책
   다. 청력보호구의 지급과 착용
   라. 소음의 유해성 및 예방 관련 교육
   마. 정기적 청력검사
   바. 청력보존 프로그램 수립 및 시행 관련 기록·관리체계
   사. 그 밖에 소음성 난청 예방·관리에 필요한 사항

확인학습

01
산업안전보건기준에 관한 규칙상 소음 및 진동에 의한 건강장해의 예방에 관한 설명으로 옳지 않은 것은?

① "소음작업"이란 1일 8시간 작업을 기준으로 85데시벨 이상의 소음이 발생하는작업을 말한다.
② 105데시벨 이상의 소음이 1일 1시간 이상 발생하는 작업은 강렬한 소음작업이다.
③ "청력보존 프로그램"이란 소음노출 평가, 소음노출에 대한 공학적 대책, 청력보호구의 지급과 착용, 소음의 유해성 및 예방에 관한 교육, 정기적 청력검사, 청력보존 프로그램 수립 및 시행 관련 기록·관리체계 등의 사항이 포함된 소음성 난청을 예방관리하기 위한 종합적인 계획을 말한다.
④ 체인톱, 동력을 이용한 연삭기를 사용하는 작업은 진동작업에 속한다.
⑤ 1초 이상의 간격으로 130데시벨을 초과하는 소음이 1일 1백회 발생하는 작업은 충격소음작업이다.

해설

정답 ⑤

테마84. 무재해운동 3원칙과 3요소

무재해운동은 사업주와 근로자가 함께 참여하여 산업재해 예방을 위한 자율적인 운동을 추진하는 것으로 사업장 내의 모든 잠재적 요인을 사전에 발견, 파악하고 근원적으로 산업재해를 감소하는 것을 목적으로 한다.

1. 무재해운동의 3원칙

1) 무의 원칙(Zero 원칙)
무재해란 단순히 사망재해, 휴업재해만 없으면 된다는 소극적 사고가 아닌 물적, 인적 일체의 잠재요인을 사전에 발견하고 해결함으로써 근원적인 산업재해를 없애는 데 있는 것이다. 즉, 사업장 내의 모든 잠재 위험요인을 적극적으로 사전에 발견하고 파악, 해결함으로써 산업재해의 근원적인 요소를 없애는 것을 의미한다.

2) 안전제일의 원칙(선취의 원칙)
무재해, 무질병의 사업장을 실현하고자 일체의 직장의 위험요인을 사전에 발견, 파악, 해결하여 재해를 방지하는 것을 말한다.

3) 참가의 원칙
다른 잠재적인 위험요인을 발견하기 위하여 전원이 참가하여 각자의 위치에서 문제 해결 등을 적극적으로 실천하는 것이다.

2. 무재해 운동의 3요소

1) 최고 경영자의 경영자세
안전보건은 최고 경영자의 무재해, 무질병에 대한 확고한 경영자세로 시작된다.

2) 안전 활동의 라인화(관리감독자에 의한 안전보건의 추진)
안전보건을 추진하는 데는 관리 감독자가 생산 활동 속에서 안전보건을 병합하여 실천하는 것이 불가결하며 근로자와 가까이 있는 관리 감독자의 역할이 중요하다.

3) 직장 자주 운동의 활발화
일하는 한 사람 한 사람이 안전보건을 자신의 문제, 동시에 동료의 문제로서 진지하게 받아들여 직장 내 협동 노력으로 자주적으로 추진해 나가는 것이 필요하다.

> **확인학습**

01 무재해운동의 3원칙 중 다음에 해당하는 것은?

> 단순히 사망재해나 휴업재해만 없으면 된다는 소극적인 사고가 아닌, 사업장 내의 잠재위험요인을 적극적으로 사전에 발견하고 파악·해결함으로써 산업재해의 근원적인 요소들을 없앤다는 것을 의미함

① 무의 원칙
② 보장의 원칙
③ 참여의 원칙
④ 조사의 원칙
⑤ 안전제일의 원칙

해설

정답 ①

테마85. 인간의 행동-라스무센(J. Rasmussen)의 분류

1. 휴먼에러의 분류

행위(behavior) 차원에서의 분류 = 심리적 차원의 에러분류	원인(cause) 차원에서의 분류
스웨인(A. Swain)	리즌(J. Reason)

2. 행위(behavior) 차원에서의 분류-스웨인(A. Swain)

1) 작위 오류(commission error): 수행해야 할 작업을 부정확하게 수행하는 오류
2) 누락오류(ommission error): 수행해야 할 작업을 빠뜨리는 오류
3) 순서오류(sequence error): 수행해야 하는 작업의 순서를 틀리게 수행하는 오류
4) 시간오류(time error): 수행해야 할 작업을 정해진 시간 동안 완수하지 못하는 오류
5) 불필요한 수행오류(extraneous error): 작업 완수에 불필요한 작업을 수행하는 오류

3. 인간의 행동-라스무센(J. Rasmussen)

1) 숙련기반행동: 무의식에 의한 행동, 행동 패턴에 의한 자동적 행동이다. 대부분 실행과정에서의 에러이다.
2) 규칙기반행동: 친숙한 상황에 적용되며 저장된 규칙을 적용하는 행동으로 상황을 잘못 인식하여 에러가 발생한다.
3) 지식기반행동: 생소하고 특수한 상황에서 나타나는 행동으로 부적절한 추론이나 의사결정에 의해 에러가 발생한다.

4. 리즌(Reason)의 휴먼에러의 분류

1) 의도적 행동: 착오와 고의가 있다. 착오에는 지식기반착오와 규칙기반착오.
2) 비의도적 행동: 숙련기반에러로 실수와 건망증이 있다.

5. 에러분류(Rasmussen 행동모델에 의한 Reason의 에러분류)

불안전한 행동			
비의도적 행동		의도적 행동	
숙련기반에러		착오(mistake)	고의(violation)
실수(slip)	건망증(lapse)	1) 규칙기반착오 2) 지식기반착오	1) 일상적 위반 2) 상황적 위반 3) 예외적 위반

6. 작업의 종류에 의한 분류
1) 설계오류: 인간의 신체적, 정신적 특성을 충분히 고려하지 않은 설계로 인한 오류
2) 설치오류: 설비, 장치 등을 설치할 때에 발생하는 오류
3) 조작오류: 시스템 사용 과정에서 사용방법과 절차 등이 지켜지지 않아 발생한 오류
4) 제조오류: 설계는 제대로 되었으나 제조 과정에서 이를 따르지 않은 채 제조된 사항이 유발시킨 오류
5) 검사오류: 불량품 검사나 품질 검사 등에서 발생하는 오류
6) 보전오류: 기계나 설비에 필요한 주유를 생략하였다든지 부품의 교체시기에 규격이 다른 부품을 사용했다든지 하는 오류로 보전작업상의 오류
7) 관리오류

확인학습

01 휴먼에러(human error)의 심리적 분류에 포함되지 않는 것은?

① 정보처리 오류(information processing error)
② 시간 오류(time error)
③ 작위 오류(commission error)
④ 순서 오류(sequential error)
⑤ 누락 오류(omission error)

해설

정답 ①

테마86. 시스템의 특성

1. 시스템의 개념
자연과학에서 보편화되어 온 일반시스템이론을 경영학 연구에 원용하였다.

기업이라는 조직을 하나의 유기체로 보며 경영현상도 한 부문에서 발생하고 해결되는 단편적인 것이 아닌 <u>전체적으로 유기성을 가진 하나의 실체로 인지한다.</u>

시스템은 상호 연관되고 상호 종속된 하위시스템들의 실체이며, 이 시스템은 보다 큰 상위시스템의 구성요소이다. <u>시스템은 부분으로 구성되어 있지만 부분의 합 그 이상의 의미를 내포한다(시너지 효과)</u>

2. 시스템의 특성
1) 목표: 어떤 시스템이든지 그 시스템의 존재 여유가 되는 뚜렷한 목표를 가지고 있어야 한다.
2) 구조: 시스템을 구성하는 부분들이 서로 질서 있게 유기적으로 연결되어 있어야 한다.
3) 기능: 시스템의 각 부분들은 공동의 목표 달성을 위해 서로 상호작용해야 한다.
4) 전체성: 시스템은 구성요인들이 하나로 결합되어 있는 실체의 성격을 갖춘다.

확인학습

01 시스템의 특성에 관한 설명으로 옳지 않은 것은?

① 시스템은 환경에 적응하거나 극복하면서 유지시켜야 한다.
② 각각의 하위시스템들은 상호 간의 연관관계에 의해 시스템의 목표가 달성될 수 있도록 하여야 한다.
③ 시스템은 하나 이상의 하위시스템으로 구성된다.
④ 시스템은 단순히 구성요소들의 합이 아니며, 시스템 그 자체는 별개의 존재로서 하나의 단일체이다.
⑤ 시스템은 복잡한 환경 속에서 목표를 달성하기 위하여, 각각의 하위시스템이 독립적인 목표를 가지고 작동되도록 하여야 한다.

| 해설 |

정답 ⑤

테마87. 결함수 분석(FTA)

결함수 분석(FTA: Fault Tree Analysis)이란 하나의 특정한 사고의 원인이 무엇인가를 연역적 기법으로 찾아가는 위험성 평가 기법이다.

시스템의 고장이나 사고를 장치나 운전자의 실수 등 사고 원인들의 관계를 논리 게이트로 표현하여 도해적으로 분석하여 고장이나 사고의 기본적 원인을 찾아내고 그 원인으로 인한 사고의 가능성이 얼마나 큰가를 정량적으로 평가하는 방법이다.

결함수 분석은 항공우주, 전자공학, 그리고 핵산업 등에 폭넓게 사용되어진다.
결함수 분석은 주로 위험요소들을 확인하는 것이 아니라, 위험요소들의 원인을 분석하기 위한 수단으로 많이 이용된다.

확인학습

01 결함수분석(FTA)에 관한 설명으로 옳지 않은 것은?

① 기계, 설비 또는 인간-기계 시스템의 고장이나 재해의 발생요인을 FT도표에 의하여 분석하는 방법이다.
② 해석하고자 하는 재해의 발생확률을 계산한다.
③ 재해발생 이전에 예측기법으로 활용함으로써 예방적 가치가 높은 기법이다.
④ 재해현상과 재해원인의 상호관련을 정량적으로 해석하여 안전대책을 검토할 수 있다.
⑤ 각 요소의 고장유형과 그 고장이 미치는 영향을 분석하는 연역적이면서 정성적인 방법을 사용한다.

해설

각 요소의 고장유형과 그 고장이 미치는 영향을 분석하는 기법은 FMEA로 이는 귀납적 방식이다. FMEA는 대표적인 귀납법, 정성적 방식으로 주어진 데이터를 활용해 결론을 도출하는 방식이다.

정답 ⑤

테마88. 경영소홀과 위험수 분석(MORT)

1. MORT(management oversight and risk tree) 프로그램은 tree를 중심으로 FTA(연역적 기법, 정량적 기법)와 동일한 논리기법을 이용하여 관리, 설계, 생산, 보전 등으로 광범위하게 안전을 도모하는 것으로 고도의 안전을 달성하는 것을 목적으로 한다.
처음으로 산업안전을 목적으로 개발한 것이 특징이다.

2. MORT(management oversight and risk tree)
1) 사고가 일어났다고 가정하고 논리적인 기호에 따라 분석.
2) FTA(결함수 분석)처럼 연역적 기법과 동일한 논리 방법을 사용

구분	차이점
MORT	사고를 미리 예방하기 위해 시스템의 각 요소를 점검
FTA	사고가 일어났을 때 시스템의 각 요소의 결함을 점검

확인학습

01 다음에서 설명하고 있는 위험성평가 기법은?

> FTA와 동일한 논리방법을 이용하여 관리, 설계, 생산 및 보전 등에 대해서 광범위하게 안전성을 확보하기 위한 기법으로 원자력 산업 등에 이용된다.

① ETA ② HAZOP
③ CCA ④ MORT
⑤ THERP

해설

정답 ④

02 다음은 위험성평가 기법인 MORT에 관한 설명이다. ( )에 들어갈 옳은 것은?

> MORT는 (   )와(과) 동일한 논리방법을 사용하여 관리, 설계, 생산 및 보전 등의 넓은 범위에 걸쳐 안전 확보를 위하여 활용하는 기법으로 원자력 산업 등에 이용된다.

① HAZOP
② FTA
③ CA
④ FMEA
⑤ PHA

해설

정답 ②

테마89. 예비위험분석(PHA)

1. PHA(예비위험분석)

PHA는 시스템 개발단계에 있어서 최초로 고유의 위험상태를 식별하고 예상되는 재해의 위험수준을 결정하는 것으로 시스템의 모든 주요한 사고를 식별하고 대략적인 말로 표시하는 정성적 기법이다.

2. PHA는 모든 시스템 안전 프로그램의 최초단계의 분석.

1) 대부분의 시스템 안전프로그램에서 최초단계의 분석

2) 시스템 내의 위험한 요소가 얼마나 위험한 상태에 있는가를 정성적으로 평가

3) PHA의 4가지 주요 목표

① 시스템에 대한 모든 주요한 사고를 식별하고 대충의 말로 표시하며 사고 발생 확률은 식별 초기에는 고려되지 않는다.
② 사고를 유발하는 요인을 식별할 것
③ 사고가 발생한다고 가정하고 시스템에 생기는 결과를 식별하고 평가
④ 식별된 사고를 다음의 범주(category)로 분류할 것

구분	내용
파국적(catastrophic)	사망, 시스템 손상
위기적(critical)	심각한 상해, 시스템의 중대 손상
한계적(marginal)	경미한 상해, 시스템 성능 저하
무시가능(negligible)	경미한 상해 및 시스템 저하 없음

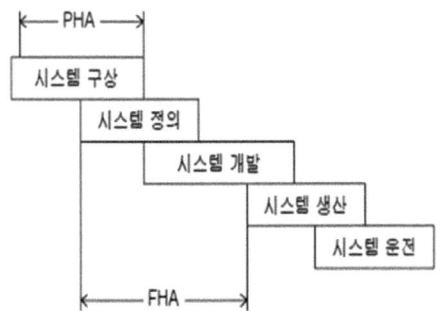

3. PHA(예비위험분석) 기법은 다음과 같다.

ㄱ. 체크리스트에 의한 방법
ㄴ. 경험에 따른 방법
ㄷ. 기술적 판단에 기초하는 방법

4. FMEA(고장형태와 영향분석)

대표적인 정성적, 귀납적 방법이다.

실제손실 $\beta = 1$
예상되는 손실 $0.1 < \beta < 1$
가능한 손실 $0 < \beta \leq 0.1$
영향 없음 $\beta = 0$

5. HAZOP(위험 및 운전성 검토)

장치 또는 장치의 구성요소의 오조작 또는 기능면에서의 결함에 의한 잠재위험 원인을 발견하고 그 위험원이 설비 전체에 미치는 영향을 평가하여 신설 또는 기존 설비의 프로세스 및 엔지니어링 의도로써의 적합성 또는 의도를 체계적, 비판적으로 해석하는 방법을 말한다.

여기서 위험(hazards)이란 설비나 사람에게 손상이나 손상을 끼치거나 그 외의 손실을 일으키는 원인으로 될 수 있는 "이탈"을 일으키고 있는 상태를 말한다.

이탈을 찾아내기 위해 사용되는 용어로서 구체적인 Guide word의 의미는 다음과 같다.

1) No or Not: 설계 및 운전에서 **의도했던 것이 전혀 일어나지도 않으며, 의도하지 않은 일도 일어나지 않는** 것을 말한다.
2) More: 설계 및 운전에서 의도했던 양이 증가하는 것을 말한다. (양적 증가)
3) Less: 설계 및 운전에서 의도했던 양이 감소하는 것을 말한다. (양적 감소)
4) As well As: 설계 및 운전에서 의도했던 것이 달성되는 동시에, 의도하지 않았던 다른 것이 병행해서 일어나는 것을 말한다. (질적 증가)
5) Part Of: 설계 및 운전에서 의도했던 것의 일부는 달성되지만, 일부가 달성되지 않는 것을 말한다.
6) Reverse: 설계 및 운전에서 의도했던 것과는 반대의 현상이 발생하는 것을 말한다.
7) Other than: 설계 및 운전에서 의도했던 것을 전혀 일어나지 않고 전혀 의도하지 않았던 현상이 일어나는 것을 말한다.

확인학습

01 시스템 안전 분석방법 중 예비위험분석(PHA) 단계에서 식별하는 4가지 범주에 속하지 않는 것은?

① 위기 상태
② 무시가능 상태
③ 파국적 상태
④ 예비조치상태
⑤ 한계적 상태

해설

정답 ④

테마90. 위험우선순위점수(RPN: Risk Priority Number)

FMEA를 통한 위험우선순위점수(RPN)의 산출은 고장의 위험을 평가하여 적합한 개선대책을 세울 수 있다.
위험우선순위점수(RPN)=심각도×발생빈도×검출도
1) **심각도(Severity)**: 고장의 영향이 얼마나 심각한가.
2) **발생빈도(Occurrence)**: 고장이 얼마나 자주 발생하는가.
3) **검출도(Detection)**: 고장의 원인을 얼마나 잘 발견하는가.
각 요소는 1~10점의 평가 가이드로 설계되며, 최고 점수는 1,000점이다.

확인학습

01 다음은 FMEA에서 어떤 고장유형의 심각도, 발생도, 검출도, 가용도를 평가한 결과이다. 이 고장유형에 대한 위험우선순위점수는 얼마인가?

> 심각도(Severity): 6
> 발생도(Occurrence): 5
> 검출도(Detection): 10
> 가용도(Availability): 2

① 7
② 21
③ 300
④ 600
⑤ 900

해설

정답 ③

테마91. THERP(Technique for Human Error Rate Prediction)

작업자의 인간오류평가에 가장 널리 사용되는 방법으로 직무분석 작업을 수행한 후, 직무분석 결과 도출된 각 단위 행위의 인간오류를 시간순서별로 이분(binary branch)형태의 수목(tree)으로 구성하는 인간오류수목을 구성한다. 인간의 과오를 정량적으로 평가한 것으로 100만 시간 당 과오도수를 기본 과오율로 평가한다.

확인학습

01 THERP(Technique for Human Error Rate Prediction)의 특징에 대한 설명으로 옳은 것을 모두 고른 것은?

> ㄱ. 인간-기계 계(system)에서 여러 가지의 인간의 에러와 이에 의해 발생할 수 있는 위험성의 예측과 개선을 위한 기법
> ㄴ. 인간의 과오를 정성적으로 평가하기 위하여 개발된 기법
> ㄷ. 가지처럼 갈라지는 형태의 논리구조와 나무형태의 그래프를 이용

① ㄱ
② ㄱ, ㄴ
③ ㄱ, ㄷ
④ ㄴ, ㄷ
⑤ ㄱ, ㄴ, ㄷ

해설

정답 ③

02 인간과오의 분류시스템과 그 확률을 계산하여 원래 제품의 결함을 감소시키고 사고 원인 중 인간과오에 의한 사고분석 및 대책수립에 사용되는 기법은?

① THERP(Technique for Human Error Rate Prediction)
② FMEA(Failure Mode and Effect Analysis)
③ MORT(Management Oversight and Risk Tree)
④ FHA(Fault Hazard Analysis)

해설

정답 ①

03 인간실수확률에 대한 추정기법으로 가장 적절하지 않은 것은?

① CIT(Critical Incident Technique) : 위급사건기법
② FMEA(Failure Mode and Effect Analysis) : 고장형태 영향분석
③ TCRAM(Task Criticality Rating Analysis Method) : 직무위급도 분석법
④ THERP(Technique for Human Error Rate Prediction) : 인간 실수율 예측기법

해설

정답 ②

테마92. 확률분포(포아송 분포와 와이블 분포)

1. 포아송 분포

한정된 특정 시간 또는 공간 내에서 사건 발생수가 따르는 확률분포로 주로 시간적이나 공간적으로 발생빈도가 낮은 희귀한 사건의 수 등이 잘 설명된다.

예를 들면, 월간 기계의 고장 횟수, 단위 길이 당 균열의 발생 개수 등과 같이 지정된 시간 또는 장소에서의 사건이 발생할 확률을 예측하는 것이다.

2. 와이블(Weibull) 분포

1939년 스웨덴의 물리학자 와이블(W. Weibull)은 재료의 파괴강도에 대한 분포를 표시하기 위하여 와이블 분포를 발표한다. 형상 모수(shape parameter)와 척도 모수(scale parameter)의 2개의 모수를 갖는다.

고장률 형태	신뢰도함수 $R(t)$	고장확률 밀도함수 $f(t)$	고장률함수 $\lambda(t)$	와이블 분포의 형상 모수 m	보전 대책
감소형 (DFR)	(감소 곡선, 1에서 시작)	(감소 곡선)	감소형	$m < 1$	예방보전은 하지 않음. 디버깅이 유효
일정형 (CFR)	$R(t) = e^{-\lambda t} = e^{-t/t_0}$, 0.37, $t_0 = 1/\lambda$	지수분포 $f(t) = \lambda e^{-\lambda t} = \lambda e^{-t/t_0}$, $t_0 = 1/\lambda$	일정형 λ=일정	$m = 1$	예방보전은 효과없음. 예지보전 또는 계획 사후보전이 유리
증가형 (IFR)	(S자 감소 곡선)	정규분포	증가형	$m > 1$	고장나기 전 예방보전으로 부품교환이 유효

확인학습

01 설비의 고장과 같이 발생확률이 낮은 사건의 특정시간 또는 구간에서의 발생횟수를 측정하는데 가장 적합한 확률분포는?

① 이항분포(Binomial distribution)
② 푸아송분포(Poisson distribution)
③ 와이블분포(Weibulll distribution)
④ 지수분포(Exponential distribution)

해설

정답 ②

02 욕조곡선형태의 고장률 곡선에서 우발고장기에 주로 생기는 우발고장은 어떤 확률분포를 사용하는가?

① 포아송 분포
② 와이블 분포
③ F 분포
④ 이항분포
⑤ 지수분포

해설

정답 ⑤

03

A회사의 세탁기의 고장밀도함수 $f(t) = \dfrac{1}{10}e^{-\frac{t}{10}}$이다. 다음 설명 중 옳지 않은 것은?(단, 수명 단위는 년(year)이다.)

① 평균고장시간(MTTF)은 10년이다.
② 고장률(h(t))은 0.1/년의 비율로 증가한다.
③ 누적고장률 $F(t) = \int_0^t \dfrac{1}{10}e^{-\frac{t}{10}}dt$이다.
④ 누적고장률(F(t))와 신뢰도(R(t))의 합은 1이다.
⑤ 세탁기의 수명은 지수분포를 따른다.

해설

고장률이 일정할 경우 지수분포를 따른다.

정답 ②

테마93. 다구치의 3단계 설계과정

'시스템 설계→파라미터 설계→허용차 설계'

1. 시스템 설계
고객의 요구를 충족시키는 제품의 기본기능을 계획하는 기능설계
시스템 설계의 결과물은 고객요구를 충족시킬 수 있는 원형설계(prototype design)

2. 파라미터(parameter) 설계
파라미터는 제품이나 공정의 성능에 영향을 주는 재료의 성분, 장치의 성능, 기계 용량, 기계의 회전속도 등과 같은 통제가능요인을 의미한다. 반면에 외부환경의 온도, 습도, 기계 노후(열화)와 같은 잡음(노이즈)요인은 통제불능요인으로 구분된다.
제품이나 공정이 잡음에 둔감한 목표치를 선택하는 설계단계이므로 파라미터 설계를 '강건설계(robust design)'라고도 한다.
제품이나 공정의 성능에 지장이 없는 범위 내에서 설계변수에 잡음(허용차)을 허용하여 성능특성이 잡음에 둔감하도록 설계변수의 최적치를 구하고, 허용차 설계를 통해 설계변수의 허용차를 선별적으로 조정하는 것이 바람직하다.

3. 허용차 설계
파라미터 설계에서 얻어진 성능특성치의 목표 값에 대한 허용차를 결정하는 단계.
파라미터 설계에 의해 설계변수의 최적조건을 구하였으나 성능특성의 변동이 아직 만족할 만한 상태가 아닐 때 허용차 설계를 수행하게 된다.

확인학습

01 잡음에 둔감한 강건 설계의 실현을 위해 다구찌가 제안한 3단계 절차 중 이상적인 조건하에서 고객의 요구를 충족시키는 제품원형을 설계하는 단계를 무엇이라 하는가?

① 시스템 설계
② 파라미터 설계
③ 허용차 설계
④ 반응표면 설계
⑤ 강건 설계

해설

정답 ①

테마94. 스키너와 반두라 비교

1. 스키너(Skinner)의 미신행동
보상과 아무런 관련이 없는 어떤 행동이 우연히 그 보상에 선행된 경우, 그 행동은 고정적으로 계속해서 나타나는 경향이 있다. 이러한 것을 '미신행동'이라 한다.
유발된 행동과 보상이 우연히 동시에 발생하여 학습되는 행동인 것이다.
예를 들어 본다. 시험 보기 전 손톱을 깎친다는 미신행동의 경우, 손톱을 깎았을 때 시험을 잘 본 경우나 손톱을 깎지 않았을 때 시험을 망친 경우는 생각하지 않고 미신행동에 맞는 결과가 나왔을 때만을 기억하는 것이다.

2. 반두라의 사회학습(관찰학습, 모방학습)이론
사회학습이란 어떤 모델의 행동을 관찰하고 모방함으로써 학습한다는 이론으로 관찰학습, 모방학습, 인지적 행동주의 학습이라고 불린다. 관찰학습에서는 '대리적 강화'를 중시한다.
관찰학습의 과정은 다음과 같다.
  '모델→주의과정→파지과정→재생과정→동기과정→수행'
1) **주의**: 모델 행동의 중요한 측면이 학습자의 주의집중을 이끌어낸다.
2) **파지**: 모델의 행동은 정신적으로 언어화되거나 시각적으로 표현되어 학습자의 기억에 저장된다.
3) **재생**: 학습자는 기억 속에 저장되었던 행동을 재생산한다.
4) **동기화**: 학습자의 모델화된 행동은 재생산한 것에 대해 강화를 기대하면서 동기를 갖게 된다.

3. 스키너이론과 반두라 이론의 공통점과 차이점
1) 공통점
㉠ 인간의 행동을 불러일으키는 요인은 환경적 자극이라는 점은 같다.
㉡ 인간의 본성이 가변적 속성을 지니고 있다는 점을 인정한다.
㉢ 관찰 가능한 행동에 초점을 두고 있기 때문에 과학적 연구를 통하여 인간의 본성을 설명할 수 있다.
㉣ 행동주의 이론은 발전과 실천과정에서 실험, 조사 등을 통해 과학적인 검증, 측정을 통해 경험적 기반과 이론적 배경을 구축하여 과학화에 기여하였다.

2) 차이점
㉠ 인간본성의 주관성·객관성의 차이: 스키너는 인간행동을 객관적인 자극-반응의 관계에서만 설명할 수 있다고 보는 객관적 관점을 갖고 있지만, 반두라의 경우 객관적 자극에 반응할 때 인간 내면의 주관적인 요소가 관여한다고 보았기 때문에 인간에 대한 주관적 관점과 객관적 관점을 동시에 지니고 있다고 본다.
㉡ 시각의 차이(기계론적 환경론적 입장과 상호결정론 입장): 스키너는 환경적 요인에 의해 인간본성이 결정된다고 보는 기계론적 환경론의 입장을 취하고 있으며, 반두라는 인간행동은 인지특성, 행동, 환경이 서로 상호작용한 결과라고 보는 상호적 결정론의 입장을 취하고 있다.
㉢ 관점의 차이: 인간이 어느 정도 합리적 존재인가에 대한 관점의 차이로 스키너는 인간의 내면세계는 연구할 필요가 없어 인간 본성의 합리성에 대해 논의 자체를 거부하였지만, 반두라는 인간은 자신의 인지적 능력을 고려하여 합리적 행동을 계획할 수 있다고 보았다.

확인학습

01 스키너의 전통적 행동주의이론과 반두라의 사회학습이론을 비교한 내용 중 옳지 않은 것은?

① 스키너는 기계론적 환경결정론의 입장을 취하는 반면 반두라는 상호적 결정론을 취한다.
② 인간행동에 대해 스키너는 객관적인 자극-반응의 관계만을 강조한 반면, 반두라는 인지와 같은 주관적 요소가 관여한다고 본다.
③ 인간의 행동을 불러일으키는 요인 환경적 자극이라는 점에서는 공통점을 가진다.
④ 두 이론 모두 관찰 가능한 행동에 초점을 두고 있기 때문에 과학적 연구를 통해 인간 본성을 설명할 수 있다.
⑤ 인간본성은 선천적으로 결정되기 때문에 환경의 변화에 따라서 변화하지 않는다는 공통된 견해를 갖는다.

해설

정답 ⑤

테마95. 안전보건조정자

제68조(안전보건조정자) ① 2개 이상의 건설공사를 도급한 건설공사발주자는 그 2개 이상의 건설공사가 **같은 장소에서 행해지는 경우에 작업의 혼재로 인하여 발생할 수 있는 산업재해를 예방**하기 위하여 건설공사 현장에 안전보건조정자를 두어야 한다.
② 제1항에 따라 안전보건조정자를 두어야 하는 건설공사의 금액, 안전보건조정자의 자격·업무, 선임방법, 그 밖에 필요한 사항은 대통령령으로 정한다.

> **제56조(안전보건조정자의 선임 등)** ① ① 법 제68조제1항에 따른 안전보건조정자(이하 "안전보건조정자"라 한다)를 두어야 하는 건설공사는 **각 건설공사의 금액의 합이 50억원 이상인 경우**를 말한다.
> ② 제1항에 따라 안전보건조정자를 두어야 하는 건설공사발주자는 제1호 또는 제4호부터 제7호까지에 해당하는 사람 중에서 안전보건조정자를 선임하거나 제2호 또는 제3호에 해당하는 사람 중에서 안전보건조정자를 지정해야 한다. 〈개정 2024. 3. 12〉
> 1. 법 제143조제1항에 따른 산업안전지도사 자격을 가진 사람
> 2. 「건설기술 진흥법」 제2조제6호에 따른 발주청이 발주하는 건설공사인 경우 발주청이 같은 법 제49조제1항에 따라 선임한 공사감독자
> 3. 다음 각 목의 어느 하나에 해당하는 사람으로서 해당 건설공사 중 주된 공사의 책임감리자
>   가. 「건축법」 제25조에 따라 지정된 공사감리자
>   나. 「건설기술 진흥법」 제2조제5호에 따른 감리업무를 수행하는 사람
>   다. 「주택법」 제44조제1항에 따라 배치된 감리원
>   라. 「전력기술관리법」 제12조의2에 따라 배치된 감리원
>   마. 「정보통신공사업법」 제8조제2항에 따라 해당 건설공사에 대하여 감리업무를 수행하는 사람
> 4. 「건설산업기본법」 제8조에 따른 종합공사에 해당하는 건설현장에서 안전보건관리책임자로서 3년 이상 재직한 사람
> 5. 「국가기술자격법」에 따른 건설안전기술사
> 6. 「국가기술자격법」에 따른 건설안전기사 또는 산업안전기사 자격을 취득한 후 건설안전 분야에서 5년 이상의 실무경력이 있는 사람
> 7. 「국가기술자격법」에 따른 건설안전산업기사 또는 산업안전산업기사 자격을 취득한 후 건설안전 분야에서 7년 이상의 실무경력이 있는 사람
> ③ 제1항에 따라 안전보건조정자를 두어야 하는 건설공사발주자는 분리하여 발주되는 공사의 착공일 전날까지 제2항에 따라 안전보건조정자를 선임하거나 지정하여 각각의 공사 도급인에게 그 사실을 알려야 한다.

확인학습

01 안전보건조정자의 업무로 옳은 것을 모두 고른 것은?

ㄱ. 같은 장소에서 이루어지는 각각의 공사 간에 혼재된 작업의 파악
ㄴ. 혼재된 작업으로 인한 산업재해 발생의 위험성 파악
ㄷ. 혼재된 작업의 능률 개선을 위한 작업의 시기·내용 조정
ㄹ. 각각의 공사 도급인의 안전관리자 간 교육내용 공유 확인

① ㄱ, ㄴ 　② ㄱ, ㄷ
③ ㄴ, ㄷ 　④ ㄴ, ㄹ
⑤ ㄷ, ㄹ

해설

정답 ①

테마96. 안전보건경영시스템(KOSHA 18001) 인증심사

제1조(목적) 이 규칙은 「산업안전보건법」 제4조 제1항 제5호에 따라 사업장의 자율적인 안전보건경영체제 구축을 지원하기 위한 안전보건경영시스템(KOSHA 18001)(이하 "안전보건경영시스템"이라 한다) 인증업무 처리에 필요한 사항을 규정함을 목적으로 한다.

제2조(정의) ① 이 규칙에서 사용하는 용어의 뜻은 다음과 같다.
1. "안전보건경영"이란 사업주가 자율적으로 해당 사업장의 산업재해 예방하기 위하여 안전보건관리체제를 구축하고 정기적으로 위험성평가를 실시하여 잠재 유해·위험 요인을 지속적으로 개선하는 등 산업재해예방을 위한 조치 사항을 체계적으로 관리하는 제반 활동을 말한다.
2. "인증"이란 이 규칙에서 정하는 기준에 따른 인증심사와 인증위원회의 심의·의결을 통하여 인증기준에 적합하다는 것을 객관적으로 평가하여 한국산업안전보건공단 이사장(이하 "이사장"이라 한다)이 이를 증명하는 것을 말한다.
3. "실태심사"란 인증 신청 사업장에 대하여 인증심사를 실시하기 전에 안전보건경영 관련 서류와 사업장의 준비상태 및 안전보건경영활동 운영현황 등을 확인하는 심사를 말한다.
4. "컨설팅"이란 사업장의 안전보건경영체제 구축·운영과 관련하여 안전보건 측면의 실태파악, 문제점 발견, 개선대책 제시 등의 제반 지원 활동을 말한다.
5. "컨설턴트"란 심사원 시험기관에서 실시하는 안전보건경영시스템 심사원 시험에 합격하고 심사원으로 등록한 사람으로 사업장의 요청에 따라 안전보건경영시스템 구축 및 운영을 컨설팅 하는 사람을 말한다.
6. "인증심사"란 인증 신청 사업장에 대한 인증의 적합 여부를 판단하기 위하여 인증기준과 관련된 안전보건경영 절차의 이행상태 등을 현장 확인을 통해 실시하는 심사를 말한다.
7. "사후심사"란 인증서를 받은 사업장에서 인증기준을 지속적으로 유지·개선 또는 보완하여 운영하고 있는지를 판단하기 위하여 인증 후 매년 1회 정기적으로 실시하는 심사를 말한다.
8. "연장심사"란 인증 유효기간을 연장하고자 하는 사업장에 대하여 인증 유효기간이 만료되기 전까지 인증의 연장 여부를 결정하기 위하여 실시하는 심사를 말한다.
9. "인증위원회"란 이 규칙 제15조에 정한 업무를 심의·의결하기 위하여 운영하는 위원회를 말한다.
10. "심사원"이란 제19조에 따라 일정한 자격요건을 갖추고 한국산업안전보건공단(이하 "공단"이라 한다)에서 시행하는 심사원 시험에 합격한 후 소정의 절차에 따라 심사원으로 등록된 사람을 말하며, 공단직원 이외의 심사원을 외부 심사원이라 한다.
11. "선임심사원"이란 외부 심사원으로서 심사팀장의 역할을 수행하는 사람으로 공단에서 선임한 심사원을 말한다.
12. "심사원 양성교육"이란 심사원을 양성하기 위하여 인증운영·인증기준·심사절차 및 심사요령 등에 관하여 실시하는 총 교육시간이 34시간 이상을 실시하는 안전보건경영시스템 교육을 말한다.
13. "심사원 교육기관"이란 심사원 양성교육을 운영하는 기관으로 공단 산업안전보건교육원(이하 "교육원"이라 한다)과 공단이 지정한 외부 교육기관을 말한다.
14. "컨설팅 기관"이란 사업장의 요청에 따라 안전보건경영시스템 구축 및 운영을 컨설팅하기 위한 기관으로 공단이 지정한 기관을 말한다.
15. 삭제
16. "공동인증기관"이란 공단과 안전보건경영시스템 공동인증 업무협약을 체결한 기관을 말한다.
17. "발주기관"이란 건설공사를 건설업자에게 도급하는 기관 또는 건설 사업을 관리하는 기관으로 「행정기관의 조

직과 정원에 관한 통칙」제2조에 따른 중앙행정기관과 중앙행정기관의 소속기관,「지방자치법」제2조에 따른 지방자치단체,「공공기관의 운영에 관한 법률」제5조에 따른 공공기관,「지방공기업법」제2조에 따른 지방직영기업과 지방공사 및 지방공단, 민간기관 등을 말한다.
18. "CM(Construction Management)·설계 및 감리업체"란 「건설산업기본법」, 「건축사법」, 「건설기술진흥법」등에 따라 건설사업관리, 설계, 감리 등의 업무를 하는 업체를 말한다.
19. "종합건설업체"란 「건설산업기본법」 등에 따라 종합건설업 등록을 하고 종합적인 계획·관리 및 조정하에 시설물을 직접 시공 또는 시공책임을 지는 건설업체를 말한다.
20. "전문건설업체"란 「건설산업기본법」 등에 따라 전문건설업 등록을 하고 종합건설업체로부터 건설공사를 도급받아 건설공사에 대한 시설물의 일부 또는 전문분야에 관한 공사를 시공하는 건설업체를 말한다.
21. "서비스업등"이란 금융 및 보험업, 운수창고 및 통신업, 건물등의 종합관리업, 위생 및 유사서비스업, 기타의 각종 사업, 전문기술서비스업, 보건 및 사회복지사업, 교육서비스업, 도소매 및 소비자용품수리업, 부동산업 및 임대업, 오락 문화 및 임대업 등을 말한다.
22. "지점 등"이란 본사의 산하조직으로 지사, 지점 등을 말한다
23. "심사팀 보조자"(이하 "심사원보" 라 한다)란 제19조에 따라 일정한 자격요건을 갖추고 공단에서 시행하는 심사원 시험에 합격한 후 안전보건경영시스템 심사의 실무를 수행할 능력이 있다고 입증된 자로 심사원으로 등록하기 위한 요건을 갖추지 못한 자를 말한다.
24. "전환"이란 이 규칙에 따른 인증심사원(심사원보 포함) 및 인증사업장이 안전보건경영시스템(KOSHA-MS) 인증업무처리규칙에 의거한 요구사항을 충족함을 입증하는 것을 말한다.
② 이 규칙에서 사용하는 용어의 뜻은 이 규칙에 특별한 규정이 있는 것을 제외하고는 「산업안전보건법」같은 법 시행령·같은 법 시행규칙·「산업안전보건기준에 관한 규칙」 에서 정하는 바에 따른다.

제3조(적용범위) ① 이 규칙은 모든 사업 또는 사업장, 국가·지방자치단체 및 「공공기관의 운영에 관한 법률」제5조에 따른 공공기관에 적용한다.
② 건설업의 경우 건설공사를 발주, 건설사업관리·설계 및 감리 또는 시공하는 사업·사업장으로서 사업주가 인증신청을 하는 경우 적용하되, 다음 각 호에 따라 구분하여 적용할 수 있다.
1. 발주기관
2. CM·설계 및 감리업체
3. 종합건설업체
4. 전문건설업체

확인학습

01 안전보건경영시스템(KOSHA 18001)에 관한 설명으로 옳지 않은 것은?

① "안전보건경영"이란 사업주가 자율적으로 해당 사업장의 산업재해를 예방하기 위하여 안전보건관리체제를 구축하고 정기적으로 위험성평가를 실시하여 잠재유해·위험 요인을 지속적으로 개선하는 등 산업재해예방을 위한 조치 사항을 체계적으로 관리하는 제반 활동을 말한다.
② "인증심사"란 인증서를 받은 사업장에서 인증기준을 지속적으로 유지·개선 또는 보완하여 운영하고 있는지를 판단하기 위하여 인증 후 매년 1회 정기적으로 실시하는 심사를 말한다.
③ "심사원 양성교육"이란 심사원을 양성하기 위하여 인증운영·인증기준·심사절차 및 심사요령 등에 관하여 실시하는 총 교육시간이 34시간 이상을 실시하는 안전보건경영시스템 교육을 말한다.
④ "연장심사"란 인증 유효기간을 연장하고자 하는 사업장에 대하여 인증 유효기간이 만료되기 전까지 인증의 연장 여부를 결정하기 위하여 실시하는 심사를 말한다.
⑤ "실태심사"란 인증 신청 사업장에 대하여 인증심사를 실시하기 전에 안전보건경영 관련 서류와 사업장의 준비상태 및 안전보건경영활동 운영현황 등을 확인하는 심사를 말한다.

|해설|

정답 ②

테마97. 안전보건진단

제47조(안전보건진단) ① 고용노동부장관은 추락·붕괴, 화재·폭발, 유해하거나 위험한 물질의 누출 등 산업재해 발생의 위험이 현저히 높은 사업장의 사업주에게 제48조에 따라 지정받은 기관(이하 "안전보건진단기관"이라 한다)이 실시하는 안전보건진단을 받을 것을 명할 수 있다.
② 사업주는 제1항에 따라 안전보건진단 명령을 받은 경우 고용노동부령으로 정하는 바에 따라 안전보건진단기관에 안전보건진단을 의뢰하여야 한다.
③ 사업주는 안전보건진단기관이 제2항에 따라 실시하는 안전보건진단에 적극 협조하여야 하며, 정당한 사유 없이 이를 거부하거나 방해 또는 기피해서는 아니 된다. 이 경우 근로자대표가 요구할 때에는 해당 안전보건진단에 근로자대표를 참여시켜야 한다.
④ 안전보건진단기관은 제2항에 따라 안전보건진단을 실시한 경우에는 안전보건진단 결과보고서를 고용노동부령으로 정하는 바에 따라 해당 사업장의 사업주 및 고용노동부장관에게 제출하여야 한다.
⑤ 안전보건진단의 종류 및 내용, 안전보건진단 결과보고서에 포함될 사항, 그 밖에 필요한 사항은 대통령령으로 정한다.

산업안전보건법 시행령 [별표 14]

안전보건진단의 종류 및 내용(제46조 제1항 관련)

종류	진단내용
종합진단	1. 경영·관리적 사항에 대한 평가 　가. 산업재해 예방계획의 적정성 　나. 안전·보건 관리조직과 그 직무의 적정성 　다. 산업안전보건위원회 설치·운영, 명예산업안전감독관의 역할 등 근로자의 참여 정도 　라. 안전보건관리규정 내용의 적정성 2. 산업재해 또는 사고의 발생 원인(산업재해 또는 사고가 발생한 경우만 해당한다) 3. 작업조건 및 작업방법에 대한 평가 4. 유해·위험요인에 대한 측정 및 분석 　가. 기계·기구 또는 그 밖의 설비에 의한 위험성 　나. 폭발성·물반응성·자기반응성·자기발열성 물질, 자연발화성 액체·고체 및 인화성 액체 등에 의한 위험성 　다. 전기·열 또는 그 밖의 에너지에 의한 위험성 　라. 추락, 붕괴, 낙하, 비래(飛來) 등으로 인한 위험성 　마. 그 밖에 기계·기구·설비·장치·구축물·시설물·원재료 및 공정 등에 의한 위험성 　바. 법 제118조 제1항에 따른 허가대상물질, 고용노동부령으로 정하는 관리대상 유해물질 및 온도·습도·환기·소음·진동·분진, 유해광선 등의 유해성 또는 위험성 5. 보호구, 안전·보건장비 및 작업환경 개선시설의 적정성 6. 유해물질의 사용·보관·저장, 물질안전보건자료의 작성, 근로자 교육 및 경고표시 부착의 적정성 7. 그 밖에 작업환경 및 근로자 건강 유지·증진 등 보건관리의 개선을 위하여 필요한 사항
안전진단	종합진단 내용 중 제2호·제3호, 제4호가목부터 마목까지 및 제5호 중 안전 관련 사항
보건진단	종합진단 내용 중 제2호·제3호, 제4호바목, 제5호 중 보건 관련 사항, 제6호 및 제7호

확인학습

01 안전보건진단에 관한 산업안전보건법 제47조 규정의 일부이다. ( )에 들어갈 내용을 순서대로 나열한 것은?

> 고용노동부장관은 (ㄱ)·붕괴, 화재·폭발, 유해하거나 위험한 물질의 누출 등 (ㄴ) 발생의 위험이 현저히 높은 사업장의 (ㄷ)에게 산업안전보건법 제48조에 따라 지정받은 기관(이하 "안전보건진단기관"이라 한다)이 실시하는 안전보건진단을 받을 것을 명할 수 있다.

① ㄱ: 감전, ㄴ: 사망사고, ㄷ: 사업주
② ㄱ: 감전, ㄴ: 산업재해, ㄷ: 관리감독자
③ ㄱ: 추락, ㄴ: 산업재해, ㄷ: 안전관리자
④ ㄱ: 추락, ㄴ: 산업재해, ㄷ: 사업주
⑤ ㄱ: 전도, ㄴ: 사망사고, ㄷ: 관리감독자

해설

정답 ④

테마98. 안전설계기법의 종류(Fail Safe와 Fool Proof)

1. Fail Safe-기계나 인간의 과오에도 큰 사고가 발생하지 않도록 이중, 삼중의 통제장치를 설치. 기계 혹은 장치의 일부에 고장이 있을 경우 안전 측으로 동작하는 기법이다.

3단계 구성으로 이루어진다.
㉠ Fail Passive(자동감지)-부품 고장 시 더 큰 사고가 발생하지 않도록 <u>기계 장치 정지.</u>
㉡ Fail Active(자동제어)-부품 고장 시 경고가 울리고 이후 <u>짧은 기간 동안 운전.</u>
㉢ Fail Operation(차단 및 조정)-<u>부품 고장 시 추후 보수 시까지 안전 기능 유지.</u>
트랙터 오일부족 시 적색 반응과 시동 Off 기능, 철도신호기 고장 시 항상 적색이 되도록 작동.

2. Fool Proof

사람이 시스템에서 틀리기 어렵고, 틀리게 조작하더라도 안전하게 되도록 하는 기법.
Guard: Guard가 열려있는 동안 기계가 작동하지 않음 - 공작기계.
조작기구: 양손을 동시에 조작하지 않으면 기계가 작동하지 않음.
Lock기구: : 어떤 조건을 충족한 후 기계가 다음 동작을 하는 기구.

3. Back up

주된 기능의 후방에서 대기하다가 주된 기능의 고장 시 그 기능을 대행하는 기법.

4. Fail Soft

기계 혹은 장치의 일부가 고장 났을 때, <u>기능의 저하를 가져오더라도 전체로서는 기능이 정지하지 않는 기법.</u>

확인학습

01 다음에서 설명하고 있는 것은?

> ○ 취급, 조작자의 부주의와 잘못에 의해 사고가 발생하는 것을 방지하기 위한 방법으로 인간의 실수가 직접적으로 고장 또는 사고로 이어지지 않도록 하는 것
> ○ 세탁기 구동 시에 사람이 부주의나 실수로 상단뚜껑을 열면 동작이 자동으로 멈추고 경고음이 발생하는 것
> ○ 위험성을 모르는 아이들이 실수로 먹는 것을 방지하기 위해 약병의 안전마개를 열기 위해서 힘을 아래 방향으로 가해 돌려야 하는 것

① fail safe
② fail soft
③ fool proof
④ failure rate
⑤ back up

| 해설 |

정답 ③

테마99. 사용자 인터페이스 설계 중 사용성(Usability)

제품이나 시스템의 사용자 인터페이스에서는 사용성이 고려되어야 한다.
사용성(Usability)이란 사용자가 얼마나 쉽게 배울 수 있는지, 얼마나 효율적이고 편리하게 사용할 수 있는지를 말한다. Jakob Nielsen(1993)에 따르면 사용성(Usability)은 효율성, 학습용이성, 기억용이성, 에러 빈도 및 정도, 주관적 만족도로 정의된다.
사용성은 제품인 시스템을 사용하는 환경에 관련된 모든 요소(학습용이성, 기억의 용이성, 사용상의 효율성, 오류의 최소화, 주관적 만족도)를 포함시킨 개념이다.

1. 효율성(efficiency)
제공되는 정보는 사용자의 노력에 비해 효율적으로 제공되는가?
얼마나 빠르게 수행할 수 있는지?

2. 학습용이성(learn ability)
작동 방식이 쉬운지?

3. 기억의 용이성(memorability)
일정 시간이 지나도 사용법을 기억하기 쉬운지?

4. 오류의 최소화 및 복구 용이성
사용자가 겪는 오류는 얼마나 많고, 얼마나 심각한지?
그리고 오류를 쉽게 복구할 수 있는지?

5. 주관적 만족도
사용이 얼마나 만족스러운지?

확인학습

01 사용자 인터페이스 설계에서 고려되는 사용성(Usability)의 세부내용에 관한 설명으로 옳지 않은 것은?

① 학습 용이성: 과거의 경험과 직관에 의해 사용법을 쉽게 익히도록 설계한다.
② 효율성: 저렴한 비용으로 최상의 정보를 얻을 수 있도록 설계한다.
③ 기억 용이성: 시간이 지나도 사용법을 기억하기 쉽도록 설계한다.
④ 오류 최소화 및 복구 용이성: 오류가 적어야 하고 오류가 발생하더라도 복구하기 쉽게 설계한다.
⑤ 주관적 만족감: 사용자가 만족하고 몰입할 수 있도록 설계한다.

해설

정답 ②

테마100. 청각을 이용한 경계 및 경보 신호의 선택 및 설계

1. 귀는 중음역에 가장 민감하기 때문에 500~3,000Hz의 진동수를 사용한다.

2. 중음은 멀리 가지 못하므로 장거리(300m 이상)용으로는 1,000Hz 이하의 진동수를 사용한다.

3. 신호가 장애물을 돌아가거나 칸막이를 통과해야 할 때는 500Hz 이하의 진동수를 사용한다.

4. 주의를 끌기 위해서는 초당 1~8번 나는 소리나 초당 1~3번 오르내리는 변조된 신호를 사용한다.

5. 배경 소음의 진동수와 다른 신호를 사용한다.

6. 경보 효과를 높이기 위해서 개시시간(on-time)이 짧은 고강도 신호를 사용하고, 소화기를 사용하는 경우에는 좌우로 교번하는 신호를 사용한다.

7. 가능하면 다른 용도에 쓰이지 않는 확성기, 경적과 같은 별도의 통신계통을 사용한다.

확인학습

01 경계, 경보를 위한 청각신호 선택 지침에 관한 설명으로 옳지 않은 것은?

① 개시기간이 짧은 고강도 신호를 사용한다.
② 주파수는 500~ 3,000Hz가 가장 효과적이다.
③ 장거리 신호는 1,000Hz 이하로 한다.
④ 주의, 집중을 위해서는 변조된 신호를 사용한다.
⑤ 배경소음의 주파수와 동일하게 한다.

해설

정답 ⑤

테마101. n 중 k시스템(k out of n시스템)

구성부품 중 n개 중에서 k개 이상이 작동할 때 시스템이 작동하는 경우이다.
즉, k개 이상의 병렬결합모델 구조이다.
만일 k=1이라면 1개라도 작동하면 시스템은 임무를 수행한다. 즉, 병렬결합모델이다. k=n이라면 n개 전체가 작동하면 시스템이 임무를 수행하는 것으로 직렬결합모델이 된다.

> ○ 직렬과 병렬에서의 신뢰도
> 직렬의 신뢰도=곱한다.
> 병렬의 신뢰도=$1-(1-R_1)(1-R_2)\ldots$
>
> ○ 직렬과 병렬에서의 고장률
> 직렬의 고장률=더한다. 따라서 평균수명은 고장률의 합의 역수가 된다.
> 병렬의 고장률에서의 평균수명은 $(1+1/2+1/3\ldots)1/\lambda$

확인학습

01 다음은 4중 2시스템의 신뢰성 블록도(Reliability Block Diagram)이다. 시스템은 동일한 4개의 부품으로 구성되며 4개 중 2개 이상이 정상이면 시스템은 정상 작동한다. 시스템 신뢰도는 얼마인가? (단, 모든 부품의 신뢰도는 0.9이다.)

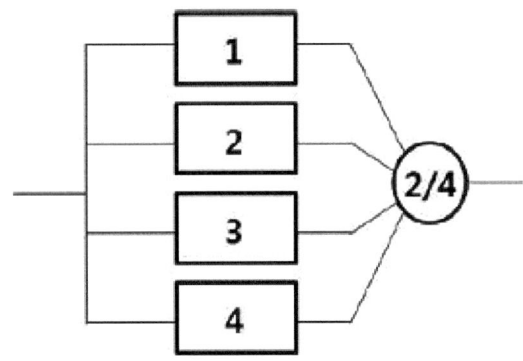

① 0.2916
② 0.6561
③ 0.7290
④ 0.9963
⑤ 0.9999

해설

n중 k시스템 문제이다.

정답 ④

---

02 3개의 부품으로 조립되어 만들어진 제품은 3개 모두가 동시에 작동하여야만 기능을 발휘할 수 있다. 이 제품을 200시간 사용하였을 경우 평균수명과 신뢰도는 각각 얼마인가? (단, 부품의 고장률은 지수분포를 따르며 각 부품의 고장률은 0.001/시간, 0.002/시간, 0.003/시간이다)

① 평균수명: 127시간, 신뢰도=0.7012
② 평균수명: 137시간, 신뢰도=0.6012
③ 평균수명: 147시간, 신뢰도=0.5012
④ 평균수명: 157시간, 신뢰도=0.4012
⑤ 평균수명: 167시간, 신뢰도=0.3012

해설

정답 ⑤

---

03 3개의 부품이 병렬로 결합된 시스템의 평균수명(ㄱ)과 100시간에서의 시스템의 신뢰도(ㄴ)를 구하면? (단, 각 고장률은 0.01로 일정하다)

① 평균수명: 153시간, 신뢰도=0.3474
② 평균수명: 163시간, 신뢰도=0.5474
③ 평균수명: 173시간, 신뢰도=0.6474
④ 평균수명: 183시간, 신뢰도=0.7474
⑤ 평균수명: 193시간, 신뢰도=0.8474

해설

고장률이 모두 같을 때 3개의 병렬에서의 신뢰도 $R(t)=1-(1-R)^3$
평균수명은 $(1+1/2+1/3)1/\lambda$

정답 ④

테마102. 안전보건교육 교육대상별 교육내용

■ 산업안전보건법 시행규칙 [별표 5] 〈개정 2023. 9. 27.〉

안전보건교육 교육대상별 교육내용
(제26조 제1항 등 관련)

1. 근로자 안전보건교육(제26조 제1항 관련)

   가. 근로자 정기교육

교육내용
○ 산업안전 및 사고 예방에 관한 사항
○ 산업보건 및 직업병 예방에 관한 사항
○ 위험성 평가에 관한 사항
○ 건강증진 및 질병 예방에 관한 사항
○ 유해·위험 작업환경 관리에 관한 사항
○ 산업안전보건법령 및 산업재해보상보험 제도에 관한 사항
○ 직무스트레스 예방 및 관리에 관한 사항
○ 직장 내 괴롭힘, 고객의 폭언 등으로 인한 건강장해 예방 및 관리에 관한 사항

   나. 삭제 〈2023. 9. 27.〉

   다. 채용 시 교육 및 작업내용 변경 시 교육

교육내용
○ 산업안전 및 사고 예방에 관한 사항
○ 산업보건 및 직업병 예방에 관한 사항
○ 위험성 평가에 관한 사항
○ 산업안전보건법령 및 산업재해보상보험 제도에 관한 사항
○ 직무스트레스 예방 및 관리에 관한 사항
○ 직장 내 괴롭힘, 고객의 폭언 등으로 인한 건강장해 예방 및 관리에 관한 사항
○ 기계·기구의 위험성과 작업의 순서 및 동선에 관한 사항
○ 작업 개시 전 점검에 관한 사항
○ 정리정돈 및 청소에 관한 사항
○ 사고 발생 시 긴급조치에 관한 사항
○ 물질안전보건자료에 관한 사항

   라. 특별교육 대상 작업별 교육

작업명	교육내용
〈공통내용〉 제1호부터 제39호까지의 작업	다목과 같은 내용

확인학습

01 산업안전보건법령상 사업주가 근로자에 대하여 실시하여야 하는 교육 중 채용 시 및 작업내용 변경 시의 교육내용으로 명시되어 있는 것이 아닌 것은?

① 기계·기구의 위험성과 작업의 순서 및 동선에 관한 사항
② 작업 개시 전 점검에 관한 사항
③ 정리정돈 및 청소에 관한 사항
④ 사고 발생 시 재해조사 및 방지계획에 관한 사항
⑤ 산업보건 및 직업병 예방에 관한 사항

해설

정답 ④

테마103. 지게차의 안전기준

제179조(전조등 등의 설치) ① 사업주는 전조등과 후미등을 갖추지 아니한 지게차를 사용해서는 아니 된다. 다만, 작업을 안전하게 수행하기 위하여 필요한 조명이 확보되어 있는 장소에서 사용하는 경우에는 그러하지 아니하다.

② 사업주는 지게차 작업 중 근로자와 충돌할 위험이 있는 경우에는 지게차에 후진경보기와 경광등을 설치하거나 후방감지기를 설치하는 등 후방을 확인할 수 있는 조치를 해야 한다.

제180조(헤드가드) 사업주는 다음 각 호에 따른 적합한 헤드가드(head guard)를 갖추지 아니한 지게차를 사용해서는 아니 된다. 다만, 화물의 낙하에 의하여 지게차의 운전자에게 위험을 미칠 우려가 없는 경우에는 그러하지 아니하다.

1. 강도는 지게차의 최대하중의 2배 값(4톤을 넘는 값에 대해서는 4톤으로 한다)의 등분포정하중(等分布靜荷重)에 견딜 수 있을 것
2. 상부틀의 각 개구의 폭 또는 길이가 16센티미터 미만일 것
3. 운전자가 앉아서 조작하거나 서서 조작하는 지게차의 헤드가드는 「산업표준화법」 제12조에 따른 한국산업표준에서 정하는 높이 기준 이상일 것
4. 삭제

제181조(백레스트) 사업주는 백레스트(backrest)를 갖추지 아니한 지게차를 사용해서는 아니 된다. 다만, 마스트의 후방에서 화물이 낙하함으로써 근로자가 위험해질 우려가 없는 경우에는 그러하지 아니하다.

제182조(팔레트 등) 사업주는 지게차에 의한 하역운반작업에 사용하는 팔레트(pallet) 또는 스키드(skid)는 다음 각 호에 해당하는 것을 사용하여야 한다.

1. 적재하는 화물의 중량에 따른 충분한 강도를 가질 것
2. 심한 손상·변형 또는 부식이 없을 것

제183조(좌석 안전띠의 착용 등) ① 사업주는 앉아서 조작하는 방식의 지게차를 운전하는 근로자에게 좌석 안전띠를 착용하도록 하여야 한다.

② 제1항에 따른 지게차를 운전하는 근로자는 좌석 안전띠를 착용하여야 한다.

확인학습

01 산업안전보건기준에 관한 규칙상 지게차에 관한 내용으로 옳지 않은 것은?

① 사업주는 화물의 낙하에 의하여 지게차의 운전자에게 위험을 미칠 우려가 있는 경우에는 지게차 최대하중의 1.5배 값(3톤을 넘는 값에 대해서는 3톤으로 한다)의 등분포정하중에 견딜 수 있는 헤드가드를 갖추어야 한다.
② 사업주는 백레스트(backrest)를 갖추지 아니한 지게차를 사용해서는 아니 된다. 다만, 마스트의 후방에서 화물이 낙하함으로써 근로자가 위험해질 우려가 없는 경우에는 그러하지 아니하다.
③ 사업주는 전조등과 후미등을 갖추지 아니한 지게차를 사용해서는 아니 된다. 다만, 작업을 안전하게 수행하기 위하여 필요한 조명이 확보되어 있는 장소에서 사용하는 경우에는 그러하지 아니하다.
④ 사업주는 앉아서 조작하는 방식의 지게차를 운전하는 근로자에게 좌석 안전띠를 착용하도록 하여야 한다.
⑤ 사업주는 지게차에 의한 하역운반작업에 사용하는 팔레트(pallet)는 적재하는 화물의 중량에 따른 충분한 강도를 가지고 심한 손상·변형 또는 부식이 없는 것을 사용하여야 한다.

| 해설 |

정답 ①

테마104. 통로의 안전기준

산업안전보건기준에 관한 규칙

제3장 통로

★**제21조(통로의 조명)** 사업주는 근로자가 안전하게 통행할 수 있도록 통로에 75럭스 이상의 채광 또는 조명시설을 하여야 한다. 다만, 갱도 또는 상시 통행을 하지 아니하는 지하실 등을 통행하는 근로자에게 휴대용 조명기구를 사용하도록 한 경우에는 그러하지 아니하다.

〈문제〉 사업주는 근로자가 안전하게 통행할 수 있도록 통로에 (   )럭스 이상의 채광 또는 조명시설을 하여야 한다..

★**제22조(통로의 설치)** ① 사업주는 작업장으로 통하는 장소 또는 작업장 내에 근로자가 사용할 안전한 통로를 설치하고 항상 사용할 수 있는 상태로 유지하여야 한다.
② 사업주는 통로의 주요 부분에 통로표시를 하고, 근로자가 안전하게 통행할 수 있도록 하여야 한다.
③ 사업주는 통로면으로부터 높이 2미터 이내에는 장애물이 없도록 하여야 한다. 다만, 부득이하게 통로면으로부터 높이 2미터 이내에 장애물을 설치할 수밖에 없거나 통로면으로부터 높이 2미터 이내의 장애물을 제거하는 것이 곤란하다고 고용노동부장관이 인정하는 경우에는 근로자에게 발생할 수 있는 부상 등의 위험을 방지하기 위한 안전 조치를 하여야 한다.

★**제23조(가설통로의 구조)** 사업주는 가설통로를 설치하는 경우 다음 각 호의 사항을 준수하여야 한다.
1. 견고한 구조로 할 것
2. 경사는 30도 이하로 할 것. 다만, 계단을 설치하거나 높이 2미터 미만의 가설통로로서 튼튼한 손잡이를 설치한 경우에는 그러하지 아니하다.
3. 경사가 15도를 초과하는 경우에는 미끄러지지 아니하는 구조로 할 것
4. 추락할 위험이 있는 장소에는 안전난간을 설치할 것. 다만, 작업상 부득이한 경우에는 필요한 부분만 임시로 해체할 수 있다.
5. 수직갱에 가설된 통로의 길이가 15미터 이상인 경우에는 10미터 이내마다 계단참을 설치할 것
6. 건설공사에 사용하는 높이 8미터 이상인 비계다리에는 7미터 이내마다 계단참을 설치할 것

〈문제1〉 가설통로를 설치하는 경우 준수사항을 서술하시오. (25점)
〈문제2〉 다음 (   )을 채우시오.
제23조(가설통로의 구조) 사업주는 가설통로를 설치하는 경우 다음 각 호의 사항을 준수하여야 한다.
1. 견고한 구조로 할 것
2. 경사는 (   )도 이하로 할 것. 다만, 계단을 설치하거나 높이 (   )미터 미만의 가설통로로서 튼튼한 손잡이를 설치한 경우에는 그러하지 아니하다.
3. 경사가 (   )도를 초과하는 경우에는 미끄러지지 아니하는 구조로 할 것
4. 추락할 위험이 있는 장소에는 (   )을 설치할 것. 다만, 작업상 부득이한 경우에는 필요한 부분만 임시로 해체할 수 있다.
5. (   )에 가설된 통로의 길이가 15미터 이상인 경우에는 10미터 이내마다 계단참을 설치할 것
6. 건설공사에 사용하는 높이 8미터 이상인 (   )에는 7미터 이내마다 계단참을 설치할 것

★제24조(사다리식 통로 등의 구조) ① 사업주는 사다리식 통로 등을 설치하는 경우 다음 각 호의 사항을 준수하여야 한다.

1. 견고한 구조로 할 것
2. 심한 손상·부식 등이 없는 재료를 사용할 것
3. 발판의 간격은 일정하게 할 것
4. 발판과 벽과의 사이는 15센티미터 이상의 간격을 유지할 것
5. 폭은 30센티미터 이상으로 할 것
6. 사다리가 넘어지거나 미끄러지는 것을 방지하기 위한 조치를 할 것
7. 사다리의 상단은 걸쳐놓은 지점으로부터 60센티미터 이상 올라가도록 할 것
8. 사다리식 통로의 길이가 10미터 이상인 경우에는 5미터 이내마다 계단참을 설치할 것
9. 사다리식 통로의 기울기는 75도 이하로 할 것. 다만, 고정식 사다리식 통로의 기울기는 90도 이하로 하고, 그 높이가 7미터 이상인 경우에는 다음 각 목의 구분에 따른 조치를 할 것.
   가. 등받이울이 있어도 근로자 이동에 지장이 없는 경우: 바닥으로부터 높이가 2.5미터 되는 지점부터 등받이울을 설치할 것
   나. 등받이울이 있으면 근로자가 이동이 곤란한 경우: 한국산업표준에서 정하는 기준에 적합한 개인용 추락 방지 시스템을 설치하고 근로자로 하여금 한국산업표준에서 정하는 기준에 적합한 전신안전대를 사용하도록 할 것
10. 접이식 사다리 기둥은 사용 시 접혀지거나 펼쳐지지 않도록 철물 등을 사용하여 견고하게 조치할 것

② 잠함(潛函) 내 사다리식 통로와 건조·수리 중인 선박의 구명줄이 설치된 사다리식 통로(건조·수리작업을 위하여 임시로 설치한 사다리식 통로는 제외한다)에 대해서는 제1항제5호부터 제10호까지의 규정을 적용하지 아니한다.

〈문제1〉 사다리식 통로 등을 설치하는 경우 준수사항을 서술하시오. (25점)

〈문제2〉 다음 (   )을 채우시오.

제24조(사다리식 통로 등의 구조) ① 사업주는 사다리식 통로 등을 설치하는 경우 다음 각 호의 사항을 준수하여야 한다.

1. 견고한 구조로 할 것
2. 심한 손상·부식 등이 없는 재료를 사용할 것
3. 발판의 간격은 일정하게 할 것
4. 발판과 벽과의 사이는 (   )센티미터 이상의 간격을 유지할 것
5. 폭은 (   )센티미터 이상으로 할 것
6. 사다리가 넘어지거나 미끄러지는 것을 방지하기 위한 조치를 할 것
7. 사다리의 상단은 걸쳐놓은 지점으로부터 (   )센티미터 이상 올라가도록 할 것
8. 사다리식 통로의 길이가 10미터 이상인 경우에는 (   )미터 이내마다 계단참을 설치할 것
9. 사다리식 통로의 기울기는 (   )도 이하로 할 것. 다만, 고정식 사다리식 통로의 기울기는 (   )도 이하로 하고, 그 높이가 (   )미터 이상인 경우에는 다음 각 목의 구분에 따른 조치를 할 것.
   가. 등받이울이 있어도 근로자 이동에 지장이 없는 경우: 바닥으로부터 높이가 (   )미터 되는 지점부터 등받이울을 설치할 것
   나. 등받이울이 있으면 근로자가 이동이 곤란한 경우: 한국산업표준에서 정하는 기준에 적합한 (   )을 설치하고 근로자로 하여금 한국산업표준에서 정하는 기준에 적합한 (   )를 사용하도록 할 것
10. 접이식 사다리 기둥은 사용 시 접혀지거나 펼쳐지지 않도록 철물 등을 사용하여 견고하게 조치할 것

② ( ) 내 사다리식 통로와 건조·수리 중인 선박의 ( )이 설치된 사다리식 통로(건조·수리작업을 위하여 임시로 설치한 사다리식 통로는 제외한다)에 대해서는 제1항 제5호부터 제10호까지의 규정을 적용하지 아니한다.

★제25조(갱내통로 등의 위험 방지) 사업주는 갱내에 설치한 통로 또는 사다리식 통로에 권상장치(卷上裝置)가 설치된 경우 권상장치와 근로자의 접촉에 의한 위험이 있는 장소에 판자벽이나 그 밖에 위험 방지를 위한 격벽(隔壁)을 설치하여야 한다.

★제26조(계단의 강도) ① 사업주는 계단 및 계단참을 설치하는 경우 매제곱미터당 500킬로그램 이상의 하중에 견딜 수 있는 강도를 가진 구조로 설치하여야 하며, 안전율[안전의 정도를 표시하는 것으로서 재료의 파괴응력도(破壞應力度)와 허용응력도(許容應力度)의 비율을 말한다)]은 4 이상으로 하여야 한다.
② 사업주는 계단 및 승강구 바닥을 구멍이 있는 재료로 만드는 경우 렌치나 그 밖의 공구 등이 낙하할 위험이 없는 구조로 하여야 한다.

〈문제〉 다음 ( )을 채우시오.
제26조(계단의 강도) ① 사업주는 계단 및 계단참을 설치하는 경우 매제곱미터당 ( )킬로그램 이상의 하중에 견딜 수 있는 강도를 가진 구조로 설치하여야 하며, 안전율[안전의 정도를 표시하는 것으로서 재료의 파괴응력도(破壞應力度)와 허용응력도(許容應力度)의 비율을 말한다)]은 ( ) 이상으로 하여야 한다.
② 사업주는 계단 및 승강구 바닥을 ( )이 있는 재료로 만드는 경우 렌치나 그 밖의 공구 등이 낙하할 위험이 없는 구조로 하여야 한다.

★제27조(계단의 폭) ① 사업주는 계단을 설치하는 경우 그 폭을 1미터 이상으로 하여야 한다. 다만, 급유용·보수용·비상용 계단 및 나선형 계단이거나 높이 1미터 미만의 이동식 계단인 경우에는 그러하지 아니하다.
→ 부급나비!
② 사업주는 계단에 손잡이 외의 다른 물건 등을 설치하거나 쌓아 두어서는 아니 된다.

〈문제〉 다음 ( )을 채우시오.
제27조(계단의 폭) ① 사업주는 계단을 설치하는 경우 그 폭을 ( )미터 이상으로 하여야 한다. 다만, ( ) 계단이거나 높이 1미터 미만의 ( ) 계단인 경우에는 그러하지 아니하다.
② 사업주는 계단에 손잡이 외의 다른 물건 등을 설치하거나 쌓아 두어서는 아니 된다.

★제28조(계단참의 설치) 사업주는 높이가 3미터를 초과하는 계단에 높이 3미터 이내마다 진행방향으로 길이 1.2미터 이상의 계단참을 설치하여야 한다.

〈문제〉 다음 ( )을 채우시오.
제28조(계단참의 설치) 사업주는 높이가 ( )미터를 초과하는 계단에 높이 ( )미터 이내마다 ( ) 이상의 계단참을 설치하여야 한다.

★제29조(천장의 높이) 사업주는 계단을 설치하는 경우 바닥면으로부터 높이 2미터 이내의 공간에 장애물이 없도록 하여야 한다. 다만, 급유용·보수용·비상용 계단 및 나선형 계단인 경우에는 그러하지 아니하다.
제30조(계단의 난간) 업주는 높이 1미터 이상인 계단의 개방된 측면에 안전난간을 설치하여야 한다.

> 〈문제〉 다음 (   )을 채우시오.
> 제29조(천장의 높이) 업주는 계단을 설치하는 경우 바닥면으로부터 높이 2미터 이내의 공간에 장애물이 없도록 하여야 한다. 다만, (   ) 계단인 경우에는 그러하지 아니하다.
> 제30조(계단의 난간) 사업주는 높이 (   )미터 이상인 계단의 개방된 측면에 안전난간을 설치하여야 한다.

확인학습

01 산업안전보건기준에 관한 규칙상 통로에 관한 내용으로 옳지 않은 것은?

① 가설통로를 설치하는 경우 경사가 15도를 초과하는 경우에는 미끄러지지 아니하는 구조로 설치하여야 한다.
② 사다리식 통로를 설치하는 경우 사다리의 상단은 걸쳐놓은 지점으로부터 60센티미터 이상 올라가도록 설치하여야 한다.
③ 계단 및 계단참을 설치하는 경우 매제곱미터당 400킬로그램 이상의 하중에 견딜 수 있는 강도를 가진 구조로 설치하여야 한다.
④ 높이가 3미터를 초과하는 계단에 높이 3미터 이내마다 진행방향으로 길이 1.2미터 이상의 계단참을 설치하여야 한다.
⑤ 높이 1미터 이상인 계단의 개방된 측면에 안전난간을 설치하여야 한다.

해설

정답 ③

테마105. 시설물의 안전 및 유지관리에 관한 특별법상 안전점검 종류

제2조(정의) 이 법에서 사용하는 용어의 뜻은 다음과 같다.

1. "시설물"이란 건설공사를 통하여 만들어진 교량·터널·항만·댐·건축물 등 구조물과 그 부대시설로서 제7조 각 호에 따른 제1종시설물, 제2종시설물 및 제3종시설물을 말한다.
2. "관리주체"란 관계 법령에 따라 해당 시설물의 관리자로 규정된 자나 해당 시설물의 소유자를 말한다. 이 경우 해당 시설물의 소유자와의 관리계약 등에 따라 시설물의 관리책임을 진 자는 관리주체로 보며, 관리주체는 공공관리주체(公共管理主體)와 민간관리주체(民間管理主體)로 구분한다.
3. "공공관리주체"란 다음 각 목의 어느 하나에 해당하는 관리주체를 말한다.
   가. 국가·지방자치단체
   나. 「공공기관의 운영에 관한 법률」 제4조에 따른 공공기관
   다. 「지방공기업법」에 따른 지방공기업
4. "민간관리주체"란 공공관리주체 외의 관리주체를 말한다.
5. "<u>안전점검</u>"이란 경험과 기술을 갖춘 자가 육안이나 점검기구 등으로 검사하여 시설물에 내재(內在)되어 있는 <u>위험요인을 조사하는 행위를 말하며, 점검목적 및 점검수준을 고려하여 국토교통부령으로 정하는 바에 따라 정기안전점검 및 정밀안전점검으로 구분한다.</u>
6. "<u>정밀안전진단</u>"이란 시설물의 물리적·기능적 결함을 발견하고 그에 대한 신속하고 적절한 조치를 하기 위하여 <u>구조적 안전성과 결함의 원인 등을 **조사·측정·평가**하여 보수·보강 등의 방법을 제시하는 행위를 말한다.</u>
7. "<u>긴급안전점검</u>"이란 시설물의 붕괴·전도 등으로 인한 재난 또는 재해가 발생할 우려가 있는 경우에 시설물의 물리적·기능적 결함을 신속하게 발견하기 위하여 실시하는 점검을 말한다.
8. "내진성능평가(耐震性能評價)"란 지진으로부터 시설물의 안전성을 확보하고 기능을 유지하기 위하여 「지진·화산재해대책법」 제14조 제1항에 따라 시설물별로 정하는 내진설계기준(耐震設計基準)에 따라 시설물이 지진에 견딜 수 있는 능력을 평가하는 것을 말한다.
9. "도급(都給)"이란 원도급·하도급·위탁, 그 밖에 명칭 여하에도 불구하고 안전점검·정밀안전진단이나 긴급안전점검, 유지관리 또는 성능평가를 완료하기로 약정하고, 상대방이 그 일의 결과에 대하여 대가를 지급하기로 한 계약을 말한다.
10. "하도급"이란 도급받은 안전점검·정밀안전진단이나 긴급안전점검, 유지관리 또는 성능평가 용역의 전부 또는 일부를 도급하기 위하여 수급인(受給人)이 제3자와 체결하는 계약을 말한다.
11. "유지관리"란 완공된 시설물의 기능을 보전하고 시설물이용자의 편의와 안전을 높이기 위하여 시설물을 일상적으로 점검·정비하고 손상된 부분을 원상복구하며 경과시간에 따라 요구되는 시설물의 개량·보수·보강에 필요한 활동을 하는 것을 말한다.
12. "성능평가"란 시설물의 기능을 유지하기 위하여 요구되는 시설물의 구조적 안전성, 내구성, 사용성 등의 성능을 종합적으로 평가하는 것을 말한다.
13. "하자담보책임기간"이란 「건설산업기본법」과 「공동주택관리법」 등 관계 법령에 따른 하자담보책임기간 또는 하자보수기간 등을 말한다.

> 확인학습

01 시설물의 안전 및 유지관리에 관한 특별법상 다음과 같이 정의되는 것은?

> 시설물의 붕괴, 전도 등으로 인한 재난 또는 재해가 발생할 우려가 있는 경우에 시설물의 물리적·기능적 결함을 신속하게 발견하기 위하여 실시하는 점검

① 긴급안전점검
② 특별안전점검
③ 정밀안전점검
④ 정기안전점검
⑤ 수시안전점검

해설

정답 ①

테마106. 안전관리에 있어 5C운동(한국, 일본)

5C운동이란 무재해운동을 보다 효과적으로 추진하기 위한 기법으로 작업자에서 기본적으로 꼭 지켜야 할 사항이지만 너무나 당연하고 쉽기 때문에 오히려 잘 지켜지지 않을 수 있는 사항인 <u>복장단정(correctness), 정리·정돈(clearance), 청소청결(cleaning), 점검확인(checking), 전심전력(concentration)</u>이다.

5C운동의 성과는 사업장에서 5C운동을 추진함으로써 달성할 수 있는 성과는 안정성 확보, 작업의 표준화, 원가절감, 판매 촉진 및 만족감을 성취할 수 있게 된다.

한국의 5C운동은 안전관리중심인데 반해, 일본의 5C운동은 생산관리중심인 것이 특징이다. 일본의 5C운동은 정리, 정돈, 청소, 청결, 습관화를 말한다.

확인학습

01 안전관리에 있어 5C운동(안전행동 실천행동)에 속하지 않는 것은?

① 통제관리(control)
② 청소청결(cleaning)
③ 정리정돈(clearance)
④ 전심전력(concentration)
⑤ 복장단정(correctness)

해설

정답 ①

테마107. 구안법(Project Method)

교사가 주도하는 기존의 암기식 교과지도법에서 벗어나 생활 그 자체를 교육으로 간주하여 교육원리를 구체화한 유목적적이고 자발적인 학습자의 참여를 강조하는 학습지도법이다.

학생이 마음속에 생각하고 있는 것을 외부에 구체적으로 실현하고 형상화하기 위하여 자기 스스로 계획을 세워 수행하는 학습활동이다.

구안법은 목표설정(목적), 계획, 실행, 평가(비판)의 네 단계로 구성되며 전심전력하는 참여, 학습의 법칙, 윤리적 활동 등의 제반 특성이 강조된다. 아울러 교사와 학습자의 협동적 공동생활과 학습자의 흥미와 욕구가 그 중심이 된다.

1. 목표설정의 단계(목적)

학생: 프로젝트를 선택하여 프로젝트에 대한 흥미와 관심을 갖는다.

교사: 학생의 능력에 적절한 프로젝트가 선정 되도록 조직한다.

2. 계획의 단계

가장 어려운 단계로 교사의 지도 아래 학생이 스스로 계획을 수립한다.

3. 실행의 단계

4. 비판(평가)의 단계

학생: 학습의 결과를 스스로 평가한다.(진단평가)

교사: 객관적 평가가 될 수 있도록 지도하여 비판적 태도를 기르도록 한다.

확인학습

01 구안법(Project Method)의 단계를 올바르게 나열한 것은?

① 목적-계획-수행-평가
② 계획-목적-수행-평가
③ 수행-평가-목적-계획
④ 계획-수행-평가-목적
⑤ 목적-평가-계획-수행

해설

정답 ①

테마108. 화학설비에 대한 안전성 평가 5단계

1. 제1단계(관계 자료의 작성 준비)
2. 제2단계(정성적 평가)
3. 제3단계(정량적 평가)
4. 제4단계(안전대책)
5. 제5단계(재해정보 및 FTA에 의한 재평가)

* 안전대책 후 재해사례에 의한 평가를 5단계로 할 경우 안전성 평가는 6단계로 정리되기도 한다.

○ 정성적 평가와 정량적 평가 비교

정성적 평가	정량적 평가
1) 설계단계(입지조건, 공장 내 배치, 건조물, 소방설비) 2) 운전단계(원재료, 중간체 제품, 공정, 수송 및 저장, 공정기기)	당해 화학설비의 취급물질, 용량, 온도, 압력, 조작의 5개 항목에 대해서 A, B, C, D급으로 분류하고 A는 10점, B는 5점, C는 2점, D는 0점으로 점수 부여 후 5개 항목에 관한 점수의 합을 구한다.

확인학습

01 화학설비에 대한 안전성 평가 중 정성적 평가방법의 주요 진단 항목으로 볼 수 없는 것은?

① 건조물
② 취급물질
③ 입지 조건
④ 공장 내 배치
⑤ 공정기기

해설

정답 ②

테마109. 정신적 작업 부하(Mental Workload) 측정 척도 4가지

1. 신체적 작업부하와 정신적 작업부하
신체적 작업부하 측정도구로는 OWAS, RULA, REBA등이 있다.
반면 정신적 작업부하 측정도구는 주관적 평가도구와 객관적 평구도구로 나눈다.
1) 주관적 평가도구: SWAT, Cooper-Harper Scale 등
2) 객관적 평가도구: EEG(뇌파), ECG(심전도), 호흡수 등 → 근전도(x)

2. 정신적 작업부하의 척도
1) 제1직무 척도(primary task measurement)
2) 제2직무 척도(secondary task measurement)
3) 생리적 척도(physiological task measurement)
중추 신경계의 활동을 측정하는 것으로 심박수, 뇌전위, 동공반응, 호흡속도 등을 측정하는 것이다.
4) 주관적 척도(subjective task measurement)

확인학습

01 정신적 부하를 측정하는 척도를 크게 4가지로 분류할 때 심박수의 변동, 뇌 전위, 동공반응 등 정보처리에 중추신경계 활동이 관여하고 그 활동이나 징후를 측정하는 것은?

① 주관적 척도(subjective task measurement)
② 객관적 척도(objective task measurement)
③ 생리적 척도(physiological task measurement)
④ 주 임무 척도(primary task measurement)
⑤ 부 임무 척도(secondary task measurement)

해설

정답 ③

02 정신 작업 부하를 측정하는 척도로 적합하지 않은 것은?

① 부정맥 지수
② 근전도
③ 점멸융합주파수
④ 뇌파도
⑤ 심전도

해설

근전도는 근육의 활동정도를 측정하는 것으로 신체적 작업 부하를 측정할 때 사용된다.

정답 ②

테마110. 불(Boole) 대수의 정리

교환법칙과 결합법칙이 기본적으로 활용된다. 직렬과 병렬의 뜻을 기억하면서 공부한다. 다음은 불 대수의 기본정리식이다.

$A \cdot A = A$
$A \cdot \overline{A} = 0$
$A + A = A$
$A + \overline{A} = 1$
$A + AB = A$
$A \cdot 0 = 0$
$A + 1 = 1$
$A(A+B) = A + AB = A$ (흡수법칙)
$A + \overline{A}B = A + B$ (흡수법칙을 활용하면 이해하기 쉽다)

한편, 드모르간의 법칙을 알아 두자.

$\overline{(A+B)} = \overline{A} + \overline{B})$
$\overline{A \cdot B} = \overline{A} + \overline{B}$

확인학습

01 논리식 $A + \overline{B} + \overline{A} + B$를 간략하게 정리한 것은?

① 1
② A
③ B
④ B
⑤ A

해설

$(A + \overline{A}) + (B + \overline{B})$로 정리한 후 계산한다.

정답 ①

02 부울 함수의 논리식 $f = (A+B) \cdot (\overline{A}+B)$를 간략화 한 것은?

① 1
② A
③ B
④ A$\overline{B}$
⑤ A$\overline{B}$

해설

$A\overline{A}+AB+\overline{A}B+BB = 0+AB+\overline{A}B+BB = B(A+\overline{A}+B) = B(1+B) = B \cdot 1 = B$

정답 ③

03 다음 논리식을 간단히 하면?

$$(A+B)(C+A)+ABC$$

① BC
② 1
③ A+BC
④ B+AC
⑤ A+B+C

해설

전개를 한다. AC+AA+BC+AB+ABC 이를 다시 정리하면
A(1+C)+BC+AB(1+C) =A+BC+AB=A(1+B)+BC=A+BC

정답 ③

04 다음 논리식을 가장 간단하게 표현한 것은?

$$(A+B+C)(\overline{A}+B+C)+AB+BC$$

① $A+B$
② $A+\overline{B}$
③ $B+C$
④ $\overline{B}+\overline{C}$
⑤ $A+\overline{B}+C$

해설

정답 ③

05 다음 논리식을 간단히 하면?

$$\overline{(A+\overline{B}) \cdot (\overline{A}+\overline{B})}$$

① A
② B
③ A+B
④ A·B
⑤ 1

해설

드모르간의 법칙을 알아야 한다. 분리(분해)될 시 덧셈은 곱셈으로 곱셈은 덧셈으로 정리된다는 것을 기억하자.

정답 ②

06 다음 식을 간략화하면 어떻게 표시되는가?

$$\overline{\overline{(A+B)}+\overline{(A+\overline{B})}}+\overline{\overline{(\overline{A}B)}\cdot\overline{(A\overline{B})}}$$

① 1
② 0
③ A+B
④ AB
⑤ $\overline{A}+B$

해설

드모르간의 법칙이다.

정답 ①

테마111. 퍼킨제(푸르키네, Purkinje) 현상

1. 푸르키네 현상이란 주위 밝기에 따른 색의 (명도, 채도) 변화를 말한다.
* 명도: 밝고 어두운 정도
* 채도: 선명도

2. 밝은 곳에서는 적색이 밝게 보이고 반면, 어두운 곳에서는 적색은 어두워 보이고 청색이나 녹색이 밝게 보이는 현상이다.

3. 빛이 약할 때(새벽이나 저녁)에는 빨강등과 같은 장파장의 빛보다 청색과 같은 단파장의 빛에 대해서 감도가 올라가는 현상이다.

4. 추상체와 간상체

추상체	간상체
-천연색(색상)에 민감. -밝은 빛에서의 색상 구분. -낮(밝은 장소)	-색깔 구별 못함, 명암(明暗)만 느낌. -약한 빛에서의 형태 구분. -밤(어두운 장소)

5. 명도의 변화
① 밝은 장소
장파장(노란색)에 민감하고 추상체가 작용한다.
② 어두운 장소
단파장(청녹색)에 민감, 간상체가 작용한다.

6. 비시감도
파장 555nm(나노미터, 밝기 단위)의 밝기의 느낌을 1로 하고 이것과 같은 파장의 밝기에 대한 느낌을 비교치로 나타낸 것이 비시감도라 한다. 어두울 때는 파장 510nm를 기준으로 한다.

명순응된 눈의 최대비시감도	암순응된 눈의 최대비시감도
555nm(나노미터)	510nm(나노미터)

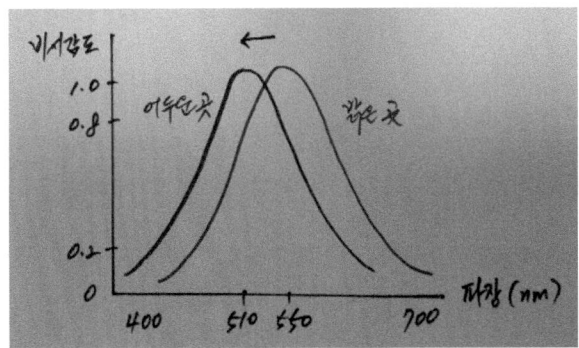

확인학습

01 프르킨예 현상에 대한 설명 중 틀린 것은?

① 낮에는 빨간 사과가 밤이 되면 검게 보이며, 낮에는 파란 공이 밤이 되면 밝은 회색으로 보이는 현상
② 조명이 점차로 어두워지면 파장이 짧은 색이 먼저 사라지고 파장이 긴 색이 나중에 사라지는 현상
③ 새벽이나 초저녁의 물체들이 대부분 푸르스름하게 보이는 현상
④ 초저녁에 가까워질수록 초목의 잎이 선명하게 보이는 현상
⑤ 밝은 장소에서는 추상체가 작용한다.

해설

정답 ②

02 다음은 푸르키네 효과(Purkinje Effect)에 관한 내용이다. ( )에 들어갈 내용으로 옳은 것은?

- 색의 식별은 암순응과 명순응으로 나누어지고, 우리 눈의 망막에는 추상체과 간상체라는 두 종류의 시신경이 있는데 추상체는 (ㄱ)을 주로 느끼고, 간상체는 (ㄴ)을(를) 주로 느낀다.
- (ㄷ)된 눈의 최대비시감도는 약 555nm이고 (ㄹ)된 눈의 최대비시감도는 약 510nm로서 짧은 파장으로 이동한다.

① ㄱ: 색상, ㄴ: 명암, ㄷ: 명순응, ㄹ: 암순응
② ㄱ: 명암, ㄴ: 색상, ㄷ: 암순응, ㄹ: 명순응
③ ㄱ: 명암, ㄴ: 채도, ㄷ: 암순응, ㄹ: 명순응
④ ㄱ: 명암, ㄴ: 색상, ㄷ: 명순응, ㄹ: 암순응
⑤ ㄱ: 채도, ㄴ: 명암, ㄷ: 암순응, ㄹ: 명순응

해설

정답 ①

테마112. Murrell의 공식

휴식시간 = 총작업시간(분)×(작업에너지소비량−5) ÷ (작업에너지소비량−1.5)

표준에너지 소비량의 경우 남자는 5kcal/min, 여자는 3.5kcal/min을 적용한다.

어느 작업을 남자근로자가 8시간 근무시간을 기준으로 수행하고 있으며 대사량 측정결과 분당산소소비량 1.3L/min으로 측정된다. 이 작업에 대하여 Murrell의 방법으로 8시간의 총작업시간에 포함되어야 할 휴식시간을 구하면?

해설

특정작업의 분당 에너지 소비량을 먼저 구하면 된다.
작업에너지 소비량 = 1.3L/min×5(남자) = 6.5kcal/min
한편 공식을 반드시 암기하고 있어야 한다.

정답은 144분이다.

건강한 남성이 8시간 동안 특정작업을 실시하고, 분당 산소소비량이 1.1L/min으로 나타났다면 8시간 총 작업시간에 포함될 휴식시간은 약 몇 분인가? (단, Murrell 공식을 적용하며, 휴식 중 에너지소비율은 1.5kcal/min이다.)

(풀이) 직접 풀어 보시오.

해설

정답 60분

테마113. 작업연구(work study)

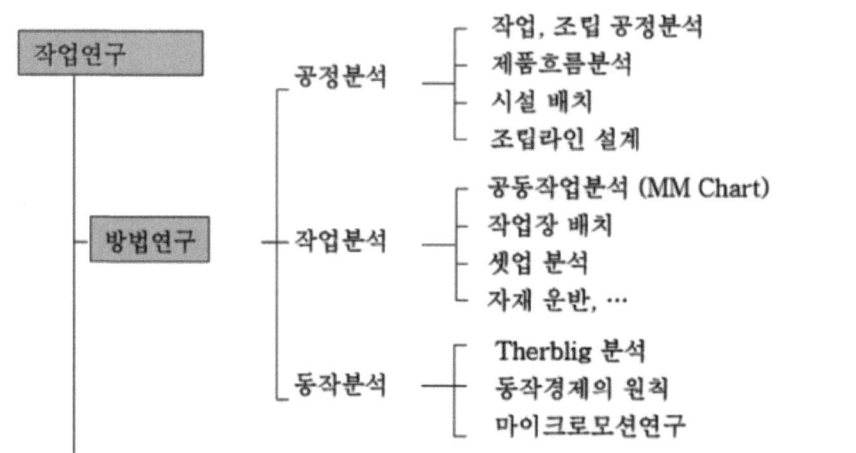

1. 작업연구(work study)
작업연구=동작연구+시간연구

2. 동작연구(motion study)
동작연구는 방법연구(method engineering)라고도 한다.
경제적인 작업방법을 검토하여 최적의 표준화된 작업방법을 개발하는 분야.

3. 시간연구(time study)
작업측정(work measurement)이라 불린다. 표준화된 작업방법에 의하여 작업을 할 경우 소요되는 표준시간을 다루는 분야.

4. 생산시스템에서 다루어야 할 4가지 문제
1) 디자인(design): 잘못된 디자인은 표준화가 어렵고 품질저하와 자재낭비로 이어진다.
2) 방법(method): 도구의 배치, 작업방법
3) 관리(management): 잘못된 계획, 좋지 않은 작업환경은 잘못된 관리에서 출발한다.
4) 작업자(worker): 훈련, 생산성, 작업자의 특성에 관심

5. 문제해결 절차
1) 문제의 정의
2) 문제의 분석
3) 대안의 도출
4) 대안의 평가
5) 선정안의 제시

6. 문제의 분석 방법
해결하고자 하는 문제의 본질에 대한 개념이나 원인, 관련 요인 등을 이해하기 쉽게 요약하는 단계로 그림이나 표로 나타내는 것이 좋다.

1) 파레토 차트
빈도수가 큰 항목부터 차례대로 항목들을 나열한 후에 항목별 점유비율과 누적비율을 구하고 이들 자료를 이용하여 x축에 항목, y축에 점유비율과 누적비율대로 막대 – 꺾은선 혼합 그래프를 그리면 된다.

2) 특성요인도
생선뼈 그림(fishbone diagram), '원인 – 효과도'라고도 부른다.
원하지 않는 사건을 발생시키는 요인들을 파악하기 위해 사용된다.
중요한 사건을 생선의 머리에 놓고 관계된 중요 요인들을 가운데의 중심 뼈에 연결하고 중요요인들의 원인이 되는 요소들을 가시로 나열하고 세부원인들을 잔가시로 연결한다.

3) 마인드 맵핑(mind mapping)
원과 직선을 이용하여 아이디어, 문제, 개념 등을 개괄적으로 빠르게 설정할 수 있도록 도와주는 연역적 추론기법이다. 가운데 원에 중요한 개념이나 문제를 설정한 후에 문제를 발생시키는 중요 원인이나 개념에 관련된 핵심 요인들을 주변에 열거하고 원에서 직선으로 연결한 후에 선(line) 위에 서술하는 방법이다.

7. 대안의 도출
보다 많은 대안을 창출하는 것이 좋은 해결책을 얻기 위한 필수요건이다.

1) 브레인스토밍(Brain Storming)
많은 아이디어를 창출, 자유분방, 모든 의견을 비판 없이 수용, 수정발언 허용, 대량발언유도가 특징이다.

2) 개선의 ECRS 원칙
E(제거, eliminate): 꼭 필요한가?
C(결합, combine): 다른 작업과 결합하면?
R(재배열, rearrange): 작업 순서를 바꾸면?
S(단순화, simplify): 좀 더 단순화할 수 없을까?

3) 개선의 SEARCH 원칙

S: 작업의 단순화(simplify operation)
E: 불필요한 작업을 제거(eliminate unnecessary work and material)
A: 순서의 변경(alter sequence)
R: 요구조건(requirement)
C: 작업의 결합(combine operations)
H: 얼마나 자주? 몇 번인가?(how offen)

8. 시간연구에서 간접관찰법인 PTS법

PTS(Predetermined Time Standard)법에서는 작업의 내용을 분석해서 동작방법을 알면, 시계로 측정하지 않더라도 동작시간 표준표에서 표준시간치를 구할 수 있다. PTS법에서는 여러 가지 방식이 있으나, 우리나라에 널리 쓰이는 것은 WF(Work Factor)와 MTM(Methods Time measurement)이다.

확인학습

01 작업연구에 대한 설명으로 옳지 않은 것은?

① 작업연구는 보통 동작연구와 시간연구로 구성된다.
② 시간연구는 표준화된 작업방법에 의하여 작업을 수행할 경우에 소요되는 표준시간을 측정하는 분야이다.
③ 동작연구는 경제적인 작업방법을 검토하여 표준화된 작업방법을 개발하는 분야이다.
④ 동작연구는 작업측정으로, 시간연구는 방법연구라고도 한다.
⑤ PTS법은 실제 생산현장을 보지 않고도 작업대의 배치와 작업방법을 알면 표준시간의 산출이 가능하다.

해설

정답 ④

테마114. Work Factor법

Work Factor법은 방법연구(공정분석, 작업분석, 동작분석) 결과 개선된 작업내용을 토대로 작업자가 그 작업을 수행하는데 필요한 시간을 어떤 표준적 측정 여건 하에서 측정, 불필요한 시간을 제거하여 설정하는 PTS(predetermined time standard system, 시간예정 측정법) 방법 중 하나이다.

PTS의 대표적인 방법으로는 MTM(method time measurement)법과 WF법이 있다.
Work Factor법은 동작시간 표준치를 정하여 동작시간 표준을 적용하여 실질시간을 구하는 기법으로 기본원리와 4가지 주요 변수(시간변동요인)을 알아야 한다.

1. 기본원리
1) 모든 작업 동작은 제한된 몇 가지 기본요소 동작으로 분해가 가능
2) 각각의 기본요소 동작은 일정한 표준시간치를 가진다.
3) 작업 동작의 총 소요시간은 기본요소 동작들의 표준시간 합계 시간이 된다.

2. 4가지 주요변수(시간 변동의 원인)
1) 사용되는 신체 부위
2) 이동거리
3) 중량 또는 저항
4) 동작의 곤란성

확인학습

01 Work Factor에서 동작시간 결정 시 고려하는 4가지 요인에 해당하지 않는 것은?

① 수행도
② 동작거리
③ 중량이나 저항
④ 사용되는 신체부위
⑤ 동작의 곤란성(인위적 조절정도)

해설

정답 ①

테마115. 근골격계부담작업 범위 기준

근골격계부담작업의 범위 및 유해원인조사 방법에 관한 고시.

제2조(정의) ① 이 고시에서 사용하는 용어의 뜻은 다음 각 호와 같다.
1. "단기간 작업"이란 2개월 이내에 종료되는 1회성 작업을 말한다.
2. "간헐적인 작업"이란 연간 총 작업일수가 60일을 초과하지 않는 작업을 말한다.
3. "하루란"「근로기준법」제2조 제1항 제7호에 따른 1일 소정근로시간과 1일 연장근로시간 동안 근로자가 수행하는 총 작업시간을 말한다.
4. "4시간 이상" 또는 "2시간 이상"은 제3호에 따른 "하루" 중 근로자가 제3조 각 호에 해당하는 근골격계부담작업을 실제로 수행한 시간을 합산한 시간을 말한다.

② 이 고시에서 규정하지 않은 사항은「산업안전보건법」(이하 "법"이라 한다) 및 「산업안전보건기준에 관한 규칙」(이하 "안전보건규칙"이라 한다)에서 정하는 바에 따른다.

제3조(근골격계부담작업) 법 제39조 제1항 제5호 및 안전보건규칙 제656조 제1호에 따른 근골격계부담작업이란 다음 각 호의 어느 하나에 해당하는 작업을 말한다. 다만, 단기간작업 또는 간헐적인 작업은 제외한다.
1. 하루에 4시간 이상 집중적으로 자료입력 등을 위해 키보드 또는 마우스를 조작하는 작업
2. 하루에 총 2시간 이상 목, 어깨, 팔꿈치, 손목 또는 손을 사용하여 같은 동작을 반복하는 작업
3. 하루에 총 2시간 이상 머리 위에 손이 있거나, 팔꿈치가 어깨위에 있거나, 팔꿈치를 몸통으로부터 들거나, 팔꿈치를 몸통뒤쪽에 위치하도록 하는 상태에서 이루어지는 작업
4. 지지되지 않은 상태이거나 임의로 자세를 바꿀 수 없는 조건에서, 하루에 총 2시간 이상 목이나 허리를 구부리거나 트는 상태에서 이루어지는 작업
5. 하루에 총 2시간 이상 쪼그리고 앉거나 무릎을 굽힌 자세에서 이루어지는 작업
6. 하루에 총 2시간 이상 지지되지 않은 상태에서 1kg 이상의 물건을 한손의 **손가락**으로 집어 옮기거나, 2kg 이상에 상응하는 힘을 가하여 한손의 **손가락**으로 물건을 쥐는 작업
7. 하루에 총 2시간 이상 지지되지 않은 상태에서 4.5kg 이상의 물건을 한 **손**으로 들거나 동일한 힘으로 쥐는 작업
8. 하루에 10회 이상 25kg 이상의 물체를 드는 작업
9. 하루에 25회 이상 10kg 이상의 물체를 무릎 아래에서 들거나, 어깨 위에서 들거나, 팔을 뻗은 상태에서 드는 작업
10. 하루에 총 2시간 이상, **분당 2회 이상 4.5kg 이상의 물체를 드는** 작업
11. 하루에 총 2시간 이상 **시간당 10회 이상 손 또는 무릎을 사용하여 반복적으로 충격**을 가하는 작업

확인학습

01 산업안전보건법령상 근골격계부담작업 범위 기준에 해당하지 않는 것은? (단, 단기간작업 또는 간헐적인 작업은 제외한다.)

① 하루에 5회 이상 25kg 이상의 물체를 드는 작업
② 하루에 4시간 이상 집중적으로 자료입력 등을 위해 키보드를 조작하는 작업
③ 하루에 총 2시간 이상 쪼그리고 앉거나 무릎을 굽힌 자세에서 이루어지는 작업
④ 하루에 총 2시간 이상, 분당 2회 이상 4.5kg 이상의 물체를 드는 작업
⑤ 하루에 총 2시간 이상 지지되지 않은 상태에서 1kg 이상의 물건을 한손의 손가락으로 집어 옮기거나, 2kg 이상에 상응하는 힘을 가하여 한손의 손가락으로 물건을 쥐는 작업

해설

정답 ①

테마116. 집단의 응집성 지수(소시오메트리, Sociometry)

구성원 상호간의 신뢰도를 기초로 집단 내부의 동태적 상호관계를 분석하는 기법으로 구성원들 간의 좋고 싫은 감정을 관찰, 검사, 면접 등을 통해 분석한다.

1. 집단의 응집력(Group Cohesiveness)
구성원들이 서로에게 매력적으로 끌려 목표를 효율적으로 달성하는 정도로 집단의 내부로부터 생기는 힘이다.
집단의 사기, 정신, 구성원들에게 주는 매력의 정도, 과업에 대한 구성원의 관심도를 말한다.

2. 응집성 지수
실제상호 선호관계의 수 ÷ 가능한 상호 선호관계의 총수(=nC_2)

> **예제** 7명 구성원들 간의 실제 상호간의 선호관계 수는 4개일 때 응집성 지수는?
> 4÷21=0.19

확인학습

01 10명으로 구성된 집단에서 소시오메트리(sociometry) 연구를 사용하여 조사한 결과 실제 긍정적인 상호작용을 맺고 있는 관계의 수가 16일 때 이 집단의 응집성지수는 약 얼마인가?

① 0.222
② 0.356
③ 0.401
④ 0.504
⑤ 0.624

해설

정답 ②

테마117. 주의(attention)의 종류

1. 주의력(attention)의 특성
보통 주의력의 특성은 3가지로 구분한다.

1) 변동성
주의력 수준의 고저가 주기(40~50분)적으로 변동

2) 방향성
주의의 초점이 존재해 주의의 초점을 맞추는 부분의 주의 수준은 높으나 주변으로는 거리가 멀어질수록 저하된다.

3) 선택성
주의력의 한계가 있어 주의력을 선택적으로 배분

2. 집중력, 주의(attention)의 종류는 5가지 또는 4가지로 구분한다.
집중력이란 외부 자극이나 내부 경험에 대해 일정 시간 집중할 수 있는 특정 정신 기능을 말한다.

1) 초점적 집중력(focused attention)
자극에 반응할 수 있는 기능

2) 지속적 집중력 또는 유지 집중력(sustain attention)
주의 집중을 일정 시간 유지하는 기능(시간, 일관성)
예를 들어, 책을 집중해서 읽을 수 있는 시간.

3) 선택적 집중력(selective attention)
환경에서 오는 여러 자극 중 원하는 자극만 선택적으로 집중할 수 있는 기능
예를 들어, 다양하게 섞여 있는 물건 속에서 필요한 물건 찾기.

4) 변화적 집중력 또는 이동 집중력(alternative attention, shift attention)
일정 자극에서 다른 자극으로 재집중할 수 있는 기능.
상황에 따라 주의 집중을 바꾸는 능력.
예를 들어 두 가지 색의 구슬을 번갈아가며 끼우기.

5) 이분적 집중력 또는 분할 집중력(divided attention)
동시에 두 가지 이상의 자극에 집중할 수 있는 기능.
예를 들어, 걸으면서 대화 나누기나 운전하며 노래 부르기 등이다.

확인학습

01 주의(attention)의 종류에 포함되지 않는 것은?

① 병렬주의(parallel attention)
② 분할주의(divided attention)
③ 초점주의(focused attention)
④ 선택적 주의(selective attention)
⑤ 지속주의(sustain attention)

해설

정답 ①

테마118. 산소부채와 산소결핍

산소결핍이란 운동 초기에 산소섭취 지연에 따른 현상이다.
산소부채는 운동 후 '초과산소섭취량' 이라고도 하며 운동 후 산소 섭취량이 안정시보다 초과된 산소섭취량이다. 운도 초기의 산소결핍을 보충하는 것이라고 주장.
회복기 초기의 초과산소는 근육의 재합성과 근육과 혈액의 산소 재보충에 사용되며, 회복기의 느린 영역은 상승된 체온, 운동 후 높은 심박수와 호흡수, 젖산이 포도당으로 전환된 포도당 신생작용에 의해 발생한다.

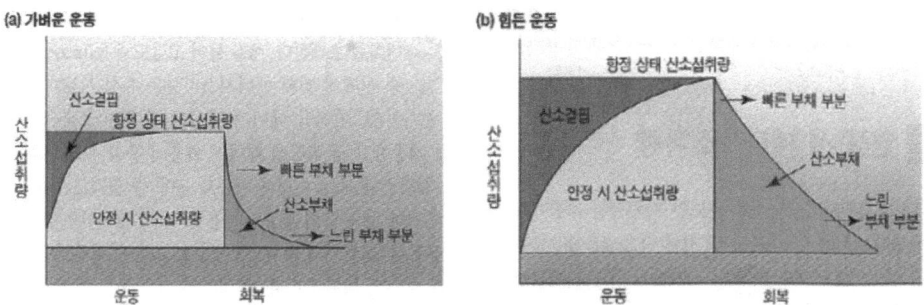

저강도와 고강도의 초과산소섭취량과 산소결핍(초과산소섭취량)

확인학습

01 강도 높은 작업을 마친 후 휴식 중에도 근육에 초기적으로 소비되는 산소량을 무엇이라 하는가?

① 산소부채
② 산소결핍
③ 산소결손
④ 산소요구량
⑤ 산소흡수량

해설

정답 ①

테마119. 피피엠(ppm) 또는 세제곱미터 당 밀리그램(mg/m³)

○ 작업환경측정 및 정도관리 등에 관한 고시

제20조(단위) ① 화학적 인자의 가스, 증기, 분진, 흄(fume), 미스트(mist) 등의 농도는 피피엠(ppm) 또는 세제곱미터 당 밀리그램(mg/m³)으로 표시한다. 다만, 석면의 농도 표시는 세제곱센티미터 당 섬유개수(개/㎤)로 표시한다.
② 피피엠(ppm)과 세제곱미터 당 밀리그램(mg/m³)간의 상호 농도변환은 다음 계산식 1과 같다.

$$노출기준(mg/m^3) = \frac{노출기준(ppm) \times 그램분자량}{24.45(25℃, 1기압)}$$

③ 〈삭제〉
④ 소음수준의 측정단위는 데시벨[dB(A)]로 표시한다.
⑤ 고열(복사열 포함)의 측정단위는 습구·흑구 온도지수(WBGT)를 구하여 섭씨온도(℃)로 표시한다.

확인학습

01 25[℃], 1기압 상태에서 n-헥산(C_6H_{14})의 노출기준농도(TLV-TWA)가 50[ppm]인 경우, 이를 [mg/m^3]단위로 환산하면 얼마인가?

① 175.86
② 178.52
③ 185.86
④ 188.52
⑤ 351.73

해설

$$\frac{50 \times 86}{24.45} = 175.86$$

○ 그램분자량(분자 1mol)
탄소: 12
수소: 1
산소: 16
질소: 14
염소: 35.5
나트륨: 23

정답 ①

테마120. 시스템 위험분석기법(위험성 분류)

1. PHA(예비위험분석)

모든 시스템 안전 프로그램의 최초단계(설계단계, 구상단계)에서 실시하는 분석법으로 시스템의 위험요소가 얼마나 위험한 상태에 있는가를 정성적(말로 표시)으로 평가하는 기법이다.

식별된 사고는 다음 4가지의 범주로 분류한다.

Class1. 파국적(Catastrophic)	사망, 시스템 손상
Class2. 위기적(Critical)	심각한 상해, 시스템 중대 손상
Class3. 한계적(Marginal)	경미한 상해, 시스템 성능 저하
Class4. 무시적(Negligible)	경미한 상해 및 시스템 저하 없음

2. FMEA(고장형태와 영향분석)

시스템에 영향을 미치는 모든 요소의 고장을 형태별로 분석하여 그 영향을 정성적, 귀납적으로 검토하는 분석법이다.

○ FMEA(고장형태와 영향분석)

발생확률(β)에 따른 분류	내용
$\beta = 1$	실제 손실
$0.1 < \beta < 1$	예상되는 손실
$0 < \beta \leq 0.1$	가능한 손실
$\beta = 0$	영향 없음

3. FMEA(고장형태와 영향분석)

위험성 분류 표시	내용
Category1	생명의 상실, 가옥의 상실
Category2	임무 수행의 실패
Category3	활동의 지연
Category4	손실에 영향 없음

4. MORT(Management Oversight and Risk Tree)

1970년 대 미국의 존슨(W. G. Johnson) 등에 의해 개발된 최신 안전프로그램으로 원자력 산업의 안전달성을 위해 개발된 것으로 관리, 설계, 생산, 보전 등의 광범위한 안전을 도모하기 위한 것으로 연역적이고 정량적(FTA와 유사)인 분석법이다.

5. O&S(Operating &Support 또는 OSHA) : 운용 및 지원 위험분석

시스템의 모든 사용단계에서 생산, 보전, 시험, 운반, 구출, 구조, 훈련 및 폐기 등에 사용되는 인원, 순서, 설비에 관하여 위험을 관찰하고 그것들의 안전요건을 결정하기 위한 분석법이다.

6. FAFR(Fatal Accident Frequency Rate) : 치명적 사고율

1억 시간(10^8 시간) 당 사망자수를 나타낸다.
FAFR(Fatal Accident Frequency Rate)=(사망자수÷총 작업 시간수)×10^8

6. HAZOP(위험 및 운전성 검토)의 유인어

No 또는 Not	완전한 부정
More 또는 Less	양의 증가 또는 감소
Other than	완전한 대체
Reverse	설계 의도의 논리적인 역(易)
As well As	성질상의 증가
Part of	성질상의 감소(일부 변경)

연습 1 다음 빈칸을 채우시오.

O FMEA(고장형태와 영향분석)

발생확률(β)에 따른 분류	내용
$\beta = 1$	실제 손실
$0.1 < \beta < 1$	
$\beta = 0$	영향 없음

O FMEA(고장형태와 영향분석)

위험성 분류 표시	내용
Category 1	생명의 상실, 가옥의 상실
Category 2	
Category 3	
Category 4	손실에 영향 없음

O HAZOP(위험 및 운전성 검토)의 유인어

No 또는 Not	
More 또는 Less	양의 증가 또는 감소
Other than	
Reverse	설계 의도의 논리적인 역(易)
As well As	
Part of	성질상의 감소(일부 변경)

확인학습

01 시스템 안전 분석방법 중 예비위험분석(PA)단계에서 식별하는 4가지 범주에 속하지 않는 것은?

① 위기 상태
② 무시가능 상태
③ 파국적 상태
④ 예비조치 상태
⑤ 한계 상태

> 해설

정답 ④

02 '화재 발생'이라는 시작(초기)사상에 대하여, 화재감지기, 화재 경보, 스프링클러 등의 성공 또는 실패 작동여부와 그 확률에 따른 피해 결과를 분석하는데 가장 적합한 위험 분석 기법은?

① FTA
② ETA
③ FHA
④ THERP
⑤ CA

> 해설

결함수분석 (Fault Tree Analysis; FTA)	사건수분석 (Event Tree Analysis; ETA)
논리곱(AND)과 논리합(OR)을 이용하여 사고의 원인을 분석하는 방법으로서 사고발생확률을 정량적으로 계산할 수 있으며 나아가 최소컷 세트를 도출하여 예상사고 시나리오 및 진행경로를 파악할 수 있다.	초기사건 발생 시 공정이탈이나 사고로 진행되는 것을 방지하기 위한 각각의 대응단계별 **성공/실패에 따른** 예상사고경로와 형태를 파악하고 그 발생 확률을 정량적으로 계산하여 중점 관리 대상이 되는 대응단계에 대한 개선안을 도출하는 방법이다.

정답 ②

테마121. 유해인자별 노출기준

■ 산업안전보건법 시행규칙 [별표 19]

유해인자별 노출 농도의 허용기준(제145조 제1항 관련)

유해인자		허용기준			
		시간가중평균값(TWA)		단시간 노출값(STEL)	
		ppm	mg/㎥	ppm	mg/㎥
1. 6가크롬[18540-29-9] 화합물(Chromium VI compounds)	불용성		0.01		
	수용성		0.05		
2. 납[7439-92-1] 및 그 무기화합물(Lead and its inorganic compounds)			0.05		
3. 니켈[7440-02-0] 화합물(불용성 무기화합물로 한정한다)(Nickel and its insoluble inorganic compounds)			0.2		
4. 니켈카르보닐(Nickel carbonyl; 13463-39-3)		0.001			
5. 디메틸포름아미드(Dimethylformamide; 68-12-2)		10			
6. 디클로로메탄(Dichloromethane; 75-09-2)		50			
7. 1,2-디클로로프로판(1,2-Dichloro propane; 78-87-5)		10		110	
8. 망간[7439-96-5] 및 그 무기화합물(Manganese and its inorganic compounds)			1		
9. 메탄올(Methanol; 67-56-1)		200		250	
10. 메틸렌 비스(페닐 이소시아네이트)[Methylene bis(phenyl isocya nate); 101-68-8 등]		0.005			
11. 베릴륨[7440-41-7] 및 그 화합물(Beryllium and its compounds)			0.002		0.01
12. 벤젠(Benzene; 71-43-2)		0.5		2.5	
13. 1,3-부타디엔(1,3-Butadiene; 106-99-0)		2		10	
14. 2-브로모프로판(2-Bromopropane; 75-26-3)		1			
15. 브롬화 메틸(Methyl bromide; 74-83-9)		1			
16. 산화에틸렌(Ethylene oxide; 75-21-8)		1			
17. 석면(제조·사용하는 경우만 해당한다)(Asbestos; 1332-21-4 등)			0.1개/㎤		
18. 수은[7439-97-6] 및 그 무기화합물(Mercury and its inorganic compounds)			0.025		
19. 스티렌(Styrene; 100-42-5)		20		40	

물질명	TWA	STEL
20. 시클로헥사논(Cyclohexanone; 108-94-1)	25	50
21. 아닐린(Aniline; 62-53-3)	2	
22. 아크릴로니트릴(Acrylonitrile; 107-13-1)	2	
23. 암모니아(Ammonia; 7664-41-7 등)	25	35
24. 염소(Chlorine; 7782-50-5)	0.5	1
25. 염화비닐(Vinyl chloride; 75-01-4)	1	
26. 이황화탄소(Carbon disulfide; 75-15-0)	1	
27. 일산화탄소(Carbon monoxide; 630-08-0)	30	200
28. 카드뮴[7440-43-9] 및 그 화합물(Cadmium and its compounds)	0.01 (호흡성 분진인 경우 0.002)	
29. 코발트[7440-48-4] 및 그 무기화합물(Cobalt and its inorganic compounds)	0.02	
30. 콜타르피치[65996-93-2] 휘발물(Coal tar pitch volatiles)	0.2	
31. 톨루엔(Toluene; 108-88-3)	50	150
32. 톨루엔-2,4-디이소시아네이트(Toluene-2,4-diisocyanate; 584-84-9 등)	0.005	0.02
33. 톨루엔-2,6-디이소시아네이트(Toluene-2,6-diisocyanate; 91-08-7 등)	0.005	0.02
34. 트리클로로메탄(Trichloromethane; 67-66-3)	10	
35. 트리클로로에틸렌(Trichloroethylene; 79-01-6)	10	25
36. 포름알데히드(Formaldehyde; 50-00-0)	0.3	
37. n-헥산(n-Hexane; 110-54-3)	50	
38. 황산(Sulfuric acid; 7664-93-9)	0.2	0.6

※ 비고

1. "시간가중평균값(TWA, Time-Weighted Average)"이란 1일 8시간 작업을 기준으로 한 평균노출농도로서 산출공식은 다음과 같다.

$$TWA \text{환산값} = \frac{C_1 \cdot T_1 + C_1 \cdot T_1 + \cdots + C_n \cdot T_n}{8}$$

주) C: 유해인자의 측정농도(단위: ppm, mg/m³ 또는 개/cm³)
    T: 유해인자의 발생시간(단위: 시간)

2. "단시간 노출값(STEL, Short-Term Exposure Limit)"이란 15분 간의 시간가중평균값으로서 노출 농도가 시간가중평균값을 초과하고 단시간 노출값 이하인 경우에는 ① 1회 노출 지속시간이 15분 미만이어야 하고, ② 이러한 상태가 1일 4회 이하로 발생해야 하며, ③ 각 회의 간격은 60분 이상이어야 한다.

3. "등"이란 해당 화학물질에 이성질체 등 동일 속성을 가지는 2개 이상의 화합물이 존재할 수 있는 경우를 말한다.

확인학습

01 다음 중 노출기준(TWA, ppm) 값이 가장 작은 물질은?

① 염소
② 암모니아
③ 에탄올
④ 메탄올
⑤ 일산화탄소

해설

정답 ①

테마122. 폭발범위(연소범위)

계산문제로 자주 출제된다. 르-샤틀리에 공식으로 폭발(연소)한계를 구하면 된다.
메탄, 에탄, 프로판, 부탄의 화학식 정도는 반드시 알고 있어야 한다.

$$\frac{100}{L} = \frac{V_1}{L_1} + \frac{V_2}{L_2} + \frac{V_3}{L_3} + \cdots$$

여기서 $V_1 + V_2 + V_3 + \cdots = V$
L : 혼합가스의 폭발하한치(%)
$V_1, V_2, V_3 \cdots$: 각 성분의 체적(%)
$L_1, L_2, L_3 \cdots$: 각 성분의 폭발하한치(%)

확인학습

01 다음 [표]를 참조하여 메탄 70vol%, 프로판 21vol%, 부탄 9vol%인 혼합가스의 폭발범위를 구하면 약 몇 vol%인가?

가스	폭발하한계(vol%)	폭발상한계(vol%)
C_4H_{10}	1.8	8.4
C_3H_8	2.1	9.5
C_2H_6	3.0	12.4
CH_4	5.0	15.0

① 3.45~9.11
② 3.45~12.58
③ 3.85~9.11
④ 3.85~12.58

해설

정답 ②

테마123. 위험도

폭발범위를 폭발하한계로 나눈 값으로 위험도의 값이 클수록 위험성은 크다.
테마122의 확인학습 문제에서 주어진 표를 보고 각각의 위험도를 계산해 보자.

$$위험도 = \frac{(연소상한계 - 연소하한계)}{연소하한계} = \frac{연소범위}{연소하한계}$$

메탄(CH_4) 위험도: 2
에탄(C_2H_6) 위험도: 3.13
프로판(C_3H_8) 위험도: 3.52
부탄(C_4H_{10}) 위험도: 3.67

340p 확인학습 문제1 해설

문제 〈표〉에서 메탄, 프로탄, 부탄의 비율과 폭발하한계, 폭발상한계를 참고하여 르 샤틀리에 공식을 대입한다.

혼합가스의 폭발하한계 = $\dfrac{100}{L} = \dfrac{70}{5} + \dfrac{21}{2.1} + \dfrac{9}{1.8}$ = 약 3.45

혼합가스의 폭발상한계 = $\dfrac{100}{U} = \dfrac{70}{15} + \dfrac{21}{9.5} + \dfrac{9}{84}$ = 약 12.58

혼합가스의 폭발범위 = 3.45~12.58

테마124. 산소소비량 측정

산소소비량=(흡기 시 산소농도 × 흡기량)−(배기 시 산소농도 × 배기량)
* 분당 배기량을 먼저 계산한다.
* 흡기량 계산= [배기량×(100−산소−이산화탄소)] / 79%

예제 5분간의 산소소비량 측정결과 100리터 배기량에 산소가 16%, 이산화탄소가 4%로 분석되었다. 분당 산소소비량은?

해설
100리터/5분=20(리터/분)이 분당 배기량이다.
여기서 흡기량을 계산하면 [(20×80)/79] = 20.25
배기량과 흡기량을 계산하였으므로 공식에 대입하면 된다.
산소소비량 = [0.21(21%)×20.25]−[0.16(16%)×20]

약 1.053(리터/분)

확인학습

01 중량물 들기 작업 시 5분간의 산소소비량을 측정한 결과 90L의 배기량 중에 산소가 16%, 이산화탄소가 4%로 분석되었다. 해당 작업에 대한 산소소비량(L/min)은 약 얼마인가? (단, 공기 중 질소는 79vol%, 산소는 21vol%이다.)

① 0.95　　② 1.95
③ 4.74　　④ 5.74
⑤ 6.95

해설

정답 ①

테마125. 실효온도

실제 인간이 느낄 수 있는 온도. 체감온도 또는 감각온도라고 한다.
실효온도는 위생학·건축학 등 각 방면에서 널리 이용되는 체감온도이다.
이것은 습구온도·온도·풍속의 값을 종합하여 구한 것으로서, 실효 온도는 습도 100%, 풍속 0일 때의 기온을 표준으로 하여 측정한 것이다.

1. 실효 온도의 결정 요소: 온도, 습도, 대류(공기유동).

2. 허용한계

1) 정신(사무)작업: 60~64화씨(°F)

2) 경작업: 55~60화씨

3) 중작업: 50~55화씨

정신적 사무작업	경작업	중작업
60~64°F(화씨온도)	55~60°F	50~55°F

3. 실효온도 허용한계

- 화씨(°F)= (섭씨×1.8)+32
- 섭씨= (화씨-32)×0.55

> 화씨를 섭씨로 바꾸기 위해 ℃ = 5/9×(F - 32)

4. 저온 조건에서는 습도의 영향을 과대평가(실제로는 저온에서 습도의 영향은 적다), 고온 조건에서는 과소평가한다. 실효온도가 증가할수록 육체 작업 능력이 떨어진다.

5. 옥스퍼드 지수(Oxford 지수)

고온 갱내작업 평가에 이용된다.
습건(WD)지수라고도 하며, 습구와 건구온도의 가중 평균치로 공식은 다음과 같다.
WD=0.85×W(습구온도)+0.15×D(건구온도)

6. 습구흑구온도지수(WBGT)

근로자가 고열환경에 종사함으로써 받는 열스트레스 또는 위해(危害)를 평가하기 위한 도구(단위: ℃)로 기온, 기습, 복사열을 종합적으로 고려한 지표.

옥내	옥외
0.7×자연습구온도+0.3×흑구온도	0.7×자연습구온도+0.2×흑구온도+0.1×건구온도

7. Botsball지수(BB)

열에 대한 인간 반응의 지표로 열스트레스 측정을 위한 지표.
습구흑구온도지수(WBGT)에 비해 작은 크기와 관련하여 작업장에 직접 매달아 작업자가 노출되는 열스트레스를 보다 정확하게 평가할 수 있다.

확인학습

01 실효 온도(effective temperature)에 영향을 주는 요인이 아닌 것은?

① 온도
② 습도
③ 복사열
④ 공기 유동

해설

정답 ③

02 화씨온도 122°F는 섭씨온도는 몇 ℃ 인가?

① 30
② 40
③ 50
④ 60
⑤ 70

해설

정답 ③

테마126. 학습평가 기본기준

구분	내용
타당성(validity)	측정을 적절한 도구와 절차를 통해 진행. 평가 목적에 맞게 평가내용이 빠짐없이 중복 없이 중요 성과대상을 잘 표현하고 있는 정도.
신뢰성(reliability)	일관성으로 해석. 근로자의 안전행동, 안전리더십, 안전 분위기 등과 관련성이 있는 주요 요인. 서로 다른 평가자가 동일한 피평가자를 평가할 때 일관된 평가결과를 도출할 수 있는 정도.
객관성(objectivity)	동일한 평가에서 동일한 검사결과를 획득
실용성(practicality)	측정방법의 현실적 적용가능 여부

확인학습

01 학습평가 기본기준 4가지에 해당하지 않는 것은?

① 타당성　　　　　② 신뢰성
③ 객관성　　　　　④ 실용성
⑤ 주관성

해설

정답 ⑤

테마127. 최소가분시력

시각의 크기는 대상물까지의 거리와 크기에 의해 결정된다.
최소가부시력이란 정확히 식별할 수 있는 최소의 세부공간을 볼 때, 생기는 시각의 역수로 측정된다. 즉, 눈이 파악할 수 있는 표적 사이의 최소공간을 최소 분간 시력 (minimum separable acuity)이라고 한다.
그럼 먼저 시각을 계산하고 나서 시력을 알아봐야 한다.

1) 시각 = (180°/π)×60×(물체의 크기/물체와의 거리)

= 57.3°×60×(물체의 크기/물체와의 거리)

= 3438°×(물체의 크기/물체와의 거리)

2) 시력=1/시각

* 분은 각도를 재는 단위이다. 1분은 1°를 60등분한 각도.
* 1rad=180°/π

확인학습

01 5m 떨어진 곳에서 1.5mm 벌어진 틈을 구분할 수 있는 사람의 최소가분시력은? (단, 소수점 둘째자리에서 반올림하여 소수점 첫째자리까지 구하시오.)

① 0.5　　　　　　　　② 1.0
③ 2.0　　　　　　　　④ 2.5
⑤ 3.0

해설

1.0314 값이 나와 근사값을 찾으면 정답은 1.0이 된다.

정답 ②

연습 1 5m 떨어진 지점에서 1mm 벌어진 틈을 구분할 수 있는 사람의 시력은 얼마인가?

정답 1.45

테마128. 인간-기계체계의 신뢰도 유지방안

제어계는 궤환(되먹임, feedback) 여부에 따라 개루프 제어계(비궤환제어계, open loop control system)와 폐루프 제어계(궤환제어계, closed loop, feedback control system)의 두 가지 방식이 있다.

1. **피드백 제어(feedback control)방식**: 제어결과를 측정하여 목표로 하는 동작이나 상태와 비교하여 잘못된 점을 수정해 나가는 제어방식으로 피드백제어에서는 제어의 결과를 목표와 비교하기 위하여 출력이 피드백 측으로 피드백 되어 전체가 하나의 폐루프를 구성하기 때문에 일명 폐쇄 루프 제어(closed control)라고도 한다.

1) 공정제어(process control, 프로세스 컨트롤): 제조공업에서 공정(process)의 상태량(온도, 압력, 유량, 점도 등)을 제어량으로 하는 제어이다.

2) 서보 기구(servo mechanism): 물체의 위치, 방향, 힘, 속도 등의 역학적인 물리량을 제어하는 기구이다. (레이더의 방향제어, 선박, 항공기 등의 속도조절기구, 공작기계의 제어 등)

3) 자동조정(automatic regulation, 오토매틱 레귤레이션): 자동조작으로 항상 일정한 값을 유지하도록 해주는 방식이다. 전압, 전류, 전력, 주파수, 전동기나 공작기계의 속도 등의 제어에 사용된다.

2. **개방루우프 제어(open loop control)방식**: 항공기의 방향조정의 경우, 항공기의 진로를 유지하기 위하여 기체의 역학적 특성, 진로상의 공기의 밀도와 바람 등을 사전에 충분히 알고 조정방향을 시간적으로 프로그램 함으로써 항공기가 소정의 비행로를 따라 비행하게 되는데 이와 같은 제어방식을 말한다.

1) 시퀀스 제어(sequence control; 순차제어): 미리 정하여진 순서에 따라 제어의 가 단계를 차례로 진행시키는 제어를 말한다.

> **확인학습**

01 인간-기계체계의 신뢰도 유지방안 중 피드백 제어방식에 해당하는 것을 모두 고른 것은?

> ㄱ. 서보 기구(servo mechanism)
> ㄴ. 공정제어(process control, 프로세스 컨트롤)
> ㄷ. 자동조정(automatic regulation, 오토매틱 레귤레이션)

① ㄱ
② ㄴ
③ ㄱ, ㄷ
④ ㄴ, ㄷ
⑤ ㄱ, ㄴ, ㄷ

해설

상기 문제는 폐루프와 개루프를 묻는 문제이다.

정답 ⑤

테마129. 옥스퍼드(Oxford) 지수

0.85×W(습구 온도) + 0.15×d(건구 온도)

확인학습

01 건구온도 42℃, 습구온도 32℃ 일 경우 Oxford지수는?

① 33.5℃ ② 35.5℃
③ 37.5℃ ④ 38.5℃
⑤ 40.5℃

해설

정답 ①

테마130. 근골격계부담작업평가기법(OWAS, RULA, REBA)

○ OWAS는 관찰적 작업자세 평가기법이라 하며, 배우기 쉽고, 현장에 적용하기 쉬운 장점 때문에 많이 이용되고 있으나, 작업자세를 너무 단순화했기 때문에 세밀한 분석에 어려움이 있으며, 분석결과도 작업자세 특성에 대한 정성적인 분석만 가능함. 몸통(허리), 팔, 다리, 무게를 측정한다. 수준1에서 수준 4까지로 구분하며 수준1은 작업자세에 아무런 조치도 필요하지 않지만 수준4의 경우 즉각적인 작업자세의 교정이 필요한 근골격계에 매우 심각한 해를 끼치는 것으로 본다.

○ RULA(rapid upper limb assessment, 1993)는 어깨, 팔목, 손목, 목 등 상지(Upper Limb)에 초점을 맞추어서 작업자세로 인한 작업부하를 쉽고 빠르게 평가하기 위해 만들어진 기법임.
작업자세 평가는 신체를 크게 두 부분(A군, B군)으로 나누어 평가하는데
- A군: 상완, 전완, 손목
- B군: 목, 다리, 허리

○ REBA(rapid entire body assessment, 2000)는 RULA와 비교하여 간호사 등과 같이 예측하기 힘든 다양한 자세에서 이루어지는 서비스업에서의 전체적인 신체에 대한 부담정도와 위해인자에의 노출 정도를 분석한다.
평가대상이 되는 주요 작업요소로는 반복성, 정적작업, 힘, 작업자세, 연속작업시간 등이 고려된다.
평가방법은 신체부위별로 A와 B그룹으로 나누고, 각 그룹별로 작업자세 그리고 근육과 힘에 대한 평가로 이루어진다.
- A군: 몸통, 목, 다리+무게(힘)
- B군: 위팔(상완), 아래팔(전완), 손목+손잡이
상기 두 개의 평가기법은 4개의 조치단계인데 반해 REBA의 평가결과는 1에서 15점 사이의 총점으로 나타내며 점수에 따라 5개의 조치단계로 분류된다.

자세를 평가하기 위한 방법으로 OWAS, RULA, REBA 등이 많이 사용되고 있지만 그 중 OWAS는 전신작업의 평가에 이용할 수 있는 작업 자세 평가 기법이다.

1. OWAS(Ovako Working Analysis System)

핀란드 제철회사(Ovako)에서 1973년 개발되었다. 4가지 항목(팔, 다리, 허리, 하중 또는 무게)을 조사하였다.
특별한 기구 없이 관찰에 의해서만 작업자세를 평가한다.
현장에서 기록 및 해석이 용이하다.
현장성이 강하면서도 상지와 하지의 작업분석이 가능하며 작업대상물의 무게를 분석요인에 포함시킨다.
단점으로는 상지나 하지 등 몸의 일부의 움직임이 적으면서도 반복하여 사용하는 작업에서는 차이를 파악하기 어렵다.

2. RULA(Rapid Upper Limb Assessment)

1993년 신체부위 중 상지부의 작업자세를 평가하기 위해 개발된 것이다.

RULA는 비교적 사용이 용이하고 작업분석을 수행하는데 인간공학 전문가의 정확한 분석 이전에 일차적인 분석도구로 유용하다.

RULA는 작업자세 평가, 근육의 사용여부, 힘과 부하량의 평가 3부분으로 나누어 평가한다.

작업자세 평가는 신체를 크게 두 부분(A군, B군)으로 나누어 평가하는데
-A군: 상완, 전완, 손목
-B군: 목, 다리, 허리

○ A군:
○ B군:

3. REBA(Rapid Entire Body Assessment)

가장 최근에 개발된 REBA는 보건관리와 다른 서비스 산업에서 발견되는 예측할 수 없는 작업자세에 민감하게 잘 적응하기 위해 개발된 작업자세 분석도구로서 작업자의 움직임 단계를 관찰한 후 신체부위를 분할하여 각 신체부위에 부위별 점수를 부여한 후 점수코드 체제를 이용하는 분석하는 도구이다.

〈참고〉 SI(strain index) 분석

SI 또는 JSI는 상지의 말단(손, 손목, 팔꿈치)의 작업 관련성 근골격계 질환의 위험도를 평가하기 위해 Moore & Garg(1995)가 개발한 평가기법이다.

SI(strain index) 평가에서 사용되는 항목은 6가지로 다음과 같다.

1) 힘을 발휘하는 강도
2) 힘을 발휘하는 지속시간
3) 분당 힘의 발휘
4) 손/손목의 자세
5) 작업속도
6) 1일 작업의 지속시간

안전보건규칙 제657조(유해요인 조사) ① 사업주는 근로자가 근골격계부담작업을 하는 경우에 3년마다 다음 각 호의 사항에 대한 유해요인조사를 하여야 한다. 다만, 신설되는 사업장의 경우에는 신설일부터 1년 이내에 최초의 유해요인 조사를 하여야 한다.
  1. 설비·작업공정·작업량·작업속도 등 작업장 상황
  2. 작업시간·작업자세·작업방법 등 작업조건
  3. 작업과 관련된 근골격계질환 징후와 증상 유무 등

② 사업주는 다음 각 호의 어느 하나에 해당하는 사유가 발생하였을 경우에 제1항에도 불구하고 지체 없이 유해요인 조사를 하여야 한다. 다만, 제1호의 경우는 근골격계부담작업이 아닌 작업에서 발생한 경우를 포함한다.
1. 법에 따른 임시건강진단 등에서 근골격계질환자가 발생하였거나 근로자가 근골격계질환으로 「산업재해보상보험법 시행령」 별표 3 제2호가목·마목 및 제12호라목에 따라 업무상 질병으로 인정받은 경우
2. 근골격계부담작업에 해당하는 새로운 작업·설비를 도입한 경우
3. 근골격계부담작업에 해당하는 업무의 양과 작업공정 등 작업환경을 변경한 경우
③ 사업주는 유해요인 조사에 근로자 대표 또는 해당 작업 근로자를 참여시켜야 한다.

○ 영상표시단말기 취급근로자 작업관리지침

제1조(목적) 이 고시는 「산업안전보건법」 제13조에 따라 영상표시단말기(Visual Display Terminal, VDT)작업에 종사하는 근로자의 건강장해를 예방하기 위하여 사업주 또는 근로자가 지켜야 하는 지침을 정하는 것을 목적으로 한다.

제2조(정의) ① 이 고시에서 사용하는 용어의 뜻은 다음과 같다.
1. "영상표시단말기"란 음극선관(Cathode, CRT)화면, 액정 표시(Liquid Crystal Display, LCD)화면, 가스플라즈마(Gasplasma)화면 등의 영상표시단말기를 말한다.
2. "영상표시단말기등"이란 영상표시단말기 및 영상표시단말기와 연결하여 자료의 입력·출력·검색 등에 사용하는 키보드·마우스·프린터 등 영상표시단말기의 주변기기를 말한다.
3. "영상표시단말기 취급근로자"란 영상표시단말기의 화면을 감시·조정하거나 영상표시단말기 등을 사용하여 입력·출력·검색·편집·수정·프로그래밍·컴퓨터설계(CAD) 등의 작업을 하는 사람을 말한다.
4. "영상표시단말기 연속작업"이란 자료입력·문서작성·자료검색·대화형 작업·컴퓨터설계(CAD) 등 근무시간동안 연속하여 영상표시단말기 화면을 보거나 키보드·마우스 등을 조작하는 작업을 말한다.
5. "영상표시단말기 작업으로 인한 관련 증상(VDT 증후군)"이란 영상 표시단말기를 취급하는 작업으로 인하여 발생되는 경견완증후군 및 기타 근골격계 증상·눈의 피로·피부증상·정신신경계증상 등을 말한다.

② 그 밖에 이 고시에서 사용하는 용어의 뜻은 이 고시에 특별한 규정이 없으면 「산업안전보건법」, 같은 법 시행령 및 시행규칙, 「산업안전보건기준에 관한 규칙」에서 정하는 바에 따른다.

제5조(작업기기의 조건) ① 사업주는 다음 각 호의 성능을 갖춘 영상표시단말기 화면을 제공하여야 한다.
1. 영상표시단말기 화면은 회전 및 경사조절이 가능할 것
2. 화면의 깜박거림은 영상표시단말기 취급근로자가 느낄 수 없을 정도이어야 하고 화질은 항상 선명할 것
3. 화면에 나타나는 문자·도형과 배경의 휘도비(Contrast)는 작업자가 용이하게 조절할 수 있을 것
4. 화면상의 문자나 도형 등은 영상표시단말기 취급근로자가 읽기 쉽도록 크기·간격 및 형상 등을 고려할 것
5. 단색화면일 경우 색상은 일반적으로 어두운 배경에 밝은 황·녹색 또는 백색문자를 사용하고 적색 또는 청색의 문자는 가급적 사용하지 않을 것

② 사업주는 다음 각 호의 성능 및 구조를 갖춘 키보드와 마우스를 제공하여야 한다.
1. 키보드는 특수목적으로 고정된 경우를 제외하고는 영상표시단말기 취급 근로자가 조작위치를 조정할 수 있도록 이동이 가능할 것
2. 키의 성능은 입력 시 영상표시단말기 취급 근로자가 키의 작동을 자연스럽게 느낄 수 있도록 촉각·청각 및 작동압력 등을 고려할 것
3. 키의 윗부분에 새겨진 문자나 기호는 명확하고, 작업자가 쉽게 판별할 수 있을 것
4. 키보드의 경사는 5도 이상 15도 이하, 두께는 3센티미터 이하로 할 것
5. 키보드와 키 윗부분의 표면은 무광택으로 할 것

6. 키의 배열은 입력 작업 시 작업자의 팔 자세가 자연스럽게 유지되고 조작이 원활하도록 배치할 것
7. 작업자의 손목을 지지해 줄 수 있도록 작업대 끝면과 키보드의 사이는 15센티미터 이상을 확보하고 손목의 부담을 경감할 수 있도록 적절한 받침대(패드)를 이용할 수 있을 것
8. 마우스는 쥐었을 때 작업자의 손이 자연스러운 상태를 유지할 수 있을 것

③ 사업주는 다음 각 호의 사항을 갖춘 작업대를 제공하여야 한다.
1. 작업대는 모니터·키보드 및 마우스·서류받침대 및 그 밖에 작업에 필요한 기구를 적절하게 배치할 수 있도록 충분한 넓이를 갖출 것
2. 작업대는 가운데 서랍이 없는 것을 사용하도록 하며, 근로자가 영상표시단말기 작업 중에 다리를 편안하게 놓을 수 있도록 다리 주변에 충분한 공간을 확보할 것
3. 작업대의 높이(키보드 지지대가 별도 설치된 경우에는 키보드 지지대 높이)는 조정되지 않는 작업대를 사용하는 경우에는 바닥면에서 작업대 높이가 60센티미터 이상 70센티미터 이하 범위의 것을 선택하고, 높이 조정이 가능한 작업대를 사용하는 경우에는 바닥면에서 작업대 표면까지의 높이가 65센티미터 전후에서 작업자의 체형에 알맞도록 조정하여 고정할 수 있을 것
4. 작업대의 앞쪽 가장자리는 둥글게 처리하여 작업자의 신체를 보호할 수 있을 것

④ 사업주는 다음 각 호의 사항을 갖춘 의자를 제공하여야 한다.
1. 의자는 안정감이 있어야 하며 이동 회전이 자유로운 것으로 하되 미끄러지지 않는 구조일 것
2. 바닥 면에서 앉는 면까지의 높이는 눈과 손가락의 위치를 적절하게 조절할 수 있도록 적어도 35센티미터 이상 45센티미터 이하의 범위에서 조정이 가능할 것
3. 의자는 충분한 넓이의 등받이가 있어야 하고 영상표시단말기 취급 근로자의 체형에 따라 요추(Lumbar)부위부터 어깨부위까지 편안하게 지지할 수 있어야 하며 높이 및 각도의 조절이 가능할 것
4. 영상표시단말기 취급근로자가 필요에 따라 팔걸이(Elbow Rest)를 사용할 수 있을 것
5. 작업 시 영상표시단말기 취급근로자의 등이 등받이에 닿을 수 있도록 의자 끝부분에서 등받이까지의 깊이가 38센티미터 이상 42센티미터 이하일 것
6. 의자의 앉는 면은 영상표시단말기 취급근로자의 엉덩이가 앞으로 미끄러지지 않는 재질과 구조로 되어야 하며 그 폭은 40센티미터 이상 45센티미터 이하일 것

확인학습

01 다음 (　)안에 들어갈 숫자로 옳은 것은?

> 안전보건규칙 제657조(유해요인 조사) ① 사업주는 근로자가 근골격계부담작업을 하는 경우에 (　)년 마다 다음 각 호의 사항에 대한 유해요인조사를 하여야 한다. 다만, 신설되는 사업장의 경우에는 신설일부터 1년 이내에 최초의 유해요인 조사를 하여야 한다.
> 1. 설비·작업공정·작업량·작업속도 등 작업장 상황
> 2. 작업시간·작업자세·작업방법 등 작업조건
> 3. 작업과 관련된 근골격계질환 징후와 증상 유무 등

① 1
② 2
③ 3
④ 5
⑤ 7

해설

정답 ③

02 유해요인조사 도구 중 JSI(job strain index)의 평가항목에 해당하지 않는 것은?

① 손/손목의 자세
② 1일 작업의 생산량
③ 힘을 발휘하는 강도
④ 힘을 발휘하는 지속시간
⑤ 1일 작업의 지속시간

해설

정답 ②

03 산업안전보건법령상 근골격계부담작업의 유해요인조사에 대한 내용으로 옳지 않은 것은? (단, 해당사업장은 근로자가 근골격계부담작업을 하는 경우이다.)

① 신설되는 사업장의 경우에는 신설일로부터 1년 이내 최초의 유해요인 조사를 하여야 한다.
② 정기유해요인 조사는 2년마다 유해요인조사를 하여야 한다.
③ 조사항목으로는 작업량, 작업속도 등 작업장 상황과 작업자세, 작업방법 등의 작업조건이 있다.
④ 근골격계부담작업에 해당하는 새로운 작업 설비를 도입한 경우 지체 없이 유해요인 조사를 하여야 한다.
⑤ 사업주는 유해요인 조사에 근로자 대표 또는 해당 작업 근로자를 참여시켜야 한다.

해설

정답 ②

04 영상표시단말기(VDT) 취급근로자 작업관리지침상 작업기기의 조건으로 옳지 않은 것은?

① 키보드와 키 윗부분의 표면은 무광택으로 할 것
② 영상표시단말기 화면은 회전 및 경사조절이 가능할 것
③ 키보드의 경사는 5° 이상 15° 이하, 두께는 3cm 이하로 할 것
④ 단색화면일 경우 색상은 일반적으로 어두운 배경에 밝은 황녹색 또는 백색문자를 사용하고 적색 또는 청색의 문자는 가급적 사용하지 않을 것
⑤ 작업자의 손목을 지지해 줄 수 있도록 작업대 끝 면과 키보드의 사이는 10센티미터 이상을 확보하고 손목의 부담을 경감할 수 있도록 적절한 받침대(패드)를 이용할 수 있을 것

해설

정답 ⑤

05 다음은 유해요인평가에서 근골격계부담작업을 평가하는 기법들에 대한 설명이다. 옳은 것을 모두 고른 것은?

> ㄱ. OWAS기법은 몸통(허리), 팔, 다리, 무게, 목의 자세에 대하여 평가한다.
> ㄴ. RULA기법은 몸통(허리), 상완(윗팔), 전완(아래팔), 손목, 손목비틀림, 목, 다리의 자세에 대하여 평가하며, 근육사용 및 힘을 고려한다.
> ㄷ. REBA기법은 몸통(허리), 상완(윗팔), 전완(아래팔), 손목, 목, 다리의 자세에 대하여 평가하며, 힘 및 발의 사용을 고려한다.

① ㄱ
② ㄴ
③ ㄱ, ㄷ
④ ㄴ, ㄷ
⑤ ㄱ, ㄴ, ㄷ

해설

정답 ②

테마131. 최소산소농도(MOC)

MOC(Minimum Oxygen Concentration)는 물질이 연소하는데 필요한 최소산소농도를 나타낸다.
MOC이하의 산소농도에서는 연소가 일어나지 않는다.
연소하한계(LEL)와 산소농도를 통해 MOC를 계산하는데 공식은 다음과 같다.

Jones식에서 연소(폭발)하한계와 연소(폭발)상한계 공식은 다음과 같다.
1) 하한계(LEL)=0.55×화학양론계수(Cst)
2) 상한계(UEL)=3.5×화학양론계수(Cst)

최소산소농도(MOC)=연소하한계(LEL)×해당기체 1mol당 산소몰수

예제 부탄(가스)의 완전연소 시, Jones식을 이용한 LEL(또는 LFL)과 MOC를 구하시오.

풀이: 1) 부탄의 화학식을 암기하고 있어야 하고 연소식을 구할 수 있어야 한다.
주요한 화학식과 연소식의 계수를 구하는 법은 수업시간에 자세히 설명할 것이다.

메탄(C_1H_4)+$2O_2$ → CO_2+$2H_2O$
2에탄(C_2H_6)+$7O_2$ → $4CO_2$+$6H_2O$
프로판(C_3H_8)+$5O_2$ → $3CO_2$+$4H_2O$
2부탄(C_4H_{10})+$13O_2$ → $8CO_2$+$10H_2O$

 분자식은 C, H, O 순서대로 등식을 일치하여야 한다.

C_1H_4+$2O_2$ → CO_2+$2H_2O$
$2C_2H_6$+$7O_2$ → $4CO_2$+$6H_2O$
C_3H_8+$5O_2$ → $3CO_2$+$4H_2O$
$2C_4H_{10}$+$13O_2$ → $8CO_2$+$10H_2O$

연습 2

메탄(C_1H_4)의 연소식을 구하시오.

에탄(C_2H_6)의 연소식을 구하시오.

프로판(C_3H_8)의 연소식을 구하시오.

부탄(C_4H_{10})의 연소식을 구하시오.

2) 화학식을 구한 뒤 화학양론계수인 Cst를 구한다. 이후 Jones식을 암기하여 LEL(연소하한계)를 구한다.

○ Cst=(가연성 가스의 몰수) ÷ [(가연성 가스의 몰수)+(공기몰수)] × 100
　　=(가연성 가스의 몰수) ÷ [(가연성 가스의 몰수)+(산소몰수/0.21)] × 100

○ Jones식에서 연소하한계 = 0.55×Cst

화학양론계수(Cst)란 반응물과 생성물의 양적관계에 대한 이론으로 화학반응 전후 원자의 개수와 양이 보존된다는 사실에 바탕을 둔다.
아래 부탄(뷰테인)의 경우 2개의 부탄 분자와 13개의 산소분자가 반응하여 8개의 이산화탄소 분자와 10개의 물분자가 생성되었다. 또는 부탄 2몰과 산소 13몰이 반응하여 이산화탄소 8몰과 물 10몰이 생성되었다. 반응 전후의 탄소의 개수는 8개, 수소의 개수는 20개, 산소의 개수는 26개로 반응 전후의 원소의 개수가 보존되었음을 알 수 있다. 화학양론의 기본적으로 화학반응이 일어날 때, 원래의 원자가 없어지거나 새로운 원자가 생겨나지 않으며 각 원자의 양은 전 반응 동안 보존된다는 사실에 바탕을 둔다. 일정성분비의 법칙, 질량보존의 법칙, 배수비례의 법칙이 이에 관한 법칙들이다.

자, 그럼 부탄의 C_{st}를 먼저 구해본다.

$2C_4H_{10} + 13O_2 \rightarrow 8CO_2 + 10H_2O$ (화학식)

$C_{st} = [2 \div (2 + 13/0.21)] \times 100 = 3.13$ (근사값) 즉, 3.13vol(%)

Jones식을 암기하여 LEL(연소하한계)를 계산하면,

LEL(연소하한계) $= 0.55 \times C_{st} = 0.55 \times 3.13 = 1.722$ (근사값) 즉, 1.722vol(%)

따라서 MOC(최소산소요구량) = 연소하한계 × 산소몰수 = $1.722 \times 13/2 = 11.19$vol(%)

여기서 <u>산소몰수</u>는 부탄 1몰당 산소몰수를 말한다.

확인학습

01 프로판(C_3H_8)의 연소에 필요한 최소 산소농도의 값은 약 얼마인가? (단, 프로판의 폭발하한은 Jones식에 의해 추산한다. 단위는 vol(%).

① 8.1
② 11.1
③ 15.1
④ 18.1
⑤ 20.1

해설

정답 ②

테마132. 고열 및 고온 장해(열사병과 일사병)

1. 고열 및 고온에 의한 1차 생리적 영향

1) 피부혈관 확장
교감신경에 의한 피부혈관의 확장으로 순환 혈액량이 많아지고 피부온도가 상승하여 전도와 복사에 의한 체열 방출이 증가한다.

2) 발한
작업환경온도가 피부온도에 가까워지거나 더 올라가면 열은 대부분 증발하며 한선(땀샘, sweat gland)에는 대한선과 수액선이 있다. 발한은 피부온도가 34.5℃부터 시작되며 땀 1리터 증발 시 580kcal의 기화열이 상실된다.

2. 고열 및 고온의 2차 생리적 영향

1) 심혈관 장애
고온에 장시간 폭로 시 혈류량이 증가되며 내장의 혈관은 대상성으로 수축하고 맥박도 빨라져 심혈계통에 장해가 온다.

2) 신장장해
피부혈관 확장의 대상성으로 심장의 혈관이 수축되어 혈류량이 감소하여 신세뇨관의 여과가 감소되어 요량이 감소되며, 부신피질의 알도스테론과 뇌하수체에서 항이뇨 호르몬의 분비량이 증가되어 신세뇨관에서 수분 재흡수를 증가시켜 오줌 배설량이 감소된다.

3) 위장장해
위장계통의 혈류량 감소로 운동력과 긴장성이 감소되어 소화기능 감소, 식욕감퇴, 변비 등이 올 수 있다.

4) 수분 및 염분 부족과 신경계 장해가 올 수 있다.

3. 열사병, 열경련, 열피로

1) 열사병(Heat Stroke)
고온, 다습한 환경에 노출될 때 갑자기 발생해 심각한 체온조절장애를 일으킨다. 중추신경계통의 장해, 전신의 땀이 나오지 않음으로 인해 체온상승(직장온도 40도 이상) 등을 일으키며, 때로는 생명을 앗아간다. 태양광선에 의한 열사병은 일사병이라고도 하며 우발적이거나 예기치 않게 혹심한 고온 조건에 노출될 경우 잘 발생한다.

2) 열경련(Heat Cramp)
고온 환경에서 심한 육체적 노동이나 운동을 함으로써 근육에 경련을 일으키는 것이다. 열경련 요인은 심한 육체적 노동, 고온 환경 조건과 땀의 양이다. 고온적응 여부도 중요 요인의 하나로 고온의 환경을 떠나 2~3일 쉬고 다시 되돌아올 때 열경련이 많이 발생한다. 임상증상으로는 근육에 경련이 30초 정도 일어나나 심할 때에는 2~3분 동안 지속된다.

경련은 어느 근육에나 일어나지만 많이 사용하는 피로한 근육, 즉 팔 다리의 사지근육, 복근, 배근(등쪽근육), 수지(손가락)의 굴근에 많이 일어난다. 의료계에 따르면 열경련이 있게 되면 0.1% 식염수를 마시게 하고(물 1리터에 소금 한 티스푼 정도), 경련이 일어난 근육을 마사지 하는 것이 필요하다.

3) 열피로(Heat Exhaustion)

고온에서 장시간 힘든 일을 하거나, 심한 운동으로 땀을 다량 흘렸을 때 흔히 나타나는 것이 열피로이다. 땀을 많이 흘려 염분손실이 많을 때 발생하는 고열 장해로서 피로감, 구역, 현기증, 근육경련을 일으켜 심하면 순환장해를 일으키며 땀을 통해 손실하는 염분을 충분히 보충하지 못했을 때 주로 발생한다. 전형적인 예는 고온에 적응하지 못한 사람이 고열환경에서 작업할 경우, 식염을 보충해야 한다는 것을 모르고 물만을 많이 마실 때 나타날 수 있다. 주요 증상은 대개 어지럽고, 기운이 없으며, 몸이 나른해지고 피로감을 쉽게 느낀다. 두통, 변비 또는 설사가 비교적 흔히 나타나며 실신하는 일도 있다. 이는 땀으로 나간 수분과 염분이 제때 보충되지 않아서 일어나는 질병으로 적절한 치료로 쉽게 회복된다.

응급처치는 환자를 서늘한 장소에 옮겨 열을 식힌 후 0.1% 식염수를 공급하도록 한다. 심한 경우에는 의사에게 진단을 받도록 한다. 또한 열피로 예방을 위해서는 야외에서 땀을 많이 흘릴 때에는 전해질이 함유된 수분을 충분히 섭취해야 한다. 시중에 나와 있는 소위 '이온음료'를 마셔도 좋다.

4) 일사병

일사병은 강한 햇볕 때문에 땀을 많이 흘렸을 때 생기는 질환이다. 보통 체내의 염분과 수분의 균형이 깨질 때 나타난다. 40℃ 이하의 발열·구토·근육경련·실신 등이 대표적인 증상이다.

반면, 열사병은 우리 몸에서 열이 제대로 발산되지 않아 나타나는 질환이다. 더운 날씨에 오랜 시간 노출되면 체내의 체온조절기관에 이상이 생긴다. 체온이 정상 온도보다 높아지는 것이다. 보통 40℃ 이상의 고열과 함께 현기증·식은땀·두통·구토·근육 떨림 등의 증상이 나타난다. 의식을 잃고 쓰러지기도 하며, 중추신경계에 문제가 생기고 심하면 사망할 수 있다.

확인학습

01 다음에서 설명하는 고열장해는?

> ○ 고온 환경에 노출될 때 발한에 의한 체열방출이 장해됨으로써 체내에 열이 축적되어 발생한다.
> ○ 뇌 온도의 상승으로 체온조절중추의 기능이 장해를 받게 된다.
> ○ 치료를 하지 않을 경우 100%, 43℃ 이상일 경우에는 80%, 43℃ 이하일 경우에는 40% 정도의 치명률을 가진다.

① 열사병
② 열경련
③ 열부종
④ 열피로
⑤ 일사병

해설

정답 ①

테마133. 인지이론(통찰설, 레빈의 장이론, 기호형태설)

인지이론(인지론)은 지각이론의 바탕 위에 정립된 학습이론으로 학습을 인지구조의 성립 또는 변용으로 보는 견해이다. 인지론은 학습을 보다 대뇌 작용과정으로 추론하여 분석적인 입장보다는 전체적 입장에서 학습을 논하고 있다는 점이 자극-반응설과 다른 점이다. 인지론은 통찰설(insight theory), 장이론(field theory), 기호-형태설(sign-gestalt theory) 등 여러 이론이 있다.

1. 통찰설(퀄러 주장)

학습을 반응의 변화가 아닌 지식의 변화로 본다.

목적, 통찰력, 이해와 같은 정신적 과정을 강조하며 성공적 수행은 단순한 과거의 경험이 아닌 현재 상황 속의 관계를 이해하는데 밀접한 연관성이 있다고 본다.

통찰은 '아하! 현상'이라고 부른다. 통찰학습은 문제 해결, 문제 장면을 전체적으로 파악하여 목적과 수단의 관계가 한꺼번에 해결된다.

1) 개(dog)의 우회로 실험
2) 유인원 실험
3) 통찰설의 4법칙
 -유사의 법칙
 -근접의 법칙
 -폐쇄의 법칙
 -계속 법칙

2. 레빈의 장이론

'레빈(Lewin)의 행동법칙'으로 유명하다.

레빈은 행동(B)을 생활공간(L)의 함수관계로 보아 B=f(L)로 표시하고 생활공간은 크게 사람(P)과 환경(E)으로 나누어 B=f(P×E)로 표현하였다.

즉, 행동은 장(사람과 환경)의 함수라고 본다. 이 공식을 학습에 적용한다면 학습은 의식적 개인과 심리적 환경의 상호관계에 의하여 이루어진다.

따라서 S-R 연합설에서처럼 자극을 대치함으로써 학습이 이루어지는 것도 아니며, 인간의 선험을 개발하는 것도 아니다. 레빈은 '목표'를 달성하는 힘의 크기만이 아니라 방향을 가진 힘이라 하여 Vector라는 개념으로 표시(→, 화살표)하고 여러 가지 행동의 양상을 설명하였다.

레빈(Lewin)은 학습론에서 '학습'이란 행동의 속도·성질·개선 등의 변화라고 하면서 "이전보다는 나아지는 것"이라 주장하면 학습을 다음과 같이 네 가지로 구분하였다.

1) 인지구조의 변화로서의 학습(가장 중요한 부분이라고 주장)
2) 동기유발의 변화로서의 학습-학습은 개체와 심리적 환경의 두 가지 요인에 의하여 이루어지며 이 두 가지 요인의 작용은 유의성의 역학적 관계에서 형성된다.
3) 소속집단의 감정 또는 이데올로기 변화로서의 학습
4) 신체 근육의 유의적 통제로서의 학습-운동 기능의 향상도 학습으로 본다.

3. Tolman의 기호형태설

학습은 기호(sign)-형태(gestalt)-기대(expectation)의 관계 혹은 기호-의미체 관계이거나 가설의 형성이다. 즉, 학습은 어떤 동작을 배우는 것이 아니라, 어떤 반응이 어떤 목표를 달성하게 하느냐 하는 목적과 수단의 관계를 의미하는 기호를 배우는 것이다.

학습하는 것은 자극과 반응 사이의 관계가 아니라, 자극들 사이의 관계라고 생각하였다. 그러므로 그의 이론을 'S-S(sign-significant)이론' 이라고도 한다. 어떤 행동의 결과로써 적절한 목표에 도달할 수 있다는 인식이며 이렇게 하면 목표에 도달할 수 있다는 기대가 성립하는 것이다.

학습자가 수단과 목표와의 의미관계를 파악하고 인지지도를 형성하는 것이다.

1) 능력의 법칙
2) 학습 자료의 성질에 관한 법칙
3) 제시방법에 관한 법칙

테마134. S-R이론(연합이론, 행동주의 이론)

1. S-R이론: 자극(Stimulus)과 반응(Response)

행동주의 학습이론의 기본 틀은 자극과 반응이며 자극에 의해서 반응을 하는 작용에 의해서 학습되어지는 현상을 설명하였다. 이를 자극과 반응의 연합 이론, 또는 S-R이론이라고도 부른다. 자극에 대한 반응으로써 외형적으로 관찰할 수 있는 행동의 반응이 있으며 내면적 행동을 포함하기도 한다.

2. Pavlov의 조건반사설

1) 개념: 조건반사란 조건자극(종소리)을 무조건자극(음식물)과 결합시켜 조건 반응(타액분비)을 일으키게 하는 것이다.

2) 실험절차
① 시장기가 있는 개를 묶어 놓고 수술을 통하여 호스를 침샘에 연결하여 무조건자극(음식물)을 갖다 놓으면 시각기관인 눈과 후각기관인 코를 직접 자극하여 무조건반응(침)을 흘린다.
② 무조건 자극(음식물)과 조건자극(종소리)을 동시에 반복적으로 가한다.
③ 조건자극(종소리)만 가해도 조건반응(타액분비)을 한다.

3) 학습원리 →시간/강도/일관/계속
① 시간의 원리: 조건자극은 무조건자극과 시간적으로 동시에 혹은 그에 조금(약 0.5초 정도) 앞서서 주어야 한다.
② 강도의 원리: 무조건자극은 처음에 제시되는 강도보다 나중에 제공되는 자극물이 그 강도가 강하거나 동일하여야 한다. 즉, 나중의 자극이 먼저의 자극보다 강하거나 동일하여야 조건반사가 성립한다.
③ 일관성의 원리: 조건자극은 일관된 자극물이어야 한다. 일관성의 원리에 벗어났을 때는 제지 현상이 일어난다.
④ 계속성의 원리: 자극과 반응의 결합관계에 반복되는 횟수가 많을수록 조건화가 잘 성립한다.

3. Thorndike(손다이크)의 시행착오설

Thorndike는 학습의 기본형식을 시행착오에 의한 연합적 학습으로 설명하였다. 시행착오란 일정한 자극상태에서 문제를 해결하기 위해 여러 가지 반응을 시도해보는 가운데 우연적으로 성공하게 되는 것으로, 이런 과정을 되풀이하는 동안 자극상태(S)와 반응(R)간에 결합이 이루어져 문제를 해결하는 데 소요되는 시간이 감소되고 그 방법이 개선되는 것을 말한다.

1) Thorndike가 제시한 3가지 학습 법칙 →준비/연습/효과
① 효과의 법칙(Law of effect): 학습의 과정과 그 결과가 만족스러운 상태에 도달하게 되면 자극과 반응간의 결합이 한층 더 강화되어 학습이 견고하게 되며, 이와 반대로 불만족스러운 경우에는 결합이 약해진다는 법칙. 즉, 조건이 동일할 경우 만족의 결과를 주는 반응은 고정되고 그렇지 못한 반응은 폐기된다. <u>동기의 중요성을 강조한 것이다.</u>
② 연습(실행)의 법칙(Law of exercise): 자극과 반응의 결합이 빈번히 되풀이되는 경우 그 결합이 강화된다. 즉 연습하면 결합이 강화되고 연습하지 않으면 결합이 약화된다는 것이다.

③ 준비성의 법칙(Law of readiness): 학습하는 태도나 준비와 관련되는 것으로, 새로운 사실과 지식을 습득하기 위해서는 준비가 잘 되어 있을수록 결합이 용이하게 된다는 것을 의미한다.

4. Skinner의 조작적 조건 형성이론

인간은 외부 자극에 의하여 단순히 기계적으로 반응하는 것이 아니라, 환경을 스스로 조작함으로써 반응한다는 것이다. 이렇게 의식적으로 어떤 결과를 일으키게 조작하는 행동을 조작적 행동이라 부르고, 이러한 행동을 통하여 형성되는 조건형성을 조작적 조건형성이라 한다. 조작적 조건화에서는 자극보다는 유발된 행동의 결과에 관심을 둔다. 행동으로 인한 결과 즉, 어떤 행동이 나타난 이후에 나타나는 산물에 관심을 둔다. 예를 들어, 수업시간에 특별히 대답을 잘한 학생에게 주는 교사의 칭찬이 바로 그것이다.

강화란 행위와 결과의 결속관계를 통해 바람직한 행위를 촉진하고, 바람직하지 않은 행위를 억제시키는 영향력의 과정을 말한다.

강화(reinforcement)의 유형에는 적극적 강화(또는 정적강화), 부정적 강화(또는 부적강화), 소거, 벌 이렇게 네 가지로 구분한다.

이 중에서 적극적 강화와 부정적 강화(도피학습과 회피학습)는 바람직한 행위를 증대시키는 전략이고, 소거와 벌은 바람직하지 못한 행위를 감소시키는 전략이다.

적극적 강화(정적강화)는 행동에 대해 주어짐으로써(칭찬, 보상 등) 빈도를 높이는 것이고, 부정적 강화(부적강화)는 행동에 대해 감해짐으로써(청소당번에서 빼준다, 숙제를 줄여준다 등) 빈도를 높이는 것이다. 반대로 소거와 벌은 행동의 빈도를 낮추는 것이다. 스키너는 유기체가 어떤 행동을 한 결과가 스스로에게 유리하면 그 행동을 더 자주 하게 된다고 보았다(1953). 조작적 조건화는 '작동적, 수단적, 자발적 조건화 이론'으로 다양하게 이름이 붙여진다. 스키너의 조작적 조건화는 자극보다는 유발된 행동의 결과에 관심을 두는 반면, 파블로프의 고전적 조건화는 행동을 유발시키기 위해 자극에 관심을 둔다는 것이다.

확인학습

01 학습이론에 관한 설명으로 옳지 않은 것은?

① S-R이론은 학습을 자극에 의한 반응으로 보는 이론이다.
② 시행착오설에 의한 학습법칙에는 효과의 법칙, 준비성의 법칙, 연습의 법칙이 있다.
③ 조건반사설에 의한 학습이론의 원리에는 강도의 원리, 일관성의 원리, 시간의 원리, 계속성의 원리가 있다.
④ 형태설은 형태심리학자들이 주장하는 인지 학습이론으로, 학습을 요소로 분해해서 파악할 것이 아니라, 전체로서 파악하여야 한다는 설이다.
⑤ 전이란 어떤 내용을 학습한 결과가 다른 학습이나 반응에 영향을 주는 현상을 의미하며 통찰설, 시각화설, 기호 형태설이 있다.

해설

○ **학습의 전이**: 사전학습 내용이 후속학습 내용에 영향을 주는 것
1. **긍정적 전이**
사전학습이 후속학습을 하는 데 긍정적으로 작용하는 것
2. **부정적 전이**
사전학습이 후속학습을 하는 데 방해하는 것
3. **수평적 전이**
한 특수 분야에서 학습된 것이 다른 분야의 학습이나 실생활에서 이용되는 것
4. **수직적 전이**
한 행동수준(예: 이해수준)에서의 학습이 그보다 고차적인 행동수준(예: 문제해결수준)의 학습을 촉진시키는 것

정답 ⑤

테마135. 연소범위

무조건 수치를 암기해야 할 부분이다. 암기법을 활용해서 학습하도록 한다.

구분	연소범위
메탄-CH_4(메/5/15)오 씹오	5~15
에탄-C_2H_6(에/3/12.5)타게 쌈시비오	3~12.5
프로판-C_3H_8(프/2.1/9.5)는 이하나를 구워	2.1~9.5
부탄-C_4H_{10}(부/1.8/8.4)탁해 십팔팔사	1.8~8.4
암모니아-NH_3(암/15/28)십오 이빨로	15~28
수소-H_2(수/4/75)사 싫어	4~75
아세틸렌	2.5~81
산화에틸렌	3~80
일산화탄소	12.5~74
이황화탄소	1.2~44

확인학습

01 공기 중 연소(폭발)범위가 가장 넓은 것은?

① 아세틸렌
② 에탄
③ 부탄
④ 메탄
⑤ 암모니아

해설

정답 ①

02 공기 중 연소(폭발)범위가 가장 넓은 것은?

① 수소
② 암모니아
③ 프로판
④ 에탄
⑤ 메탄

해설

정답 ①

테마136. 리스크 관리의 용어 정의에 관한 지침

1. 목적
이 지침은 특정 조직, 단체 또는 개인 등이 리스크 관리에서 사용되는 용어의 의미를 올바르게 해석하고 이해하는데 그 목적이 있다.

2. 적용범위
이 지침은 특정 조직, 단체 또는 개인 등이 리스크 관리를 수행하는 사업장에 적용한다.

3. 용어 정의

3-1. 리스크 관리(Risk management)와 관련된 용어
  1) "리스크(Risk)"라 함은 특정 목적에 영향을 주는 긍정 또는 부정적인 상황의 발생 기회에 대한 불확실성을 말한다.

  2) "리스크 관리(Risk management)"라 함은 리스크와 직·간접적으로 관련된 모든 활동으로서 리스크 평가(Risk assessment), 리스크 처리(Risk treatment), 리스크 정보 교환 및 상담(Communication & consultation) 등의 세부절차를 통하여 특정 조직 또는 단체의 리스크를 총괄적으로 관리하는 것을 포함한다.

  3) "리스크 관리 시스템(Risk management system)"이라 함은 특정 조직 또는 단체의 리스크를 지속적으로 관리하기 위한 조직화된 체계를 말한다. 이 시스템에는 전략계획, 의사결정, 조직의 문화 등을 포함한다.

  4) "리스크 관리 정책(Risk management policy)"이라 함은 리스크 관리와 관련된 특정 조직의 방침과 전체 목적에 대한 설명을 의미하다.

  5) "리스크 관리 계획(Risk management plan)"이라 함은 리스크 관리에 적용되는 관리 구성요소 및 수단, 접근방식을 구체화하기 위해 리스크 관리 시스템에 포함되는 계획을 말한다.

3-2. 리스크 관리 절차(Risk management process)와 관련된 용어
  1) "사상(Event)"이라 함은 특정한 단위 상황의 발생 또는 변화를 말한다.
  ① 사상은 확실하거나 불확실할 수 있다.
  ② 사상은 하나 또는 여러 개의 사상으로 이루어질 수 있다.
  ③ 사상은 결과를 초래하거나 초래하지 않을 수 있다.

  2) "사고(Accident)"라 함은 유해위험요인(Hazard)을 근원적으로 제거하지 못함으로써 위험에 노출되어 사망, 상해, 질병 및 기타 경제적 손실 등 원하지 않는 결과를 초래하는 비고의적인 사상을 말한다.

  3) "사건(Incident)"이라 함은 유해위험요인으로 인한 사고(Accident), 아차사고(Near miss), 고의성이 전제되는 범죄(Crime)를 포함하는 사상을 말한다.

4) "유해위험요인(Hazard)"이라 함은 위해의 잠재적 근원을 말한다. 유해위험요인은 리스크 근원(Risk source)이 될 수 있다.

5) "위해(Harm)"라 함은 신체적 상해, 사람의 건강에 대한 손상 또는 재산이나 환경에 대한 손실을 말한다.

6) "가능성(Likelihood)"이라 함은 사상의 발생 가능성 정도를 말한다.
   ① 가능성은 확률(Probability) 또는 빈도(Frequency)로 표현할 수 있다.
   ② "확률(Probability)"이라 함은 일정한 조건 아래에서 특정 사건이나 사상이 일어날 가능성을 의미하며, 분율(0~1) 또는 퍼센트(0~100%)로 표시한다.
   ③ "빈도(Frequency)"라 함은 특정한 시간 내에 특정 사건이나 사상이 일어날 가능성을 의미한다.

7) "리스크 매트릭스(Risk matrix)"이라 함은 가능성과 결과에 대한 범위를 구분하여 리스크 등급을 표시하고, 리스크 우선순위를 정하기 위한 도구를 말한다.

확인학습

01 리스크 관리의 용어 정의에 관한 지침에서 "가능성과 결과에 대한 범위를 구분하여 리스크 등급을 표시하고, 리스크 우선순위를 정하기 위한 도구"로 정의되는 용어는? [2022년 기출]

① 리스크 통합(Risk aggregation)
② 리스크 프로파일(Risk profile)
③ 리스크 수준 판정(Risk evaluation)
④ 리스크 기준(Risk criteria)
⑤ 리스크 매트릭스(Risk matrix)

해설

정답 ⑤

○ KOSHA-GUIDE X-1-2014 리스크 관리의 용어 정의에 관한 지침

1. 리스크(Risk)
특정 목적에 영향을 주는 긍정 또는 부정적인 상황의 발생 기회에 대한 불확실성

2. 리스크 통합(Risk aggregation)
전체 리스크 수준을 이해하기 위해 다수의 리스크를 하나의 리스크로 통합시키는 것

3. 리스크 프로파일(Risk profile)
조직 또는 단체에서 관리 대상이 되는 리스크의 우선순위 및 그에 관한 설명

4. 리스크 수준 판정(Risk evaluation)
리스크 또는 리스크 경감이 수용할만한 수준인지 결정하기 위하여 주어진 리스크 기준과 리스크 분석의 결과를 비교하는 과정. 리스크 수준 판정은 리스크 처리 결정을 위해 보조적으로 활용

5. 리스크 기준(Risk criteria)
리스크의 유의성(Significance)을 판단하기 위한 기준 항목

6. 리스크 매트릭스(Risk matrix)
가능성과 결과에 대한 범위를 구분하여 리스크 등급을 표시하고, 리스크 우선순위를 정하기 위한 도구

02 리스크 관리의 용어 정의에 관한 지침 상 옳지 않은 것은?

① "리스크 관리 시스템(Risk management system)"이라 함은 특정 조직 또는 단체의 리스크를 지속적으로 관리하기 위한 조직화된 체계를 말한다. 이 시스템에는 전략계획, 의사결정, 조직의 문화 등을 포함한다.
② "확률(Probability)"이라 함은 특정한 시간 내에 특정 사건이나 사상이 일어날 가능성을 의미한다.
③ "리스크 매트릭스(Risk matrix)"이라 함은 가능성과 결과에 대한 범위를 구분하여 리스크 등급을 표시하고, 리스크 우선순위를 정하기 위한 도구를 말한다.
④ "사고(Accident)"라 함은 유해위험요인(Hazard)을 근원적으로 제거하지 못함으로써 위험에 노출되어 사망, 상해, 질병 및 기타 경제적 손실 등 원하지 않는 결과를 초래하는 비고의적인 사상을 말한다.
⑤ "위해(Harm)"라 함은 신체적 상해, 사람의 건강에 대한 손상 또는 재산이나 환경에 대한 손실을 말한다.

해설

정답 ②

03 리스크 관리 원칙 및 위험성평가 활용에 관한 지침에서 "위험성 평가 기법 종류"에 관한 설명으로 옳지 않은 것은?

① "결함수 분석"이란 바람직하지 않은 사건(top event)에서부터 이로 귀결되는 모든 경로를 파악, 논리적인 수형도로 표현하는 방법론
② "사건수 분석"이란 초기 사건으로 파생되는 개별 사건으로 인한 상이한 결과와 그 발생 가능성을 연역적으로 추론하는 방법론
③ "위험요인과 운전분석(HAZOP)"이란 계획된 또는 의도된 실행에서 벗어날 수 있는 상황을 규명하기 위한 일반적인 위험성 파악 프로세스로서 위험형태를 나타내는 가이드워드 시스템을 활용하여 일탈 유형을 파악하고 심각도를 분석함
④ "방호계층분석(LOPA)"이란 안전조치와 그 효과성을 평가하기 위한 방법론
⑤ "보우타이분석"이란 유해위험요인이 사건 및 결과로 이어지는 경로를 간단히 도식화하여 분석하고 관련 안전조치를 검토하기 위해 결함수 분석과 사건수 분석을 해당 사건(보우타이 매듭)을 중심으로 연계, 통합한 방법론

해설

정답 ② 귀납적

테마137. 포아송 분포

"포아송 분포(Poisson distribution)"란 단위 시간 안에 어떤 사건이 몇 번 발생할 것인지를 표현하는 이산 확률 분포로 한정된 특정 시간 또는 공간 내에서 사건 발생수가 따르는 확률분포로 주로 시간적이나 공간적으로 발생빈도가 낮은 희귀한 사건의 수 등이 잘 설명된다.

예를 들면, 월간 기계의 고장 횟수, 단위 길이 당 균열의 발생 개수 등과 같이 지정된 시간 또는 장소에서의 사건이 발생할 확률을 예측하는 것이다.

○ 포아송 확률함수(공식을 암기해야 풀 수 있다!)

$$f(x) = \frac{\lambda^x e^{-\lambda}}{x!}$$

$f(x)$: 한 구간(단위 시간)에서 x 건의 **사건발생 확률**

x : 사건수

λ : 한 구간(단위 시간)에서 **사건발생 평균 횟수**

e : 자연상수(2.71828...)

| 확인학습 |

01

어떤 사고의 발생건수는 연평균 1회로 포아송(Poisson) 분포를 따른다. 이 사고가 3년 동안 한 건도 발생하지 않을 확률은 얼마인가? (단, 소수점 셋째자리에서 반올림하여 소수점 둘째자리까지 구하시오.) [2022년 기출]

① 0.05
② 0.15
③ 0.25
④ 0.33
⑤ 0.50

| 해설 |

(풀이)

λ : 연 평균 1회 발생 × 3년의 기간 = 3회

$f(x)$: 한 건도 발생하지 않을 확률 → x : 0회

$$f(0) = \frac{3^0 \cdot e^{-3}}{0!}$$

$$= \frac{1 \cdot e^{-3}}{1}$$

$$= e^{-3}$$

$$= 0.0497870.... \fallingdotseq 0.05$$

정답 ①

02

어느 도시에서 시행하고 있는 승용차 요일제에 등록된 자동차의 연간 운휴일 위반 횟수는 평균이 2인 포아송 분포를 따른다고 한다. 승용차 요일제 준수를 독려하기 위해 1년 동안 운휴일 위반이 없는 자동차에 대해 다음 해에 자동차세를 추가로 감면하려고 한다. 다음 해의 추가 감면 대상 승용자의 비율이 포함되는 구간은? (단, 자연상수 e는 약 2.7이다)

① $(\frac{1}{3}, \frac{1}{2})$

② $(\frac{1}{4}, \frac{1}{3})$

③ $(\frac{1}{9}, \frac{1}{4})$

④ $(\frac{1}{16}, \frac{1}{9})$

⑤ $(\frac{1}{25}, \frac{1}{16})$

해설

λ: 연 평균 2회 발생 = 2
x: 0회
$f(x)$: 한 건도 발생하지 않을 확률 → x: 0회
공식에 대입하면
$f(0) = \dfrac{2^0 \cdot e^{-2}}{0!}$

$\dfrac{1}{9} < f(0) < \dfrac{1}{4}$

정답 ③

테마138. 특별교육대상 작업

특별교육대상 작업

1. 고압실 내 작업(잠함공법이나 그 밖의 압기공법으로 대기압을 넘는 기압인 작업실 또는 수갱 내부에서 하는 작업만 해당한다)

2. 아세틸렌 용접장치 또는 가스집합 용접장치를 사용하는 금속의 용접·용단 또는 가열작업(발생기·도관 등에 의하여 구성되는 용접장치만 해당한다)

3. 밀폐된 장소(탱크 내 또는 환기가 극히 불량한 좁은 장소를 말한다)에서 하는 용접작업 또는 습한 장소에서 하는 전기용접 작업

4. 폭발성·물반응성·자기반응성·자기발열성 물질, 자연발화성 액체·고체 및 인화성 액체의 제조 또는 취급작업(시험연구를 위한 취급작업은 제외한다)

5. 액화석유가스·수소가스 등 인화성 가스 또는 폭발성 물질 중 가스의 발생장치 취급 작업

6. 화학설비 중 반응기, 교반기·추출기의 사용 및 세척작업

7. 화학설비의 탱크 내 작업

8. 분말·원재료 등을 담은 호퍼(하부가 깔대기 모양으로 된 저장통)·저장창고 등 저장탱크의 내부작업

9. 다음 각 목에 정하는 설비에 의한 물건의 가열·건조작업
   가. 건조설비 중 위험물 등에 관계되는 설비로 속부피가 1세제곱미터 이상인 것
   나. 건조설비 중 가목의 위험물 등 외의 물질에 관계되는 설비로서, 연료를 열원으로 사용하는 것(그 최대연소소비량이 매 시간당 10킬로그램 이상인 것만 해당한다) 또는 전력을 열원으로 사용하는 것(정격소비전력이 10킬로와트 이상인 경우만 해당한다)

10. 다음 각 목에 해당하는 집재장치(집재기·가선·운반기구·지주 및 이들에 부속하는 물건으로 구성되고, 동력을 사용하여 원목 또는 장작과 숯을 담아 올리거나 공중에서 운반하는 설비를 말한다)의 조립, 해체, 변경 또는 수리작업 및 이들 설비에 의한 집재 또는 운반 작업
    가. 원동기의 정격출력이 7.5킬로와트를 넘는 것
    나. 지간의 경사거리 합계가 350미터 이상인 것
    다. 최대사용하중이 200킬로그램 이상인 것

11. **동력에 의하여 작동되는 프레스기계를 5대 이상 보유한 사업장에서 해당 기계로 하는 작업**

12. 목재가공용 기계[둥근톱기계, 띠톱기계, 대패기계, 모떼기기계 및 라우터기(목재를 자르거나 홈을 파는 기계)만 해당하며, 휴대용은 제외한다]를 5대 이상 보유한 사업장에서 해당 기계로 하는 작업

13. 운반용 등 하역기계를 5대 이상 보유한 사업장에서의 해당 기계로 하는 작업

14. 1톤 이상의 크레인을 사용하는 작업 또는 1톤 미만의 크레인 또는 호이스트를 5대 이상 보유한 사업장에서 해당 기계로 하는 작업(제40호의 작업은 제외한다)

15. 건설용 리프트·곤돌라를 이용한 작업

16. 주물 및 단조(금속을 두들기거나 눌러서 형체를 만드는 일) 작업

17. 전압이 75볼트 이상인 정전 및 활선작업

18. 콘크리트 파쇄기를 사용하여 하는 파쇄작업(2미터 이상인 구축물의 파쇄작업만 해당한다)

19. 굴착면의 높이가 2미터 이상이 되는 지반 굴착(터널 및 수직갱 외의 갱 굴착은 제외한다)작업

20. 흙막이 지보공의 보강 또는 동바리를 설치하거나 해체하는 작업

21. 터널 안에서의 굴착작업(굴착용 기계를 사용하여 하는 굴착작업 중 근로자가 칼날 밑에 접근하지 않고 하는 작업은 제외한다) 또는 같은 작업에서의 터널 거푸집 지보공의 조립 또는 콘크리트 작업

22. 굴착면의 높이가 2미터 이상이 되는 암석의 굴착작업

23. 높이가 2미터 이상인 물건을 쌓거나 무너뜨리는 작업(하역기계로만 하는 작업은 제외한다)

24. 선박에 짐을 쌓거나 부리거나 이동시키는 작업

25. 거푸집 동바리의 조립 또는 해체작업

26. 비계의 조립·해체 또는 변경작업

27. 건축물의 골조, 다리의 상부구조 또는 탑의 금속제의 부재로 구성되는 것(5미터 이상인 것만 해당한다)의 조립·해체 또는 변경작업

28. 처마 높이가 5미터 이상인 목조건축물의 구조 부재의 조립이나 건축물의 지붕 또는 외벽 밑에서의 설치작업

29. 콘크리트 인공구조물(그 높이가 2미터 이상인 것만 해당한다)의 해체 또는 파괴작업

30. 타워크레인을 설치(상승작업을 포함한다)·해체하는 작업

31. 보일러(소형 보일러 및 다음 각 목에서 정하는 보일러는 제외한다)의 설치 및 취급 작업
    가. 몸통 반지름이 750밀리미터 이하이고 그 길이가 1,300밀리미터 이하인 증기보일러
    나. 전열면적이 3제곱미터 이하인 증기보일러
    다. 전열면적이 14제곱미터 이하인 온수보일러
    라. 전열면적이 30제곱미터 이하인 관류보일러(물관을 사용하여 가열시키는 방식의 보일러)

32. 게이지 압력을 제곱센티미터당 1킬로그램 이상으로 사용하는 압력용기의 설치 및 취급작업

33. 방사선 업무에 관계되는 작업(의료 및 실험용은 제외한다)

34. 밀폐공간에서의 작업

35. 허가 또는 관리 대상 유해물질의 제조 또는 취급작업

36. 로봇작업

37. 석면해체·제거작업

38. 가연물이 있는 장소에서 하는 화재위험작업

39. 타워크레인을 사용하는 작업시 신호업무를 하는 작업

> 확인학습

01 산업안전보건법령상 안전보건교육 교육대상별 교육내용에서 특별교육 대상에 해당하지 않는 것은? [2023년 기출]

① 전압이 75볼트 이상인 정전 및 활선작업
② 콘크리트 파쇄기를 사용하여 하는 파쇄작업(2미터 이상인 구축물의 파쇄작업만 해당한다)
③ 굴착면의 높이가 2미터 이상이 되는 지반 굴착(터널 및 수직갱 외의 갱 굴착은 제외한다)작업
④ 선박에 짐을 쌓거나 부리거나 이동시키는 작업
⑤ 게이지 압력을 제곱미터당 1킬로그램 이상으로 사용하는 압력용기의 설치 및 취급작업

| 해설 |

정답 ⑤

02 산업안전보건법령상 안전보건교육 교육대상별 교육내용에서 특별교육 대상에 해당하지 않는 것은?

① 방사선 업무에 관계되는 작업(의료 및 실험용은 제외한다)
② 게이지 압력을 제곱센티미터당 1킬로그램 이상으로 사용하는 압력용기의 설치 및 취급작업
③ 처마 높이가 5미터 이상인 목조건축물의 구조 부재의 조립이나 건축물의 지붕 또는 외벽 밑에서의 설치작업
④ 건축물의 골조, 다리의 상부구조 또는 탑의 금속제의 부재로 구성되는 것(5미터 이상인 것만 해당한다)의 조립 · 해체 또는 변경작업
⑤ 굴착면의 높이가 2미터 이상이 되는 지반 굴착(터널 및 수직갱 외의 갱 굴착을 포함한다)작업

| 해설 |

정답 ⑤

03 산업안전보건법령상 특별교육 대상 작업별 교육 작업 기준으로 틀린 것은?

① 로봇작업
② 1톤 미만의 크레인 또는 호이스트를 5대 이상 보유한 사업장에서 해당 기계로 하는 작업
③ 굴착면의 높이가 2미터 이상이 되는 지반 굴착(터널 및 수직갱 외의 갱 굴착은 제외한다)작업
④ 동력에 의하여 작동되는 프레스기계를 3대 이상 보유한 사업장에서 해당 기계로 하는 작업
⑤ 게이지 압력을 제곱센티미터당 1킬로그램 이상으로 사용하는 압력용기의 설치 및 취급작업

해설

정답 ④

테마139. 기술개발 종합평가(Technology Assessment) 5단계

새로운 기술을 개발하는 경우 그 개발과정 및 결과가 사회나 환경에 미치는 위험성 및 악영향을 사전에 충분히 검토·평가하여 기술개발로 인해 사회·환경에 미치는 영향을 최소화하기 위한 것을 말한다.

1. 사회적 복리 기여도
기술개발이 사회 및 환경에 미치는 영향을 검토한다.

2. 실현가능성
기술의 잠재능력을 명확히 하여 실용화를 촉진하는 단계이다.

3. 안전성과 위험성의 비교 평가

4. 경제성 검토

5. 종합 평가 및 조정
대안으로서 가장 바람직한 것을 선택하고 그것을 실시하는 단계이다.
→ (암기법: 사/실/안/경/종합)

확인학습

01 기술개발 종합평가(Technology Assessment) 5단계의 순서로 옳은 것은?

> ㄱ. 경제성 평가　　　　　ㄴ. 안전성 및 위험성 평가
> ㄷ. 사회적 복리 기여도　　ㄹ. 종합평가 및 조정
> ㅁ. 실현가능성

① ㄱ→ㄴ→ㄷ→ㅁ→ㄹ
② ㄴ→ㄷ→ㄱ→ㅁ→ㄹ
③ ㄴ→ㄷ→ㄹ→ㄱ→ㅁ
④ ㄷ→ㄴ→ㄱ→ㅁ→ㄹ
⑤ ㄷ→ㅁ→ㄴ→ㄱ→ㄹ

해설

정답 ⑤

테마140. 원인분석결과(CCA)기법에 관한 기술지침

1. 용어 정의

1) "원인결과분석(Cause consequence analysis: CCA)"이라 함은 FTA 및 ETA를 결합한 것으로, 잠재된 사고의 결과 및 근본적인 원인을 찾아내고, 사고결과와 원인 사이의 상호관계를 예측하며, 리스크를 정량적으로 평가하는 리스크 평가기법을 말한다.

2) "사건수분석(Event tree analysis: ETA)"은 초기사건으로 알려진 특정한 장치의 이상 또는 운전자의 실수에 의해 발생되는 잠재적인 사고결과를 정량적으로 평가·분석하는 방법이다.

3) "초기사건(Initial event)"이라 함은 시스템 또는 기기의 결함, 운전원의 실수 등을 말한다.

4) "안전요소(Safety function)"라 함은 초기의 사건이 실제 사건으로 발전되지 않도록 하는 안전장치, 운전원의 조치 등을 말한다.

5) "결함수분석(Fault tree analysis: FTA)"은 사고를 일으키는 장치의 이상이나 운전자 실수의 조합을 연역적으로 분석하는 방법이다.

6) "정상사상(Top event)"이라 함은 FTA를 하기로 결정한 사고를 말한다.

7) "기본사상(Basic event)"이라 함은 더 이상 원인을 독립적으로 전재할 수 없는 기본적인 사고의 원인으로, 기기의 기계적 고장, 보수와 시험 이용 불능 및 작업자 실수 등을 말한다.

8) "중간사상(Intermediate event)"이라 함은 정상사상과 기본사상 중간에 전개되는 사상을 말한다.

9) "컷세트(Cut set)"라 함은 정상사상을 발생시키는 기본사항의 집합을 말한다.

10) "최소컷세트(Minimal cut set)"라 함은 정상사상을 발생시키는 기본사상의 최소집합을 말한다.

2. 원인·결과분석의 평가절차(6단계 평가흐름도)

원인결과분석은 그 결과물인 원인결과 선도가 사건수(Event tree)와 결함수(Fault tree)를 모두 포함하고 있으므로 분석할 사건의 경로가 비교적 단순한 경우에 사용한다.

1. 1단계(평가할 사건)

    예를 들어 내부 폭발, 공정 이상, 용기의 과열 등

2. 2단계(안전요소의 확인)

    조업정지 시스템, 경보 장치, 운전원의 조치, 냉각시스템 등 완화장치 등

3. 3단계(사건수의 구성)

    2단계에서 확인된 모든 안전요소를 시간별 작동 및 조치 순서대로 성공과 실패로 구분하여 초기사건에서 결과까지의 사건경로, 즉 사건수를 얻는다.

4. 4단계(초기사건과 안전요소 실패에 대한 결함수 구성)

    초기사건과 3단계의 안전요소 실패에 대해 FTA 기법을 적용하여 기본원인(기본사상)에서 초기사건까지의 사건경로, 즉 결함수를 구성한다.

5. 5단계(각 사건경로의 최소 컷세트 평가)

    각 사건경로의 결함수는 그 사건경로의 발생을 정상사상으로 하고, 모든 안전요소의 실패를 AND 게이트에 연결함으로써 얻어진다.

6. 6단계(결과의 문서화)

    문서화된 결과에는 CCA에 의해 얻어진 개선권고사항을 포함하여야 한다.

확인학습

01 원인분석결과(CCA)기법에 관한 기술지침상 원인결과분석의 평가절차를 순서대로 옳게 나열한 것은? [2023년 기출]

ㄱ. 안전요소의 확인	ㄴ. 최소컷세트 평가
ㄷ. 사건수의 구성	ㄹ. 평가할 사건의 선정
ㅁ. 결과의 문서화	ㅂ. 결함수의 구성

① ㄱ→ㄹ→ㄷ→ㅂ→ㄴ→ㅁ
② ㄱ→ㄹ→ㅂ→ㄴ→ㄷ→ㅁ
③ ㄷ→ㅂ→ㄴ→ㄹ→ㄱ→ㅁ
④ ㄹ→ㄱ→ㄷ→ㅂ→ㄴ→ㅁ
⑤ ㄹ→ㄱ→ㅂ→ㄴ→ㄷ→ㅁ

[해설]

○ 원인결과분석의 평가흐름도

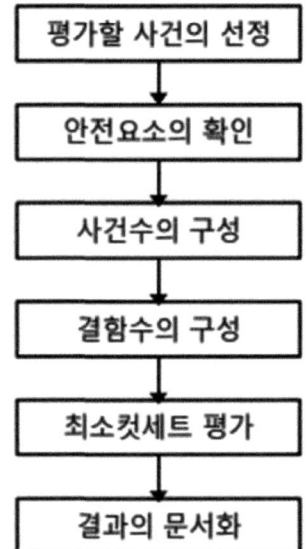

정답 ④

테마141. 사건수 분석 기법에 관한 기술지침

사건수 분석기법은 현재 설계 또는 건설 중인 공장에 대하여는 공정의 개발 단계나 초기 시운전 단계에 적용하며, 기존 공장에 대하여는 공정 또는 운전절차의 변경이나 개선이 필요한 경우 등에 적용한다.

1. 평가절차

사건수 분석은 보통 6단계로 구분된다.

1) 1단계(발생 가능한 초기사건의 선정)

용기의 파열, 내부 폭발, 공정 이상, 배관에서의 독성물질 누출 등

2) 2단계(초기사건을 완화시킬 수 있는 안전요소 확인)

경보장치, 운전원의 조치, 냉각 시스템 등 완화장치 등의 작동결과가 성공 또는 실패의 형태로 나타난다.

3) 3단계(사건수 구성)

선정된 초기사건을 사건수 도표의 왼쪽에 기입하고 관련 안전 요소를 시간에 따른 대응순서대로 상부에 기입하고 초기사건에 따른 첫 번째 안전요소를 평가하여 이 안전요소가 성공할 것인지 또는 실패할 것인지를 결정하여 도표에 표시한다. 통상적으로 안전요소의 성공은 도표의 상부에, 실패는 하부에 표시한다.

4) 4단계(사고결과의 확인)

사건수의 구성이 끝난 후에는 초기사건에 따른 관련 안전요소의 성공 또는 실패의 경로별로 사고의 형태 및 그 결과를 도표의 우측에 서술식으로 기술하며 이와 함께 경로별로 관련된 안전요소를 문자 또는 알파벳으로 함께 표기한다.

5) 5단계(사고결과 상세 분석)

사건수 분석 기법의 사고결과 분석은 평가항목, 수용수준, 평가결과, 개선요소로 이루어진다.

6) 6단계(결과의 문서화)

○ 사건수 분석의 수행흐름도

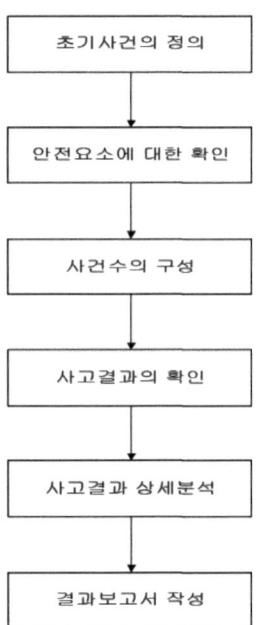

| 확인학습 |

01 사건수 분석 기법에 관한 기술지침상 사건수 분석흐름도를 순서대로 옳게 나열한 것은?

> ㄱ. 안전요소의 확인　　ㄴ. 사고결과 상세분석
> ㄷ. 사건수의 구성　　　ㄹ. 초기사건의 정의
> ㅁ. 결과보고서 작성　　ㅂ. 사고결과의 확인

① ㄱ→ㄹ→ㄷ→ㅂ→ㄴ→ㅁ
② ㄱ→ㄹ→ㅂ→ㄴ→ㄷ→ㅁ
③ ㄷ→ㅂ→ㄴ→ㄹ→ㄱ→ㅁ
④ ㄹ→ㄱ→ㄷ→ㅂ→ㄴ→ㅁ
⑤ ㄹ→ㄱ→ㅂ→ㄴ→ㄷ→ㅁ

| 해설 |

정답 ④

테마142. 제어시스템에서의 안전무결성등급(SIL)에 관한 지침

안전무결성등급(SIL: safety integrity level)이란 전기 전자프로그램 가능형 전자장치로 구성된 안전시스템에서, 기능안전의 안전무결성 요건을 명시한 별개의 등급(1~4)을 말하며 그 중 등급 4가 가장 높고 등급 1이 가장 낮다

위험과 안전분석(HAZOP: hazard and operability) 등 정성적 위험성 평가에서 확인된 모든 사고 시나리오에 대해 제어안전기능의 필요여부를 판단하고, 각 제어안전기능에 대하여 규명된 안전무결성 등급의 값을 부여하여야 하므로 안전무결성등급 검토는 원칙적으로 위험과 안전분석인 HAZOP 등 정성적 위험성평가 후에 수행하는 것이 바람직하다.

일반적으로 정유플랜트, 석유화학 및 화학플랜트, 가스플랜트, 발전플랜트, 제철플랜트 등에서의 제어계통 설계기준은 "안전무결성등급 3"이상을 요구한다.
안전무결성등급 3은 제어기기의 고장확률이 10^{-4}이상~10^{-3}미만, 즉 제어기기의 고장확률이 1천분의 1미만이면서 1만분의 1 이상을 의미한다.

안전무결성등급	목표평균 고장확률	목표 리스크 감소
4	10^{-5}이상 ~ 10^{-4}미만	10^4초과~10^5이하
3	10^{-4}이상 ~ 10^{-3}미만	10^3초과~10^4이하
2	10^{-3}이상 ~ 10^{-2}미만	10^2초과~10^3이하
1	10^{-2}이상 ~ 10^{-1}미만	10^1초과~10^2이하

> 확인학습

01 제어시스템에서의 안전무결성등급(SIL)에 관한 일부내용이다. ( )에 들어갈 것으로 옳은 것은? [2023년 기출]

안전무결성등급	목표평균 고장확률
(ㄱ)	10^{-5}이상 ~ 10^{-4}미만
(ㄴ)	10^{-2}이상 ~ 10^{-1}미만

① ㄱ: 1, ㄴ: 4
② ㄱ: 1, ㄴ: 5
③ ㄱ: 4, ㄴ: 1
④ ㄱ: 5, ㄴ: 1
⑤ ㄱ: 5, ㄴ: 2

해설

정답 ③

02

제어시스템 안전무결성등급(SIL)에 관한 지침상 안전무결성 등급에 따른 각각의 목표 리스크 감소에 대한 다음 표에서 ( )에 들어갈 것으로 옳은 것은?

안전무결성등급	목표 리스크 감소
(ㄱ)	10^4초과~10^5이하
(ㄴ)	10^2초과~10^3이하

① ㄱ: 4, ㄴ: 2
② ㄱ: 2, ㄴ: 4
③ ㄱ: 5, ㄴ: 3
④ ㄱ: 3, ㄴ: 5
⑤ ㄱ: 5, ㄴ: 2

해설

정답 ①

테마143. 공정안전성 분석(K-PSR)기법에 관한 기술지침

1. 화학공정
화학공정은 크게 세 가지로 구분한다.

1) 회분식 공정(Batch process)
회분 공정이란 공정초기에만 반응물을 유입시키고, 반응기를 차단하여 유입이나 배출이 없는 상태로 일정 시간 반응시킨 후 생성물을 빼내는 공정이다. 즉, 반응이 끝날 때까지 외부와의 물질교환은 일어나지 않는다. 비교적 소량 생산에 주로 사용된다.

2) 연속 공정(Continuous process)
연속 공정이란 유입물과 배출물이 공정 반응 중에 연속적으로 흐르는 공정을 말한다. 비교적 대량 생산 시 사용되며 가능한 정상상태(steady state)에 가깝게 유지된다. 공정 내부의 온도, 압력, 유속, 부피 등과 같은 변수값이 시간에 따라서 변하지 않는 경우를 정상상태(steady state)라고 한다. 반면, 시간에 따라서 공정변수의 값이 변하는 경우를 비정상 상태 또는 과도상태(transient state)라고 한다.

3) 반회분식 공정(Semibatch process)
유입물만을 연속적으로 주입시키거나, 반응물만을 연속적으로 배출하는 공정이다.

2. 용어 정의
1) "공정안전성 분석 기법(K-PSR, KOSHA Process safety review)"이라 함은 설치·가동 중인 기존 화학공장의 공정안전성(Process safety)을 재검토하여 사고위험성을 분석(Review)하는 기법이다.

2) "위험형태"라 함은 사업장에서 발생한 사고로 인하여 직·간접적으로 인적, 물적, 환경적 피해를 입히는 원인이 될 수 있는 잠재적인 위험의 종류를 말하며 누출, 화재·폭발, 공정 트러블 및 상해 등 4가지로 표현한다.

위험형태 구분	회분식 공정	연속식 공정
누출	부식 침식 누설	부식 침식 누설 파열 펑크 개방구 오조작
화재·폭발	물리적 과압 취급제한 화학물질 및 분진 점화원	물리적 과압 취급제한 화학물질 및 분진 점화원 누설 파열 펑크 개방구 오조작
공정 트러블	조업상 문제 원료 및 촉매 등 물질	조업상 문제 원료 및 촉매 등 물질
상해	추락 전도 협착 충돌 유해 위험 물질 접촉 질식	추락 전도 협착 충돌 유해 위험 물질 접촉 질식

확인학습

01 공정안전성 분석(K-PSR)기법에 관한 기술지침상 "위험형태"에 해당하는 것을 모두 고른 것은? [2023년 기출]

| ㄱ. 누출　　ㄴ. 화재·폭발　　ㄷ. 공정 트러블　　ㄹ. 상해 |

① ㄱ, ㄴ
② ㄱ, ㄷ
③ ㄴ, ㄷ
④ ㄱ, ㄴ, ㄷ
⑤ ㄱ, ㄴ, ㄷ, ㄹ

해설

정답 ⑤

테마144. 사고 피해예측 기법에 관한 기술지침

이 지침은 산업안전보건기준에 관한 규칙(이하 '안전보건규칙'이라 한다) 별표1의 인화성 액체, 인화성 가스 및 급성 독성물질을 취급하는 화학설비 및 그 부속설비에 의한 사고피해예측에 적용한다.

1. 용어의 정의

1) 이 지침에서 "위험물질"이라 함은 안전보건규칙 별표1의 인화성 액체, 인화성 가스, 급성독성물질을 말한다.

2) "퍼프(puff)"라 함은 순간누출(짧은 시간에 누출)에 의하여 형성되는 증기운을 말한다.

3) "플룸(plume)"이라 함은 연속누출(오랜 시간 동안 누출)에 의하여 형성되는 증기운을 말한다.

4) "비등액체팽창증기운 폭발(BLEVE: Boiling liquid expanding vapor explosion)"이라 함은 가연성인 위험물질이 용기 또는 배관 내에 비점 이상의 온도 및 압력 하에서 액체상태로 저장·취급되는 경우 외부화재, 부식, 내부압력 초과 및 설비 결함 등에 의하여 용기의 파손과 함께 대기 중으로 누출되면 액체 상태의 위험물질이 증발되면서 갑자기 증기로 변화되어 외부로 치솟게 되는데 이때에 외부 화재, 스파크, 정전기, 담뱃불 등의 발화원에 의하여 폭발 및 화염을 발생시키는 현상을 말한다.

5) "증기운 폭발(Confined vapor cloud explosion)"이라 함은 가연성의 위험물질이 용기 또는 배관 내에 저장·취급되는 과정에서 서서히 지속적으로 누출되면서 대기 중에 구름형태로 모이게 되어 바람, 대류 등의 영향으로 움직이다가 담뱃불, 정전기, 기계적 마찰, 스파크 등의 발화원에 의하여 순간적으로 모든 가스가 동시에 폭발하는 현상으로 폭발에 의한 과압에 의하여 엄청난 손상을 가져오는 현상을 말한다.

2. 사고피해예측 절차

1) 1단계(근본적인 위험요소 확인)
정성적인 위험성 평가 단계로서 주로 위험과 운전 분석 기법(HAZOP) 또는 체크리스트(Check list) 기법 등에 의하여 공정 내에 잠재하고 있는 위험요소를 확인한다.

2) 2단계(누출모델 작성)
누출 모델은 물질이 어떻게 누출되는지를 분석하는 것으로서 배관의 파손, 플랜지 누출, 안전밸브 작동, 운전원 실수 등에 의한 잠재적인 누출원 등을 확인하여 방출되는 위험물질의 양, 온도, 밀도, 시간, 누출상태(가스, 증기, 액체, 혼합물) 등을 계산한다.

3) 3단계(확산모델)
2단계의 누출 모델을 근거로 하여 대기 중으로 확산되는 위험물질의 거리에 따른 농도, 확산되는 증기운 구름의 크기, 농도, 형태를 예측한다.

4) 4단계(피해예측)

누출되는 위험물질이 인화성 가스 또는 인화성 액체인 경우에는 화재·폭발로 인하여 사업장 내의 근로자 및 주변 시설에 미치는 화재·폭발의 영향을 계산하며, 독성물질인 경우에는 작업자, 인근 주민 또는 주변 환경에 미치는 영향을 계산한다.

3. 확산

누출된 인화성 액체 또는 인화성 가스가 누출 즉시 점화되지 않는다면 증기운을 형성하여 먼 거리까지 확산된다. 이 증기운은 확산 되면서 공기와 희석되고 결과적으로 폭발 하한계에 도달하여 더 이상 화재의 위험이 없게 된다. 그러나 독성물질인 경우에는 독성물질이 바람에 의해 상당히 먼 거리까지 확산되어 농도가 낮다 할지라도 근로자 및 주민에게 심각한 영향을 미칠 수 있다.

가벼운 가스 확산 모델	무거운 가스 확산 모델
가우시안 플름(Gaussian plume) 모델 가우시안 퍼프(Gaussian puff) 모델	BM(Britter & Mcquaid) 모델 HMP(Hoot, Meroney & Peterka)모델 Degadis 모델

4. 위험기준의 정립

1) 독성물질
화학물질 폭로 영향지수 산정에 관한 기술지침에서 규정하는 ERPG-2 농도에 도달할 수 있는 거리

2) 인화성가스 및 인화성 액체
폭발하한농도가 되는 최대거리

3) 화재(복사열)
기준은 $5kW/m^2$의 복사열이 미치는 거리

4) 폭발(과압)
$0.07kgf/cm^2$(6.9kPa, 1psi)

참고로 1psi는 SI단위(국제표준단위)계 기준으로 약 6,895Pa(=약 6.9kPa)에 해당한다.

구분	위험기준
독성물질	ERPG-2 농도
인화성가스 및 인화성 액체	폭발하한농도가 되는 최대거리
화재(복사열)	$5kW/m^2$의 복사열이 미치는 거리
폭발(과압)	$0.07kgf/cm^2$(6.9kPa, 1psi)

확인학습

01 사고 피해예측 기법에 관한 기술지침상 위험 기준의 정립에 관한 내용이다. 다음 ( )에 들어갈 것으로 옳은 것은? [2023년 기출]

> ○ 화재(복사열): 화구 등과 같이 짧은 시간동안 발생하는 강렬한 복사열에 의한 위험 또는 증기운화재, 고압분출 화재, 액면 화재 등에 의한 장시간의 복사열에 의하여 근로자 또는 주변 기기에 미치는 영향을 판단할 수 있는 기준은 (ㄱ)kW/m^{2}의 복사열이 미치는 거리로 한다.
> ○ 폭발(과압): 증기운 폭발 등과 같은 폭발 사고시 주변 기기 및 근로자 등에 미치는 영향을 판단할 수 있는 기준은 (ㄴ)kPa의 과압이 도달하는 거리로 한다.

① ㄱ: 1, ㄴ: 0.07
② ㄱ: 1, ㄴ: 6.9
③ ㄱ: 5, ㄴ: 0.07
④ ㄱ: 5, ㄴ: 6.9
⑤ ㄱ: 10, ㄴ: 0.07

해설

정답 ④

테마145. 화학물질폭로영향지수(CEI) 산정에 관한 기술지침

이 지침은 위험성평가기법의 하나인 상대위험순위결정기법 중 독성화학물질의 누출사고로 인하여 사업장 및 주변 사업장의 근로자와 지역사회의 주민에 대한 건강상의 위험을 상대적으로 등급화 하는 화학물질폭로영향지수(Chemical exposure index, CEI)를 산정하는데 필요한 사항을 제시하는데 그 목적이 있다.

1. 용어의 정의

"비상대응계획수립지침(Emergency response planning guideline, ERPG)"은 관심의 우선순위, 취급·저장평가, 누출 시 확산지역의 파악 및 지역사회의 비상대응계획을 수립하는데 사용되는 지침을 말하며 이 지침에서 사용되는 농도는 공기 중의 농도에 따라 ERPG-1, ERPG-2 및 ERPG-3 등으로 구분하며 다음과 같이 정의한다.

구분	정의
ERPG-1	거의 모든 사람이 한 시간 동안 노출되어도 오염물질의 냄새를 인지하지 못하거나 **건강**상 영향이 나타나지 않는 공기 중 최대 농도
ERPG-2	거의 모든 사람이 한 시간까지 노출되어도 보호조치 불능의 증상을 유발하거나 회복불가능 또는 **심각**한 건강상 영향이 나타나지 않는 공기 중 최대 농도
ERPG-3	거의 모든 사람이 한 시간까지 노출되어도 **생명의 위험**을 느끼지 않는 공기 중 최대 농도

* ERPG는 화학물질 누출로 인한 지역사회의 사고대응에 대한 가이드라인이라 할 수 있다.

2. 화학물질폭로영향지수(CEI) 계산 흐름도

1) 독성물질 누출사고 정의
2) ERPG-2 결정
3) 시나리오별 대기확산량 계산
4) 최대 대기확산량 결정
5) CEI 계산
6) 위험거리 계산
7) 요약서 작성

확인학습

01 화학물질폭로영향지수(CEI) 산정에 관한 기술지침 상 다음 정의에 관한 비상대응계획수립지침(ERPG) 등급은?

> 거의 모든 사람이 한 시간까지 노출되어도 보호조치 불능의 증상을 유발하거나 회복불가능 또는 심각한 건강상 영향이 나타나지 않는 공기 중 최대 농도

① ERPG-1
② ERPG-2
③ ERPG-3
④ ERPG-4
⑤ ERPG-5

해설

정답 ②

테마146. 작업시작 전 점검사항

■ 산업안전보건기준에 관한 규칙[별표 3]

작업시작 전 점검사항

작업의 종류	점검내용
1. 프레스 등을 사용하여 작업을 할 때 →암기법: 1/크/클/슬/프/방호/전단	가. 클러치 및 브레이크의 기능 나. 크랭크축·플라이휠·슬라이드·연결봉 및 연결 나사의 풀림 여부 다. 1행정 1정지기구·급정지장치 및 비상정지장치의 기능 라. 슬라이드 또는 칼날에 의한 위험방지 기구의 기능 마. 프레스의 금형 및 고정볼트 상태 바. 방호장치의 기능 사. 전단기(剪斷機)의 칼날 및 테이블의 상태
2. 로봇의 작동 범위에서 그 로봇에 관하여 교시 등(로봇의 동력원을 차단하고 하는 것은 제외한다)의 작업을 할 때 → 외/매/제	가. 외부 전선의 피복 또는 외장의 손상 유무 나. 매니퓰레이터(manipulator) 작동의 이상 유무 다. 제동장치 및 비상정지장치의 기능
3. 공기압축기를 가동할 때 →공/압/윤/회/언/연/드레인	가. 공기저장 압력용기의 외관 상태 나. 드레인밸브(drain valve)의 조작 및 배수 다. 압력방출장치의 기능 라. 언로드밸브(unloading valve)의 기능 마. 윤활유의 상태 바. 회전부의 덮개 또는 울 사. 그 밖의 연결 부위의 이상 유무
4. 크레인을 사용하여 작업을 하는 때 → 권/주/와/운전장치	가. **권과방지장치·브레이크·클러치** 및 운전장치의 기능 나. 주행로의 상측 및 트롤리(trolley)가 횡행하는 레일의 상태 다. 와이어로프가 통하고 있는 곳의 상태
5. 이동식 크레인을 사용하여 작업을 할 때 → 권/와/조정장치/경보장치	가. **권과방지장치**나 그 밖의 경보장치의 기능 나. **브레이크·클러치** 및 조정장치의 기능 다. 와이어로프가 통하고 있는 곳 및 작업장소의 지반상태
6. 리프트(자동차정비용 리프트를 포함한다)를 사용하여 작업을 할 때	가. 방호장치·브레이크 및 클러치의 기능 나. 와이어로프가 통하고 있는 곳의 상태
7. 곤돌라를 사용하여 작업을 할 때	가. 방호장치·브레이크의 기능 나. 와이어로프·슬링와이어(sling wire) 등의 상태
8. 양중기의 와이어로프·달기체인·섬유로	와이어로프등의 이상 유무

프·섬유벨트 또는 훅·샤클·링 등의 철구(이하 "와이어로프등"이라 한다)를 사용하여 고리걸이작업을 할 때	
9. 지게차를 사용하여 작업을 하는 때 →제/조/하/유/바퀴/전조등	가. 제동장치 및 조종장치 기능의 이상 유무 나. 하역장치 및 유압장치 기능의 이상 유무 다. 바퀴의 이상 유무 라. 전조등·후미등·방향지시기 및 경보장치 기능의 이상 유무
10. 구내운반차를 사용하여 작업을 할 때 → 제/조/하/유/바퀴/전조등/충전	가. 제동장치 및 조종장치 기능의 이상 유무 나. 하역장치 및 유압장치 기능의 이상 유무 다. 바퀴의 이상 유무 라. 전조등·후미등·방향지시기 및 경음기 기능의 이상 유무 마. 충전장치를 포함한 홀더 등의 결합상태의 이상 유무
11. 고소작업대를 사용하여 작업을 할 때 → 과부/비/아웃/활/작	가. 비상정지장치 및 비상하강 방지장치 기능의 이상 유무 나. 과부하 방지장치의 작동 유무(와이어로프 또는 체인구동 방식의 경우) 다. 아웃트리거 또는 바퀴의 이상 유무 라. 작업면의 기울기 또는 요철 유무 마. 활선작업용 장치의 경우 홈·균열·파손 등 그 밖의 손상 유무
12. 화물자동차를 사용하는 작업을 하게 할 때 → 제/조/하/유/바퀴	가. 제동장치 및 조종장치의 기능 나. 하역장치 및 유압장치의 기능 다. 바퀴의 이상 유무
13. 컨베이어 등을 사용하여 작업을 할 때 → 풀리/이/비/덮개	가. 원동기 및 풀리(pulley) 기능의 이상 유무 나. 이탈 등의 방지장치 기능의 이상 유무 다. 비상정지장치 기능의 이상 유무 라. 원동기·회전축·기어 및 풀리 등의 덮개 또는 울 등의 이상 유무
14. 차량계 건설기계를 사용하여 작업을 할 때 →브레이크 및 클러치	브레이크 및 클러치 등의 기능
14의2. 용접·용단 작업 등의 화재위험작업을 할 때 → 작업/인근/비산/환기/교육	가. 작업 준비 및 작업 절차 수립 여부 나. 화기작업에 따른 인근 가연성물질에 대한 방호조치 및 소화기구 비치 여부 다. <u>용접불티 비산방지덮개</u> 또는 용접방화포 등 불꽃, 불티 등의 비산을 방지하기 위한 조치 여부 라. 인화성 액체의 증기 또는 인화성 가스가 남아 있지 않도록 하는 <u>환기</u> 조치 여부

	마. 작업근로자에 대한 화재예방 및 피난교육 등 비상조치 여부
15. 이동식 방폭구조(防爆構造) 전기기계·기구를 사용할 때 → 전선 및 접속부	전선 및 접속부 상태
16. 근로자가 반복하여 계속적으로 중량물을 취급하는 작업을 할 때 → 복장/보호구/온도습기/하역	가. 중량물 취급의 올바른 자세 및 복장 나. 위험물이 날아 흩어짐에 따른 보호구의 착용 다. 카바이드·생석회(산화칼슘) 등과 같이 온도상승이나 습기에 의하여 위험성이 존재하는 중량물의 취급방법 라. 그 밖에 하역운반기계등의 적절한 사용방법
17. 양화장치를 사용하여 화물을 싣고 내리는 작업을 할 때	가. 양화장치(揚貨裝置)의 작동상태 나. 양화장치에 제한하중을 초과하는 하중을 실었는지 여부
18. 슬링 등을 사용하여 작업을 할 때	가. 훅이 붙어 있는 슬링·와이어슬링 등이 매달린 상태 나. 슬링·와이어슬링 등의 상태(작업시작 전 및 작업 중 수시로 점검)

확인학습

01 산업안전보건기준에 관한 규칙상 공기압축기를 가동하기 전에 관리감독자가 하여야 하는 작업시작 전 점검사항으로 옳지 않은 것은? [2023년 기출]

① 슬라이드 또는 칼날에 의한 위험방지 기구의 기능
② 압력방출장치의 기능
③ 언로드밸브(unloading valve)의 기능
④ 회전부의 덮개
⑤ 드레인밸브(drain valve)의 조작 및 배수

해설

정답 ①

02 산업안전보건기준에 관한 규칙상 작업시작 전 점검사항에서 다음 점검내용에 해당하는 작업의 종류는?

○ 권과방지장치나 그 밖의 경보장치의 기능
○ 브레이크·클러치 및 조정장치의 기능
○ 와이어로프가 통하고 있는 곳 및 작업장소의 지반상태

① 프레스 등을 사용하여 작업을 할 때
② 로봇의 작동 범위에서 그 로봇에 관하여 교시 등(로봇의 동력원을 차단하고 하는 것은 제외)의 작업을 할 때
③ 크레인을 사용하여 작업을 할 때
④ 이동식 크레인을 사용하여 작업을 할 때
⑤ 차량계 건설기계를 사용하여 작업을 할 때

해설

정답 ④

03 산업안전보건기준에 관한 규칙상 작업시작 전 점검사항에서 지게차를 사용하여 작업을 하는 때 점검내용이 아닌 것은?

① 제동장치 및 조종장치 기능의 이상 유무
② 하역장치 및 유압장치 기능의 이상 유무
③ 바퀴의 이상 유무
④ 충전장치를 포함한 홀더 등의 결합상태의 이상 유무
⑤ 전조등·후미등·방향지시기 및 경보장치 기능의 이상 유무

해설

지게차와 구내운반차 작업시작 전 점검내용의 차이를 구별한다.

정답 ④

테마147. 자동운동이 생기기 쉬운 4가지 조건

암실 내에서 정지된 작은 빛을 응시하고 있으면 그 빛이 움직이는 것처럼 보이는 것을 자동운동이라고 한다.
자동운동이 생기기 쉬운 조건 4가지는 다음과 같다.
  1) 광점이 작을 것
  2) 대상이 단순할 것
  3) 광의 강도가 작을 것
  4) 시야의 다른 부분이 어두울 것

확인학습

01 암실 내에서 정지된 작은 빛을 응시하고 있으면 그 빛이 움직이는 것처럼 보이는 것을 자동운동이라고 한다. 자동운동이 생기기 쉬운 조건으로 옳은 것은? [2023년 기출]

① 광점이 클 것
② 광의 강도가 작을 것
③ 시야의 다른 부분이 밝을 것
④ 대상이 복잡할 것
⑤ 광의 눈부심과 조도가 클 것

> **해설**

○ **운동의 시지각(인간의 착각현상)** → (암기법: 자/유/가)

1. "운동의 시지각"이란 착각에 의해 실제로는 움직이지 않는 물체가 움직이는 것처럼 보이는 것을 말한다.

2. 운동 시지각의 종류

   1) 자동운동
   암실 내에서 수 미터 거리에 정지된 광점(빛)을 놓고 그것을 한동안 응시하고 있으면 그 과정이 움직이는 것처럼 보이는 현상이다.

   2) 유도운동
   정지해 있는 것을 움직이는 것으로 느낀다든지 반대로 움직이고 있는 것을 정지해 있는 것으로 느끼는 현상이다. 예를 들어, 자동차가 줄지어 정차해 있을 때 다른 편 차가 움직이는 것임에도 마치 자신이 타고 있는 차가 반대 방향으로 움직이는 것처럼 느끼는 경우이다.

   3) 假現(가현)운동
   두 개의 정지대상을 0.06초의 시간 간격으로 다른 장소에 제시하면 마치 한 개의 대상이 움직이는 것처럼 운동현상으로 영화, 네온사인이 그 예이다.

정답 ②

02 인간의 착각현상 중 버스나 전동차의 움직임으로 인하여 자신이 승차하고 있는 정지된 자가용이 움직이는 것 같은 느낌을 받거나, 구름 사이의 달 관찰시 구름이 움직일 때 구름은 정지되어 있고, 달이 움직이는 것처럼 느껴지는 현상을 무엇이라 하는가?

① 자동운동
② 유도운동
③ 가현운동
④ 플리커현상
⑤ 기하학적 착시

> **해설**

정답 ②

테마148. 감전 시 응급조치에 관한 기술지침

1. 감전재해의 위험성

1) 감전재해는 다른 재해에 비하여 발생률이 낮으나, 일단 재해가 발생하면 치명적인 경우가 많다.

2) 감전재해는 감전되었을 때의 호흡정지, 심장마비, 근육이 수축되는 등의 신체기능 장해와 감전사고에 의한 추락 등으로 인한 2차 재해로 발생한다.

3) 전류에 의한 인체의 반응 및 사망의 한계를 파악하는 것은 속성상 인체실험이 어렵고, 또 어떠한 실험결과가 나와도 검증이 어렵다.

4) 감전재해의 원인은 인간의 다양성, 재해당시의 상황변수 등의 이유로 획일적으로 정하기 어렵다.

5) 감전재해의 위험도는 통전전류의 크기, 통전시간, 통전경로, 전원의 종류에 의해 결정된다. → ★ [암기법: 전(원의 종류)/(전)류/경/시]

6) 인체에 대한 감전재해의 형태는 다음 두 가지로 나눌 수 있다.
   ① 전기신호가 신경과 근육을 자극해서 정상적인 기능을 저해하며, 호흡정지 또는 심실세동을 일으키는 현상
   ② 전기에너지가 생체조직의 파괴, 손상 등의 구조적 손상을 일으키는 현상

2. 통전전류에 의한 영향

1) 인체가 감지할 수 있는 최소전류는 교류 2mA 이하로서, 이 정도의 전류에서는 전기적 위험이 없다.

2) 인체가 고통을 느끼는 한계전류는 성인 남자의 경우 교류 7~8mA이다.

3) 통전전류가 증가하면 통전경로의 신경이 마비되어 운동이 자유롭지 않게 되는 한계전류를 이탈전류라 하며, 교류 10~15mA이다.

4) 심장의 맥동에 영향을 주어 심장기능을 잃게 되는 현상을 심실세동이라 하고, 심실세동 전류는 〈표1〉과 같이 나타나며, 이 상태가 지속되면 수분 이내로 사망하게 되므로 감전시 즉시 인공호흡을 실시하여야 한다.

⟨표1⟩ 통전전류의 영향 ★

종류	인체반응	전류치
최소감지전류	짜릿함을 느끼는 정도	1~2mA
고통전류	참을 수 있거나 고통스럽다.	2~8mA
가수전류	안전하게 스스로 접촉된 전원으로부터 떨어질 수 있는 최대한도의 전류	8~15mA
불수전류	전격을 받았음을 느끼면서 스스로 그 전원으로부터 떨어질 수 없는 전류	15~50mA
심실세동전류	심장의 기능을 잃게 되어 전원으로부터 떨어져도 수분이내 사망	$\frac{155}{\sqrt{t}}mA(체중 57kg)$ ~ $\frac{165}{\sqrt{t}}mA(체중 57kg)$

* 심실세동이란 심실이 1분에 350회~600회 무질서하고 불규칙적으로 수축하는 상태를 의미한다. 심실세동은 심정지나 급성심장사를 일으키게 된다.

3. 통전전류의 영향

1) 감전 시의 영향은 전류의 경로에 따라 그 위험성이 달라지며, 전류가 심장 또는 그 주위를 통하게 되면 심장에 영향을 주어 가장 위험하다. 심장은 왼쪽 젖꼭지 사이의 가슴뼈 안에 위치한다.

2) 인체에 전류가 통하게 되면 통전경로에 따라 심실세동의 위험성이 나타나므로 이에 대한 것을 ⟨표2⟩와 같이 심장전류계수로 나타낼 수 있다.

⟨표2⟩ 심장전류계수(* 표에서 숫자가 클수록 위험도가 높다) ★

통전경로	심장전류계수
왼손 – 가슴	1.5
오른손 – 가슴	1.3
왼손 – 한발 또는 양발	1.0
양손 – 양발	1.0
오른손 – 한발 또는 양발	0.8
왼손 – 등	0.7
한손 또는 양손 – 앉아 있는 자리	0.7

왼손 – 오른손	0.4
오른손 – 등	0.3

4. 감전사고 시의 응급조치

1) 감전쇼크에 의하여 호흡이 정지되었을 경우 혈액 중의 산소 함유량이 약 1분 이내에 감소하기 시작하여 산소 결핍현상이 나타나기 시작한다.

2) 단시간 내에 인공호흡 등 응급조치를 실시할 경우 감전재해자의 95% 이상을 소생시킬 수 있다.

확인학습

01 통전경로별 위험도가 큰 순서대로 옳게 나열한 것은? [2023년 기출]

ㄱ. 오른손 – 가슴	ㄴ. 왼손 – 한발 또는 양발
ㄷ. 왼손 – 가슴	ㄹ. 왼손 – 오른손

① ㄱ〉ㄴ〉ㄷ〉ㄹ
② ㄴ〉ㄷ〉ㄱ〉ㄹ
③ ㄷ〉ㄱ〉ㄴ〉ㄹ
④ ㄹ〉ㄱ〉ㄴ〉ㄷ
⑤ ㄹ〉ㄱ〉ㄷ〉ㄴ

해설

정답 ③

02

감전 시 응급조치에 관한 기술지침상 통전전류에 의한 영향에 관한 내용이다. ( )에 들어갈 것으로 옳은 것은? [2023년 기출]

종류	인체반응	전류치
(ㄱ)	짜릿함을 느끼는 정도	1~2mA
(ㄴ)	참을 수 있거나 고통스럽다	2~8mA

① ㄱ: 최소감지전류, ㄴ: 고통전류
② ㄱ: 최소감지전류, ㄴ: 가수전류
③ ㄱ: 가수전류, ㄴ: 고통전류
④ ㄱ: 불수전류, ㄴ: 가수전류
⑤ ㄱ: 심실세동전류, ㄴ: 고통전류

해설

정답 ①

03

다음 <보기>에서 전격의 위험을 결정하는 주요 인자를 모두 고른 것은?

<보기>
ㄱ. 통전 전류의 크기   ㄴ. 통전시간
ㄷ. 통전 경로   ㄹ. 전원의 종류
ㅁ. 통전 저항   ㅂ. 접촉 전압

① ㄱ, ㄴ, ㄷ, ㄹ
② ㄱ, ㄴ, ㄷ, ㅂ
③ ㄴ, ㄷ, ㄹ, ㅁ
④ ㄷ, ㄹ, ㅁ, ㅂ
⑤ ㄱ, ㄴ, ㄷ, ㄹ, ㅁ, ㅂ

해설

정답 ①

04 감전 시 응급조치에 관한 기술지침상 감전재해의 위험성에 관한 설명으로 옳지 않은 것은?

① 인체가 감지할 수 있는 최소전류는 교류 2mA 이하로서, 이 정도의 전류에서는 전기적 위험이 없다.
② 감전재해의 위험도는 통전전류의 크기, 통전시간, 통전경로, 전원의 종류에 의해 결정된다.
③ 인체가 고통을 느끼는 한계전류는 성인 남자의 경우 교류 15~50mA이다.
④ 통전전류가 증가하면 통전경로의 신경이 마비되어 운동이 자유롭지 않게 되는 한계전류를 이탈전류라 하며, 교류 10~15mA이다.
⑤ 가수전류는 교류 8~15mA이다.

해설

정답 ③

테마149. 정전기 재해예방에 관한 기술지침

이 지침은 정전기로 인한 인화성 액체의 증기, 인화성 가스 또는 가연성 분진에 의한 화재·폭발의 위험이 있는 사업장에서 정전기 위험 제어를 통한 정전기 재해예방을 위하여 필요한 사항을 정함을 목적으로 한다.

1. **용어의 정의**

    1) "인화성 액체"라 함은 대기압에서 인화점이 60℃ 이하이거나 고온·고압의 운전조건으로 인하여 화재·폭발위험이 있는 상태에서 취급되는 인화성 액체를 말한다.

    2) "인화성 가스"라 함은 폭발한계농도의 하한이 13% 이하 또는 상·하한의 차가 12% 이상인 것으로서 표준기압, 20℃에서 가스 상태인 물질을 말한다.

    3) "가연성 분진"이라 함은 직경이 500㎛ 이하인 미세한 분진을 말한다. 이 분진이 공기 또는 다른 가스 산화제와 혼합되어 점화되면 화재·폭발이 발생할 수 있다.

    4) "불활성가스(Inert gas)"라 함은 비인화성 또는 비반응성 가스를 말하며, 시스템 내의 인화성 물질이 연소되지 않도록 주입하는 가스를 말한다.

    5) "전기 방전(Electrostatic discharge)"이라 함은 인화성 혼합물을 점화시킬 수 있는 불꽃방전, 코로나방전, 브러시방전 등의 형태로 정전기가 방출되는 것을 말한다.

    6) "정전기"라 함은 전계의 영향은 크나 자계의 영향이 상대적으로 미미한 전기전하를 말한다.

    7) "제전"이라 함은 정전기 전하를 안전한 수준까지 방전시킨 상태를 말한다.

2. **인체 방전**

    1) 인체는 도전성이기 때문에 사람의 정전기 방전에 의해 많은 사고가 발생한다.

    2) 사람이 대지로부터 절연되어 있을 경우, 일상생활에서 상당히 많은 전하가 축적될 수 있다. 일상생활에서 인체는 10~15kV까지 대전될 수 있으며, 이때 불꽃방전 에너지는 20~30mJ(밀리줄)까지 된다.

3. 인체의 정전기 관리

인체는 도전성이므로 대지와 분리되어 있으면 전하를 축적할 수 있으며 이러한 전하는 신발과 바닥재와의 접촉과 분리 등에 의해 발생된다. 인화성 혼합물이 존재하고 대전된 인체로부터 점화 위험성이 있는 곳에서는 정전기가 축적되는 것을 방지하는 것이 필요하다. 이러한 인체의 전하 축적을 방지하는 대책에는 다음과 같은 것이 있다.

1) 도전성 바닥 및 신발 착용
2) 도전성 의류 또는 대전방지
3) 개인용 접지 장치
4) 청소용 천
5) 장갑

4. 전하소멸

많은 물질의 표면저항은 주위 습도에 의해 제어가 가능하며, 65% 이상의 습도에서 대부분의 물질은 정전기의 축적을 방지하기 충분한 표면 도전율을 갖는다. 그러나 습도가 30% 이하로 떨어지면 양질의 절연체가 되어 전하의 축적이 증가하게 된다.

5. 정전기 대전의 종류

1) 마찰대전
2) 박리대전
3) 유동대전(유체대전)
4) 분출대전
5) 파괴대전
6) 충돌대전

확인학습

01 다음 ( )에 들어갈 내용으로 옳은 것은?

> ○ 감전 시 인체에 흐르는 전류는 인가전압에 (ㄱ)하고 인체저항에 (ㄴ)한다.
> ○ 인체는 전류의 열작용이 (ㄷ) × (ㄹ)이 어느 정도 이상이 되면 발생한다.

① ㄱ: 비례, ㄴ: 반비례, ㄷ: 전류의 세기, ㄹ: 시간
② ㄱ: 반비례, ㄴ: 비례, ㄷ: 전류의 세기, ㄹ: 시간
③ ㄱ: 반비례, ㄴ: 비례, ㄷ: 전압, ㄹ: 시간
④ ㄱ: 비례, ㄴ: 비례, ㄷ: 전류의 세기, ㄹ: 시간
⑤ ㄱ: 비례, ㄴ: 반비례, ㄷ: 전압, ㄹ: 시간

해설

인체는 전류가 흐르면 전류의 크기와 시간에 따라 다양한 영향(화상 등)을 받는다.
전류(I)=전압(V)/저항(R)

정답 ①

02 다음 중 정전기 발생의 일반적인 종류가 아닌 것은?

① 마찰
② 중화
③ 박리
④ 유동
⑤ 분출

해설

정답 ②

03

산업안전보건기준에 관한 규칙 상 전기기계·기구의 조작 시 안전조치로서 사업주는 근로자가 안전하게 작업할 수 있도록 전기기계·기구로부터 폭 얼마 이상의 작업공간을 확보하여야 하는가? (단, 작업공간을 확보하는 것이 곤란하여 근로자에게 절연용 보호구를 착용하도록 한 경우에는 제외)

① 30cm
② 40cm
③ 50cm
④ 70cm
⑤ 100cm

해설

> 제310조(전기 기계·기구의 조작 시 등의 안전조치) ① 사업주는 전기기계·기구의 조작부분을 점검하거나 보수하는 경우에는 근로자가 안전하게 작업할 수 있도록 전기 기계·기구로부터 폭 70센티미터 이상의 작업공간을 확보하여야 한다. 다만, 작업공간을 확보하는 것이 곤란하여 근로자에게 절연용 보호구를 착용하도록 한 경우에는 그러하지 아니하다.
> ② 사업주는 전기적 불꽃 또는 아크에 의한 화상의 우려가 있는 고압 이상의 충전전로 작업에 근로자를 종사시키는 경우에는 방염처리 된 작업복 또는 난연(難燃)성능을 가진 작업복을 착용시켜야 한다.

정답 ④

04

감전쇼크에 의해 호흡이 정지되었을 경우 일반적으로 약 몇 분 이내에 응급처치를 개시하면 95% 정도를 소생시킬 수 있는가?

① 1분 이내
② 3분 이내
③ 5분 이내
④ 7분 이내
⑤ 10분 이내

해설

정답 ①

테마150. 신체부위별 동작 유형

1. 굴곡(flexion): 관절에서의 각도가 감소하는 동작
2. 신전(extension): 관절에서의 각도가 증가하는 동작
3. 내전(adduction): 몸의 중심선으로 향하는 이동 동작
4. 외전(abduction): 몸의 중심선에서 멀어지는 이동 동작
5. 내선(medial rotation): 몸의 중심선을 향하여 안쪽으로 회전하는 동작

확인학습

01 신체부위별 동작 유형에 관한 내용으로 옳은 것을 모두 고른 것은? [2022년 기출]

> ㄱ. 굴곡(flexion): 관절에서의 각도가 증가하는 동작
> ㄴ. 신전(extension): 관절에서의 각도가 감소하는 동작
> ㄷ. 내전(adduction): 몸의 중심선으로 향하는 이동 동작
> ㄹ. 외전(abduction): 몸의 중심선에서 멀어지는 이동 동작
> ㅁ. 내선(medial rotation): 몸의 중심선을 향하여 안쪽으로 회전하는 동작

① ㄱ, ㄴ
② ㄴ, ㄷ
③ ㄴ, ㄷ, ㅁ
④ ㄷ, ㄹ, ㅁ
⑤ ㄱ, ㄴ, ㄷ, ㄹ, ㅁ

해설

정답 ④

02 신체 부위의 운동에 대한 설명으로 옳은 것은?

① 내전(adduction)은 부위 간의 각도가 감소하는 신체의 움직임을 의미한다.
② 외선(lateral rotation)은 신체 중심선으로부터 이동하는 신체의 움직임을 의미한다.
③ 굴곡(flexion)은 신체의 외부에서 중심선으로 이동하는 신체의 움직임을 의미한다.
④ 외전(abduction)은 신체의 중심선으로부터 회전하는 신체의 움직임을 의미한다.
⑤ 신전(extension)은 부위 간의 각도가 증가하는 신체의 움직임을 의미한다.

해설

정답 ⑤

테마151. 안전보건교육규정

제2조(정의) ① 이 고시에서 사용하는 용어의 뜻은 다음 각 호와 같다.
1. "사업주등"이란 다음 각 목의 어느 하나에 해당하는 자를 말한다.
   가. 사업주
   나. 「산업안전보건법」(이하 "법"이라 한다) 제166조의2에 따른 현장실습산업체의 장(이하 "현장실습산업체의 장"이라 한다)
   다. 「파견근로자 보호 등에 관한 법률」 제2조제4호에 따른 사용사업주(이하 "사용사업주"라 한다)
2. "근로자등"이란 다음 각 목의 어느 하나에 해당하는 사람을 말한다.
   가. 근로자
   나. 법 제166조의2에 따른 현장실습생(이하 "현장실습생"이라 한다)
   다. 「파견근로자 보호 등에 관한 법률」 제2조제5호에 따른 파견근로자(이하 "파견근로자"라 한다)
3. "근로자등 안전보건교육"이란 법 제29조제1항부터 제3항까지의 규정에 따라 사업주가 근로자에게, 현장실습산업체의 장이 현장실습생에게, 사용사업주가 파견근로자에게 실시하여야 하는 다음 각 목의 안전보건교육을 말한다.
   가. 정기교육: 법 제29조제1항에 따라 정기적으로 실시하여야 하는 교육
   나. 채용 시 교육: 법 제29조제2항에 따라 다음 어느 하나의 경우에 해당할 때 근로자등의 직무 배치 전 실시하여야 하는 교육
   1) 사업주가 근로자를 채용하는 경우(법 제29조제2항 단서의 경우에는 제외한다)
   2) 현장실습산업체의 장이 현장실습생과 현장실습계약을 체결하는 경우
   3) 사용사업주가 파견근로자로부터 근로자파견의 역무를 제공받는 경우
   다. 작업내용 변경 시 교육: 법 제29조제2항에 따라 근로자등이 기존에 수행하던 작업내용과 다른 작업을 수행하게 될 경우 변경된 작업을 수행하기 전 실시하여야 하는 교육
   라. 특별교육: 법 제29조제3항에 따라 근로자등이 「산업안전보건법 시행규칙」(이하 "규칙"이라 한다) 별표 5 제1호라목의 어느 하나에 해당하는 작업을 수행하게 될 경우 나목 또는 다목에 따른 교육 외에 추가로 실시하여야 하는 교육
4. "건설업 기초안전보건교육"이란 법 제31조제1항에 따라 건설업의 사업주가 건설 일용근로자를 채용할 때 해당 근로자로 하여금 이수하도록 하여야 하는 안전보건교육을 말한다.
5. "직무교육"이란 법 제32조제1항에 따라 사업주(같은 항 제5호 각 목의 경우에는 해당 기관의 장을 말한다)가 같은 항 각 호에 해당하는 사람(이하 "직무교육대상자"라 한다)으로 하여금 이수하도록 하여야 하는 직무와 관련한 다음 각 목의 안전보건교육을 말한다.
   가. 신규교육: 규칙 제29조제1항에 따라 직무교육대상자가 선임, 위촉 또는 채용된 경우 이수하여야 하는 교육
   나. 보수교육: 규칙 제29조제1항에 따라 직무교육대상자가 신규교육을 이수한 날을 기준으로 2년마다 이수하여야 하는 교육
6. "특수형태근로종사자 안전보건교육"이란 법 제77조제2항에 따라 「산업안전보건법 시행령」(이하 "영"이라 한다) 제68조에 따른 특수형태근로종사자로부터 노무를 제공받는 자(이하 "특고노무수령자"라 한다)가 해당 특수형태근로종사자에게 실시하여야 하는 다음 각 목의 안전보건교육을 말한다.
   가. 최초 노무제공 시 교육: 규칙 제95조제1항에 따라 영 제68조에 따른 특수형태근로종사자의 직무 배치 전

실시하여야 하는 교육

  나. 특별교육: 규칙 제95조제1항에 따라 영 제68조에 따른 특수형태근로종사자가 규칙 별표 5제1호라목의 어느 하나에 해당하는 작업을 수행하게 될 경우 해당 작업을 수행하기 전 실시하여야 하는 교육

7. "성능검사 교육"이란 법 제98조제1항제2호 및 규칙 제131조에 따른 교육으로서 자율안전검사의 검사원 자격을 부여하기 위한 안전에 관한 성능검사 교육을 말한다.

8. "안전관리자 양성교육"이란 법 제17조, 영 별표 4 제7호의2, 제11호 및 제12호에 따른 교육으로서 안전관리자 자격을 부여하기 위한 교육을 말한다.

9. "안전보건관리담당자 양성교육"이란 법 제19조 및 영 제24조제2항제3호에 따른 교육으로서 안전보건관리담당자 자격을 부여하기 위한 안전보건교육을 말한다.

10. "전문화교육"이란 직무교육기관이 근로자등 및 직무교육대상자의 전문성을 높이기 위해 업종 또는 관련 분야별로 개발·운영하는 교육을 말한다.

11. "안전보건교육기관"이란 법 제33조제1항에 따라 고용노동부장관에게 등록한 다음 각 목의 교육기관을 말한다.

  가. 근로자 안전보건교육기관: 영 제40조제1항에 따라 고용노동부장관에게 등록한 교육기관으로서 제3호와 제6호에 따른 교육을 실시할 수 있는 교육기관

  나. 건설업 기초안전보건교육기관: 영 제40조제2항에 따라 고용노동부장관에게 등록한 교육기관으로서 제4호에 따른 교육을 실시할 수 있는 교육기관

  다. 직무교육기관: 영 제40조제3항에 따라 고용노동부장관에게 등록한 교육기관으로서 제5호와 제10호에 따른 교육을 실시할 수 있는 교육기관

12. "집체교육"이란 교육 전용시설 또는 그 밖에 교육을 실시하기에 적합한 시설(생산시설 또는 근무 장소는 제외한다)에서 강의, 발표, 토의 및 토론, 세미나 또는 체험·실습 방식 등으로 실시하는 교육을 말한다.

13. "현장교육"이란 사업장의 생산시설 또는 근무장소에서 실시하는 교육을 말한다(작업 전 안전점검회의(TBM), 위험예지훈련 등 작업 전·후 실시하는 단시간 안전보건 교육을 포함한다).

14. "인터넷 원격교육"이란 정보통신매체를 활용하여 교육이 실시되고 훈련생관리 등이 웹상으로 이루어지는 교육을 말한다.

15. "비대면 실시간교육"이란 정보통신매체를 활용하여 강사와 교육생이 쌍방향으로 실시간 소통하면서 이루어지는 교육을 말한다.

16. "우편통신교육"이란 인쇄매체 또는 전자문서로 된 교육교재를 이용하여 교육이 실시되고 교육생관리 등이 웹상으로 이루어지는 교육을 말한다.

> 확인학습

01 안전보건교육규정에서 정의하는 교육에 관한 내용으로 옳지 않은 것은? [2024년 기출]

① "비대면 실시간교육"이란 정보통신매체를 활용하여 강사와 교육생이 쌍방향으로 실시간 소통하면서 이루어지는 교육을 말한다.
② "인터넷 원격교육"이란 정보통신매체를 활용하여 교육이 실시되고 훈련생관리 등이 웹상으로 이루어지는 교육을 말한다.
③ "현장교육"이란 사업장의 생산시설 또는 근무 장소에서 실시하는 교육을 말한다.
④ "안전보건관리담당자 양성교육"이란 안전보건총괄책임자 자격을 부여하기 위한 양성교육을 말한다.
⑤ "전문화교육"이란 직무교육기관이 근로자 등 및 직무교육대상자의 전문성을 높이기 위해 업종 또는 관련 분야별로 개발·운영하는 교육을 말한다.

해설

정답 ④

02 안전보건교육규정에서 정하고 있는 "직무교육의 방법"의 일부 내용이다. ( )에 들어갈 것으로 옳은 것은? [2024년 기출]

> 교육형태: 다음 각 목에 따른 교육형태 중 어느 하나 또는 혼합한 방식으로 할 것. 다만, 총 교육시간의 (ㄱ)분의 (ㄴ) 이상을 가목이나 나목 또는 (ㄷ)목의 형태로 할 것
> 가. 집체교육
> 나. 현장교육
> 다. 인터넷 원격교육
> 라. 비대면 실시간교육

① ㄱ: 2, ㄴ: 1, ㄷ: 다
② ㄱ: 2, ㄴ: 1, ㄷ: 라
③ ㄱ: 3, ㄴ: 1, ㄷ: 다
④ ㄱ: 3, ㄴ: 2, ㄷ: 다
⑤ ㄱ: 3, ㄴ: 2, ㄷ: 라

해설

제15조(직무교육의 방법) ① 사업주는 직무교육대상자에게 직무교육기관이 개설·운영하는 직무교육과정이나 전문화교육과정을 이수하도록 하여야 한다.

② 직무교육기관이 직무교육과정을 개설·운영할 때에는 다음 각 호의 사항을 준수하여야 한다.

1. 교육내용: 규칙 별표 5에 따른 교육내용의 범위에서 직무교육대상자가 직무를 수행하는 데 필요한 실무적인 사항, 사례, 새로운 기술 등에 초점을 맞춰 직무교육기관이 정할 것
2. 교육시간: 규칙 별표 4에 따른 교육시간 이상으로 할 것
3. 교육형태: 다음 각 목에 따른 교육형태 중 어느 하나 또는 혼합한 방식으로 할 것. 다만, 총 교육시간의 3분의 2 이상을 가목이나 나목 또는 라목의 형태로 할 것

   가. 집체교육

   나. 현장교육

   다. 인터넷 원격교육

   라. 비대면 실시간교육
4. 교재: 규칙 제36조제1항에 따라 직무교육대상자별 교육내용에 적합한 교재를 사용할 것
5. 강사: 영 별표 12제2호와 이 고시 별표 1제5호에 따른 기준을 만족하는 사람(소속 강사가 아닌 사람을 포함한다)으로 할 것. 다만, 강사가 직접 출연할 수 없는 동영상이나 만화 등을 활용한 인터넷 원격교육을 할 때에는 본문에 따른 강사가 교육내용을 감수하는 등 교육과정 제작에 참여하도록 할 것

③ 직무교육기관이 현장교육, 인터넷 원격교육 및 비대면 실시간교육의 형태로 교육할 때에는 제4조부터 제6조까지의 규정을 준용한다. 이 경우 "근로자등 안전보건교육 또는 특수형태근로종사자 안전보건교육"은 "직무교육"으로 본다.

정답 ⑤

03 안전보건교육규정에서 정하고 있는 "안전보건관리담당자 및 안전관리자 양성교육"의 일부 내용이다. ( )에 들어갈 것으로 옳은 것은?

> ○ 안전보건관리담당자 양성교육
> 집체교육과 인터넷 원격교육을 병행하여 실시할 수 있다. 이 경우 인터넷 원격교육을 실시할 때에는 총 교육시간의 (ㄱ) 범위 내에서 실시할 것
>
> ○ 안전관리자 양성교육
> 집체교육과 인터넷 원격교육을 병행하여 실시할 수 있다. 이 경우 인터넷 원격교육을 실시할 때에는 총 교육시간의 (ㄴ) 범위 내에서 실시할 것

① ㄱ: 4분의 1, ㄴ: 4분의 2
② ㄱ: 4분의 2, ㄴ: 4분의 3
③ ㄱ: 3분의 1, ㄴ: 3분의 2
④ ㄱ: 3분의 1, ㄴ: 4분의 1
⑤ ㄱ: 5분의 1, ㄴ: 5분의 2

> **해설**

> 제2절 안전보건관리담당자 및 안전관리자 양성교육
>
> **제23조의5(안전보건관리담당자 양성교육)** ① 공단은 안전보건관리담당자 양성교육과정을 개설·운영하여야 한다.
>
> ② 제1항에 따른 안전보건관리담당자 양성교육의 내용 및 시간은 별표 7과 같다.
>
> ③ 제1항에 따른 <u>**안전보건관리담당자 양성교육**은 집체교육과 인터넷 원격교육을 병행하여 실시할 수 있다. 이 경우 **인터넷 원격교육을 실시할 때**에는 다음 각 호의 사항을 준수하여야 한다.</u>
>
> 1. 제5조 각 호의 사항을 따를 것
> 2. **총 교육시간의 3분의 1 범위 내에서 실시할 것**
>
> ④ 영 제24조제2항제3호의 '고용노동부장관이 정하여 고시하는 안전보건교육'이란 제1항에 따라 공단이 개설·운영하는 안전보건관리담당자 양성교육을 말한다.
>
> **제23조의6(안전관리자 양성교육)** ① 공단은 안전관리자 양성교육과정을 개설·운영하여야 한다.
>
> ② 제1항에 따른 안전관리자 양성교육의 내용 및 시간은 별표 8과 같다.
>
> ③ 제1항에 따른 <u>**안전관리자 양성교육**은 집체교육과 인터넷 원격교육을 병행하여 실시할 수 있다. 이 경우 **인터넷 원격교육을 실시할 때**에는 다음 각 호의 사항을 준수하여야 한다.</u>
>
> 1. 제5조 각 호의 사항을 따를 것
> 2. **총 교육시간의 3분의 2 범위 내에서 실시할 것**
>
> ④ 영 별표 4 제7호의2의 '고용노동부장관이 지정하는 기관이 실시하는 교육'과 제11호 및 제12호의 '고용노동부장관이 지정하는 기관이 실시하는 산업안전교육'이란 제1항에 따라 공단이 개설·운영하는 안전관리자 양성교육을 말한다.
>
> ⑤ 영 별표 4 제7호의2, 제11호 및 제12호의 '정해진 시험'이란 제1항에 따른 안전관리자 양성교육을 수강한 후 제36조에 따라 공단이 실시하는 시험을 말한다.

정답 ③

테마152. 안전보건관리담당자 업무

제19조(안전보건관리담당자) ① 사업주는 사업장에 안전 및 보건에 관하여 사업주를 보좌하고 관리감독자에게 지도·조언하는 업무를 수행하는 사람(이하 "안전보건관리담당자"라 한다)을 두어야 한다. 다만, 안전관리자 또는 보건관리자가 있거나 이를 두어야 하는 경우에는 그러하지 아니하다.

② 안전보건관리담당자를 두어야 하는 사업의 종류와 사업장의 상시근로자 수, 안전보건관리담당자의 수·자격·업무·권한·선임방법, 그 밖에 필요한 사항은 대통령령으로 정한다.

③ 고용노동부장관은 산업재해 예방을 위하여 필요한 경우로서 고용노동부령으로 정하는 사유에 해당하는 경우에는 사업주에게 안전보건관리담당자를 제2항에 따라 대통령령으로 정하는 수 이상으로 늘리거나 교체할 것을 명할 수 있다.

④ 대통령령으로 정하는 사업의 종류 및 사업장의 상시근로자 수에 해당하는 사업장의 사업주는 안전관리전문기관 또는 보건관리전문기관에 안전보건관리담당자의 업무를 위탁할 수 있다.

영 제24조(안전보건관리담당자의 선임 등) ① 다음 각 호의 어느 하나에 해당하는 사업의 사업주는 법 제19조제1항에 따라 상시근로자 20명 이상 50명 미만인 사업장에 안전보건관리담당자를 1명 이상 선임해야 한다.

1. 제조업
2. 임업
3. 하수, 폐수 및 분뇨 처리업
4. 폐기물 수집, 운반, 처리 및 원료 재생업
5. 환경 정화 및 복원업

② 안전보건관리담당자는 해당 사업장 소속 근로자로서 다음 각 호의 어느 하나에 해당하는 요건을 갖추어야 한다.

1. 제17조에 따른 안전관리자의 자격을 갖추었을 것
2. 제21조에 따른 보건관리자의 자격을 갖추었을 것
3. 고용노동부장관이 정하여 고시하는 안전보건교육을 이수했을 것

③ 안전보건관리담당자는 제25조 각 호에 따른 업무에 지장이 없는 범위에서 다른 업무를 겸할 수 있다.

④ 사업주는 제1항에 따라 안전보건관리담당자를 선임한 경우에는 그 선임 사실 및 제25조 각 호에 따른 업무를 수행했음을 증명할 수 있는 서류를 갖추어 두어야 한다.

영 제25조(안전보건관리담당자의 업무) 안전보건관리담당자의 업무는 다음 각 호와 같다.

1. 법 제29조에 따른 안전보건**교육** 실시에 관한 보좌 및 지도·조언
2. 법 제36조에 따른 **위험성평가**에 관한 보좌 및 지도·조언
3. 법 제125조에 따른 **작업환경측정 및 개선**에 관한 보좌 및 지도·조언
4. 법 제129조부터 제131조까지의 규정에 따른 각종 **건강진단**에 관한 보좌 및 지도·조언
5. **산업재해 발생의 원인 조사, 산업재해 통계의 기록 및 유지**를 위한 보좌 및 지도·조언
6. **산업 안전·보건과 관련된 안전장치 및 보호구 구입 시 적격품 선정**에 관한 보좌 및 지도·조언 →(암기법: 위험성/교육//(건강)진단/적격/(산업재해)원인/(작업환경)측정)

확인학습

01 산업안전보건법령상 안전보건관리담당자의 업무가 아닌 것은? [2024년 기출]

① 산업재해에 관한 통계의 유지·관리·분석을 위한 보좌 및 지도·조언
② 위험성평가에 관한 보좌 및 지도·조언
③ 작업환경측정 및 개선에 관한 보좌 및 지도·조언
④ 안전보건교육 실시에 관한 보좌 및 지도·조언
⑤ 산업 안전보건과 관련된 안전장치 및 보호구 구입 시 적격품 선정에 관한 보좌 및 지도조언

해설

정답 ①

테마153. 인체측정(Anthropometry)

1. 인체측정치 적용절차

인체측정치의 응용 시 중요한 개념은 평균치 인간은 존재하기 힘들다는 것이다.
인체 측정치의 적용절차는 다음과 같다. → (암기법: 응용/자료/여유)

> 1) 설계에 필요한 인체치수 선택
> 2) 사용할 집단의 정의
> 3) 적용할 인체 자료 응용원리 결정(→ 조절형, 극단형, 평균치 설계 순)
> 4) 적절한 인체 측정 자료의 선택
> 5) 특수복장 착용에 대한 적절한 여유 고려
> 6) 설계할 치수 결정
> 7) 모형을 제작하여 모의실험

2. 인체측정의 설계종류

> 1) 조절식 설계(design for adjustable range)
> 사용자 개인에 따라 장치나 설비의 특정 차원들이 조절될 수 있도록 설계
> 통상 5~95%까지 범위의 값을 수용 대상으로 하여 설계한다.
> 예) 자동차 좌석의 전후조절, 사무실 의자의 상하조절
>
> 2) 극단치 설계(design for extremes)
> 작업장이나 생활환경의 설계에 극단적인 개인의 인체측정 자료를 사용하는 방법으로 극단치 설계를 하면 모든 사람을 수용할 수 있다.
> ① 최대치 설계
> 대부분의 사람들이 사용할 수 있도록 치수들의 최댓값으로 설정
> 예) 공공장소에 설치된 의자의 너비
>
> ② 최소치 설계
> 사람들이 사용할 수 있도록 치수의 최솟값을 적용
> 예) 버스나 지하철 손잡이 높이
>
> 3) 평균치를 기준으로 설계(design for the average)
> 조절식, 극단치 설계 접근법을 사용하기 어려울 때, 평균적인 인체측정 자료들을 설계

확인학습

01 제품 설계에 인체 측정치를 적용하는 절차를 순서대로 옳게 나열한 것은? [2024년 기출]

> ㄱ. 설계에 필요한 인체치수 선택
> ㄴ. 적절한 인체측정 자료 선택
> ㄷ. 필요한 여유치 결정
> ㄹ. 인체측정 자료 응용 원리 결정

① ㄱ→ㄴ→ㄹ→ㄷ
② ㄱ→ㄹ→ㄴ→ㄷ
③ ㄴ→ㄱ→ㄷ→ㄹ
④ ㄴ→ㄷ→ㄱ→ㄹ
⑤ ㄹ→ㄴ→ㄱ→ㄷ

해설

정답 ②

02 사무실 의자나 책상에 적용할 인체 측정 자료의 설계 원칙으로 가장 적합한 것은?

① 평균치 설계
② 조절식 설계
③ 극단적 설계
④ 최대치 설계
⑤ 최소치 설계

해설

정답 ②

테마154. 위험도 등급

등급	점수	내용
등급 I	16점 이상	위험도가 높다
등급 II	11점~15점	주위 상황, 다른 설비와 관련해서 평가
등급 III	0~10점	위험도가 낮다

확인학습

01 다음은 불꽃놀이용 화학물질 취급설비에 대한 정량적 평가이다. 해당 항목에 대한 위험 등급이 올바르게 연결된 것은?

항목	A(10점)	B(5점)	C(2점)	D(0점)
취급물질	○	○	○	
조작		○		○
화학설비의 용량	○		○	
온도	○	○		
압력		○	○	○

① 취급물질 - I등급, 화학설비의 용량 - I등급
② 온도 - I등급, 화학설비의 용량 - II등급
③ 취급물질 - I등급, 조작 - II등급
④ 온도 - II등급, 압력 - III등급
⑤ 조작 - III등급, 온도 - I등급

> 해설

(풀이)
취급물질: 17점 (Ⅰ등급)
조작: 5점(Ⅲ등급)
화학설비의 용량 12점(Ⅱ등급)
온도: 15점(Ⅱ등급)
압력: 7점(Ⅲ등급)

정답 ④

테마155. 근골격계부담작업으로 인한 건강장해의 예방

○ 산업안전보건기준에 관한 규칙

제3편 보건기준

제12장 근골격계부담작업으로 인한 건강장해의 예방

제1절 통칙

제656조(정의) 이 장에서 사용하는 용어의 뜻은 다음과 같다.

1. "근골격계부담작업"이란 법 제39조제1항제5호에 따른 작업으로서 작업량·작업속도·작업강도 및 작업장 구조 등에 따라 고용노동부장관이 정하여 고시하는 작업을 말한다.
2. "근골격계질환"이란 반복적인 동작, 부적절한 작업자세, 무리한 힘의 사용, 날카로운 면과의 신체접촉, 진동 및 온도 등의 요인에 의하여 발생하는 건강장해로서 목, 어깨, 허리, 팔·다리의 신경·근육 및 그 주변 신체조직 등에 나타나는 질환을 말한다.
3. "근골격계질환 예방관리 프로그램"이란 유해요인 조사, 작업환경 개선, 의학적 관리, 교육·훈련, 평가에 관한 사항 등이 포함된 근골격계질환을 예방관리하기 위한 종합적인 계획을 말한다.

제2절 유해요인 조사 및 개선 등

제657조(유해요인 조사) ① 사업주는 근로자가 근골격계부담작업을 하는 경우에 3년마다 다음 각 호의 사항에 대한 유해요인조사를 하여야 한다. 다만, 신설되는 사업장의 경우에는 신설일부터 1년 이내에 최초의 유해요인 조사를 하여야 한다.

1. 설비·작업공정·작업량·작업속도 등 **작업장 상황**
2. **작업시간·작업자세·작업방법 등 작업조건**
3. 작업과 관련된 근골격계질환 징후와 증상 유무 등

② 사업주는 다음 각 호의 어느 하나에 해당하는 사유가 발생하였을 경우에 제1항에도 불구하고 **1개월 이내**에 조사대상 및 조사방법 등을 검토하여 유해요인 조사를 해야 한다. 다만, 제1호에 해당하는 경우로서 해당 근골격계질환에 대하여 최근 1년 이내에 유해요인 조사를 하고 그 결과를 반영하여 제659조에 따른 작업환경 개선에 필요한 조치를 한 경우는 제외한다. 〈개정 2024. 6. 28.〉

1. 법에 따른 임시건강진단 등에서 근골격계질환자가 발생하였거나 근로자가 근골격계질환으로 「산업재해보상보험법 시행령」 별표 3 제2호가목·마목 및 제12호라목에 따라 업무상 질병으로 인정받은 경우(근골격계부담작업이 아닌 작업에서 근골격계질환자가 발생하였거나 근골격계부담작업이 아닌 작업에서 발생한 근골격계질환에 대해 업무상 질병으로 인정 받은 경우를 포함한다)
2. 근골격계부담작업에 해당하는 새로운 작업·설비를 도입한 경우
3. 근골격계부담작업에 해당하는 업무의 양과 작업공정 등 작업환경을 변경한 경우

③ 사업주는 유해요인 조사에 근로자 대표 또는 해당 작업 근로자를 참여시켜야 한다.

제658조(유해요인 조사 방법 등) 사업주는 유해요인 조사를 하는 경우에 근로자와의 면담, 증상 설문조사, 인간공학적 측면을 고려한 조사 등 적절한 방법으로 하여야 한다. 이 경우 제657조제2항제1호에 해당하는 경우에는 고용노동부장관이 정하여 고시하는 방법에 따라야 한다.

제659조(작업환경 개선) 사업주는 유해요인 조사 결과 근골격계질환이 발생할 우려가 있는 경우에 인간공학적으로 설계된 인력작업 보조설비 및 편의설비를 설치하는 등 작업환경 개선에 필요한 조치를 하여야 한다.

제660조(통지 및 사후조치) ① 근로자는 근골격계부담작업으로 인하여 운동범위의 축소, 쥐는 힘의 저하, 기능의 손실 등의 징후가 나타나는 경우 그 사실을 사업주에게 통지할 수 있다.

② 사업주는 근골격계부담작업으로 인하여 제1항에 따른 징후가 나타난 근로자에 대하여 의학적 조치를 하고 필요한 경우에는 제659조에 따른 작업환경 개선 등 적절한 조치를 하여야 한다.

제661조(유해성 등의 주지) ① 사업주는 근로자가 근골격계부담작업을 하는 경우에 다음 각 호의 사항을 근로자에게 알려야 한다.
1. 근골격계부담작업의 유해요인
2. 근골격계질환의 징후와 증상
3. 근골격계질환 발생 시의 대처요령
4. 올바른 작업자세와 작업도구, 작업시설의 올바른 사용방법
5. 그 밖에 근골격계질환 예방에 필요한 사항

② 사업주는 제657조제1항과 제2항에 따른 유해요인 조사 및 그 결과, 제658조에 따른 조사방법 등을 해당 근로자에게 알려야 한다.

③ 사업주는 근로자대표의 요구가 있으면 설명회를 개최하여 제657조제2항제1호에 따른 유해요인 조사 결과를 해당 근로자와 같은 방법으로 작업하는 근로자에게 알려야 한다.

제662조(근골격계질환 예방관리 프로그램 시행) ① 사업주는 다음 각 호의 어느 하나에 해당하는 경우에 근골격계질환 예방관리 프로그램을 수립하여 시행하여야 한다.
1. **근골격계질환으로** 「산업재해보상보험법 시행령」 별표 3 제2호가목·마목 및 제12호라목에 따라 **업무상 질병으로 인정받은 근로자가 연간 10명 이상 발생한 사업장 또는 5명 이상 발생한 사업장으로서 발생 비율이 그 사업장 근로자 수의 10퍼센트 이상인 경우**
2. 근골격계질환 예방과 관련하여 노사 간 이견(異見)이 지속되는 사업장으로서 고용노동부장관이 필요하다고 인정하여 근골격계질환 예방관리 프로그램을 수립하여 시행할 것을 명령한 경우

② 사업주는 근골격계질환 예방관리 프로그램을 작성·시행할 경우에 노사협의를 거쳐야 한다.

③ 사업주는 근골격계질환 예방관리 프로그램을 작성·시행할 경우에 인간공학·산업의학·산업위생·산업간호 등 분야별 전문가로부터 필요한 지도·조언을 받을 수 있다.

제3절 중량물을 인력(人力)으로 들어올리는 작업에 관한 특별 조치

제663조(중량물의 제한) 사업주는 근로자가 중량물을 인력으로 들어올리는 작업을 하는 경우에 과도한 무게로 인하여 근로자의 목·허리 등 근골격계에 무리한 부담을 주지 않도록 최대한 노력해야 한다. 〈개정 2024. 6. 28.〉

제664조(작업 시간과 휴식시간 등의 배분) 사업주는 근로자가 중량물을 인력으로 들어올리거나 운반하는 작업을 하는 경우에 근로자가 취급하는 물품의 중량·취급빈도·운반거리·운반속도 등 인체에 부담을 주는 작업의 조건에 따라 작업시간과 휴식시간 등을 적정하게 배분해야 한다. 〈개정 2024. 6. 28.〉

[제목개정 2024. 6. 28.]

제665조(중량의 표시 등) 사업주는 근로자가 5킬로그램 이상의 중량물을 인력으로 들어올리는 작업을 하는 경우에 다음 각 호의 조치를 해야 한다. 〈개정 2024. 6. 28.〉
1. 주로 취급하는 물품에 대하여 근로자가 쉽게 알 수 있도록 물품의 중량과 무게중심에 대하여 작업장 주변에 안내표시를 할 것
2. 취급하기 곤란한 물품은 손잡이를 붙이거나 갈고리, 진공빨판 등 적절한 보조도구를 활용할 것

제666조(작업자세 등) 사업주는 근로자가 중량물을 인력으로 들어올리는 작업을 하는 경우에 <u>무게중심을 낮추거나 대상물에 몸을 밀착하도록 하는</u> 등 근로자에게 신체의 부담을 줄일 수 있는 자세에 대하여 알려야 한다.

확인학습

01 산업안전보건기준에 관한 규칙상 근골격계부담작업으로 인한 건강장해 예방과 관련된 내용으로 옳지 않은 것은? [2024년 기출 변경]

① 근골격계질환 예방과 관련하여 노사 간 이견(異見)이 없는 근로자 수 80명인 사업장에서 연간 업무상 질병으로 인정받은 근골격계질환자가 5명 발생한 경우에 근골격계질환 예방관리 프로그램을 수립 및 시행해야 한다.
② 근로자가 근골격계부담작업을 하는 경우에 해당 작업에 대해 3년마다 유해요인조사를 실시하여야 한다.
③ 근골격계부담작업에 해당하는 새로운 작업·설비를 도입한 경우에는 1개월 이내에 유해요인조사를 실시해야 한다.
④ 5킬로그램 이상의 중량물을 들어 올리는 작업을 하는 경우에는 취급하는 물품의 중량과 무게중심에 대해 작업장 주변에 안내표시하여야 한다.
⑤ 근골격계부담작업 유해요인조사를 실시할 때 작업과 관련된 근골격계질환 징후와 증상 유무를 조사해야 한다.

| 해설 |

정답 ①

02. 산업안전보건기준에 관한 규칙상 근골격계부담작업으로 인한 건강장해 예방과 관련된 내용으로 옳지 않은 것은?

① 사업주는 근로자가 5킬로그램 이상의 중량물을 인력으로 들어올리는 작업을 하는 경우에 주로 취급하는 물품에 대하여 근로자가 쉽게 알 수 있도록 물품의 중량과 무게중심에 대하여 작업장 주변에 안내표시를 해야 한다.
② 사업주는 근로자가 중량물을 인력으로 들어올리는 작업을 하는 경우에 무게중심을 낮추거나 대상물에 몸을 밀착하도록 하는 등 근로자에게 신체의 부담을 줄일 수 있는 자세에 대하여 알려야 한다.
③ 사업주는 근로자대표의 요구가 있으면 설명회를 개최하여 유해요인 조사 결과를 해당 근로자와 같은 방법으로 작업하는 근로자에게 알려야 한다.
④ 근골격계질환으로 업무상 질병으로 인정받은 근로자가 연간 10명 이상 발생한 사업장 또는 5명 이상 발생한 사업장으로서 발생 비율이 그 사업장 근로자 수의 10% 이상인 경우 사업주는 근골격계질환 예방관리 프로그램을 수립·시행하여야 한다.
⑤ 사업주는 근로자가 근골격계부담작업을 하는 경우에 작업시간·작업자세·작업방법 등 작업장 상황에 대하여 3년마다 유해요인조사를 하여야 한다.

해설

정답 ⑤

최근기출문제

01 신뢰성 수명분포 중 지수분포에 관한 내용으로 옳은 것을 모두 고른 것은? [2022년 기출]

> ㄱ. 우발적인 고장을 다루는 데 적합하다.
> ㄴ. 무기억성(memoryless property)을 갖는다.
> ㄷ. 평균(mean)이 중앙값(median)보다 작다.

① ㄱ
② ㄷ
③ ㄱ, ㄴ
④ ㄴ, ㄷ
⑤ ㄱ, ㄴ, ㄷ

해설

○ 지수분포의 특징
1. 신뢰성 공학에서 가장 널리 이용되는 확률분포로 전자제품의 신뢰도 예측에 사용
2. 지수분포는 고장률 함수가 일정한 분포(우발고장 구간)
3. 무기억성(Memoryless Property): 이산형에서 기하분포가 무기억성을 가지는 것처럼 연속형 분포에서는 지수분포가 무기억성을 가짐. 어떤 장치가 고장 나지 않았다는 조건하에서 나머지 수명은, 그 시간 이전의 그 장치의 수명에 대한 확률밀도함수와 같아짐. 즉, 그 시간이 경과한 후에 마치 처음 시점에서 새로 시작하는 것처럼 행동하기 때문에 지수분포를 따르는 제품은 작동하는 동안 항상 새것과 같다.
4. 제품의 노후화가 이루어지지 않은 상태에서 우연요인(chance cause)에 의해서 고장이 발생하는 상황(우발적 고장)을 모형화 하는데 적절
5. 모든 특징들에 대한 수학적 유도가 용이(이론적 결과와 비교가능)
6. 적용분야
1) 고장률이 변하지 않는 제품 (전자제품)
2) 여러 개의 다른 각 종류로 되어 만들어진 제품
3) 일정한 시험(Burn-in Test)을 통과하여 안정된 상태의 제품

7. 지수분포 그림은 오른쪽 꼬리 그림이다.

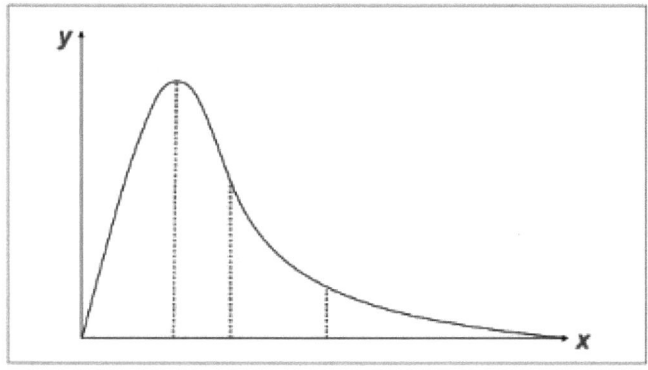

최빈값 ≤ 중앙값 ≤ 평균값

○ 욕조곡선과 신뢰성 분포

고장구분	척도	f(t)	λ(t)	표기	고장 대책
초기고장	m<1	와이블분포	감소	DFR	보전예방(MP) 디버깅테스트 번-인테스트
우발고장	m=1	지수분포	일정	CFR	사후보전
마모고장	m>1	정규분포	증가	IFR	예방보전(PM)

○ **용어정리**

1. 디버깅(debugging)
기계의 결함을 찾아내어 수정하는 것으로 단시간 내 고장률을 안정

2. 번인(burn-in) 테스트
기계를 장시간 가동하여 그동안 고장 난 것을 제거

3. 스크리닝(screening)
기계의 신뢰성을 높이기 위해 품질이 떨어지는 것이나 고장 발생 초기의 것을 선별하여 제거하는 것

정답 ③

02. 예방보전에 해당하지 않는 것은? [2022년 기출]

① 기회보전
② 고장보전
③ 수명기반보전
④ 시간기반보전
⑤ 상태기반보전

해설

○ 보전활동

보전활동을 대별하면 예방보전(PM: Preventive Maintenance)과 사후보전(BM: Breakdown Maintenance)으로 분류할 수 있다.

1. 예방보전

보전을 계획적으로 실행하는 것으로 보전주기에 의거하여 실시하는 시간기반보전(TBM: Time Based Maintenance), 설비의 상태에 의거하여 보전주기나 보전방법을 결정하는 상태기반보전(CBM: Condition Based Maintenance), 또한 생산 상황이나 설비의 노후 정도 등의 주변 환경도 고려하여 설비 상태를 파악, 보전을 실행하는 적응보전(AM: Adaptive Maintenance)으로 분류할 수 있다.

1) 시간기반보전(TBM: Time Based Maintenance)

정기보전을 중심으로 한다. 즉 설비가 열화에 도달하는 변수(생산대수, 톤수, 사용일수 등)로 보전주기를 결정하고 주기까지 사용하면 무조건으로 수리를 하는 방식이다.
① 장점: 점검 등이 수월하고 실제적으로 고장도 적게 발생하는 편이다.
② 단점: 과보전(Over Maintenance)이 되기 쉽고 따라서 보전비가 커진다.

2) 상태기반보전(CBM: Condition Based Maintenance)

예지보전의 중심이 된다. 설비의 열화 상태를 각 측정 데이터와 그 해석에 의하여 정상 또는 정기적으로 파악하여 열화를 나타내는 값이 미리 정해진 열화 기준치에 달하면 수리를 한다.

2. 사후보전

보전주기를 기다리지 않고 고장이 발생한 경우에 보전활동으로 들어가는 것이다. 사후보전이라고 해도 전혀 아무것도 하지 않는 것은 아니고 리스크가 큰 것은 예비품을 준비하여 생산 장애를 최소로 하는 관리된 사후보전이 보통이다.

⟨용어 정리⟩

- **예방보전**(Preventive Maintenance: PM) – 설비의 건강상태를 유지하고 고장이 일어나지 않도록 열화를 방지하기 위한 일상보전, 열화를 측정하기 위한 정기검사 또는 설비진단, 열화를 조기에 복원시키기 위한 정비 등을 하는 것
- **일상보전**(Routine Maintenance: RM) – 매일, 매주로 점검·급유·청소 등의 작업을 함으로서 열화나 마모를 가능한 한 방지하도록 하는 것
- **개량보전**(Corrective Maintenance: CM) – 교정보전이라고도 하는데, 이는 설비고장 시에 단지 수리하는 것뿐만 아니라 보다 좋은 부품교체 등을 통하여 설비의 열화, 마모의 방지는 물론 수명의 연장을 기하도록 하는 활동
- **사후보전**(Breakdown Maintenance: BM) – 고장이 발생한 후 기계나 설비를 운영이 가능한 상태로 회복하기 위하여 필요한 부품을 수리하거나 교환하는 것. 고장보전은 사후보전에 속한다.
- **보전예방**(Maintenance Prevention: MP) – 설비를 새로 계획, 설계하는 단계에서 보전정보나 새로운 기술을 도입하여 신뢰성, 보전성, 경제성, 조작성, 안전성 등을 고려함으로써 보전비나 열화손실을 줄이는 활동으로 궁극적으로는 보전이 불필요한 설비를 목표로 하는 것
- **기회보전**(Opportunity Maintenance: OM) – 계획된 설비의 정기보전, 예지보전, 개량보전을 계획일 전이라도 해당설비가 돌발고장이나 부분교체, 원재료 대기, 인원 대기 등으로 정지했을 때 이를 이용하여 실시하며, 생산에 영향을 주지 않고 효과적으로 보전 작업을 하는 방법. 이를 위해서는 해당 보전항목에 대한 자재의 준비와 보전계획과 설비가동정보를 한눈에 알 수 있는 보전계획의 관리가 전제된다.

정답 ②

03 재해의 통계적 원인분석 방법에 해당하지 않는 것은? [2023년 기출]

① 파레토도
② 특성요인도
③ 소시오메트리도
④ 클로즈분석도
⑤ 관리도

> 해설

○ 재해의 통계적 원인분석

1. 파레토도(Pareto Diagram)
수집된 데이터를 이용하여 막대그래프를 그린다. 중요인자별 서열화로 중요도 순으로 나열한다. 누적총계는 라인(선)으로 표시한다.

2. 클로즈분석도
2개 이상의 문제관계를 분석하는 데 사용된다.
C의 재해가 A와 B에 의해 일어날 확률 그림

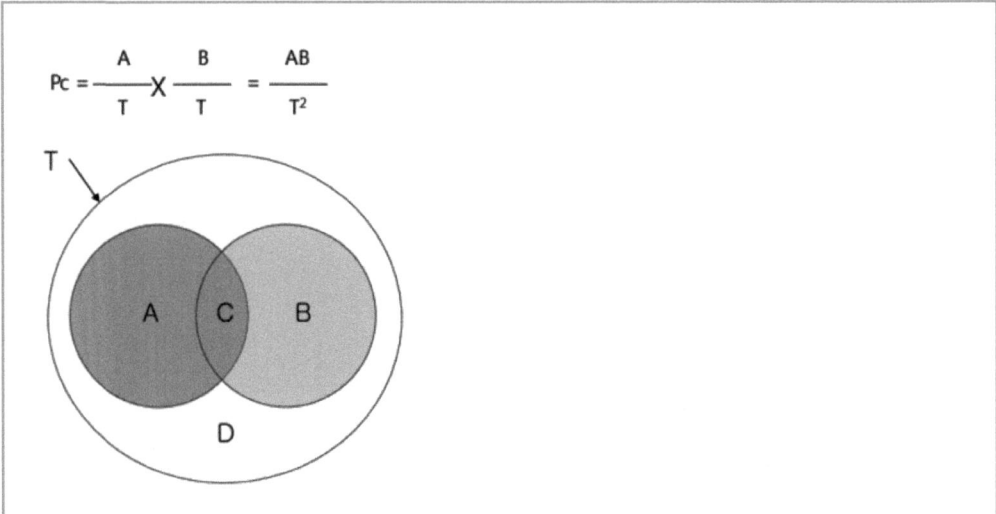

3. 특성요인도
결과에 원인이 어떻게 관계되며 영향을 미치고 있는가를 나타낸 그림으로 일명 '어골도(fishbone diagram)'라고 한다. 특성요인도를 작성을 위해서는 개인보다는 단체가 참여하는 브레인스토밍(Brain Storming)을 활용한다.

4. 관리도 분석
관리선인 상한선(UCL)과 하한선(LCL)을 설정하여 관리하는 것으로 계량형 관리도와 계수형 관리도가 있다.

계량형 관리도	계수형 관리도
작업시간, 강도, 성분, 길이, 두께, 중량 등을 관리. X관리도가 대표적이다.	불량수, 흠, 얼룩(주로 외관 불량) 등을 관리. 불량률을 관리하는 p관리도와 결점수를 관리하는 c관리도가 대표적이다.

*소시오메트리(sciometry, 집단역학, 사회도 측정법)는 특정 집단 내의 선택이나 커뮤니케이션 및 상호작용의 패턴에 관한 자료를 수집하여 분석하는 방법으로 한 집단 내에서 개인 상호간의 매력, 배척, 무관심의 정도를 관찰하고 연구함으로써 집단 내의 역동성과 개인의 사회적 위치, 그 집단의 성질과 응집력을 알아보고자 할 때 이용하는 방법이다.

정답 ③

04

부품 신뢰도가 A인 동일한 4개의 부품을 병렬로 연결하였을 때 전체시스템 신뢰도는 0.9984가 되었다. 이 부품 신뢰도 A는 얼마인가? [2023년 기출]

① 0.5
② 0.6
③ 0.7
④ 0.8
⑤ 0.9

해설

○ **신뢰도 공식**

1) 병렬 연결
신뢰도(R)=$[1-(1-R_1)(1-R_2)(1-R_3)\cdots]$

2) 직렬 연결
신뢰도(R)=$R_1 \times R_2 \times R_3 \cdots$

(문제풀이) 시험 볼 때 반드시 계산기를 지참할 것!
$0.9984 = [1-(1-A)^4]$
$(1-A)^4 = 1-0.9984$
$(1-A)^4 = 0.0016$
$(1-A) = 0.2$
$A = 0.8$

정답 ④

05 A부품의 고장확률 밀도함수는 평균고장률이 시간당 10^{-2}인 지수분포를 따르고 있다. 이 부품을 180분 작동시켰을 때 불신뢰도는? (단, 소수점 셋째자리에서 반올림하여 소수점 둘째자리까지 구하시오.) [2023년 기출]

① 0.03
② 0.05
③ 0.95
④ 0.97
⑤ 0.99

해설

○ 신뢰도
"신뢰도+불신뢰도=1"를 활용한다.
신뢰도=$e^{-\lambda t}$이므로 이를 활용하여 신뢰도를 먼저 구한다. 이 문제에서는 시간당 평균고장률(λ)을 주었고, 시간(t)은 180분으로 주었기에 통일된 단위로 180분을 시간으로 바꾸어야 함에 주의하면 된다.
신뢰도[R(t)]=$e^{-0.01 \times 3}$=0.97044····
불신뢰도[F(t)]=0.02955····=0.03

정답 ①

06 인간-기계시스템 설계과정 6단계를 순서대로 옳게 나열한 것은? [2023년 기출]

ㄱ. 시스템 정의	ㄴ. 목표 및 성능명세 결정
ㄷ. 기본설계	ㄹ. 인터페이스 설계
ㅁ. 촉진물, 보조물 설계	ㅂ. 시험 및 평가

① ㄱ→ㄴ→ㄷ→ㄹ→ㅁ→ㅂ
② ㄱ→ㄴ→ㄹ→ㄷ→ㅁ→ㅂ
③ ㄱ→ㄷ→ㄴ→ㅁ→ㄹ→ㅂ
④ ㄴ→ㄱ→ㄷ→ㄹ→ㅁ→ㅂ
⑤ ㄴ→ㄷ→ㄱ→ㅁ→ㄹ→ㅂ

해설

○ 인간-기계시스템 설계 6단계 → [암기법: 표/정/설계(기본·인·보조)/시험]
  1) 시스템 목표 및 성능명세 결정
  2) 체계(시스템)의 정의
  3) 기본설계(작업설계, 직무분석, 기능할당)
  4) 인터페이스 설계(작업공간, 표시장치, 조종장치 설계)
  5) 보조물 설계(인간 성능 증진)
  6) 시험 및 평가

정답 ④

07 안전보건교육 방법에서 하버드학파의 5단계 교수법을 순서대로 옳게 나열한 것은? [2024년 기출]

ㄱ. 준비시킨다(preparation)   ㄴ. 총괄시킨다(generalization)
ㄷ. 교시한다(presentation)   ㄹ. 연합한다(association)
ㅁ. 응용시킨다(application)

① ㄱ→ㄴ→ㄷ→ㄹ→ㅁ
② ㄱ→ㄴ→ㄹ→ㄷ→ㅁ
③ ㄱ→ㄷ→ㄹ→ㄴ→ㅁ
④ ㄱ→ㄷ→ㄹ→ㅁ→ㄴ
⑤ ㄱ→ㄹ→ㄷ→ㅁ→ㄴ

해설

○ 하버드학파의 5단계 교수법 →(암기법: 준비!/교/련/총/응용)
  1) 준비시킨다(Preparation)
  2) 교시한다(Presentation)
  3) 연합한다(Association)
  4) 총괄시킨다(Generalization)
  5) 응용시킨다(Application)

정답 ③

08 다음에서 설명하고 있는 안전관리의 생산성 측면 효과로 옳지 않은 것은? [2024년 기출]

> 안전관리란 생산성의 향상과 손실(Loss)의 최소화를 위하여 행하는 것으로 비능률적 요소인 사고가 발생하지 않는 상태를 유지하기 위한 활동이다.

① 근로자의 사기진작
② 사회적 신뢰성 유지 및 확보
③ 이윤 증대
④ 비용 절감
⑤ 생산시설의 고급화 및 다양화

해설

○ 안전관리의 생산성 측면 효과
 1. 근로자의 사기 진작
 2. 생산성 향상
 3. 이윤 증대
 4. 비용 절감(손실 감소)
 5. 사회적 신뢰성 유지 및 확보

정답 ⑤

09 안전교육의 지도원칙으로 옳지 않은 것은? [2024년 기출]

① 피교육자 중심 교육
② 동기부여
③ 어려운 부분에서 쉬운 부분으로 진행
④ 오관(감각기관) 활용
⑤ 기능적 이해

해설

어려운 부분부터 지도를 하면 흥미가 떨어진다. 오관(五官)이란 5가지 감각 기관으로 눈, 코, 혀, 귀, 피부(시각, 후각, 미각, 청각, 촉각)를 이른다.

정답 ③

10 재해조사의 1단계(사실 확인)에 포함되는 활동을 모두 고른 것은? [2024년 기출]

ㄱ. 재해 발생 작업의 지휘·감독 상황 조사
ㄴ. 재해 발생의 직접 원인(불안전 상태와 불안전 행동) 판단
ㄷ. 재해 발생 기계·설비의 위험방호설비 확인

① ㄱ
② ㄴ
③ ㄱ, ㄷ
④ ㄴ, ㄷ
⑤ ㄱ, ㄴ, ㄷ

해설

○ **재해조사 5단계**
  0단계: 재해 상황의 파악
  1단계: **사실의 확인**
  2단계: **직접적인 원인과 문제점 발견**
  3단계: **기본원인(4M)과 근본적 문제점 해결**
  4단계: 동종 및 유사재해 예방대책의 수립

○ **사실의 확인(5W1H 원칙)**
  1) Man: 피해자 및 공동작업자 인적사항, 불안전 행동 유무에 관한 관계자 사실 청취
  2) Machine: 레이아웃, 안전장치, 보호구
  3) Media: 작업형태, 작업원인, 작업자세, 작업장소, 작업환경의 조사
  4) Management: 작업 중 지도·지휘의 조사, 교육훈련, 점검, 보고, 사고 또는 재해 발생 시 조치

정답 ③ 반복되는 문제 유형이다.

11 재해 통계에 관한 내용으로 옳은 것은? [2024년 기출]

① 강도율 계산 시 사망 재해의 경우 10,000일의 근로손실일수를 산정한다.
② 도수율(빈도율)은 연 근로시간 100,000시간당 재해 발생 건수를 의미한다.
③ 재해율(천인율)은 연 평균 근로자 1,000명당 재해 발생 건수를 의미한다.
④ 종합재해지수(FSI)는 도수율과 강도율을 곱한 값이다.
⑤ 안전성 비교(Safety T Score)는 현재의 안전성을 과거와 비교한 것으로서 −2이하인 경우 과거에 비해 안전성이 개선된 것을 의미한다.

해설

○ 재해 통계(산업재해통계업무처리규정 참조)

1) 강도율

연근로시간 1,000시간당 총요양근로손실일수를 말한다.

- 강도율 = $\dfrac{\text{총요양근로손실일수}}{\text{연근로시간수}} \times 1,000$

2) 도수율(빈도율)

연근로시간 1,000,000시간당 재해건수를 말한다.

- 도수율(빈도율) = $\dfrac{\text{재해건수}}{\text{연근로시간수}} \times 1,000,000$

3) 재해율

산재보험적용근로자수 100명당 발생하는 재해자수의 비율이다.
여기서 "산재보험적용근로자수"란 산업재해보상보험법이 적용되는 근로자를 말한다.

- 재해율 = $\dfrac{\text{재해자수}}{\text{산재보험적용근로자수}} \times 100$

4) 종합재해지수

재해빈도와 재해강도를 종합한 위험도 비교 지수를 말한다.
사업장 재해위험도 및 안전관심을 높이는 데 사용된다.

- 종합재해지수(FSI) = $\sqrt{\text{강도율} \times \text{도수율}}$

5) 안전성 비교(Safety T Score)

현재의 안전성을 과거와 비교한 것으로 과거의 상해발생률(빈도율, 도수율)을 비교한다. (−)이면 과거보다 좋은 것이다.

$$\text{Safety T Score} = \frac{\text{현재빈도율} - \text{과거빈도율}}{\sqrt{\dfrac{\text{과거빈도율}}{\text{연근로시간수}} \times 1,000,000}}$$

Safety T Score		
-2 이하	-2~2	2 이상
과거보다 안전도가 좋다	과거와 차이가 없다	과거보다 안전도가 나쁘다

정답 ⑤

12 재해 발생 시 조치사항으로 옳지 않은 것은? [2024년 기출]

① 재해 피해자 구출과 응급조치를 가장 먼저 실시한다.
② 재해 조사를 위하여 현장을 보존하고 촬영 등의 기록을 실시한다.
③ 재해 조사 담당 인력에 안전관리자를 포함시킨다.
④ 재해 조사는 2차 재해 발생 우려가 없는지 확인 후 가능하면 신속히 실시한다.
⑤ 빠른 복구를 위해 재해 조사는 재해 발생 현장으로 대상 범위를 한정하여 실시한다.

해설

재해 발생 시 재해조사는 객관적인 입장에서 2인 이상 실시하여야 한다. 재해 발생 규모 등을 고려하여 조사 대상 범위를 정한다.

정답 ⑤

13. 인간-기계 시스템에 관한 설명으로 옳은 것은? [2024년 기출]

① 인간-기계 인터페이스는 인간-기계 시스템을 구성하는 요소이다.
② 인간-기계재해 발생 시 재해조사는 객관적인 입장에서 2인 이상 실시하여야 한다. 재해 발생 규모 등을 고려하여 조사 대상 범위를 정한다. 시스템에서 표시장치는 인간의 반응을 표시하는 장치를 의미한다.
③ 작업자가 전동 공구를 사용하여 제품을 조립하는 과정은 인간-기계 시스템에 해당하지 않는다.
④ 인간의 주관적 반응은 인간-기계 시스템의 평가기준 중 시스템 기준(system-descriptive criteria)에 해당한다.
⑤ 인간-기계 시스템을 평가할 때 심박수는 인간 성능에 관한 척도(performance measure)에 해당한다.

해설

② 인간-기계 시스템에서 인간과 기계가 만나는 면을 인터페이스(interface)라고 한다. 예를 들어 인간과 컴퓨터는 모니터(표시장치, display)와 마우스나 키보드(조종 장치) 등에서 만나고 있다. 표시장치는 주로 시각적 정보로 수치, 속도, 변화량, 그래프 등이 있고, 청각적 표시장치로는 주파수, 소리 등이 있다. 표시장치는 기계 장치 중 정보를 제시하는 부분을 의미한다. 반면에 조작 장치(조종 장치)는 신체를 이용해 기계장치를 조작하는 부분이다.

③ 작업자가 전동 공구 등을 사용하여 제품을 조립하는 과정은 인간-기계 시스템에 해당한다.

④ 인간의 주관적 반응(선호도, 만족도, 고통의 정도 등)은 인간-기계 시스템의 평가기준 중 시스템 기준(system-descriptive criteria)이 아니고 인간기준에 해당한다. 시스템 기준은 객관적 반응을 의미한다. 시스템 기준은 시스템이 의도한 바를 달성한 정도를 말하며, 인간기준(인적기준)은 인간의 성능(감각, 정신, 근육활동 등), 주관적 반응(주관적 지각도, 감각기관을 통한 정보 판단), 생리학적 지표(심박수, 혈압, 호흡수, 피부반응, 체온 등), 사고나 상해의 빈도 등이 있다.

⑤ 인간-기계 시스템을 평가할 때 심박수는 생리학적 지표에 해당한다.
인간 성능에 관한 척도(performance measure)에는 감각, 정신, 근육활동이 있다.

정답 ①

14. 산업안전보건기준에 관한 규칙상 소음 및 진동에 의한 건강장해의 예방에 관한 내용으로 옳지 않은 것은? [2024년 기출]

① 1일 8시간 작업을 기준으로 90데시벨의 소음이 발생한 작업은 소음작업에 해당한다.
② 105데시벨의 소음이 1일 30분 발생하는 작업은 강렬한 소음작업에 해당한다.
③ 임팩트 렌치(impact wrench)를 사용하는 작업은 진동 작업에 속한다.
④ 1초 간격으로 125데시벨의 소음이 1일 1만회 발생하는 작업은 충격소음작업에 해당한다.
⑤ 청력보존 프로그램 시행 대상 사업장에서 소음의 유해성과 예방에 관한 교육과 정기적 청력검사를 실시해야 한다.

해설

제512조(정의) 이 장에서 사용하는 용어의 뜻은 다음과 같다. 〈개정 2024. 6. 28.〉

1. "**소음작업**"이란 1일 8시간 작업을 기준으로 85데시벨 **이상**의 소음이 발생하는 작업을 말한다.
2. "**강렬한 소음**작업"이란 다음 각목의 어느 하나에 해당하는 작업을 말한다.
   가. 90데시벨 **이상**의 소음이 1일 8시간 이상 발생하는 작업
   나. 95데시벨 이상의 소음이 1일 4시간 이상 발생하는 작업
   다. 100데시벨 이상의 소음이 1일 2시간 이상 발생하는 작업
   라. 105데시벨 이상의 소음이 1일 1시간 이상 발생하는 작업
   마. 110데시벨 이상의 소음이 1일 30분 이상 발생하는 작업
   바. 115데시벨 이상의 소음이 1일 15분 이상 발생하는 작업
3. "**충격소음**작업"이란 소음이 1초 **이상의 간격으로 발생**하는 작업으로서 다음 각 목의 어느 하나에 해당하는 작업을 말한다.
   가. 120데시벨을 초과하는 소음이 1일 1만회 이상 발생하는 작업
   나. 130데시벨을 초과하는 소음이 1일 1천회 이상 발생하는 작업
   다. 140데시벨을 초과하는 소음이 1일 1백회 이상 발생하는 작업
4. "**진동작업**"이란 다음 각 목의 어느 하나에 해당하는 기계·기구를 사용하는 작업을 말한다. →
   (암기법: 동력~해머·연삭기/착/임/체/엔)
   가. 착암기(鑿巖機)
   나. 동력을 이용한 해머
   다. 체인톱
   라. 엔진 커터(engine cutter)
   마. 동력을 이용한 연삭기
   바. 임팩트 렌치(impact wrench)
   사. 그 밖에 진동으로 인하여 건강장해를 유발할 수 있는 기계·기구
5. "**청력보존 프로그램**"이란 다음 각 목의 사항이 포함된 소음성 난청을 예방·관리하기 위한 종합적인 계획을 말한다.
   가. 소음노출 평가
   나. 소음노출에 대한 **공학적 대책** → 위험성 감소대책에는 근원적(본질적) 대책·공학적(안전장치

등) · 관리적 · 개인보호구 지급 등이 있다.
다. 청력보호구의 지급과 착용
라. 소음의 유해성 및 예방 관련 교육
마. 정기적 청력검사
바. 청력보존 프로그램 수립 및 시행 관련 기록 · 관리체계
사. 그 밖에 소음성 난청 예방 · 관리에 필요한 사항

정답 ②

15 인간의 시각 기능에 관한 설명으로 옳지 않은 것은? [2024년 기출]

① 명순응은 암순응에 비해 시간이 짧게 걸린다.
② 암순응 과정에서 원추세포와 간상세포의 순으로 순응 단계가 진행된다.
③ 눈에서 물체까지의 거리가 멀어질수록 수정체의 두께를 두껍게 하여 초점을 맞춘다.
④ 최소가분시력(minimum separable acuity)은 일정 거리에서 구분할 수 있는 표적의 최소 크기에 따라 정해진다.
⑤ 가장 민감한 빛의 파장은 간상세포가 원추세포에 비해 짧다.

해설

1. 간상세포와 원추세포

간상세포(rod cell)는 빛의 밝기에 민감하게 반응하고, 원추세포(cone cell)는 0.1럭스 이상의 밝은 빛에 대해 주로 색깔을 감지하는 역할을 한다.

인간의 망막에는 1억 3천만 개의 간상세포가 있어 이들은 한 개의 광자에도 반응할 만큼 민감하다. 그 민감도는 원추세포의 100배에 이른다.

간상세포는 원추세포보다 더 민감하여 야간(밤)에는 시각 대부분을 담당하고 간상세포는 498nm의 파장의 빛(초록색, 파란색)에 가장 민감하지만 640nm 이상의 파장은 감지하지 못한다. 반면에 원추세포는 비교적 파장이 긴 노란색에서 녹색 사이의 빛에 민감하며 파장이 긴 564nm인 빛에 가장 민감하다. 참고로 빨간색 계열이 파장이 가장 길고 보라색 계열이 파장이 가장 짧다.

2. 암순응과 명순응

암순응이란 밝은 곳에서 어두운 곳으로 들어갔을 때, 처음에는 보이지 않던 것이 시간이 지남에 따라 차차 보이기 시작하는 현상이다. 처음에는 원추세포가 주로 작용하여 감도를 약 10배로 증가시키지만, 암순응이 진행됨에 따라 간상세포의 감고가 높아져서 원추세포를 대신하게 된다. 즉, 암순응에는 원추세포가 먼저 반응한다.

3. 최소가분시력

눈이 식별할 수 있는 표적의 최소공간으로 $\frac{1}{시각}$로 구한다.

즉, 최소가분시력은 시각의 역수이다.

시각 = $\frac{물체의 크기(mm)}{물체와의 거리(mm)} \times 3438$

예제) 5m 떨어진 곳에서 1mm 벌어진 틈을 구분할 수 있는 사람의 시력은?

풀이: 시각을 먼저 구한다.

시각 = $\frac{1(mm)}{5,000(mm)} \times 3438$ 따라서 시력은 약 1.45

4. 거리에 따른 수정체 변화

수정체는 빛이 통과할 때 빛을 모아 주어 망막에 상이 맺히도록 하며, 초점을 맞추기 위해 수정체의 두께를 조절한다.

수정체는 먼 거리를 볼 때는 얇아지고, 가까운 거리를 볼 때는 두꺼워지면서 초점을 맞추는 역할을 한다.

정답 ③

16 회전운동을 하는 조종 장치의 레버를 30° 움직였을 때, 표시장치의 커서(cursor)는 4cm 이동하였다. 레버의 길이가 20cm일 때, 이 조종 장치의 C/R비는 약 얼마인가?

① 2.62
② 3.58
③ 5.24
④ 8.33
⑤ 10.48

해설

○ C/R비

회전운동을 하는 원의 둘레는 $2\times\pi\times r$이다. 이 중에서 30°를 차지하는 것이므로

Control=$2\times\pi\times 20\text{cm}\times\dfrac{30}{360}$

Response=4cm

C/R=2.617....

정답 ①

17. 시력에 관한 설명으로 틀린 것은?

① 근시는 수정체가 두꺼워져 먼 물체를 볼 수 없는 것이다.
② 시력은 시각(visual angle)의 역수로 측정한다.
③ 시각(visual angle)은 표적까지의 거리를 표적두께로 나누어 계산한다.
④ 눈이 파악할 수 있는 표적 사이의 최소공간을 최소가분시력(minimum separable acuity)이라고 한다.
⑤ 인간이 나이가 많아짐에 따라 시각 능력이 쇠퇴하여 근시력이 나빠지는 이유는 수정체의 투명도가 떨어지고 유연성이 감소되기 때문이다.

해설

○ 시각과 시력 공식

1. 시각(visual angle)=$3438\times\dfrac{\text{표적두께}}{\text{표적까지의 거리}}=3438\times\dfrac{d}{l}$

2. 시력(최소가분시력)=$\dfrac{1}{\text{시각}}$

정답 ③

18. 근골격계질환 예방을 위한 유해요인 평가방법에 관한 설명으로 옳은 것은? [2024년 기출]

① REBA는 손으로 물체를 잡을 때 손잡이 조건을 평가에 반영한다.
② NLE의 LI는 값이 클수록 안전한 작업이다.
③ REBA는 보행 동작을 평가에 반영한다.
④ NLE는 중량물의 수평 운반거리를 평가에 반영한다.
⑤ OWAS는 팔꿈치 각도를 평가에 반영한다.

해설

(풀이)

1. REBA(Rapid Entire Body Assessment)는 근골격계질환과 관련한 유해인자에 대한 개인작업자의 노출정도를 평가하기 위한 목적으로 개발, 특히 상지작업을 중심으로 한 RULA와 비교하여 간호사 등과 같이 예측하기 힘든 다양한 자세에서 이루어지는 서비스업에서의 전체적인 신체에 대한 부담정도와 위해인자에의 노출정도를 분석하는데 적합하다.
   REBA는 크게 신체부위별로 A그룹과 B그룹으로 나누어지는데 <u>A그룹은 몸통, 목, 다리를 평가하고, B그룹은 위팔, 아래팔, 손목을 평가하는데 여기서 B그룹의 점수와 손잡이 조건을 더해 스코어(score)가 매겨진다.</u>

2. NLE(NIOSH Lifting Equation)의 LI(Lifting Index)
   $$LI = \frac{실제작업무게(kg)}{권장무게한계(RWL)}$$

   위 공식을 자세히 보면 LI(들기지수)는 1보다 작을 때 안전함을 알 수 있다.
   중량물의 수평 이동거리는 평가에 반영하지 않는다.
   참고: 미국 국립 직업안전위생연구소(National Institute for Occupational Safety and Health, NIOSH)

3. 평가도구와 신체부위, 평가항목

평가도구	신체부위	평가항목
OWAS	허리, 팔, 다리	작업자세, 힘(하중)
RULA	손/손목, 아래팔, 팔꿈치, 어깨, 목, 허리, 다리	작업자세, 힘(하중), 반복성/정적동작
JSI	손/손목	작업자세, 작업속도, 과도한 힘, 반복성, 노출시간
REBA	손/손목, 아래팔, 팔꿈치, 어깨, 목, 허리, 다리	작업자세, 힘(하중), 반복성/정적동작, **손잡이 상태**, 행동점수

정답 ①

19. 근골격계부담작업 유해성 평가를 위한 인간공학적 도구에 관한 내용으로 옳지 않은 것은? [2022년 기출]

① RULA는 하지 자세를 평가에 반영한다.
② REBA는 동작의 반복성을 평가에 반영한다.
③ QEC는 작업자의 주관적 평가 과정이 포함되어 있다.
④ OWAS는 중량물 취급 정도를 평가에 반영한다.
⑤ NLE는 중량물의 수평 이동거리를 평가에 반영한다.

해설

RULA는 신체를 그룹 A(위팔, 아래팔, 손목)과 그룹 B(목, 몸통, 다리)로 나누었다.
QEC(Quick Exposure Check)은 영국에서 개발된 것으로 평가는 관찰자(분석자)뿐만 아니라 작업을 직접 수행하는 작업자가 평가를 한다.
OWAS(Ovaco Work Analysis System)는 핀란드에서 개발된 것으로 상지, 허리, 하지, 중량 작업의 4가지 인자를 가지고 작업자세를 평가한 후 교차 체크(cross-check)한 값을 표에서 찾도록 되어 있다. OWAS는 여러 작업 중에서 개선을 필요로 하는 작업을 우선적으로 선정할 수 있다는 장점이 있는 반면, 작업 자세 특성이 정적인 자세에 초점이 맞추어져 있고 중량물 취급 작업 외에는 작업에 소요되는 힘과 반복성에 대한 위험성이 평가에 반영되지 않는 것이 한계로 지적되고 있다.
NLE의 LI에서 권장무게한계(RWL)는 23kg×수평계수×수직계수×**수직이동거리계수**×비대칭계수×빈도계수×결합계수이다.

정답 ⑤

20. 정상 청력을 가진 성인이 느끼는 소리의 크기를 비교할 때, 1,000Hz 순음에서 80dB의 소리는 60dB의 소리에 비해 얼마나 더 크게 들리는가? [2024년 기출]

① 약 1.3배
② 약 2배
③ 약 2.6배
④ 약 4배
⑤ 약 8배

해설

일반적으로 1,000Hz의 순음의 경우에 40dB의 음을 기준으로 하여 감각적으로 그 크기가 2배가 되는 음압레벨을 실험적으로 구한 결과 약 10dB 증가할 때마다 2배로 크게 느껴진다. 즉, 1,000Hz의 순음의 경우에 40dB은 40phon으로 "1sone"이라 정의한다.
결론적으로 음량 수준이 10phon 증가하면 음량(sone)은 2배가 된다.

$$\text{sone} = 2^{\frac{(phon-40)}{10}}$$

dB(1kHz)	20	30	40	50	60
phon	20	30	40	50	60
Sone	0.25	0.5	1	2	4

정답 ④

21. 산업안전보건법령상 유해위험방지계획서 제출 대상인 공사를 모두 고른 것은? [2024년 기출]

ㄱ. 지상높이 25미터 건축물 건설
ㄴ. 연면적 2만제곱미터 건축물 해체
ㄷ. 연면적 6천제곱미터 판매시설 건설
ㄹ. 깊이 12미터 굴착공사

① ㄴ
② ㄱ, ㄹ
③ ㄴ, ㄷ
④ ㄷ, ㄹ
⑤ ㄱ, ㄷ, ㄹ

해설

영 제42조(유해위험방지계획서 제출 대상) ① 법 제42조제1항제1호에서 "대통령령으로 정하는 사업의 종류 및 규모에 해당하는 사업"이란 다음 각 호의 어느 하나에 해당하는 사업으로서 전기 계약용량이 300킬로와트 이상인 경우를 말한다. →(암기법: 고목자식/금비가화/1차반전자/기타기·제)

1. 금속가공제품 제조업; 기계 및 가구 제외
2. 비금속 광물제품 제조업
3. 기타 기계 및 장비 제조업
4. 자동차 및 트레일러 제조업
5. 식료품 제조업
6. 고무제품 및 플라스틱제품 제조업
7. 목재 및 나무제품 제조업
8. 기타 제품 제조업
9. 1차 금속 제조업
10. 가구 제조업
11. 화학물질 및 화학제품 제조업
12. 반도체 제조업
13. 전자부품 제조업

② 법 제42조제1항제2호에서 "대통령령으로 정하는 **기계·기구 및 설비**"란 다음 각 호의 어느 하나에 해당하는 기계·기구 및 설비를 말한다. 이 경우 다음 각 호에 해당하는 기계·기구 및 설비의 구체적인 범위는 고용노동부장관이 정하여 고시한다. →(암기법: 용해로/건조/가스집합/밀폐(환기·배기)/화학설비)

1. 금속이나 그 밖의 광물의 용해로
2. 화학설비
3. 건조설비
4. 가스집합 용접장치

5. 근로자의 건강에 상당한 장해를 일으킬 우려가 있는 물질로서 고용노동부령으로 정하는 물질의 밀폐·환기·배기를 위한 설비
6. 삭제

③ 법 제42조제1항제3호에서 "대통령령으로 정하는 크기 높이 등에 해당하는 **건설공사**"란 다음 각 호의 어느 하나에 해당하는 공사를 말한다. →**(암기법: 31m/연면적3만/5천/굴10/50다리/터널/댐2**
1. 다음 각 목의 어느 하나에 해당하는 건축물 또는 시설 등의 건설·개조 또는 해체(이하 "건설등"이라 한다) 공사
   가. 지상높이가 31미터 이상인 건축물 또는 인공구조물
   나. 연면적 3만제곱미터 이상인 건축물
   다. 연면적 5천제곱미터 이상인 시설로서 다음의 어느 하나에 해당하는 시설
   1) 문화 및 집회시설(전시장 및 동물원·식물원은 제외한다)
   2) 판매시설, 운수시설(고속철도의 역사 및 집배송시설은 제외한다)
   3) 종교시설
   4) 의료시설 중 종합병원
   5) 숙박시설 중 관광숙박시설
   6) 지하도상가
   7) 냉동·냉장 창고시설
2. 연면적 5천제곱미터 이상인 냉동·냉장 창고시설의 설비공사 및 단열공사
3. 최대 지간(支間)길이(다리의 기둥과 기둥의 중심사이의 거리)가 50미터 이상인 다리의 건설등 공사
4. 터널의 건설등 공사
5. 다목적댐, 발전용댐, 저수용량 2천만톤 이상의 용수 전용 댐 및 지방상수도 전용 댐의 건설등 공사
6. 깊이 10미터 이상인 굴착공사

정답 ④

22

서로 독립인 기본사상 a, b, c로 구성된 아래의 결함수(Fault Tree)에서 정상사상 T에 관한 최소절단집합(minimal cut set)을 모두 구하면? [2024년 기출]

① {a, b}
② {a, c}
③ {b, c}
④ {a, b, c}
⑤ {a, c}, {a, b, c}

해설

병렬(OR게이트)은 세로, 직렬(AND게이트)은 가로를 이용해 구하면 된다. 최소절단집합은 이들의 공통을 찾으면 된다.

정답 ②

23. 서로 독립인 기본사상 a, b, c로 구성된 아래의 결함수(Fault Tree)에서 정상사상 T에 관한 최소절단집합(minimal cut set)을 모두 구하면? [2022년 기출]

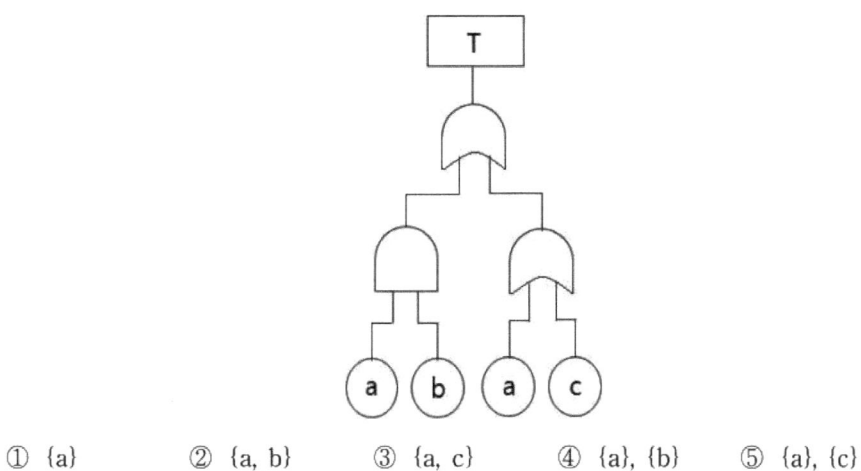

① {a}　　② {a, b}　　③ {a, c}　　④ {a}, {b}　　⑤ {a}, {c}

해설

1. 절단집합(cut set)
사건 발생 시 정상사건(top event)이 발생하게 되는 사건들의 목록

2. 최소절단집합(minimal cut set)
사건 발생 시 정상사건이 발생하게 되는 사건들의 최소목록
1) 정상 사건으로부터 아래 방향으로 전개한다. top-down 방식으로 계산할 것.
2) 정상 사건 아래의 게이트들 중 AND게이트는 옆 방향(횡)으로 OR게이트는 아래 방향(종)으로 전개한다.
3) 정상사건이 오직 기초사건이나 생략 사건으로만 표현되면 전개를 마친다.
   최종 전개된 개별 행 안에 동일한 사건들이 있으면 집합의 동일성 원칙에 의해 하나는 제거한다.
   A · A=A 이렇게 정리된 후에 행 별로 나타난 사건들의 집합을 절단집합(cut set)이라 한다.
4) 이번에는 행과 행을 비교해 어느 한 행이 다른 행의 다른 행의 부분집합이 되는지를 판단해 부분집합에 해당하는 행은 절단집합에서 제거한다(흡수법칙). 이렇게 정리한 후 행 별로 나타난 집합을 최소절단집합(minimal cut set)이라 한다. 주의할 것은 최소절단집합은 반드시 '또는'을 붙여 주어야 한다.

○ 문제풀이
처음에는 병렬로 연결되어 있다. 종으로 기입한다.
절단집합(cut set)을 구하면 {ab}, {a}, {c}가 된다.
흡수법칙에 의하면 최소절단집합(minimal cut set)을 구할 수 있다.
{a}또는 {c}가 된다.

정답 ⑤

24 신뢰도가 A인 동일한 부품 3개를 그림과 같이 직렬 및 병렬로 연결하였을 때 전체시스템의 신뢰도는 0.8309였다. 이 부품의 신뢰도 A는 얼마인가? [2024년 기출]

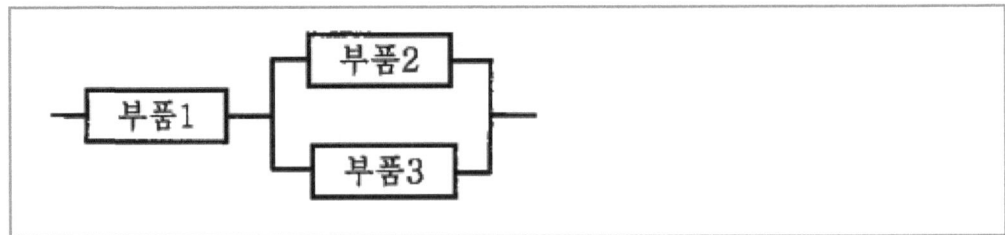

① 0.70
② 0.75
③ 0.80
④ 0.85
⑤ 0.90

해설

직렬은 곱하고 병렬은 $1-[(1-A)(1-A)]$를 이용한다.
객관식이므로 직접 수식을 풀지 말고 대입해서 푸는 것을 권한다.
$A \times \{1-[(1-A)(1-A)]\}$
$0.85 \times \{1-[(1-0.85)(1-0.85)]\} = 0.830875$

정답 ④

25 정성적, 귀납적인 시스템안전 분석기법으로 시스템에 영향을 미치는 모든 요소의 고장을 형태별로 분석하여 그 영향을 검토하는 기법은? [2024년 기출]

① ETA
② FMEA
③ THERP
④ FTA
⑤ PHA

해설

접근방식에 따른 위험분석 기법	
상향적(Bottom-up) · **귀납법**	하향식(Top-down) · **연역법**
1) FMEA 2) HAZOP 3) ETA 4) THERP * 귀납법은 관찰과 경험을 통해 자료를 수집하고 수집한 자료에서 비롯된 성향, 관련성을 가지고 결론을 도출하는 방식이다.	1) FTA 2) MORT(management oversight and risk tree: 경영소홀과 위험분석)는 tree를 중심으로 FTA와 같은 논리기법을 이용하여 관리, 설계, 생산, 보존 등으로 광범위하게 안전을 도모하는 것으로 "원자력 산업" 같은 고도의 안전을 달성하는 것을 목적으로 한다.

정량적 위험분석	정성적 위험분석
1) FTA (* MORT) 2) ETA 3) CCA 4) THERP	1) FMEA 2) PHA 등 다수

정답 ② 문제에서 "고장의 형태별(Failure mode)"이라는 단어를 유의해서 보아야 한다.

26

A부품의 고장확률 밀도함수는 지수분포를 따르며, 평균수명은 10^4시간이다. 이 부품을 10^3시간 작동시켰을 때의 신뢰도는 얼마인가? (단, 소수점 셋째자리에서 반올림하여 소수점 둘째자리까지 구한다.) [2024년 기출]

① 0.05
② 0.10
③ 0.15
④ 0.85
⑤ 0.90

해설

○ 고장확률 밀도함수

고장확률 밀도함수 $f(t)=\lambda \cdot e^{-\lambda t}$이다.

λ (고장률)가 일정할 때 지수분포를 따른다.

고장률과 수명은 역수관계이므로 여기서 신뢰도 $R(t)=e^{-\lambda t}$이다.

풀이) 먼저 수명을 통해 고장률을 구한다.

$\lambda=10^{-4}$이다. 시간(t)는 10^3이므로 이를 신뢰도에 대입하면 R(t)=0.9048

정답 ⑤

27

현장이나 직장에서 직속상사가 부하 직원에게 일상 업무를 통하여 지식, 기능, 문제해결능력 및 태도 등을 교육 훈련하는 방법으로 개별교육에 적합한 것은? [2023년 기출]

① TWI(Training Within Industry)
② OJT(On the Job Training)
③ ATP(Administration Training Program)
④ MTP(Management Training Program)
⑤ Off JT(Off the Job Training)

해설

○ TWI(Training Within Industry)의 교육내용
1) 작업 개선 방법 훈련(JMT, Job Method Training)
2) 작업 지도 방법 훈련(JIT, Job Instruction Training)
3) 인간관계(부하통솔) 훈련(JRT, Job Relation Training)
4) 작업 안전 훈련(JST, Job Safety Training)
→ (암기법: MIRS)

구분	TWI	MTP	CCS=ATP
대상	일선감독자 대상	TWI보다 약간 높은 계층	최고경영자
교육내용	작업지도 훈련 작업방법 인간관계 안전훈련	관리기능 조직운영 회의주관 시간관리 작업개선	정책수립 조직통제 운영 등

정답 ②

28. 산업안전보건법상 산업안전보건위원회의 심의·의결 사항으로 옳은 것을 모두 고른 것은? [2023년 기출]

ㄱ. 산업재해에 관한 통계의 기록 및 유지에 관한 사항
ㄴ. 사업장의 산업재해 예방계획의 수립에 관한 사항
ㄷ. 작업환경측정 등 작업환경의 점검 및 개선에 관한 사항
ㄹ. 유해하거나 위험한 기계·기구·설비를 도입한 경우 안전 및 보건 관련 조치에 관한 사항

① ㄱ
② ㄴ, ㄹ
③ ㄷ, ㄹ
④ ㄱ, ㄴ, ㄷ
⑤ ㄱ, ㄴ, ㄷ, ㄹ

해설

법 제15조(안전보건관리책임자) ① 사업주는 사업장을 실질적으로 총괄하여 관리하는 사람에게 해당 사업장의 다음 각 호의 업무를 총괄하여 관리하도록 하여야 한다.
1. 사업장의 산업재해 예방계획의 수립에 관한 사항
2. 제25조 및 제26조에 따른 안전보건관리규정의 작성 및 변경에 관한 사항
3. 제29조에 따른 안전보건교육에 관한 사항
4. 작업환경측정 등 작업환경의 점검 및 개선에 관한 사항
5. 제129조부터 제132조까지에 따른 근로자의 건강진단 등 건강관리에 관한 사항
6. 산업재해의 원인 조사 및 재발 방지대책 수립에 관한 사항

7. 산업재해에 관한 통계의 기록 및 유지에 관한 사항
8. 안전장치 및 보호구 구입 시 적격품 여부 확인에 관한 사항
9. 그 밖에 근로자의 유해·위험 방지조치에 관한 사항으로서 **고용노동부령**으로 정하는 사항

② 제1항 각 호의 업무를 총괄하여 관리하는 사람(이하 "안전보건관리책임자"라 한다)은 제17조에 따른 안전관리자와 제18조에 따른 보건관리자를 지휘·감독한다.

③ 안전보건관리책임자를 두어야 하는 사업의 종류와 사업장의 상시근로자 수, 그 밖에 필요한 사항은 대통령령으로 정한다.

시행규칙 제9조(안전보건관리책임자의 업무) 법 제15조제1항제9호에서 "고용노동부령으로 정하는 사항"이란 법 제36조에 따른 **위험성평가의 실시에 관한 사항**과 안전보건규칙에서 정하는 **근로자의 위험 또는 건강장해의 방지에 관한 사항**을 말한다.

법 제24조(산업안전보건위원회) ① 사업주는 사업장의 안전 및 보건에 관한 중요 사항을 심의·의결하기 위하여 사업장에 근로자위원과 사용자위원이 같은 수로 구성되는 산업안전보건위원회를 구성·운영하여야 한다.

② 사업주는 다음 각 호의 사항에 대해서는 제1항에 따른 산업안전보건위원회(이하 "산업안전보건위원회"라 한다)의 심의·의결을 거쳐야 한다.
1. 제15조제1항 제1호부터 제5호까지 및 제7호에 관한 사항
2. 제15조제1항 제6호에 따른 사항 중 중대재해에 관한 사항
3. 유해하거나 위험한 기계·기구·설비를 **도입**한 경우 안전 및 보건 관련 조치에 관한 사항
4. 그 밖에 해당 사업장 근로자의 안전 및 보건을 **유지·증진**시키기 위하여 필요한 사항

③ 산업안전보건위원회는 대통령령으로 정하는 바에 따라 회의를 개최하고 그 결과를 회의록으로 작성하여 보존하여야 한다.

④ 사업주와 근로자는 제2항에 따라 산업안전보건위원회가 심의·의결한 사항을 성실하게 이행하여야 한다.

⑤ 산업안전보건위원회는 이 법, 이 법에 따른 명령, 단체협약, 취업규칙 및 제25조에 따른 안전보건관리규정에 반하는 내용으로 심의·의결해서는 아니 된다.

⑥ 사업주는 산업안전보건위원회의 위원에게 직무 수행과 관련한 사유로 불리한 처우를 해서는 아니 된다.

⑦ 산업안전보건위원회를 구성하여야 할 사업의 종류 및 사업장의 상시근로자 수, 산업안전보건위원회의 구성·운영 및 의결되지 아니한 경우의 처리방법, 그 밖에 필요한 사항은 대통령령으로 정한다.

정답 ⑤

29. 산업안전보건법령상 근골격계부담작업에 해당하지 않는 것은? (단, 단기간 작업 또는 간헐적인 작업은 제외한다.)

① 하루에 10회 이상 25kg 이상의 물체를 드는 작업
② 하루에 총 2시간 이상, 분단 2회 이상 4.5kg 이상의 물체를 드는 작업
③ 하루에 총 1시간 이상 쪼그리고 앉거나 무릎을 굽힌 자세에서 이루어지는 작업
④ 하루에 4시간 이상 집중적으로 자료입력 등을 위해 키보드 또는 마우스를 조작하는 작업
⑤ 하루에 25회 이상 10kg 이상의 물체를 무릎 아래에서 들거나, 어깨 위에서 들거나, 팔을 뻗은 상태에서 드는 작업

해설

○ 근골격계부담작업의 범위 및 유해요인조사 방법에 관한 고시(고용노동부고시)

제1조(목적) 이 고시는 「산업안전보건법」 제39조제1항제5호 및 「산업안전보건기준에 관한 규칙」 제656조제1호 및 제658조 단서의 규정에 따른 근골격계부담작업의 범위 및 유해요인조사 방법에 관하여 필요한 사항을 규정함을 목적으로 한다.

제2조(정의) ① 이 고시에서 사용하는 용어의 뜻은 다음 각 호와 같다.
1. "단기간 작업"이란 2개월 이내에 종료되는 1회성 작업을 말한다.
2. "간헐적인 작업"이란 연간 총 작업일수가 60일을 초과하지 않는 작업을 말한다.
3. "하루"란 「근로기준법」 제2조제1항제7호에 따른 1일 소정근로시간과 1일 연장근로시간 동안 근로자가 수행하는 총 작업시간을 말한다.
4. "4시간 이상" 또는 "2시간 이상"은 제3호에 따른 "하루" 중 근로자가 제3조 각 호에 해당하는 근골격계부담작업을 실제로 수행한 시간을 합산한 시간을 말한다.

② 이 고시에서 규정하지 않은 사항은 「산업안전보건법」 (이하 "법"이라 한다) 및 「산업안전보건기준에 관한 규칙」 (이하 "안전보건규칙"이라 한다)에서 정하는 바에 따른다.

제3조(근골격계부담작업) 법 제39조제1항제5호 및 안전보건규칙 제656조제1호에 따른 근골격계부담작업이란 다음 각 호의 어느 하나에 해당하는 작업을 말한다. 다만, 단기간작업 또는 간헐적인 작업은 제외한다.
1. 하루에 4시간 이상 집중적으로 자료입력 등을 위해 키보드 또는 마우스를 조작하는 작업
2. 하루에 총 2시간 이상 목, 어깨, 팔꿈치, 손목 또는 손을 사용하여 같은 동작을 반복하는 작업
3. 하루에 총 2시간 이상 머리 위에 손이 있거나, 팔꿈치가 어깨위에 있거나, 팔꿈치를 몸통으로부터 들거나, 팔꿈치를 몸통뒤쪽에 위치하도록 하는 상태에서 이루어지는 작업
4. 지지되지 않은 상태이거나 임의로 자세를 바꿀 수 없는 조건에서, 하루에 총 2시간 이상 목이나 허리를 구부리거나 트는 상태에서 이루어지는 작업
5. 하루에 총 2시간 이상 쪼그리고 앉거나 무릎을 굽힌 자세에서 이루어지는 작업
6. 하루에 총 2시간 이상 지지되지 않은 상태에서 1kg 이상의 물건을 한손의 손가락으로 집어 옮기거나, 2kg 이상에 상응하는 힘을 가하여 한손의 손가락으로 물건을 쥐는 작업
7. 하루에 총 2시간 이상 지지되지 않은 상태에서 4.5kg 이상의 물건을 한 손으로 들거나 동일한 힘으로 쥐는 작업

8. 하루에 10회 이상 25kg 이상의 물체를 드는 작업
9. 하루에 25회 이상 10kg 이상의 물체를 무릎 아래에서 들거나, 어깨 위에서 들거나, 팔을 뻗은 상태에서 드는 작업
10. 하루에 총 2시간 이상, 분당 2회 이상 4.5kg 이상의 물체를 드는 작업
11. 하루에 총 2시간 이상 시간당 10회 이상 손 또는 무릎을 사용하여 반복적으로 충격을 가하는 작업

정답 ③

30. 인간-기계 시스템에서 표시장치(display)와 조종장치(control)의 설계에 관한 내용으로 옳지 않은 것은? [2022년 기출]

① 작업자의 즉각적 행동이 필요한 경우에 청각적 표시장치가 시각적 표시장치보다 유리하다.
② 330m 이상 정도의 장거리에 신호를 전달하고자 할 때는 청각 신호의 주파수를 1,000Hz 이하로 하는 것이 좋다.
③ 광삼현상으로 인해 음각(검은 바탕의 흰 글씨)의 글자 획폭(stroke width)은 양각(흰 바탕의 검은 글씨)보다 작은 값이 권장된다.
④ 조종-반응 비(C/R 비)가 작을수록 조종장치와 표시장치의 민감도가 낮아져 미세조종에 유리하다.
⑤ 공간적 양립성은 표시장치와 조종장치의 배치와 관련된다.

> 해설

○ 조종-반응비율(C/R비)
1. C/R: 조종장치(제어기기)의 이동거리 ÷ 표시장치(표시기기)의 반응거리

2. C/R비가 작을수록 이동시간(수행시간)은 짧고, 조종시간은 길고, 조종은 어려워서 민감한 조정 장치이다.

3. C/R비가 클수록 이동시간(수행시간)은 길고, 조종시간은 짧으며, 조종은 쉬운 둔감한 조정 장치이다.
   · 낮은 C/R비: 높은 Gain, 이동시간 최소화, 원하는 위치에 갖다 놓기가 힘들다.
   · 높은 C/R비: 낮은 Gain, 미세조정시간을 최소화, 정확하게 맞출 수 있다.
   · Gain: 이익, 민감도, 반응의 크기로 C/R의 역수를 말한다.

4. 양립성: 자극들 간의, 반응들 간의, 혹은 자극-반응 조합에 대하여 공간, 운동, 개념 혹은 양태(modality) 관계가 **인간의 기대와 모순되지 않는 것**으로 양립성의 정도가 높을수록 학습이 더 빨리 진행되고, 반응시간이 더 짧아지며, 오류가 줄어들고, 정신적 부하가 감소된다. 그리고 양립성의 생성은 본질적(본능적)으로 습득되거나, 문화적으로 습득된다.

5. 양립성의 종류
1) 공간적 양립성: 표시장치나 조종장치에서 물리적 형태 및 공간적 배치
2) 운동 양립성: 표시장치의 움직이는 방향과 조종장치의 방향이 사용자의 기대와 일치
3) 개념적 양립성: 이미 사람들이 학습을 통해 알고 있는 개념적 연상(청색 시동버튼, 적색 정지버튼)
4) 양식 양립성: 직무에 알맞은 자극과 응답의 양식 존재에 대한 양립성.
예를 들어, 소리로 제시된 정보는 말로 반응하게 하고, 시각 정보는 손으로 반응하는 것이다.

> 인간의 감각 중 청각이 가장 빠르고 통각이 가장 느리다. '눈은 속여도 귀는 못 속인다.'는 속담을 기억하라.
> 저주파는 파장이 더 길고, 장거리를 이동할 수 있다.
> 장거리용(약 300m 이상)으로는 1,000Hz 이하를 사용한다.
> 광삼현상이란 흰 글씨가 주위의 검은 배경으로 번져 보이는 현상을 말한다. 즉, 배경보다 밝은 색이 실제보다 더 크게 느껴지는 현상을 의미한다. 즉, 음각에서는 양각에서보다 글자가 크게 보이므로 조금 작게 써야 원래 원하는 크기가 된다.
> 양립성의 종류에는 공간적 양립성, 운동적 양립성, 개념적 양립성, 양식(modality)양립성이 있다. 여기서 양식(양태) 양립성이란 소리로 제시된 정보는 말로 반응하게 하는 것이, 시각으로 제시된 정보는 손으로 반응하는 것이 양립성이 높다는 것을 의미한다.

○ 표시장치의 선택 - 청각장치와 시각 장치의 비교

청각장치	시각장치
· 전언이 간단하거나 짧다	· 전언이 복잡하거나 길다
· 전언이 후에 재참조 되지 않는다	· 전언이 후에 재참조된다
· 전언이 시간적 사상을 다룬다	· 전언이 공간적인 위치를 다룬다
· 전언이 즉각적인 행동을 요구한다(긴급할 때)	· 전언이 즉각적인 행동을 요구하지 않는다
· 수신장소가 너무 밝거나 암조응 유지가 필요 시	· 수신장소가 너무 시끄러울 때
· 직무상 수신자가 자주 움직일 때	· 직무상 수신자가 한곳에 머물 때
· 수신자가 시각계통이 과부하 상태일 때	· 수신자의 청각 계통이 과부하 상태일 때

정답 ④

31

인간-컴퓨터 상호작용에서 닐슨(J. Nielsen)이 정의한 사용성의 세부 속성에 해당하지 않는 것은? [2022년 기출]

① 적합성(conformity)
② 학습 용이성(learn ability)
③ 기억 용이성(memorability)
④ 주관적 만족도(subjective satisfaction)
⑤ 오류의 빈도와 정도(error frequency and severity)

> 해설

○ 제이콥 닐슨(Jakob Nielsen)의 사용성 평가 기준 →[암기법: 학습/사(용)/기(억)/적은 오류/만족]

사용성 요인	정의 및 측정방법
학습 용이성(Learn ability)	이용자가 웹사이트를 이용하여 작업을 수행하기 위해 시스템을 얼마나 쉽게 배울 수 있는가에 대한 정도를 의미하며, 처음 이용자가 작업을 수행하는데 걸리는 시간으로 측정함
사용 능률성(Efficiency)	숙련된 이용자가 보다 높은 수준의 작업을 수행할 수 있도록 웹사이트를 효율적으로 디자인하는 것을 의미하며, 숙련된 이용자가 전문적인 기술이 필요한 작업을 수행하는데 걸리는 시간으로 측정함
기억 용이성(Memorability)	웹사이트를 가끔 활용하는 이용자가 전체 기능을 다시 익히지 않더라도 기억하기 쉬워야 함을 의미하며, 이는 웹사이트에 오랜만에 방문한 이용자가 표준이 되는 작업을 수행하는데 걸리는 시간으로 측정함
적은 오류(Errors)	웹사이트를 사용하는 동안 오류가 적어야 하고 이용자가 실수를 할 경우에도 쉽게 회복할 수 있어야 함을 의미하며, 이는 어떤 특별한 작업을 수행하는 동안 이용자에 의해 발생한 크고 작은 오류의 횟수로 측정함
만족도(Satisfaction)	웹사이트를 이용하면서 만족할 수 있도록 사용하는데 즐거움을 줄 수 있어야 함을 의미하며 이는 작업 수행 이후에 이용자의 주관적인 의견을 물어 측정함

정답 ①

32

시력이 1.2인 사람이 6m 떨어진 곳에서 구분할 수 있는 벌어진 틈의 최소 크기(mm)는? (단, 소수점 둘째자리에서 반올림하여 소수점 첫째자리까지 구하시오.) [2022년 기출]

① 1.0
② 1.3
③ 1.5
④ 1.7
⑤ 1.9

해설

○ **최소가분시력**

최소가분시력이란 정확히 식별할 수 있는 최소의 세부공간을 볼 때, 생기는 시각의 역수로 측정된다. 즉, 눈이 파악할 수 있는 표적 사이의 최소공간을 최소 분간 시력(minimum separable acuity)이라고 한다.

그럼 먼저 시각을 계산하고 나서 시력을 알아봐야 한다.

1) 시각 = $(180°/\pi) \times 60 \times$ (물체의 크기/물체와의 거리)
   = $57.3° \times 60 \times$ (물체의 크기/물체와의 거리)
   = $3438° \times$ (물체의 크기/물체와의 거리) → 시각 구하는 공식 암기!

$$시각 = \frac{1}{시력} = 3438 \times \frac{물체의 크기}{물체와의 거리}$$

2) 시력=1/시각 → 시각과 시력은 역수 관계
  · 분은 각도를 재는 단위이다. 1분은 1°를 60등분한 각도.
  · 1rad=180°/π

(풀이) $3438° \times (\frac{물체의 크기}{6000(mm)}) = \frac{1}{1.2}$ (시각)

→ $3438° \times$ 물체의 크기 = 5000

→ 물체의 크기 = $\frac{5000}{3438}$

→ 1.45433..... ≒ 1.5(mm)

정답 ③

33 신뢰도 이론의 욕조곡선(bathtube curve)을 나타낸 것으로 옳은 것은?
(단, t: 시간, h(t): 고장률, f(t): 확률밀도함수, F(t): 불신뢰도이다.) [2022년 기출]

①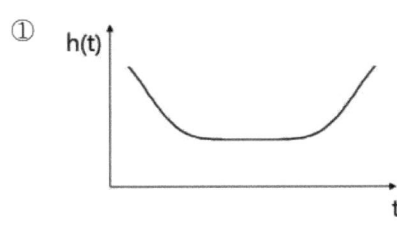
②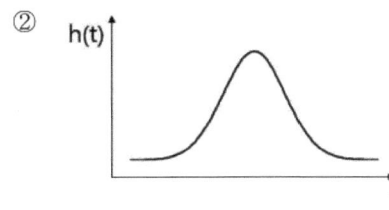
③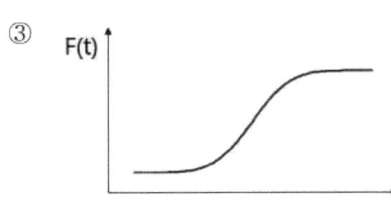
④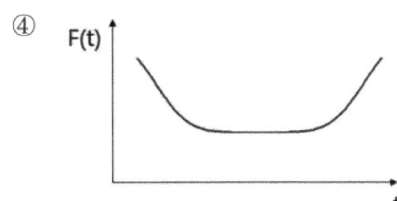
⑤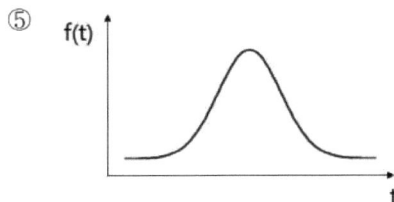

해설

○ 욕조곡선(bathtube curve): 사용 중에 나타나는 고장률을 시간의 함수로 나타낸 곡선

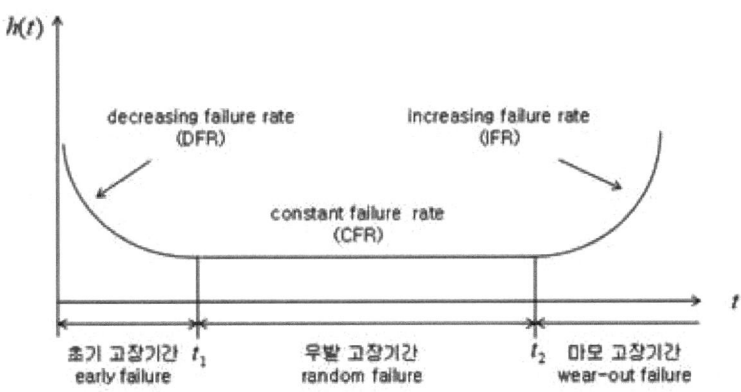

1) DFR(Decreasing Failure Rate): 고장률이 시간에 따라 감소
2) CFR(Constant Failure Rate): 고장률이 시간에 따라 일정
3) IFR(Increasing Failure Rate): 고장률이 시간에 따라 증가

정답 ①

34

2,500명의 근로자가 근무하는 사업장의 재해율(천인율)은 1.6, 도수율은 0.8, 강도율은 1.2이었다. 이 사업장의 연간 재해발생건수와 근로손실일수로 옳은 것은?
(단, 1일 8시간, 연간 250일 근무하는 것으로 가정한다) [2022년 기출]

① 재해발생건수: 4건,   근로손실일수: 4,000일
② 재해발생건수: 4건,   근로손실일수: 6,000일
③ 재해발생건수: 6건,   근로손실일수: 6,000일
④ 재해발생건수: 6건,   근로손실일수: 8,000일
⑤ 재해발생건수: 8건,   근로손실일수: 8,000일

해설

○ 도수율(빈도율): (재해발생건수 / 연 근로시간 수) × 1,000,000
○ 강도율: (총 근로손실일수 / 연 근로시간 수) × 1,000
○ 연천인율: (재해자 수 / 연 평균근로자수) × 1,000

(풀이) $0.8(도수율) = \dfrac{x}{2500 \cdot 8 \cdot 250} \times 1000000$

$0.8 = \dfrac{x}{5000000} \times 1000000$

∴ 재해발생건수(x) = 4

(풀이) $1.2(강도율) = \dfrac{y}{2500 \cdot 8 \cdot 250} \times 1000$

$1.2 = \dfrac{y}{5000000} \times 1000$

∴ 근로손실일수(y) = 6000

⟨참고⟩
'도수율×2.4=연천인율' 환산공식은 한 사람의 연간근로시간이 8시간×300일=2,400시간 기준에서 나온 식이고, 재해건수와 재해자의 수가 동일할 경우에 적용. 그 외에는 적용될 수 없는 공식이다.

정답 ②

35 다음에서 설명하고 있는 위험성평가 기법은? [2022년 기출]

> ○ 초기 개발 단계에서 시스템 고유의 위험성을 파악하고 예상되는 재해의 위험수준을 결정한다.
> ○ 시스템 내의 위험요소가 어떤 위험 상태에 있는가를 평가하는 정성적인 기법이다.

① CA
② FMEA
③ MORT
④ THERP
⑤ PHA

해설

○ PHA(예비위험분석)
PHA는 시스템 개발단계에 있어서 최초로 고유의 위험상태를 식별하고 예상되는 재해의 위험수준을 결정하는 것으로 시스템의 모든 주요한 사고를 식별하고 대략적인 말로 표시하는 정성적 기법이다.

○ PHA의 4가지 주요 목표
① 시스템에 대한 모든 주요한 사고를 식별하고 대충의 말로 표시하며 사고 발생 확률은 식별 초기에는 고려되지 않는다.
② 사고를 유발하는 요인을 식별할 것
③ 사고가 발생한다고 가정하고 시스템에 생기는 결과를 식별하고 평가
④ 식별된 사고를 다음의 범주(category)로 분류할 것

구분	내용
파국적(catastrophic)	사망, 시스템 손상
위기적(critical)	심각한 상해, 시스템의 중대 손상
한계적(marginal)	경미한 상해, 시스템 성능 저하
무시가능(negligible)	경미한 상해 및 시스템 저하 없음

정답 ⑤

36. 시스템 안전성 확보를 위한 방법이 아닌 것은? [2022년 기출]

① 위험상태 존재의 최소화
② 중복설계(redundancy)의 배제
③ 안전장치의 채용
④ 경보장치의 채택
⑤ 인간공학적 설계의 적용

해설

○ 중복설계(Redundancy): 장치 하나의 고장이 설비 전체의 고장으로 이어지지 않도록 같은 장치를 중복해 설치하는 것

○ 시스템의 안전성 확보책(MIL-STD-882B, 1984) - 미국 국방부 시스템 안전 표준
1단계: 위험상태의 존재 최소화 설계
2단계: 안전장치의 설계
3단계: 경보장치의 설치
4단계: 특수 수단 개발과 표식 등 규격화

정답 ②

37

심실세동 전류 I=$\frac{165}{\sqrt{t}}$(mA)하면 심실세동 시 인체에 직접 받는 전기에너지 (cal)는 약 얼마인가? (단, t는 통전시간으로 1초이며, 인체의 저항은 500Ω으로 한다)

① 0.52
② 1.35
③ 2.14
④ 3.27
⑤ 4.85

| 해설 |

에너지=전압×전류

I(전류)=$\frac{V(전압)}{R(저항)}$

에너지=전류^2×저항
문제에서 심실세동 전류=165mA=0.165A이다.
참고로 1A=1,000mA이다.
에너지=$(0.165)^2$×500=13.6125J
참고로 1J=0.24cal이다.
따라서 에너지 13.6125×0.24=3.267(cal)

정답 ④

38

인장강도가 250N/mm²인 강판에서 안전율이 4라면 이 강판의 허용응력(N/mm²)은 얼마인가?

① 42.5
② 62.5
③ 82.5
④ 102.5
⑤ 115.5

> **해설**

안전율=인장강도÷허용응력
허용응력=인장강도÷안전율=250÷4=62.5

정답 ②

39

폭발한계와 완전 연소 조정 관계인 Jones식을 이용하여 부탄(C_4H_{10})의 폭발하한계를 구하면 몇 vol%인가?

① 1.4
② 1.7
③ 2.0
④ 2.3
⑤ 2.8

> **해설**

부탄(C_4H_{10})+산소(O_2)=이산화탄소(CO_2)+물(H_2O)
C, H, O 순서대로 화학반응식을 결정한다.
부탄(C_4H_{10})+$\frac{13}{2}$ 산소(O_2)=4이산화탄소(CO_2)+5물(H_2O)

Cst(화학적 양론농도)=$\frac{가연성\ 가스}{(가연성\ 가스 + 산소몰수/0.21)} \times 100 = 3.129...$

Jones식에서 연소하한계=0.55Cst=1.72..
Jones식에서 연소상한계=3.50Cst
MOC(최소산소요구량)=연소하한계×가연가스 1몰당 산소몰수=1.72×6.5=약 11.18

정답 ②

40

메탄, 에탄, 프로판의 폭발하한계가 각각 5vol%, 2vol%, 2.1vol%일 때 다음 중 폭발하한계가 가장 낮은 것은? (단, Le Chatelier의 법칙을 이용한다)

① 메탄 20vol%, 에탄 30vol%, 프로판 50vol%
② 메탄 30vol%, 에탄 30vol%, 프로판 40vol%
③ 메탄 40vol%, 에탄 30vol%, 프로판 30vol%
④ 메탄 50vol%, 에탄 30vol%, 프로판 20vol%
⑤ 메탄 50vol%, 에탄 20vol%, 프로판 30vol%

해설

○ Le Chatelier의 법칙(혼합가스의 폭발범위)

$$\frac{체적의 합}{LEL} = \sum \frac{각 성분의 기체 체적}{각 기체의 단독 폭발하한계}$$

* LEL: Lower Explosive Limit(폭발하한계)
① 메탄 20vol%, 에탄 30vol%, 프로판 50vol%: 폭발하한계 2.335
② 메탄 30vol%, 에탄 30vol%, 프로판 40vol%: 폭발하한계 2.497
③ 메탄 40vol%, 에탄 30vol%, 프로판 30vol%: 폭발하한계 2.681
④ 메탄 50vol%, 에탄 30vol%, 프로판 20vol%: 폭발하한계 2.896
⑤ 메탄 50vol%, 에탄 20vol%, 프로판 30vol%: 폭발하한계 2.916

정답 ①

보충이론

01 학습이론(learning theory)에 관한 설명 중 가장 적절하지 않은 것은?

① 고전적 조건화(classical conditioning)는 조건자극을 무조건자극과 관련시켜 조건자극으로부터 새로운 반응을 얻어내는 과정이다.
② 고전적 조건화(classical conditioning)는 단지 자극에 의해 단순히 유발되는 수동적인 반응행동만을 설명하고 있다.
③ 조작적 조건화(operant conditioning)는 결과의 경험에 의해 자극과 반응의 관계가 지속된다는 학습과정이다.
④ 조작적 조건화(operant conditioning)에 의한 학습은 반응행동으로부터의 바람직한 결과를 작동시킴에 따라서 이루어진다.
⑤ 반두라(Bandura)의 사회적 학습이론(social learning theory)은 고전적 조건화 이론에 근거한 학습이론이다.

해설

○ 반두라(Bandura)의 사회적 학습이론(social learning theory)
조작적 조건화(operant conditioning) 개념에 인간의 인지를 도입해 인간의 행위를 설명하였다.
<u>톨만의 인지적 학습이론은 반두라의 사회적 학습이론으로 발전된다.</u>
따라서 사회적 학습이론은 행동주의적 관점보다는 인지적 측면을 강조하였으며, 학습의 개인의 인지와 행동 및 환경과의 지속적이고 복합적인 상호작용을 통해 이루어진다고 주장한다.
사회적 학습은 크게 관찰학습과 인지학습으로 구분한다.

1) 관찰학습
타인의 행동을 모방하여 행위의 결과에 따라 긍정적인 경우에는 행위를 따라하고 부정적인 경우에는 회피하는 학습을 한다.

2) 인지학습
개인이 적절한 행동을 형성해 나아가는 과정에서 숫자, 언어 또는 이미지상의 상징적 표상(symbolic representation)을 사용하여 새로운 행동을 형성해 나간다는 것이다.

정답 ⑤

02 태도, 통제의 위치, 조직몰입, 귀인이론, 강화에 관한 다음의 서술 중에서 옳지 않은 것은?

① 태도의 구성요소는 인지적 요소(cognitive) 요소, 정서적(affective) 요소, 행동적(behavior intention) 요소로 나눌 수 있다.
② 통제의 위치(locus of control)에 따르면 외재론자에 비해 내재론자는 성과를 결정짓는 것이 자신의 노력이라고 생각한다.
③ 마이어(Meyer)와 알렌(Allen)은 조직몰입을 정서적(affective) 몰입, 지속적(continuance) 몰입, 규범적(normative) 몰입으로 나누어 설명하였다.
④ 켈리(Kelley)의 귀인이론(attribution theory)에서는 행동의 원인을 합의성(consensus), 특이성(distinctiveness), 일관성(consistency)의 세 가지 차원으로 구분하여 해석한다.
⑤ 부정적 강화(negative reinforcement)는 바람직하지 못한 행동의 빈도를 증가시키고 긍정적 강화에는 바람직한 행동의 빈도를 증가시킨다.

해설

○ **귀인이론(attribution theory)**
귀인이란 개인이 지각된 상황에 대해 그 원인을 해석하는 인지과정을 말한다.
즉 지각대상이 보인 성과에 대한 원인을 찾아가는 과정이다.
하이더(Heider)의 귀인이론에 의하면 개인의 행동은 근본적으로 개인의 내적 귀인(능력, 노력 등)과 외적 귀인(업무의 난이도, 행운 등)의 결합작용에 의해 형성되고 개인이 지각한 상황을 내적귀인과 외적귀인 중 어느 것에 적용시키느냐에 따라 행동이 달라진다고 보았다.

켈리(Kelley)의 귀인이론(attribution theory)에서는 개인행동의 원인을 동료구성원, 과업, 시간의 세 가지 차원(입방체 이론, cubic theory)으로 분류하고 각각의 차원에 대한 귀인정도를 합의성, 특이성, 일관성 이렇게 세 가지 판단기준에 의해 결정한다.
일반적으로 개인은 지각과정에서 높은 합의성, 높은 특이성, 낮은 일관성을 지각할수록 외적환경요인에 귀인하려는 경향을 보이며 낮은 합의성, 낮은 특이성, 높은 일관성을 지각할수록 내적환경요인에 귀인하려는 경향을 보인다.

귀인오류(error of attribution)란 결과와 원인이 반대로 해석되는 경우를 말한다. 피고과자의 업적이 낮을 때 그 원인이 외적귀인에 있음에도 불구하고 내적귀인에서 찾거나, 피고과자의 업적이 높을 때 그 원인이 내적귀인에 있음에도 불구하고 외적귀인에서 찾는 경우이다. 이러한 오류가 발생하는 것은 행위에 대해 자신과 타인이 상이한 정보를 가지고 있기 때문이다.

정답 ⑤

03

켈리의 귀인이론에서는 행동의 원인을 합의성, 특이성, 일관성의 세 가지로 분류한다. 다음 중 행동의 원인을 행위자의 내적 요인으로 판단하기에 가장 적절한 경우는?

	합의성	특이성	일관성
①	높음	높음	높음
②	높음	높음	낮음
③	낮음	낮음	높음
④	낮음	높음	낮음
⑤	낮음	낮음	낮음

해설

정답 ③

04

학습과 교육훈련에 관한 설명으로 가장 적절하지 않은 것은?

① 불쾌한 결과를 제거하여 바람직한 행위를 유도하는 방법을 소거(extinction)라고 한다.
② 커크패트릭(Kirkpatrick)은 교육훈련의 효과를 반응, 학습정도, 행동변화, 조직의 성과로 구분하여 측정할 필요가 있다고 주장한다.
③ 사회적 학습이론에서는 사람의 인지적 측면을 강조하고 다른 사람의 행동과 그 결과를 통해서 학습하는 것을 대리학습(vicarious learning)이라고 하였다.
④ 손다이크가 제시한 효과의 법칙(law of effect)이란 원하는 보상을 받는 행동은 반복되고, 바람직하지 않은 결과가 나타나는 행동은 반복되지 않는다는 것을 의미한다.
⑤ 직무현장훈련(on the job training: OJT)은 업무수행 과정을 통해 학습하기에 훈련의 전이효과가 커지는 장점이 있다.

해설

부적강화(Negative reinforcement)에 관한 설명이다. 소거는 바람직하지 않은 행위를 줄이기 위한 방법에 해당한다.

> 관찰학습은 관찰을 통해 모델의 행동을 모방하는 것이고, 대리학습은 대리적 강화를 통해 자신의 행동을 조절하는 것이다. 대리학습에서는 모델이 보상을 받는 것을 보면 나도 보상을 받기 위해 모델의 행동을 모방하게 되지만, 모델이 벌을 받는 것을 보면 모델의 행동을 따라하지 않고 그와 다른 행동을 하게 된다.

정답 ①

05 소비자들이 좋아하는 음악을 상품광고에 등장시키는 것은 소비자들이 이 음악에 대해 가지는 좋은 태도가 상품에 대한 태도로 이전되기를 기대하기 때문이다. 이를 가장 잘 설명하는 학습이론은?

① 내재적 모델링(covert modeling)
② 작동적 조건화(operant conditioning)
③ 수단적 조건화(instrumental conditioning)
④ 대리적 학습(vicarious learning)
⑤ 고전적 조건화(classical conditioning)

해설

정답 ⑤

06 강화이론(reinforcement theory)에 관한 다음 설명 중 가장 적절하지 않은 것은?

① 적극적 강화는 보상을 이용한다.
② 소극적 강화는 불편한 자극을 이용한다.
③ 적극적 강화에는 도피학습과 회피학습이 있다.
④ 연속강화법은 매우 효과적이지만 적용이 어렵다.
⑤ 부분강화법 중 비율법이 간격법보다 더 효과적이다.

> **해설**

도피학습: 회피행동은 도피학습(escape learning)으로 설명할 수 있다. 도피학습이란 혐오적인 자극을 감소시키거나 제거하는 반응을 획득하는 것을 말한다. 이러한 도피반응은 혐오적 자극의 철회라는 부적 강화를 통해 획득된다.

○ **부분적 강화(간헐적 강화)**

1) **고정간격 강화**
   월급처럼 일정한 규칙 내에서 일정한 시간이 지난 경우 강화

2) **변동간격 강화**
   강화가 주어지는 간격이 평균시간을 지키면서 수시로 달라지는 경우로 칭찬, 승진, 강등 등

3) **고정비율 강화**
   성과급처럼 일정한 횟수가 정해진 경우

4) **변동비율 강화**
   강화가 주어지는 평균 횟수는 정해져 있지만 그 횟수가 수시로 변화는 것

   * 바람직한 행동을 증가시키는 것은 변동간격법과 변동비율법이다. 이 중에서도 변동비율법이 가장 효과적인 강화법에 해당한다.

정답 ③

초판 1쇄 발행 2022년 02월 15일
개정 1쇄 발행 2025년 01월 24일

편저 정명재
발행인 공태현 **발행처** (주)법률저널
등록일자 2008년 9월 26일 **등록번호** 제15-605호
주소 151-862 서울 관악구 복은4길 50 (서림동 120-32)
대표전화 02)874-1144 **팩스** 02)876-4312
홈페이지 www.lec.co.kr
ISBN 978-89-6336-985-3 (13350)
정가 39,000원